Science Networks · Historical Studies
Band 1

Birkhäuser Verlag
Basel · Boston · Berlin

Erhard Scholz

Symmetrie
Gruppe
Dualität

Zur Beziehung zwischen theoretischer Mathematik
und Anwendungen in Kristallographie und Baustatik
des 19. Jahrhunderts

1989

Birkhäuser Verlag
Basel · Boston · Berlin

Die Reihe ‚Science Networks. Historical Studies' erscheint im Birkhäuser Verlag Basel und im VEB Deutscher Verlag der Wissenschaften, Berlin.

Adresse des Autors:
Erhard Scholz
Bergische Universität
Gesamthochschule Wuppertal
Fachbereich 7 – Mathematik
Postfach 1000127
D-5600 Wuppertal 1

CIP-Titelaufnahme der Deutschen Bibliothek

Scholz, Erhard:
Symmetrie, Gruppe, Dualität : zur Beziehung zwischen theoret. Mathematik u. Anwendungen in Kristallographie u. Baustatik d. 19. Jh. / Erhard Scholz. – Basel ; Boston ; Berlin : Birkhäuser, 1989
(Science networks historical studies ; Bd. 1)

ISBN-13: 978-3-0348-9971-0 e-ISBN-13: 978-3-0348-9267-4
DOI: 10.1007/978-3-0348-9267-4

NE: GT

Die Originalausgabe erscheint im Birkhäuser Verlag Basel
Vertrieb für alle Staaten mit Ausnahme der sozialistischen Länder:
Birkhäuser Verlag Basel.
Vertrieb für die sozialistischen Länder:
VEB Deutscher Verlag der Wissenschaften, Berlin

Softcover reprint of the hardcover 1st edition 1989
Umschlaggestaltung: Albert Gomm, Basel

Vorwort

Diese Arbeit enthält zwei größere Fallstudien zur Beziehung zwischen theoretischer Mathematik und Anwendungen im 19. Jahrhundert. Sie ist das Ergebnis eines mathematikhistorischen Forschungsprojekts am Mathematischen Fachbereich der Universität-Gesamthochschule Wuppertal und wurde dort als Habilitationsschrift vorgelegt. Ohne das wohlwollende Interesse von Herrn H. Scheid und den Kollegen der Abteilung für Didaktik der Mathematik wäre das nicht möglich gewesen.

Inhaltlich verdankt sie — direkt oder indirekt — vielen Beteiligten etwas. So wurde mein Interesse an den kristallographischen Symmetriekonzepten, dem Thema der ersten Fallstudie, durch Anregungen und Hinweise von Herrn E. Brieskorn geweckt. Sowohl von seiner Seite als auch von Herrn J.J. Burckhardt stammen überdies viele wertvolle Hinweise zum Manuskript von Kapitel I. Herrn C.J. Scriba möchte ich für seine die gesamte Arbeit betreffenden präzisen Anmerkungen danken und Herrn W. Borho ebenso für seine übergreifenden Kommentare und Vorschläge. Bezüglich der in Kapitel II behandelten projektiven Methoden in der Baustatik des 19. Jahrhunderts gilt mein besonderer Dank den Herren K.-E. Kurrer und T. Hänseroth für ihre zum Teil sehr detaillierten Anmerkungen aus dem Blickwinkel der Geschichte der Bauwissenschaften. Schließlich geht mein Dank an alle nicht namentlich Erwähnten, die in Gesprächen, technisch oder auch anderweitig zur Fertigstellung dieser Arbeit beigetragen haben.

Für die vorliegende Publikation habe ich einen Anhang mit einer Skizze von in unserem Zusammenhang besonders wichtig erscheinenden Aspekten der Theorie der kristallographischen Raumgruppen hinzugefügt. Ich hoffe, daß er zum Verständnis des mathematischen Hintergrunds der historischen Arbeiten des ersten Kapitels beiträgt.

Wenn ich an dieser Stelle eine persönliche Referenz nicht ganz verschweigen will, denke ich als erstes an Sven D., der in den vergangenen vier Jahren so unvergleichlich viel mehr lernen konnte, als das im Rahmen einer solchen Arbeit überhaupt nur denkbar wäre — vom Spielerischen ganz zu schweigen, dem dieses Buch wohl leider allzu ferne bleibt.

Wuppertal, im Februar 1988 E. Scholz

Inhalt

Verzeichnis der Tabellen und Figuren

Tabellen

Figuren

Einleitung

Die erste der folgenden Fallstudien befaßt sich mit der Mathematisierung des Symmetriekonzeptes der Kristallographie, also einer Wissenschaft, die sich erst im 19. Jahrhundert aus dem Status eines beschreibenden Wissensgebietes der "Naturgeschichte" im Sinne des 18. Jahrhunderts herauslöste und zu einem Zweig der mathematisch-experimentellen Naturwissenschaften wurde. Die zweite handelt von einem Versuch der mathematischen Theoretisierung der graphischen Statik, einer im vergangenen Jahrhundert zentralen Methode und Wissensgrundlage der Baustatik, durch Methoden der projektiven Geometrie. Dieser Versuch war Teil des fundamentalen Umwälzungsprozesses des technischen Wissens, der im Laufe des 19. Jahrhunderts stattfand und zur Entstehung der modernen Technikwissenschaften führte.

Die hier untersuchten Fälle liegen also an zwei entgegengesetzten Extremen des Spektrums der Anwendungsbezüge der Mathematik, das sich zugegebenermaßen gleichsam über mehr als nur eine Dimension erstreckt. Die außerhalb der hier angedeuteten "Skala" von Naturgeschichte über baconische Wissenschaften, traditionelle, mathematische und beobachtend/experimentelle Naturwissenschaften (Astronomie, Mechanik) bis zu den neu entstehenden Technikwissenschaften sich in die Richtung der Geistes- und Gesellschaftswissenschaften erstreckende andere Dimension bleibt außerhalb des Rahmens der vorliegenden Arbeit.

Hinsichtlich der Art und Intensität der Wechselbeziehungen zwischen Mathematik und der sich mathematisierenden Einzelwissenschaften liegen die beiden untersuchten Situationen weit auseinander, ebenso unter dem Gesichtspunkt von Reichweite und Erfolg der unternommenen Mathematisierung. Ohne viel vorwegzunehmen, kann hier schon festgestellt werden, daß es sich im ersten Fall — wie weithin bekannt — um eine fast spektakulär zu nennende Erfolgsgeschichte naturwissenschaftlicher Theoriebildung handelt, während der zweite nahezu die Züge eines paradigmatischen Mißerfolgs trägt, ohne daß dies den agierenden Personen hätte im vorhinein klar sein können. Da Fallstudien ihre Bedeutung darin haben, implizit oder explizit zur Aufklärung eines Allgemeinen beizutragen — hier der Problematik der historischen Wechselbeziehung zwischen theoretischer Mathematik und Anwendungsfeldern — sollte die relativ große Distanz nicht als Nachteil gewertet werden. Sie ist ganz im Gegenteil geradezu erwünscht, um bei den Verallgemeinerungen, die der Komplexität des Themas entsprechend vorsichtig vorgetragen werden, nicht allzusehr den Spezifika der Einzelsituation verhaftet zu bleiben.

Das durchgeführte mathematikhistorische Forschungsprojekt, dessen Ergebnisse hier mitgeteilt werden, besitzt als Teil eines sich erst in Ansätzen abzeichnenden Programms der historischen Erforschung der Wechselbeziehung von Mathematik und Anwendungen (in der in §10.2 eingeführten Terminologie genauer: Wechselbeziehung von autonomer Mathematik und heteronomer Mathematik) seine disziplinäre Verankerung nicht allein in Mathematik und Mathematikhistoriographie, sondern ist stark von Vorarbeit in den Disziplinen abhängig, in denen sich die betrachtete "Anwendung" (heteronome Mathematisierung) vollzog, hier also von Ergebnissen der Kristallographiegeschichte und Technikgeschichte (die letztere speziell unter dem Gesichtspunkt der Geschichte der Technik*wissenschaften*). In beiden Gebieten ist diese Vorbedingung in unterschiedlicher Weise gegeben, im ersten Fall durch die schon weit zurückreichende historiographische Tradition innerhalb der Kristallographie [Marx 1825; Groth 1926; Burke 1966; Šafranovskij 1980; Burckhardt 1967 - 1984 u.a.]; im zweiten Fall insbesondere durch die umfangreichen historischen Studien [Straub 1949/1964; Timoshenko 1953] und jüngere Arbeiten wie etwa [Werner 1980; Kurrer 1985a, 1987a, b u.a.]. Unter unserem Gesichtspunkt sind innerhalb der Technikgeschichte Forschungen, die die disziplinäre Genese und Entwicklung der Technikwissenschaften und allgemeiner des technischen Wissens behandeln, von besonderer Bedeutung, mehr noch als solche, die sich mit Fragen der technischen Vorrichtungen, Verfahren und Produkte oder der Bedingungen bzw. Auswirkungen technischer Innovationen befassen. Sie sind allerdings bisher noch recht dünn gesät; die oben genannten Arbeiten sind zumeist integrale Darstellungen, die den Aspekt der Herausarbeitung von Methoden und Wissen in den technischen Fächern auch, aber nicht zentral behandeln.[1]

Innerhalb der Mathematikgeschichtsschreibung findet die erste Fallstudie Vorbedingungen und disziplinäre Verankerung insbesondere in H. Wußings Abhandlung über die Genese des abstrakten Gruppenbegriffs [Wußing 1969], J.J. Burckhardts Publikationen zur Geschichte der kristallographischen Raumgruppen [Burckhardt 1967/68, 1969, 1970], sowie einigen jüngeren Arbeiten von T. Hawkins [1982, 1984]. Für die zweite Fallstudie ist die Lage ungünstiger; neben der sehr informationshaltigen, aber im Stile der historischen Einleitungen der Artikel der "Enzyklopädie der Mathematischen

Wissenschaften" des Jahrhundertbeginns eher detaillistisch verfaßten Studie Kötters [1901], sind nur solche umfangreicheren jüngeren Arbeiten zu nennen, die die Entwicklung der projektiven Geometrie des 19. Jahrhunderts lediglich partiell erfassen, insbesondere [Dieudonné 1974; Ziegler 1985]. Eine umfassendere Darstellung der Entwicklung der projektiven Geometrie des 19. Jahrhunderts, die die neueren historiographischen Gesichtspunkte der disziplinären Entwicklung stärker herausarbeitet, als das für [Kötter 1901] gilt, steht noch aus.

In anderer Hinsicht trifft unsere Arbeit wiederum auf eine etwas günstigere historiographische Rahmensituation. Die Mathematikgeschichtsschreibung der jüngeren Moderne konzentrierte sich in Distanzierung von der Geschichtsschreibung der Aufklärung zwar seit dem 19. Jahrhundert bis weit in unser Jahrhundert hinein überwiegend auf die Entwicklung der reinen Mathematik;[2] seit jüngstem gibt es jedoch wieder deutliche Anzeichen für steigendes Interesse an Fragen der historischen Entwicklung der Beziehungen zwischen theoretischer Mathematik und Anwendungsfeldern — nun von einem verbesserten Verständnis der disziplinären Entwicklung im engeren Sinne gestützt. Hier sei als Beispiel für weitere nur auf die jüngeren Arbeiten von I. Grattan-Guinness zur Beziehung zwischen Mathematik, mathematischer Physik und Ingenieurwissenschaften im Frankreich der ersten Hälfte des 19. Jahrhunderts [Grattan-Guinness 1981a, 1981b, 1984 u.a.], auf W. Purkerts Beiträge zur Rolle der Mathematik in den Technikwissenschaften des 19. Jahrhunderts [Purkert 1981; Hensel/Purkert 1986], die m.W. den Beginn eines Forschungsschwerpunktes zu dieser Fragestellung markieren, und die jüngsten Arbeiten [Richenhagen 1985; Ziegler 1985] hingewiesen.

Es ist daher zu hoffen, daß die hier vorgelegten Fallstudien nicht lediglich isolierte Bereiche in sonst weithin unbekanntem Terrain beleuchten, sondern einen Beitrag zur breiteren Aufhellung der Austauschbeziehung von theoretischer Mathematik und Anwendungsgebieten im 19. und 20. Jahrhundert liefern, die "neuen Anwendungsfelder" der modernen Technikwissenschaften, der Wirtschafts- und Sozialwissenschaften und in jüngster Zeit der Informatik eingeschlossen. Dabei ist für die Historiographie der Mathematik unter anderem die Frage von allgemeinem Interesse, ob den einschneidenden Umstrukturierungen innerhalb der Disziplin, die zwischen Anfang des 19. Jahrhunderts und den 30er Jahren des 20. Jahrhunderts stattfanden, ähnlich einschneidende Transformationen des Beziehungsgefüges zu Anwendungsgebieten entsprachen. Der Weg bis zur fundierten Beantwortung dieser Frage ist ohne Zweifel noch lang; vielleicht kann aber unsere Arbeit einen kleinen Beitrag zu ihrer Klärung leisten.

Einige kurze Hinweise als formale "Lesehilfen" mögen angebracht sein. Der Grobaufbau der Arbeit in 3 Teile (Kapitel) ergibt sich aus der angegebenen inhaltlichen Konzeption: Kapitel I (§§1 – 5) beinhaltet die erste

Fallstudie zum Symmetriebegriff der Kristallographie, Kapitel II (§§6 – 9) die zweite zum Theoretisierungsversuch der graphischen Statik. Diese Kapitel bauen naturgemäß nicht aufeinander auf und können — je nach Interesse — getrennt, also auch in umgekehrter Reihenfolge, gelesen werden. Kapitel III (§§10/11) enthält eine Auswertung und Einordnung der Ergebnisse der beiden vorangegangenen Kapitel und setzt diese damit voraus, wenn auch nicht im logisch-deduktiven Sinne sondern — dem historiographischen Inhalt der Arbeit gemäß — im Sinne der Verweis- und Bedeutungshaltigkeit und damit der Stringenz der geführten Argumentation.

Das Problem der zwei Sprachebenen, das in jeder mathematikhistorischen Arbeit auftritt,[3] wird hier nicht durch formale Unterscheidung der Ebenen — etwa durch Markierung im Schriftbild — gelöst, sondern "weicher" im wechselnden Gebrauch beider Sprachebenen, die jeweils aus dem Kontext heraus erkennbar sein sollten. Gelegentlich wird explizit die jeweilige Parallelterminologie durch Ergänzung in Klammern angeboten, je nach Wahl der ersten Sprachebene entweder mit der aktuellen oder der historischen Terminologie. Ich hoffe, daß dadurch ein geeigneter Ausgleich zwischen Verständlichkeit/Kürze und historischer Adäquatheit hergestellt wird.

Zur besseren Lesbarkeit des laufenden Textes ist ein Teil der Detailargumentation und der Belege in Anmerkungen ausgelagert. Das mag für professionelle Mathematiker unter den Lesern ungewöhnlich erscheinen, hat sich aber für historiographische Darstellungen als äußerst zweckmäßige Vorgehensweise herausgestellt. Schließlich sei noch auf die Zitierweise von Quellen durch runde Klammern, bei der publizierten in der Form ("Autor", "Jahr", "Seitenangabe"), bei unpublizierten durch ("Autor", "Manuskriptspezifizierung"), und historiographische bzw. mathematische Fachliteratur in eckigen Klammern ["Autor", "Jahr", "Seitenangabe"] hingewiesen. Hervorhebungen in Zitaten stammen, wenn nicht ausdrücklich anders angegeben, aus dem Original. Kurze Erläuterungen der verwendeten Symbolik findet man am Ende der Arbeit unter dem Titel "Konventionen/Symbolik", dazu einige Anhänge zur kurzen Einführung mathematischer Hintergrundkonzepte.

Kapitel I

Die Symmetriekonzepte der Kristallographie und ihre Beziehungen zur Algebra des 19. Jahrhunderts

Vorbemerkungen

Am Ende des 18. Jahrhunderts war die Kristallographie neben Botanik und Zoologie ein Kerngebiet der beschreibenden Naturwissenschaften, der "Naturgeschichte". Die in ihr beobachteten und phänomenologisch klassifizierten Formen ließen die auftretenden Regelmäßigkeiten gegenüber denjenigen in anderen Zweigen der Naturgeschichte so deutlich hervortreten, daß die Kristallographie einem Mathematisierungsversuch der zugrundeliegenden Formbildungsprinzipien als besonders offen erschien und innerhalb der zeitgenössischen spekulativen Naturphilosophie sowie der romantischen Naturbetrachtung als ein vermittelnder Bereich zwischen der anorganischen und der organischen und belebten Natur angesehen wurde. Das Zusammentreffen der beiden zuletzt angedeuteten Strömungen prägte die kristallographischen Theoriebildungen zu Beginn des 19. Jahrhunderts und brachte die für die weitere Entwicklung fundamentale Idee kristallographischer "Symmetriegesetze" hervor. Diese führte noch im ersten Drittel des 19. Jahrhunderts zur Herausbildung der Konzepte der Kristallsysteme und Kristallklassen sowie deren vollständiger Klassifizierung. Die damit verbundene erste systematische Etablierung von Symmetriegesichtspunkten innerhalb der Kristallographie ist Gegenstand von §1.

Die Theoretiker der von der spekulativen Naturphilosophie beeinflußten Strömung der Kristallographie entwickelten in wenigen Jahrzehnten — motiviert durch die von ihnen vertretene Ontologie der kristallbildenden regelmäßigen Kräftesysteme — beachtenswerte Mathematisierungen, die in der Einführung dreidimensionaler vektorieller Kalküle und der vollständigen Klassifizierung der endlichen Punktsymmetriesysteme (und damit implizit der endlichen orthogonalen Gruppen im dreidimensionalen euklidischen

Raum) gipfelten (§2). Ihre Ergebnisse wurden etwa zur Jahrhundertmitte bei der Neufassung der in Frankreich dominierenden atomistischen Kristallstrukturtheorie durch A. Bravais zum Teil aufgenommen, zum Teil in leicht veränderter Form neu hergeleitet und schließlich durch eine Erweiterung des Symmetriebegriffs auf unendlich ausgedehnte räumliche Systeme (Molekülgitter) erweitert. Dabei stieß Bravais zu einer impliziten Charakterisierung eines Teils der besonders einfach gebauten kristallographischen Raumgruppen (genauer: der semidirekten Produkte endlicher orthogonaler Gruppen mit Translationsgittern) vor (§3).

Erst gegen Ende der 1860er Jahre setzte ein intensiverer Austausch zwischen der disziplinären Mathematik und der kristallographischen Theorie ein. C. Jordan ließ sich von Bravais' Arbeiten zur expliziten Übertragung des Gruppenbegriffs in die Geometrie anregen. Die Rolle des von ihm im Jahre 1869 publizierten Mémoires bei der Herausbildung des (geometrischen) Transformationsgruppenbegriffs wird in §4 untersucht. Erst anschließend an diese lange Vorgeschichte erfolgte die im weiteren so erfolgreiche Theoretisierung des kristallographischen Symmetriekonzeptes im Sinne der Gruppentheorie, die in der weithin bekannten Entdeckung der 230 kristallographischen Raumgruppentypen durch Fedorov und Schoenflies (1890/91) gipfelte. Dadurch wurden die kristallographische Theorie auf weitgehend neue Grundlagen gestellt, die Beziehung zwischen Mathematik und Kristallographie völlig erneuert und die theoretischen Voraussetzungen für die neuartigen Entwicklungen der Kristallographie unseres Jahrhunderts geschaffen, die durch die Entdeckung der Röntgenstrahlbeugungsmethode durch Max von Laue möglich wurden (§5).

§ 1 Von der phänomenologischen Kristallklassifikation zur Einführung der Kristallsysteme und Kristallklassen

1.1 Kristallklassifikation im 18. Jahrhundert: Werner und Romé de l'Isle

Wohl geht die Beobachtung einzelner Kristallformen und die naturphilosophische Spekulation über Entstehung und Auftreten von Kristallen bis weit in die Antike zurück;[1] aus diesen beiden Quellen bildete sich jedoch erst mit Renaissance und wissenschaftlicher Revolution des 16./17. Jahrhunderts ein eigener Zweig der beschreibenden Naturwissenschaften ("Naturgeschichte"). Einschnitte im Konstitutionsprozeß waren die 1669 von Nils Stensen veröffentlichte Entdeckung der Winkelkonstanz zwischen den Seitenflächen des Bergkristalls,[2] unabhängig von Größe und Ausbildung der Flächen [Marx 1825, 55f.; Groth 1926, 3f.], die Entdeckung der Doppelbrechung am isländischen Kalkspat[3] im Jahre 1670, die Christian Huygens zu einem Erklärungsversuch durch die Hypothese eines Aufbaus der bekannten Kristalle aus aneinanderliegenden ellipsoidförmigen kleinsten Teilchen veranlaßte (Huygens 1690), sowie die entscheidende Verbindung von mikroskopischer Beobachtung, graphischer Darstellung und beginnender phänomenologischer Gestaltklassifikation. Auch die terminologische Verallgemeinerung der Bezeichnung "Crystall" von Quarz/Bergkristall auf die gesamte Klasse der regelmäßig geformten Mineralien entstand erst zu dieser Zeit.[4]

Wie die anderen Zweige der Naturwissenschaften gewann die Kristallographie während des 18. Jahrhunderts an Breite und methodischer Präzision. Hier ist nicht der Ort, diesen Prozeß im Detail zu untersuchen,[5] doch ist die Art der Vorgehensweise bei der Gestaltklassifikation insofern von Belang, als sie den Ausgangspunkt für die beginnende Theoretisierung gegen Ende jenes und zu Beginn des 19. Jahrhunderts bildete. In unserem Zusammenhang ist dabei vor allem die Frage zu klären, ob schon in dieser Phase der Kristallographie implizite Wurzeln von Symmetriekonzepten nachweisbar sind.

Wir werden uns dazu auf zwei, beziehungsweise drei Kristallographen des 18. Jahrhunderts beschränken. Das können wir deswegen, weil deren Arbeiten die Mineralogie/Kristallographie des 18. Jahrhunderts in herausragender Weise prägten: *Abraham Gottlieb Werner* (1750–1817) im deutschsprachigen Raum und *Romé de l'Isle* (1736–1790) sowie *René Just Haüy* (1743–1822) in Frankreich. Haüys Arbeiten sind dabei schon so stark durch mathematisch-geometrische Hypothesenbildung zur Klärung der Kristallstruktur geprägt, daß sie als erster bedeutender Schritt einer mathematischen Theoretisierung gewertet werden müssen, wie sie für die Entwicklung der Kristallographie des 19. Jahrhunderts charakteristisch wurde. Wir werden sie daher in einem eigenen Unterabschnitt diskutieren (§1.2).

Die Kristallographen des späten 18. Jahrhunderts versuchten, in die beobachteten Kristallformen dadurch System zu bringen, daß sie gewisse einfache Kristallpolyeder als *Grundgestalten* hypostasierten, durch die in schrittweiser Gestaltmodifikation die Vielfalt der beobachteten Kristallformen gleichzeitig erzeugt wie klassifiziert werden sollte. Als *Gestaltmodifikationen* wurden dabei vor allem Ecken- oder Kantenabstumpfungen (Stutzungen) verwendet, darüberhinaus aber auch metrische Deformationen.

Werner ging zunächst (1774) von fünf *"Grundgestalten"* aus: Ikosaeder, Oktaeder, Prisma, (Doppel-) Pyramide, "Tafel". Später ergänzte er diese noch um den Würfel und die "Linse" (von zwei konvexen Flächen begrenzter Körper). Dabei war etwa unter "Pyramide" die gesamte Klasse von n-Pyramiden bzw. n-Doppelpyramiden zusammengefasst, die "Tafel" war lediglich durch zwei große nahe aneinanderliegende Flächen ausgezeichnet. Anzahl und relative Lage der Seitenflächen waren nicht weiter spezifiziert; ebensowenig metrische Daten im allgemeinen. Die beiden ersten Grundformen waren als kombinatorische — nicht notwendig reguläre — Polyeder verstanden. Bei der Beschreibung der Kristallformen ging Werner von einer Grundform aus und erklärte die betrachtete Form durch schrittweise Abänderung (Stutzen von Ecken und Kanten) und durch qualitative (nicht-messende) Beschreibung metrischer Eigenschaften wie "Zuspitzung" (auffällig kleine Flächen- oder Kantenwinkel) und eine qualitative Skala der Größen ("auffällig groß", "sehr groß", ..., "ganz klein", "kaum sichtbar"). *Obwohl sich seine Formbeschreibung vor dem Hintergrund der theoretisch und quantitativ wohlbestimmten regulären und halbregulären Körper vollzog, blieben die von ihm gegebenen Spezifizierungen der Kristallformen also wesentlich phänomenologisch-deskriptiv und ohne quantitative Präzisierung.* Auch war die Zuordnung eines Minerals zu einer der Grundformen nicht eindeutig: die Modifikation durch Stutzung von Ecken/Kanten erlaubte die Erzeugung ein- und derselben geometrischen Form aus verschiedenen Grundformen. Die so entstehenden "Übergangsreihen" wurden sogar zu einem Thema der theoretischen Betrachtung der Kristallformen im Wernerschen Programm. Für die Einordnung von Kristallen in eine Grundform mußten Werner und seine Schüler häufig zu ad-hoc Entscheidungen greifen [Marx 1825, 110ff.].

Höhere mathematische Präzision erreichte die Kristallklassifikation von *Romé de l'Isle.* Auch er begnügte sich in seinem Frühwerk (1772) zunächst noch mit einer groben Intervallangabe für Winkel an Kristallpolyedern.[6] Im Rahmen einer späteren umfassenden Bestandsaufnahme und Klassifikation der bekannten Mineralien beauftragte er seinen Assistenten *Carangeot* mit einer möglichst genauen Modellierung der beobachteten Kristallformen. Carangeot entwickelte dazu die Technik der Winkelmessung an Kristallen mit dem Anlegegoniometer und entdeckte die später von Romé de l'Isle publizierte *Winkelkonstanz* bezüglich jeder Kristallart [Burke 1966, 69ff.].

Als Romé de l'Isle in (1783) auf diese Untersuchungen gestützt eine detaillierte Beschreibung von über 500 Kristallarten gab, die an Umfang und Präzision alle vorherigen Klassifikationen weit übertraf, versuchte er, die beobachteten Kristallformen in ein geometrisches System einzuordnen. Er griff auf die Wernersche Methode der Erzeugung geometrischer Formen zurück [Burke 1966, 62] und baute sein System dazu auf sechs *"Grundformen (formes primitives)"* auf: Tetraeder, Würfel, Oktaeder, rhombisches Prisma, Rhombendodekaeder, hexagonale Dipyramide. Aus diesen gewann er durch Serien von Kanten- oder Eckenabstumpfungen sowie durch metrische Deformation innerhalb eines gewissen Rahmens jeweils *"abgeleitete Formen (formes secondaires)"*, die er als die zugehörige *"Modifikationsserie (suite des modifications)"* der betreffenden Grundform zusammenfaßte. In Ausnahmen verwendete er weitere Erzeugungsmodi durch Aufsetzen von Pyramiden auf Flächen oder durch Umstülpen.

Romé de l'Isle teilte die mechanistisch-materialistische ("atomistische") Auffassung eines Aufbaus der Kristalle aus aneinanderliegenden Molekülen [Hoykaas 1952]. Er führte die unterschiedlichen Grundformen auf hypothetische *"integrierende Moleküle (molécules intégrantes)"* derselben geometrischen Gestalt zurück, die wiederum aus einfacheren Bausteinen, den *"konstituierenden Molekülen (molécules constituantes)"* aufgebaut sein sollten (1783, 1, 22f., 73f.). Waren die "Moleküle" auch nicht beobachtbar, so doch die aus ihnen abgeleiteten Kristallformen, und diese waren der Ausgangspunkt seiner Gestaltklassifikation. So gab es einen ersten Ansatz einer Verbindung naturphilosophischer Erklärung des Kristallaufbaus und der von Romé de l'Isle vorgeschlagenen Formbildungsprinzipien, die ihm gewissermaßen als "Grammatik" einer ideellen Nachbildung der Kristallgestalten dienten. Die Erzeugungsregeln waren dabei weder so weit mathematisch fixiert, daß sie eine theoretische Deduktion aller möglichen Kristallformen gestattet hätten, noch waren sie eine bloße — wenn auch vergleichsweise präzise — Beschreibung der beobachteten Formen. Sie waren ausreichend theoretischer Natur, um eine ideelle Erzeugung geometrischer Formen zu gestatten, und gleichzeitig flexibel und offen genug, daß sie zielgerichtet auf die Nachbildung der durch Beobachtung und Messung festgestellten Kristallformen eingestellt werden konnten. Dies läßt sie als einen aufschlußreichen Zwischenschritt von einer lediglich beschreibenden Vorgehensweise der Naturgeschichte zu einer strukturellen Theoriebildung erscheinen.

Auch am Maßstab einer solch "weichen" Theoretisierung[7] gemessen, besaß Romés Programm problematische Stellen. Aufgrund der im Rahmen der Erzeugungsregeln generierbaren Übergänge zwischen verschiedenen Modifikationsserien war keine eindeutige Zuordnung der einzelnen Kristallform in diese möglich — ein vom Klassifikationsstandpunkt aus wenig erfreulicher Tatbestand. Darüberhinaus war die Auswahl der Grundformen schwer begründbar und enthielt eine gewisse Beliebigkeit; Romé de l'Isle gründete sie anscheinend auf die Beobachtung und Abstraktion besonders häufiger, auffällig stark ausgebildeter einfacher Formen an den ihm bekannten Kristallen — ein kaum intersubjektivierbarer Prozeß [Marx 1825, 123]. Jedoch enthielt auch die gewählte weiche Theoretisierung unter dem Gesichtspunkt der Ausbildung von Symmetriekonzepten einige bemerkenswerte Züge.

Romé respektierte nämlich in einzelnen Modifikationsschritten Symmetriesysteme des zu modifizierenden Polyeders. So führte er etwa in der Modifikationsserie des Würfels neben dem gewöhnlichen Würfel (Symmetrie 0^*) einen als Kristallisationsform des Pyrits[8] auftretenden gestreiften Würfel an, dessen Streifung auf den Seitenflächen die Ordnung der Rotationsachsen durch die Seitenmitten von 4 auf 2 reduziert (Symmetrie T_h). Aus diesem symmetriereduzierten Würfel (einfache Form der Fläche 100 zur Kristallklasse T_h, Fig. 1a) erzeugte er durch schiefe Kantenstutzung (längs Flächen 210) sukzessive die zusammengesetzten Formen von Fig. 1b, c und schließlich durch Verdrängung der Flächen des Ausgangswürfels das Pyritoeder (Fig. 1d; Fläche 210 zur Kristallklasse T_h). Aus diesem gewann er wiederum durch Eckenstutzung die zusammengesetzte Form von Fig. 1e (Flächen 210 und 111) und schließlich bei geeigneter Wahl des Abstands vom Ursprung das kombinatorische (nicht-reguläre) Ikosaeder von Fig. 1f (zusammengesetzte Form der Flächen 210 und 111 zur Kristallklasse T_h) (Romé de l'Isle 1783, t. 4, Pl. II).

Er konstatierte die Abweichung der Figur 1d (bzw. 1f) vom regulären Dodekaeder (bzw. Ikosaeder), führte aber auch die letzteren durch kleine Veränderung der metrischen Parameter als Figuren der Modifikationsserie des Würfels ein (1783, 4, Pl. II, Fig. 25; 1783, 3, 232ff.). So deutete sich im Resultat eine höhere Symmetrie als die des Würfels an.[9]

In derselben Serie erzeugte er an anderer Stelle durch Abplattung des Würfels in einer der Achsenrichtungen bzw. durch Verlängerung in einer Achsenrichtung und Abplattung in einer anderen das gerade quadratische Prisma bzw. den Quader (1783, 4, Pl. II, Fig. 2, 3). Dabei nahm er stillschweigend eine Symmetriereduktion von 0^* auf D_{4h} bzw. D_{2h} vor. Weitere Beispiele reduzierten durch Stutzen lediglich zweier räumlich-diagonal gegenüberliegender Ecken die Symmetrie stillschweigend auf $\bar{C}_6 = C_{3i}$ (ebda., Pl. II, Fig. 34).

Symmetrieerhöhungen und Symmetriereduktionen waren also in Romé de l'Isles System natürlich auftretende Phänomene. Sein Klassifikationssystem der Kristallpolyeder baute wesentlich auf eine Verbindung einer kombinatorischen Charakterisierung der Polyeder mit deren möglicher Spezifizierung und Veränderung durch Variation der metrischen Parameter auf. Während Stutzen den kombinatorischen Typ des Polyeders stets verändert,

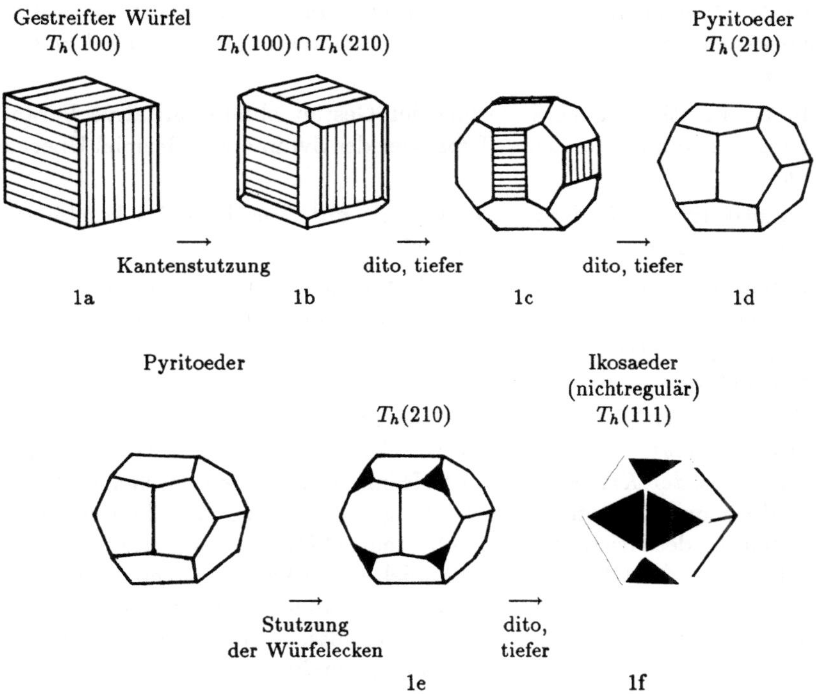

Fig. 1 Romé de l'Isles Modifikationsserie des Würfels mit impliziter Symmetrie T_h (1728, Tafel II – Teilstück)

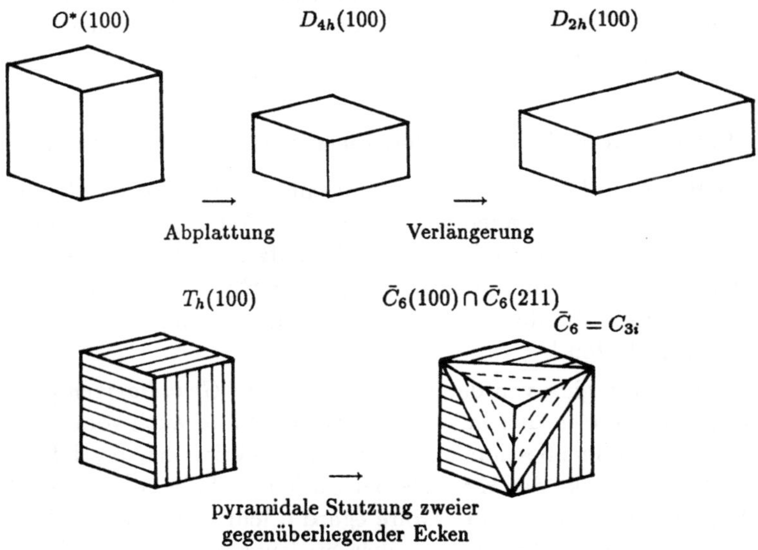

Fig. 2 Symmetriereduktionen in der Modifikationsserie des Würfels bei Romé de l'Isle (1723, Tafel II)

wiesen de l'Isles Modifikationsserien daneben auch deutlich auf die qualitativ verschiedenen Phänomene hin, die durch Veränderung der metrischen Daten eintreten können:

- bloße quantitative Veränderung der Gestalt ohne qualitative Veränderung des kombinatorischen Typs oder der Symmetrie (Beispiel Übergang $1b \rightarrow 1c$),
- quantitative Veränderung der Gestalt mit Umschlag des kombinatorischen Typs des Polyeders (Beispiel $1c \rightarrow 1d$),
- quantitative Veränderung der Gestalt mit Veränderung des Symmetrietyps des Polyeders aber ohne Veränderung des kombinatorischen Typs (Symmetrierhöhung am Ikosaeder 1f, Symmetriereduktionen in Figur 2 etc.).

Implizit bildeten bei Romé de l'Isles somit Symmetriegesichtspunkte neben den kombinatorischen eine zweite Ebene qualitativer Unterscheidungen im Universum der Kristallpolyeder.[10] Romé hatte jedoch anscheinend keinen Anlaß, diese qualitativen Unterscheidungen explizit zu charakterisieren. Für die Einteilung der Kristallfiguren in Systeme (Modifikationsserie des Würfels, des Tetraeders, des Oktaeders usw.) spielten die Verbindungen zwischen verschiedenen Typen von Polyedern, die durch Stutzen und Variation metrischer Parameter hergestellt werden können, die entscheidende Rolle. *Symmetriegesichtspunkte (auch in impliziter Form) spielten bei seiner Einteilung in Serien hingegen lediglich eine auxiliäre Rolle.* Sonst wäre kaum zu verstehen, daß Symmetriereduktionen (O^* auf T_h, auf D_{4h}, D_{2h}, C_{3i} usw.) und (Schein-) Symmetrieerhöhungen (T_h auf I^*) sämtlich in der Serie des Würfels auftreten konnten, ohne daß de l'Isle einen Grund sah, diese Phänomene zum Gegenstand einer weiterführenden Diskussion zu machen.[11]

1.2 Beginnende Mathematisierung im atomistischen Programm: R.J. Haüy

Die in Romé de l'Isles Theoretisierungsansatz enthaltenen Grundideen der Formbildung von Kristallen wurden um die Wende vom 18. zum 19. Jahrhundert von *René Just Haüy* (1743–1822) aufgenommen, präzisiert und zu einer Theorie verbunden, in der die Korpuskularhypothese in eine solche Form gebracht wurde, die die bis dahin offenen Erzeugungsregeln weitgehend zu fixieren gestatteten.[12]

Auch Haüy ging von der Existenz gewisser *Grundformen* (*"formes primitives"*) aus, die er allerdings sowohl empirisch als auch vom geometrischen Resultat her anders bestimmte als de l'Isle. So kritisierte er, daß de l'Isle nur den äußeren Aspekt der Kristalle berücksichtigt habe, ohne ihre *"Struktur"* in Betracht zu ziehen ("sans avoire égard a leur structure") (Haüy 1801, 1, 20). Für ihn war die "Struktur" über Spaltungsversuche durch Auswertung der auftretenden Spaltkerne und Streifungsmuster zu erschließen. Dadurch wurde seine geometrische Abstraktion und die Auswahl der Grundformen stärker durch die Empirie gebunden, als das für Romés Vorgehensweise der Fall gewesen war. So unterschied sich seine *Liste von 5 Grundformen* (Parallelepiped, Oktaeder, Tetraeder, gerades hexagonales Prisma, Rhombendodekaeder) sichtlich von der Romé de l'Isles (Haüy 1793; 1801, 1, 28; 1822, 1, 44).[13]

Eine Hypothese zur theoretischen Erklärung dieser Grundformen besaß Haüy nicht; jedoch entwickelte er für die Ableitung der Sekundärgestalten auf atomistische Vorstellungen gegründete, mathematisch präzisierte Erzeugungsregeln. Er ging davon aus, daß die Kristallmaterie aus *"integrierenden Molekülen (molécules intégrantes)"* aufgebaut war. Diese sollten jedoch anders als bei Romé de l'Isle mit den Grundbausteinen (Molekülen) im Sinne der neuen zeitgenössischen Chemie Lavoisiers übereinstimmen und von wohlbestimmter geometrischer Form sein (Tetraeder, Dreiecksprisma, Parallelepiped). War ihre Form zwar nicht unmittelbar beobachtbar, so doch indirekt dadurch, daß *mehrere integrierende Moleküle sich zur Grundform zusammenschließen* und darüberhinaus wiederum in anderer Konstellation — mit oder ohne Zwischenräume — *parallelepipedische Bausteine*, die sogenannten *"subtraktiven Moleküle (molécules soutractives)"* bilden sollten. Haüys Idee war nun, daß die von Werner und de l'Isle verwendeten Modifikationen der Grundformen dadurch erklärt und gleichzeitig präzisiert werden können, *daß sich aus parallelepipedischen Bausteinen (subtraktiven Molekülen) gebildete Schichten auf der Grundform aufbauen und dabei an Kanten, Ecken oder Flächendiagonalen in wohldefinierter Art schrittweise zurücktreten* (1822, 1, 51ff.).

Dabei entdeckte er, daß es beim Prozeß des Aufschichtens häufig einfacher war, von bestimmten sekundären Gestalten auszugehen, die zwar streng genommen nicht zu den Grundformen gehörten (also nicht als Spaltungskern auftraten), aber aus diesen wieder durch Aufschichtung zu gewinnen waren und nun in einem zweiten Schritt von ihm als *"hypothetische Kerne (noyeaux hypothétiques)"* eingeführt wurden (1822, 1, XXf., 188ff.). Dadurch wurde die Darstellung der Vielfalt der Kristallgestalten technisch wesentlich vereinfacht.

Haüy verwendete 18 "elementare Kristallformen" (ebda., 9–22) in der Funktion solcher hypothetischer Kerne:

1. Würfel,
2. reg. Oktaeder,
3. reg. Tetraeder,
4. Rhombendodekaeder,
5. Rhomboeder,
6. quadratische Dipyramide,
7. rechteckige Dipyramide,

8. rhombische Dipyramide,
9. parallelogrammatische Dipyramide,
10. (gerades)[14] quadratisches Prisma,
11. Rechteckprisma,
12. Rhombenprisma,
13. Parallelogrammprisma,
14. schiefes Rechteckprisma,
15. schiefes Rhombenprisma,
16. Parallelepiped,
17. hexagonales Prisma,
18. hexagonale Dipyramide
(Haüy 1822, 1, 263–270).

Diese Liste erwies sich — obwohl auf einer eigenartigen Mischung aus Empirie und Pragmatik der Ableitungsvereinfachung beruhend — *im Lichte der späteren Untersuchungen als erstaunlich stabil*: sie wurde mit geringen Abänderungen (Reduktion von 18 auf 15, später auf 14)[15] von Frankenheim (1835) bestätigt und als Ausdruck der Symmetrietypen von Raumgittern interpretiert — eine Beobachtung, die in Bravais' Theorie der Kristallstruktur (1850, 1851) schließlich ausgebaut und auf eine sichere theoretische Grundlage gestellt wurde (vgl. §§2.4, 3.3). Dabei wurde Haüys Unterscheidung von "Grundformen" im engeren Sinn und von "hypothetischen Kernen" fallengelassen.

Haüy präzisierte die Idee der regelhaften Aufschichtung auf die Kerne durch die Formulierung zweier Regeln:

(i) *"Dekreszenzgesetz (loi de décrescence)"*: Bei der sukzessiven Aufschichtung tritt jede folgende Schicht, beziehungsweise eine Stufe aus m Schichten parallel einer Kante oder Flächendiagonale um eine feste Anzahl von $n = 1, 2, 3, 6$ Reihen subtraktiver Moleküle zurück (1801, 1, 34ff.).

(ii) *"Symmetriegesetz (loi de symétrie)"*: Die Abnahme (Dekreszenz) erfolgt an solchen Teilen des Ausgangspolyeders (Kanten, Flächendiagonalen, Ecken) mit denselben Schrittmaßen n, m, die gemessen an der Ausgangsgestalt als *"identische Teile (parties identiques)"* erscheinen (Haüy 1815; 1822, 1, 196ff.).

Sein theoretischer Entwurf war aus verschiedenen Gründen folgenreich und erscheint als *Vorform der bis weit in das 19. Jahrhundert reichenden mathematischen Theoretisierung der Kristallstruktur:* im Konzept der Aufschichtung parallelepipedischer Schichten aus "subtraktiven Molekülen" lag ein — nicht in aller Konsequenz (insbesondere die Gestaltung der Grundform selber) durchgeführter — Ansatz eines *impliziten Konzepts translationsinvarianter Bausteine*, der später in der Form der Molekülgittertheorie weiter ausgebaut wurde. Aus dem Dekreszenzgesetz, verbunden mit der Hypothese eines rationalen Verhältnisses folgte eine Einschränkung der möglichen Formbildungen, die später als *Rationalitätsgesetz* formuliert wurde (vgl. §§1.4, 2.1). Insbesondere war es unmöglich, das reguläre Dodekaeder als Sekundärgestalt des Würfels zu erzeugen (Haüy 1822, 2, 25),[16] wobei Haüy selbstverständlich von einer kubischen Gestalt ausging.

In unserem Kontext ist aber Haüys Formulierung und Verwendung des Symmetriegesetzes von herausragender Bedeutung. Haüy scheint in Auffassung und Terminologie durch Legendres systematische Untersuchung der Spiegelsymmetrie in seinen "Elements de Géométrie" (Legendre 1794) angeregt worden zu sein, die bei den Modifikationen von Kristallgestalten zu berücksichtigende Gesetzmäßigkeit in dieser Weise zu präzisieren. Erfolgte in seinen früheren Arbeiten die Respektierung des Symmetrieprinzips bei der Aufschichtung zunächst ähnlich wie die Abstumpfungen bei Romé de l'Isle unausgesprochen, so explizierte er seine Auffassung in (1815) ausführlich.[17] Schon vorher hatte er von der "Symmetrie" der Dekreszenzen gesprochen, allerdings in einem vagen Hinweis auf die "Regularität" des Kerns (der Grundform), die sich in der "Symmetrie der Dekreszenzen" niederschlüge. *Dabei verwendete er "Symmetrie" noch in dem alten Wortsinn eines durch Gleichheit oder Proportionen definierbaren Ebenmaßes.*[18] In (1815) präzisierte er:

> "... *Elle (la symétrie, E.S.) consiste en ce qu'une même espèce de décroissement se répète sur toutes les parties du noyeau dont telle est la ressemblance, que l'on peut substituer l'une à l'autre, en changeant à l'égard de l'oeuil la position de ce noyeau, sans qu'il cesse de se présenter sous le même aspect. Je donne à ces parties le nom d'identiques* ..." (Haüy 1815, 81).

Die Charakterisierung der als "identisch" zu betrachtenden Teile durch räumliche Substitution, ohne daß sich etwas für das Auge ändere, enthielt einen ersten *Ansatz zu einer geometrisch operierenden Definition der Symmetrie.* Haüy versuchte, diese Definition durch "lokale" (d.h. nicht auf das ganze Polyeder bezogene) Kongruenzbeziehungen zu präzisieren. So beschrieb er "Identität"

- von Seitenflächen durch Kongruenz,
- von Kanten durch Längengleichheit sowie Gleichheit der Winkel zwischen den inzidierenden Seitenflächen,
- und von Ecken durch Kongruenz der Raumwinkel einschließlich paarweiser Längengleichheit korrespondierender Kanten (1815, 82).

In dieser Präzisierung der Symmetrie war die Andeutung einer globalen Kongruenzoperation des Polyeders, wie er im Verweis auf die anschauliche "Substitution" noch enthalten war, zwar verloren gegangen, doch wirkte die letztere anscheinend in kritischen Anwendungssituationen als Korrektiv auf die unzureichende "lokale" Fassung zurück.[19]

Die statische Charakterisierung der Symmetrie durch Angabe eines Systems metrischer Relationen entsprach einer bis in die antike Mathematik zurückgehenden Auffassung der *"Regularität"* (reguläre und halbreguläre Polygone und Polyeder), wie sie etwa auch von Kepler vertreten worden war (Kepler 1619).[20] Das schwächere Konzept der *"Symmetrie"* hatte vor Legendre innerhalb der Mathematik keine Rolle gespielt, wohl aber in Kunsttheorie, Bau- und Gartenarchitektur als Terminus für ein gefälliges Ebenmaß, das durch metrische Relationen (Gleichheit und/oder Proportionen) zwischen ausgewählten charakteristischen Teilen gesichert werden sollte.[21] *Die quantitativ präzisierte Beschreibung und Systematisierung der Kristallformen gab nun den Anlaß und das Material zur Verallgemeinerung des Konzepts der "Regularität/Halbregularität" zu dem der "Symmetrie" im mathematisch-geometrischen Sinne.*

Haüys "Symmetriegesetz" enthielt eine *implizite Charakterisierung der Holoedrien der späteren Kristallsysteme* und — ohne begriffliche Trennschärfe — einiger untergeordneter Kristallklassen. Die mangelnde Trennschärfe äußerte sich schon in der Sprechweise von "*dem* Symmetriegesetz (*le* loi de symétrie)" anstatt einer Vielheit von Symmetriegesetzen. So konnte etwa in Haüys Darstellung die Unterscheidung holoedrischer und hemiedrischer Kristallsymmetrien, oder allgemeiner die Unterscheidung verschiedener Kristallklassen desselben Systems bei der Regelung der Aufschichtung auf die Grundform nicht herausgearbeitet werden.[22] Auch konnte Haüy ja die Symmetriesysteme nur indirekt über den Verweis auf die jeweilige Grundform angeben. Die vage Generalisierung in der Sprechweise von "*dem* Symmetriegesetz" stand dabei wiederum der Entdeckung im Wege, daß die Symmetriesysteme gewisser Grundformen gleich sind (etwa bei Würfel, Oktaeder, Rhombendodekaeder), während sie sich bei Vergleich anderer Grundformen durchaus signifikant voneinander unterscheiden können. Dieser Sachverhalt konnte bestenfalls als Ahnung am Wissenshorizont aufscheinen.

Die Beobachtung solcher Beschränkungen stellt natürlich die Bedeutung des Haüyschen "Symmetriegesetzes" für die Entwicklung des modernen Symmetriebegriffs keineswegs in Frage; sie ist jedoch für die Klärung der Genese eines Begriffs wichtig, dessen nächster Ausarbeitungsschritt durch eine Gruppe von Forschern erfolgte, die auf Haüys Ergebnisse aufbauten, aber gleichzeitig in den Grundsätzen erheblich von Haüy abwichen. Sie waren — teils mehr, teils weniger stark — von der dynamistischen Naturphilosophie beeinflußt und richteten ihr Augenmerk auf allgemeinere Formbildungsprinzipien, als Haüy in seiner geometrisch-atomistischen Philosophie hatte ins Auge fassen können.

1.3 Konstituierung eines alternativen Theoretisierungsprogramms unter dem Einfluß der dynamistischen Philosophie

In der nachrevolutionären Phase in Frankreich hatte es, gestützt auf die neugegründete Ecole Polytechnique und die erneuerte Académie des Sciences beziehungsweise das Institut National, einen bedeutenden Schub empirisch gestützter Quantifizierung und Mathematisierung derjenigen Teile der Naturwissenschaften gegeben, in denen sich diese Methoden nicht schon im Gefolge der wissenschaftlichen Revolution des 17. Jahrhunderts durchgesetzt hatten. Die "baconischen" Naturwissenschaften (Chemie, Optik, Wärme, Elektrizitätslehre, Magnetismus) beschleunigten ihren Wandel zu experimentellen und mathematisierten Naturwissenschaften [Kuhn 1976]. Selbst in Teile der ehemals beschreibenden Naturwissenschaften, der "Naturgeschichte", insbesondere die Mineralogie, drangen experimentelle Methoden und mathematische Theoretisierung ein (Haüy). So gab es Anzeichen einer Erneuerung der bis dahin verschiedenartigen Gruppen von Naturwissenschaften mit einer Tendenz zur Vereinheitlichung nach dem Vorbild der Mechanik.

Den stärksten, aber auch restriktivsten Ausdruck fand diese Tendenz im *Laplaceschen Programm* der physikalischen Wissenschaften, das in Frankreich etwa vom Beginn des 19. Jahrhunderts bis zum Sturz Napoleons intellektuell und institutionell dominierte, bevor es von einem breiteren Spektrum mathematisierender Forschungsprogramme abgelöst wurde (Fourier, Fresnel, Ampère/Arago, Dalton/Gay-Lussac u.a.) [Fox 1974]. Charakteristisch für das Laplacesche Programm sowie seine Vorläufer in der Newtonschen Tradition war ein *atomistischer Standpunkt*, der als ontologische Grundannahme in die Theoriekonstruktion einging.[23] Alle physikalischen Wirkungen sollten durch einen Aufbau der (ponderablen oder imponderablen) Materie aus kleinsten Teilen (Moleküle/Atome) und zwischen ihnen wirkenden Zentralkräften nach Vorbild der Himmelsmechanik erklärt werden. Wenn auch Haüys theoretische Kristallographie nicht unmittelbarer Teil des Laplaceschen Programms war, so ordnete sie sich diesem doch in naher Verwandtschaft zu [Fox 1974, 99].[24]

Im deutschsprachigen Raum stieß das Laplacesche Programm und — allgemeiner — der ihm zugrundeliegende Atomismus nicht auf ungeteilte Zustimmung. In Philosophie, Literatur, in Naturgeschichte und Teilen der experimentellen Naturwissenschaften verbreitete sich als Gegenbewegung zur messend-experimentellen, atomistischen und mathematisierenden Strömung der französischen Naturwissenschaften eine literarisierend-romantische sowie eine auf dynamistische Vorstellungen gegründete naturphilosophische und naturforschende Strömung [v. Engelhardt 1978, 1981; Hermann 1976, 1977; Snelders 1970]. Die *dynamistische Auffassung* stellte dem Atomismus die Vorstellung entgegen, daß Natur und Materie aus polaren Kräftesystemen konstituiert werden, die ständiger Veränderung unterliegen, aber in dieser Veränderung relativ beständige Muster bilden. Wurden diese auch als Anlaß für die Hypothesenbildung des Atomismus akzeptiert, so erschien die These eines Materieaufbaus aus kleinsten Teilen von Standpunkt der dynamistischen Auffassung gewissermaßen als eine konzeptionelle Verdinglichung von Kräftemustern.

Die dynamistische Denkweise ging auf Leibniz, Boskowitsch und Kants "Metaphysische Anfangsgründe der Naturwissenschaft" (1786) zurück und wurde von der dialektischen Philosophie des deutschen Idealismus, namentlich Fichte, Schelling und Hegel in ihrem jeweiligen Gesamtsystem in verschiedener Betonung aufgenommen und ausgebaut. Auf diesem Weg nahm sie während der ersten Hälfte des 19. Jahrhunderts Einfluß auf das intellektuelle Leben in Deutschland.

Der Einfluß der dialektischen und dynamistischen Philosophie auf die Naturwissenschaften war äußerst widersprüchlich und ist in seiner Bedeutung bis heute historisch nicht endgültig ausgewertet; jedoch ist ihre positive heuristische Rolle in Elektrochemie (Ritter) und Elektromagnetismus (Oersted, eventuell Faraday) unumstritten [v. Engelhardt 1981, Knight 1970, Snelders 1970]. In unserem Zusammenhang spielt diese Philosophie als Hintergrund eines im deutschsprachigen Raum während des ersten Jahrhundertdrittels verfolgten Theoretisierungsprogramms der Kristallographie eine Rolle, das in erster Linie auf C.S. Weiß zurückgeht.

Christian Samuel Weiß (1780–1856) hatte seit 1796 in Leipzig studiert und sein Studium 1801 mit einer Dissertation über die Begriffe des festen und des flüssigen Aggregatzustandes abgeschlossen. In dieser Zeit befand sich auch Schelling teils in Leipzig, teils im nicht sehr weit entfernten Jena;[25] gleichzeitig fand eine heftige Kontroverse um die Philosophie Fichtes statt, die des "Atheismus" gescholten wurde. C.S. Weiß wurde dadurch zur Auseinandersetzung mit Fichtes dialektischer Philosophie des Ich und dessen Religionsphilosophie gebracht und bezog in seiner persönlichen Korrespondenz mit seinem (älteren) Bruder Christian sehr klar Stellung für Fichtes Position.[26] Vermutlich lernte Weiß in dieser Zeit auch die gerade entstehende Schellingsche Naturphilosophie kennen und damit einen äußerst pointierten Ausdruck der dynamistischen Auffassung.

Zentrales Thema der Naturphilosophie des deutschen Idealismus bildeten die Ideen der Polarität und der Einheit der Naturkräfte, die sich in den Formbildungen der unbelebten und belebten Natur zur Geltung bringen sollten. Die Kristalle wurden dabei als höchster Ausdruck der Formbildung der unbelebten Natur angesehen, die in Pflanzen und tierischem Wachstum ihre Fortsetzung finde.[27] Haüys geometrische Strukturtheorie der Kristalle, die aus Grundgestalten über integrierende und subtraktive Moleküle die Sekundärformen ableitete, erschien von diesem Standpunkt aus als mechanistisch und gewollt. In der Tat wurde sie von Schelling, der sich in der Frühphase intensiv mit den verschiedensten aktuellen Theorien der Naturwissenschaften auseinandersetzte, als ein bloß hypothetisches "scharfsinniges

Spiel" kritisiert, das allein seiner mathematischen Ableitungsmöglichkeiten wegen eingeführt worden sei (Schelling 1798, 577). Dies war ein Motiv, das in variierter Form bei den Kristallographen dynamistischer Ausrichtung auftrat — bis hin zu Frankenheim, der selber eine sehr gemäßigte und offene Haltung gegenüber dem Atomismus einnahm (vgl. §2.5).

Weiß wurde nun zwar von der dynamistischen Philosophie beeinflußt, wandte sich aber einem intensiven Studium der Chemie, Physik und Mineralogie zu, weil ihn die bloß spekulative Entwicklung dynamistischer Prinzipien nach Art der Naturphilosophie nicht befriedigen konnte.[28] Im Winter 1801/1802 lernte er bei D. Karsten in Berlin, im Sommer 1802 bei G.A. Werner in Freiberg Mineralogie. Er begann — auf Karstens Anregung — mit einer Übersetzung von Haüys "Traité de Minéralogie" (Haüy 1801) ins Deutsche, nicht ohne einen kritischen Kommentar zu dessen Grundprinzipien in Anmerkungen und einen längeren Anhang unter dem Titel "Dynamische Ansicht der Krystallisation" (Weiß 1804) zu verfassen. So war er schon ein Experte in Haüys Kristalltheorie, bevor er in zwei Pariser Aufenthalten (1807, 1808) mit Haüy und seiner Schule in persönlichen Kontakt trat.

Im Laufe dieser Zeit distanzierte er sich weiter von der reinen Naturphilosophie, ohne jedoch die dynamistische Grundauffassung und seine Nähe zu anderen dynamistischen Naturforschern, etwa Ritter, aufzugeben [Schuster 1922a, 91ff.]. Gegen Ende 1808 wurde Weiß als Nachfolger Karl Friedrich Hindenburgs (1741–1808) nach Leipzig berufen und von dort bei der Gründung der Berliner Universität 1810 als Mineraloge und Leiter des königlichen Mineralienkabinetts nach Berlin geholt. Dort wurde er 1815 Mitglied der Akademie der Wissenschaften und verfaßte seine bedeutendsten Arbeiten [Hölser 1976; Fischer 1962, 1963; Schuster 1922a].

Die ausgeprägte Neigung zur naturphilosophisch-dynamistischen Auffassung in Verbindung mit seinem detaillierten Wissen innerhalb der Mineralogie ließen *C.S. Weiß zum Begründer eines alternativen theoretischen Programms der Kristallographie gegenüber der Haüyschen Theorie* werden. Schon in seinen Kommentaren zur Haüy-Übersetzung kritisierte Weiß, daß Haüy seinen Grundgestalten und Molekülen Realitätscharakter beimaß und sie nicht nur als bloße hypothetische Konstruktionen ansah, die bei tieferem Verständnis der Kristallbildung dynamistischen Prinzipien zu weichen hätten (Weiß 1804). Die Kristallisation deutete er als Resultat der Überlagerung abstoßender Kräfte ("chemische Repulsion"),

> "*... bei welcher es nicht zum vollständigen Auseinandertreten, zur Absonderung der Produkte voneinander gekommen ist, sondern wo die chemische Trennungskraft noch gehemmt ist, ohne ihr Ziel zu erreichen*" (Weiß 1804, 371).

Er erhob nun zum Programm, die Regelmäßigkeit der erscheinenden Kristallformen aus einer zu erschließenden Gesetzmäßigkeit des Systems der zugrundeliegenden Kräfte zu erklären.[29] Dabei war seine Idee, daß das Kräftesystem durch zwei, später drei, Grundkräfte dominiert wird, aus denen sich die anderen ableiten. Das führte ihn zur Annahme des Aufbaus des gesamten Kräftesystems aus "Hauptabstoßungen", aus denen sich die anderen Kräfte zusammensetzen [Fischer 1962, 250].

Da nach dynamistischer Auffassung die Begrenzungsflächen von Kristallpolyedern als Orthogonalflächen zugehöriger Kräfte des kristallbildenden Kräftesystems auftreten, war die Struktur des Kräftesystems duch Auswertung der auftretenden Flächenbildungen (Begrenzungsflächen oder Blätterdurchgänge im Inneren) grundsätzlich zugänglich. Eine solche Analyse führte Weiß zunächst zur Charakterisierung der *Achsen* eines Kristalls als wesentlichem Element zur Fixierung der Struktur eines kristallbildenden Kräftesystems (Weiß 1809); später baute er darauf eine *Einteilung der Kristallformen in 4 "Abtheilungen" und 3 "Unterabtheilungen"* — die 7 Kristallsysteme — auf (Weiß 1815). Die darin verwendete Idee der Charakterisierung von Kristallsystemen durch ihre Achsenkonstellationen und die zugehörigen Symmetriesysteme wurde zum Ausgangspunkt einer Richtung innerhalb der Kristallographie, die von dynamistischen Vorstellungen ausging und in der die Symmetriekonzepte von der Haüyschen morphologischen Bindung an die Grundgestalten gelöst und weiter ausgebaut wurden.

Weiß war nicht der alleinige Initiator einer dynamistischen Forschungsrichtung in der Kristallographie. Noch bevor seine erste Arbeit über die Klassifikation in 7 Kristallsysteme erschien (Weiß 1815), hatte der Werner-Schüler *Friedrich Mohs* (1773–1839) die Kristalle in ähnlicher Weise wie Weiß aber unabhängig von diesem in zunächst 4, später 7 Systeme eingeteilt (vgl. §1.4). Unter unserem Gesichtspunkt der Entwicklung von Symmetriekonzepten waren allerdings drei andere, spätere Vertreter der dynamistischen Richtung von besonderer Bedeutung: *M.L. Frankenheim, J.G. Graßmann* und *J.F. Hessel.* Auf diese wird sich — neben C.S. Weiß — unsere Untersuchung im weiteren hauptsächlich richten.

1.4 Charakterisierung der Kristallsysteme durch C. S. Weiß

Entscheidend für die Transformation der Weißschen philosophischen Kritik an Haüy in ein mit dynamistischen Konzepten verträgliches kristallographisches Forschungsprogramm war die Ausarbeitung eines Konzeptes zur Fixierung und Auswertung der hypothetischen Struktur kristallbildender Kräftesysteme. Das gelang Weiß mittels Charakterisierung der Kräfte durch ein *Achsensystem.* Die Grundidee der Achsen eines Kristalls formulierte er in seiner Antrittsvorlesung als Ordinarius für Physik am 8. März 1809 in Leipzig (Weiß 1809).

Er entwickelte dort zunächst sein schon über fünf Jahre altes Programm einer Auffassung, in der die äußere Gestalt als Ausdruck eines Systems innerer Kräfte verstanden werden sollte.[30] Daran schloß er die Idee an, das Kräftesystem über eine Analyse der Konfigurationen besonders auffälliger Richtungen der Kristallfigur, der *Achsen*, mathematisch beschreibbar zu machen:

> *"Eine Achse aber ist tatsächlich eine die ganze Figur beherrschende Gerade, um die herum alles gleichmäßig verteilt ist. (Axis vero linea est omnis figurae dominatrix, circa quam omnia aequabiliter sunt disposita.)"* (Weiß 1809).

Diese Forderung einer "gleichmäßigen Verteilung" enthielt andeutungsweise die Idee einer Charakterisierung der Symmetrie des Kristalls durch die Achsen als Symmetrieelemente, wie sie in der nächsten Phase der Ausarbeitung des kristallographischen Symmetriebegriffs üblich wurde (etwa bei Hessel oder Bravais), ohne daß jedoch von Weiß schon die verschiedenen möglichen Arten von Symmetrieelementen weiter verfolgt worden wären.[31] Im Jahre 1809 unterschied er zunächst nach der geometrischen Konstellation der Achsen 4 große "Abtheilungen" der Kristallformen (Weiß 1823, 106). Doch dauerte es weitere sechs Jahre, bis Weiß das Ergebnis seiner Analyse der in den Kristallformen auftretenden Achsen in einen Vorschlag fassen konnte, die Kristalle in 4 "Abtheilungen" und 3 "Unterabtheilungen", insgesamt also 7 Systeme einzuteilen (Weiß 1815).[32]

Zu den einzelnen Systemen gab Weiß metrische Eigenschaften des Achsensystems, Andeutung möglicher Vertauschungen der Achsen untereinander, Höchstzahl der Flächen einer zugehörigen einfachen Gestalt und die einfachen Gestalten selber an. Im Falle des isometrischen Systems ergänzte er dies durch eine Diskussion möglicher halbflächiger Gestalten und darin einer impliziten Andeutung dreier hemiedrischer Kristallklassen (s.u.). Das *isometrische System* (Weiß *"1. Abtheilung"* — ohne "Unterabtheilung") selber charakterisierte er durch die Bestimmung

> "*... Drei Dimensionen gleich und rechtwinklig unter sich; oder mehr physikalisch ausgesprochen:* Gleichheit des Gestaltungsactes in diesen drei Dimensionen" (Weiß 1815, 291).

Mit "Dimensionen" bezeichnete er die Achseneinheiten a, b, c (vektoriell interpretiert die Basisvektoren $\boldsymbol{a}$, $\boldsymbol{b}$, $\boldsymbol{c}$ mit kristallographischer Normierung $a = |\boldsymbol{a}|$, $b = |\boldsymbol{b}|$, $c = |\boldsymbol{c}|$); also war seine Formulierung

$$a = b = c, \qquad \alpha = \beta = \gamma = \frac{\pi}{2} \quad \text{mit} \quad \alpha := \measuredangle(\boldsymbol{c}, \boldsymbol{b}),$$
$$\beta := \measuredangle(\boldsymbol{c}, \boldsymbol{a}), \qquad \gamma := \measuredangle(\boldsymbol{a}, \boldsymbol{b}).$$

Er selbst schloß auf die Flächenzahl 48 der einfachen Gestalt im generischen Fall und gab dafür die Begründung

> "... *dass gegen drei gegebene, unter sich gleiche und rechtwinklige Dimensionen die Lage einer Ebene von gegebenem Verhältnis gegen sie, um der Gleichheit der Dimensionen willen, im allgemeinen 48 mal abgeändert werden kann*" (ebda., 294).

Dies war eine der weitestgehenden Formulierungen Weißens für die in (1815) implizit bleibende Symmetriebeschreibung ($O^* \cong \mathcal{S}_3 \oplus \mathbb{Z}_2^3$), die aus den Eigenschaften der Achsensysteme zu entnehmen war. Das Prinzip war klar; er wertete es aber im folgenden nur in seinen Konsequenzen aus. Eine Möglichkeit der expliziten Angabe von Symmetrierelationen oder gar -operationen (samt Entwicklung einer angepaßten Symbolik) deutete er zwei Jahre später an (Weiß 1817); die Ausführung überließ er aber späteren Arbeiten, die das von ihm begründete Forschungsprogramm ausfüllten.

Weiß führte die einfachen Formen des kubischen Systems komplett auf:

Würfel,
Oktaeder,
Rhombendodekaeder ("Granatoeder"),
Trapezoeder ("Leucitkörper"),
Tetrakishexaeder ("Pyramidenwürfel"),
Trisoktaeder ("Pyramidenoktaeder"),
Hexakisoktaeder ("Pyramidengranatoeder");
(Weiß 1815, 291–294) (vgl. Fig. 3).

Er verstand das Hexakisoktaeder als generisches Polyeder des Systems[33] und diskutierte an ihm als weitere Konsequenz der Symmetrie des kubischen Systems, daß es je *"drei Arten"* von Kanten und Ecken (drei Orbits unter der Operation 0^*), jedoch nur *"eine Art"* Seitenflächen gibt, die aus "ungleichseitigen" (generischen) Dreiecken bestehen (ebda., 294ff.).

Analog ging er bei den anderen Systemen vor. Dabei charakterisierte er die Systeme einer "Abtheilung" stets durch dasselbe Achsensystem und schränkte für die "Unterabtheilungen" die zugehörigen zugelassenen Symmetrien ein. Die *"2. Abtheilung"*, mit

$$a = b \neq c, \quad \alpha = \beta = \gamma = \pi/2$$

besaß wiederum keine "Unterabtheilung", und enthielt nur das *"viergliedrige" (tetragonale) System* mit voller Symmetrie (also der Diedergruppe D_{4h}).

In der *"3. Abtheilung"*, a, b, c paarweise verschieden,

$$\alpha = \beta = \pi/2,$$

faßte er drei "Unterabtheilungen" zusammen:

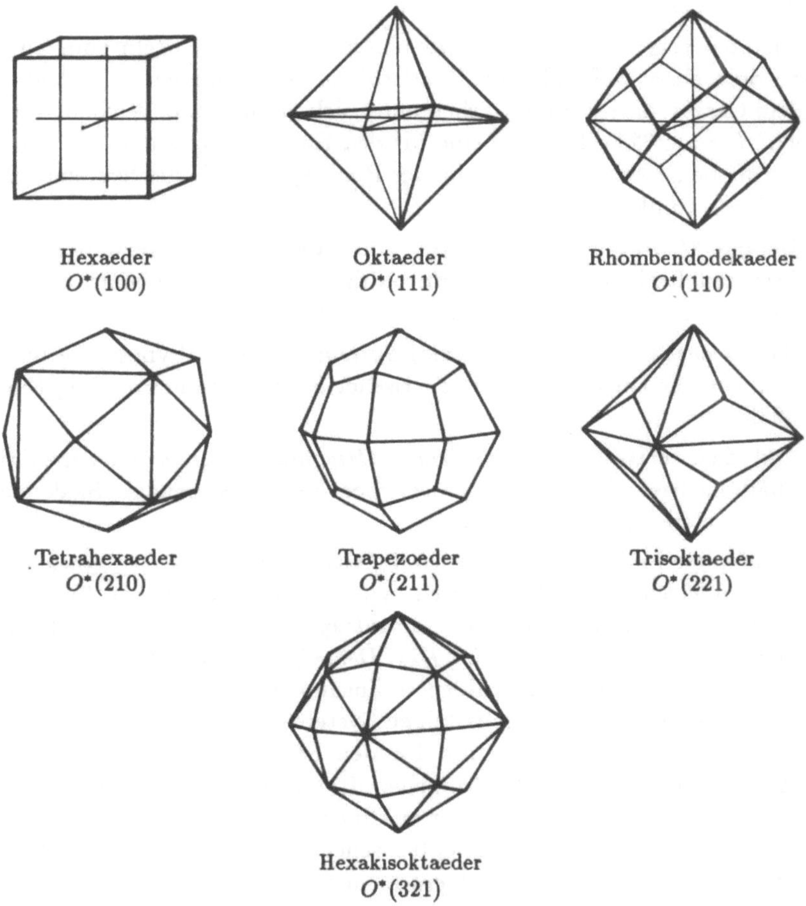

Fig. 3 Einfache holoedrische Formen des isometrischen Systems bei C.S. Weiß (1815)

- das *"zwei- und zweigliedrige" (orthorhombische) System* mit voller Symmetrie (Symmetriegruppe D_{2h}) (ebda.,306ff.),
- das *"zwei- und eingliedrige" (monokline) System* mit reduzierter Symmetrie ("halbflächiges System"), ausgezeichnet durch "Zurücktreten der drei gleichwerthigen Paare", die im "zwei- und zweigliedrigen System" auftreten (Unterdrücken der Diederachsen von D_{2h}, Resultat C_{2h}) (ebda., 315ff.),

- das *"ein- und eingliedrige" (trikline) System* wiederum als "halbflächiges System des zwei- und eingliedrigen".

Beim letzten scheinen, wie Weiß sich ausdrückte, "die Regeln vom Zusammengehören einer Mehrzahl von Gliedern" zu verschwinden, "... abgesehen von dem Gesetz, dass je zwei Flächen unter sich parallel und gleichen Werthes bleiben" (ebda., 321). Das war eine für den Entwicklungsstand des Symmetriebegriffs bemerkenswerte Angabe der Punktsymmetrie des Systems (Symmetrie C_i — Punktinversion).

Bei der *"4. Abtheilung"* mit zwei "Unterabtheilungen" verwendete Weiß 4 Achsen mit Einheiten a, b, e, c, davon die ersten drei koplanar, die vierte dazu orthogonal mit $a = b = e$ und betrachtete darin:

- das *"sechsgliedrige" (hexagonale) System* mit voller Symmetrie und dihexagonaler Dipyramide als generischer Form (Symmetrie D_{6h}) (ebda., 323ff.)
- und das *"drei- und dreigliedrige" (trigonale) System* als zugehöriges "halbflächiges System"mit generischer Form ditrigonales Skalenoeder (Symmetrie D_{3d}) (ebda., 331).

Weiß hatte in dieser Form durch die Angabe der Achsen — sowie in der dritten und vierten Abteilung durch symmetrieeinschränkende Zusätze — eine *verbale Charakterisierung von 7 Punktsymmetriesystemen* gegeben, die in impliziter Form den Gruppen 0^*, D_{4h}, D_{2h}, C_{2h}, C_i, D_{6h}, D_{3d} entsprachen. Die — aus unserer Sicht eigenwillige — Zusammenfassung des orthorhombischen, des monoklinen und des triklinen Systems zu einer "Abtheilung" war durch die Auffassung bedingt, nur für den hexagonal/trigonalen Fall von orthogonalen Achsensystemen abzugehen. Bezogen auf ein solches Achsensystem war dann bei monoklinen oder triklinen Kristallformen die Symmetrie gegenüber der des Achsensystems entsprechend einzuschränken (von D_{2d} auf C_{2h} beziehungsweise C_i). Dadurch erschienen sie konsequenterweise als "Unterabtheilungen" des orthorhombischen Falls.

Die *Dreistufigkeit der theoretischen Konstruktion* (erscheinende Kristallgestalt — kristallbildendes Kräftesystem als zugrundeliegende agierende Struktur — Achsensystem als wesentliches Charakteristikum der kristallbildenden Kräfte) *erwies sich als höchst bedeutsam für die Herausarbeitung einer allgemeinen Fassung der Kristallsymmetrie. Das Konzept des "Achsensystems" erlaubte es, ein System von Symmetrien zu fixieren, ohne den Symmetriebegriff etwa durch Kongruenzoperationen zu explizieren.* Die Symmetrieeigenschaften des Achsensystems wurden in der physikalischen Interpretation der Weißschen Theorie durch das kristallbildende Kräftesystem auf die äußere Gestalt übertragen. So wurden deren Konsequenzen für die Flächen einer zugehörigen Kristallgestalt greifbar, ohne daß Weiß an Symmetrieoperationen auf den Flächen denken mußte.[34]

Diese Auffassung erlaubte Weiß sogar eine andeutungsweise Behandlung von *Symmetriereduktionen auf hemiedrische Kristallklassen.* Seine Argumentation erfolgte dabei allerdings im Wernerschen Sinne noch ganz morphologisch. Das heißt, Weiß diskutierte die Möglichkeit des Auftretens von Kristallgestalten, die gewissermaßen "zu wenig" Flächen besitzen (Flächenorbits von Untergruppen der Holoedrie des Systems). Dabei erkannte er, daß die Flächenreduktion wohlbestimmten Regeln unterliegt, die er jedoch zunächst nur fallweise und gestaltorientiert angeben konnte. Er diskutierte dabei die Entstehung zulässiger "halbflächiger Formen" (Flächenorbits zu Untergruppen von Index 2) aus vollflächigen einfachen Formen durch "Hervortreten/Dominanz" gewisser Flächen und "Verdrängung/Verschwinden" anderer (Fig. 4). Die von ihm diskutierten Übergänge von Voll- auf Halbflächner sind in Tab. 1 zusammengestellt.

Die verwendeten "Auswahlregeln" für wegzulassende beziehungsweise dominant werdende Flächen entsprachen einer impliziten morphologischen Berücksichtigung der drei hemiedrischen Kristallklassen T_h, T_d und O. Jedoch gab Weiß keinen Hinweis darauf, daß beziehungsweise welche Achsensymmetrien bei den Übergängen zu den Halbflächnern unterdrückt werden — was eine bei seinem in (1815) erreichten Stand der impliziten Symmetrieargumentation anwendbare Ausdrucksweise gewesen wäre. Er verwies in viel vagerer Andeutung lediglich darauf, daß bei der Bildung der Halbflächner

> "... *der Wechsel dieses Hervortretens der einen (Flächen, E.S.) und Zurücktretens der anderen, (...) einem eben so bestimmten, sich gleichbleibenden, durchgreifenden Gesetz unterworfen (ist)*" (1815, 296).

Einen Versuch, dieses "Gesetz" zu formulieren, machte er in (1817); in (1815) verwies er zunächst nur andeutungsweise auf Übereinstimmungen bei den Auswahlregeln zur Erzeugung des Trisoktaeders und des Tetraeders (1815, 297f.), sowie des Trapezoeders und des Pyritoeders ("gebrochenes Pentagondodekaeder") (1815, 301). Das reichte ihm jedoch schon als Grundlage des induktiven Schlusses, daß die bis dahin beobachteten halbflächigen Formen des kubischen Systems zu neuen ad-hoc postulierten Unterabteilungen, dem *"tetraedrischen"* beziehungsweise *"pentagon-dodekaedrischen System"*, gehören (d.h. zu den hemiedrischen Kristallklassen T_d, T_h; ebda., 304f.). Vom Gyroid ("gedrehten Leucitkörper", Kristallklasse O) merkte er die Existenz zweier spiegelbildlicher Varianten an, stellte jedoch auch fest, daß Kristallformen dieses Typs noch nicht beobachtet worden waren (ebda., 304).[35]

Um die Vorteilhaftigkeit der Kristallcharakterisierung durch seine Achsensysteme nachzuweisen, arbeitete Weiß in den folgenden Jahren insbesondere an detaillierterer metrischer Erfassung der Eigenschaften von Kristallformen und ergänzte seine Methode um symbolische Repräsentation der auftretenden Flächen und ihrer Symmetrien. Häufig führte er dabei entscheidende

Tabelle 1
Symmetriereduktion auf Halbflächner bei Weiß

Vollflächner	Übergang durch Dominanz von	Übergang durch Verschwinden von	Implizite Auswahlregel	Resultierender Halbflächner
Oktaeder	111	$1\bar{1}1$	T_d	Tetraeder
Trapezoeder	112	$1\bar{1}2$	T_d	Tristetraeder
Trisoktaeder	221	$2\bar{2}1$	T_d	Deltoeder
Hexakisoktaeder	321	$3\bar{2}1$	T_d	Hexakistetraeder
Tetrahexaeder	210	201	T_h	Pyritoeder
Hexakisoktaeder	321	312	T_h	Trapezoeder/ Diploid
Hexakisoktaeder	321	$32\bar{1}$	O	Gyroid

neue Ideen oder Methoden beim Studium einzelner Kristallarten exemplarisch ein, das heißt mit explizitem oder indirektem Hinweis auf ihre allgemeine Bedeutung.

So betrachtete er in einer Arbeit über den Feldspat (Orthoklas)[36] (Weiß 1817) die auftretenden Hauptflächenrichtungen und schloß sich Romé de l'Isle an, der als Grundform des Orthoklas das rhombische Prisma mit einem 120°/60°-Rhombus ausgemacht hatte. Weiß paßte sein Achsensystem in das Zentrum der Säule ein, mit zwei Achsen in den Diagonalen des Rhombus. Wegen der am Orthoklas auftretenden weiteren Flächenbildungen ordnete er diesen in das "zwei- und eingliedrige" (monokline) System ein; wegen der angenommenen Winkel des Rhombus standen die waagerechten Achsenlängen im Verhältnis $1 : \sqrt{3}$. Dazu glaubte Weiß die vertikale Achsenrichtung im Verhältnis $1 : \sqrt{13}$ angeben zu können; insgesamt erhielt er also $a : b : c = 1 : \sqrt{3} : \sqrt{13}$.

Diese Gelegenheit nützte er zur Formulierung des allgemeingültigen Prinzips, daß die Verhältnisse der Achsenlängen den *Verhältnissen aus Quadratwurzeln* (kleiner) natürlicher Zahlen gleich seien. Er stützte dies durch Verweis auf die Erfahrung (!), durch eine entsprechende Vorgehensweise Haüys und durch die zentrale Rolle einfacher quadratischer Irrationalitäten unter den metrischen Beziehungen an Polyedern des kubischen Systems.[37] Die Flächen am Feldspat stellte er im Fall von Achsenabschnitten ma, nb, pc mit ganzen Zahlen m, n, p — in Ausnahmen rationale Zahlen mit kleinen Nennern — durch das Symbol $[ma : nb : pc]$ dar (*"Weißsche Parameter"*).

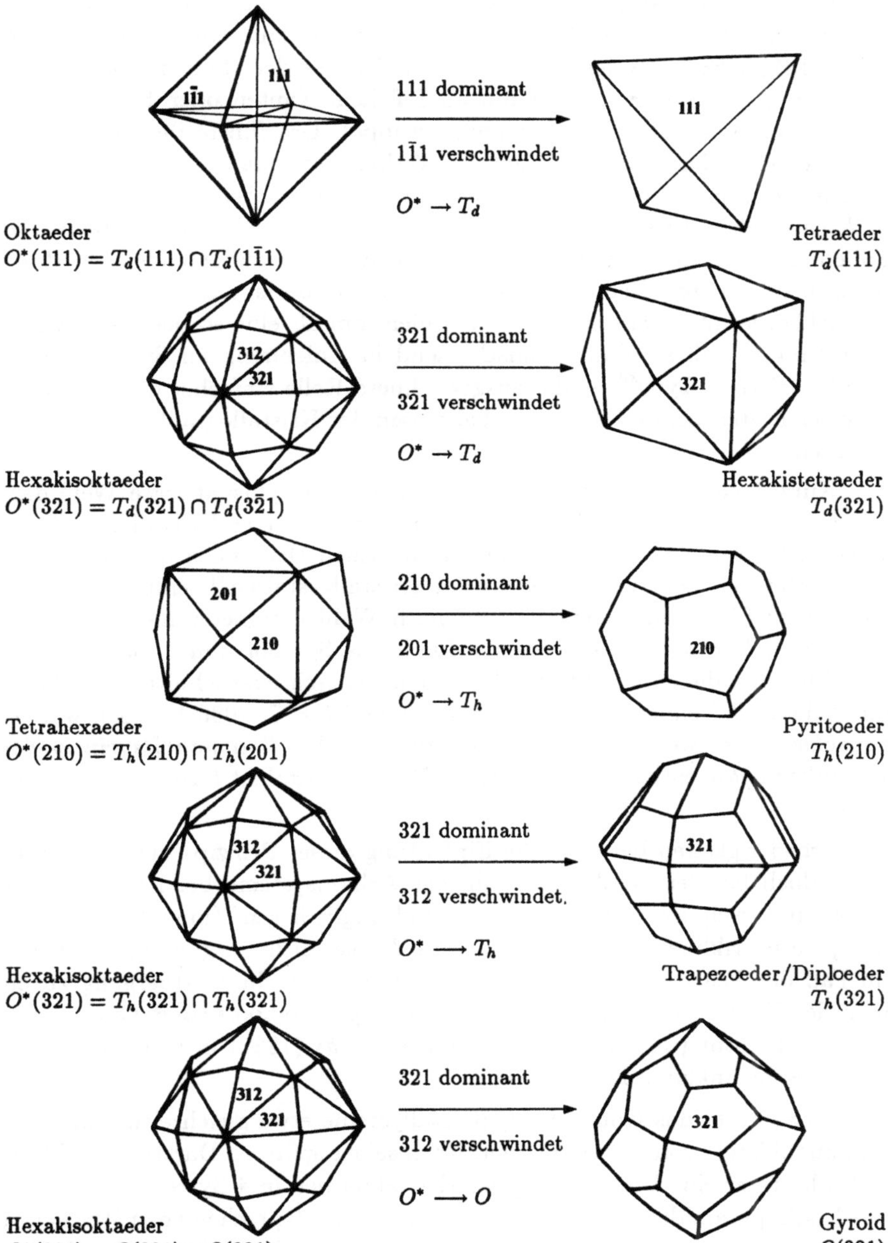

Fig. 4 Ableitung "halbflächiger" Gestalten des isometrischen Systems nach C.S. Weiß (1815)

Einige Jahre später führte er weiter aus, wohin er mit seinem Verweis auf die quadratischen Irrationalitäten an Polyedern des kubischen Systems zielte (Weiß 1819). Er analysierte dort die Verhältnisse der Radien von Berührkugeln um das Symmetriezentrum an Flächen, Kanten oder Ecken "einer Art" (also eines Orbits der Symmetriegruppe). Das führte ihn auf — teilweise schon in der Antike bekannte — Verhältnisse quadratischer Irrationalitäten. Weiß suchte nun nach *Analogien zu harmonischen Verhältnissen der pythagoreischen Musiktheorie*; und in der Tat ließen sich in einer Reihe von Fällen entweder die Verhältnisse der Radikanden der auftretenden Quadratwurzeln oder deren Kehrwerte als Tonintervalle beziehungsweise Tonserien und Akkorde interpretieren.[38] Das erschien ihm als eine so bemerkenswerte Beziehung,[39] daß sie ihm — anscheinend in Anlehnung an Spekulationen neoplatonischen Typs[40] — die ausgezeichnete Rolle einfacher quadratischer Irrationalitäten bei den Achsenverhältnissen der Kristallographie zu stützen schienen.

Kurz nach Abfassung seiner Arbeit über den Feldspat legte Weiß dar, wie die entsprechende Symbolik auf Flächen an beliebigen Kristallen zu übertragen ist (Weiß 1817). Nach einer ausführlichen Diskussion der Mängel an Haüys Methode der Symbolisierung von Kristallgestalten[41] schlug er die Angabe einer Fläche an einem Kristall nach Wahl geeigneter metrischer Parameter a, b, c des Achsensystems durch das Symbol $[ma : nb : pc]$ vor, wobei m, n, p die ganzzahligen oder rationalen Achsenabschnitte der Fläche mit "kleinen" Nennern (einschließlich ∞) sind (1817, 208ff.). Darin war — zunächst stillschweigend als Voraussetzung — das *Rationalitätsprinzip der Kristallographie* enthalten, das Weiß später auch explizit formulierte (ebda., 309).[42]

Schwierigkeiten bereitete die Einhaltung dieses Prinzips unter Umständen jedoch bei der Weißschen Wahl der Achsensysteme bei Kristallen des "zwei- und zweigliedrigen" oder "zwei- und eingliedrigen" (monoklinen beziehungsweise triklinen) Systems, wenn die Winkel nicht so günstig waren wie im Fall des Feldspats. Diese Schwierigkeiten waren durch Übergang zu einem der Kristallform angepaßten *schiefwinkligen Achsensystem* vermeidbar. In diese Richtung argumentierte zuerst *F. Mohs* (1822) in einer insgesamt jedoch recht unklaren Darstellung.

Mohs hatte das Konzept der Kristallysteme etwa gleichzeitig mit Weiß und unabhängig von ihm entwickelt. Nach seiner späteren Darstellung (Mohs 1823) hatte er eine Unterteilung der Kristallformen in 4 Systeme — "rhomboedrisch, pyramidal, prismatisch und tessular", entsprechend den Weißschen 4 "Abtheilungen" 6-gliedrig, 4-gliedrig, 2-gliedrig und regulär — schon in den Jahren 1812–1814 entwickelt und in Vorlesungen in Graz dargestellt. In den folgenden zwei Jahren (1814–1816) arbeitete er an einem Manuskript, in dem er die Liste auf 7 Systeme erweiterte. Dies machte später wesentliche Teile seines Buches (1822) aus. Weißens Arbeit (1815) lernte Mohs nach eigenen Angaben erst am Ende des Jahres 1822, nach Drucklegung seines Manuskriptes, kennen (Mohs 1823, 281).

Mohs lehnte die Unterteilung der Abteilungen in Systeme ab; er schlug stattdessen vor, die Systeme als wesentliche Klassifizierungskategorie anzusehen und — wo nötig — neue Systeme einzuführen. Das ermöglichte prinzipiell, die Achsen des späteren monoklinen und des triklinen Systems als geneigt anzunehmen. Allerdings gab Mohs lediglich Andeutungen in diese Richtung (Mohs 1822, 56ff.; 1823, 286); erst sein Schüler C. Naumann (1824) sowie M.L. Frankenheim (1826) und J.G. Graßmann (1829) vollzogen diesen Übergang endgültig [Groth 1926, 84ff.]. Weiß selber hielt dagegen zeitlebens am "Orthogonalitätsdogma" der Kristallachsen fest. Die Ausbildung der 7 Kristallsysteme war so schließlich das Resultat einer Verbindung der Weißschen mit den Mohsschen Gesichtspunkten (Weiß/Mohssche Kristallsysteme).

Weißens Symbolik für kristallographische Flächen wurde zum Ausgangspunkt verschiedener weiterer Beobachtungen. Dazu gehörte etwa die Formulierung des *"Zonengesetzes"*, einer Einordnung der zugelassenen Flächen in "Zonenverbände".[43] Für den Symmetriebegriff folgenreicher war jedoch sein Versuch, die aus Symmetriegründen des Achsensystems mit einer Fläche gleichzeitig auftretenden weiteren Flächen zu charakterisieren. Weiß beobachtete, daß etwa bei einem Achsensystem mit Achsenlängen a, b, c und $a = b$ die Fläche $[ma : nb : pc]$ (in seiner Notation, s.o.) stets zusammen mit $[na : mb : pc]$ auftritt. *Er begann so mit einer Charakterisierung der Symmetrien am Achsensystem durch Permutationen der Flächenparameter.* Dazu trat die Symbolisierung von Spiegelungen in naheliegender Weise durch Vorzeichenänderung — von Weiß durch Setzung eines Akzentes angedeutet ($m \to m'$) (Weiß 1817, 313f.). Damit hatte er diejenigen Bausteine zusammengestellt, die für eine vollständige symbolische Repräsentation der Symmetrie der Kristallsysteme erforderlich waren.

Zwar zog Weiß daraus nicht den vollen möglichen Nutzen; er gab jedoch sehr deutlich *Hinweise darauf, wie die holoedrischen Symmetrien der Achsensysteme seiner 4 Abteilungen symbolisch zu repräsentieren sind* (und damit implizit die holoedrischen Kristallklassen 0^*, D_{4h}, D_{2h}, D_{6h}). Er ging nämlich davon aus, daß in jedem Achsensystem zu klären ist, welche Flächen einer gegebenen als "von gleicher Art" zuzuordnen sind. Im kubischen System bedeutete das bei Abkürzung des Weißschen Symbols $[m_1 a : m_2 b : m_3 c]$ durch (m_1, m_2, m_3) für eine gegebene Fläche die Betrachtung der durch Permutationen der Achsenabschnitte und Vorzeichenwechsel hervorgehenden Gesamtheit

$$\{(\pm m_{\sigma 1}, \pm m_{\sigma 2}, \pm m_{\sigma 3}), \quad | \, \sigma \in \mathfrak{S}_3\},$$

Für das "sechsgliedrige"(hexagonale) System wählte er eine Repräsentation durch Achsenabschnitte bezüglich 3 Horizontalachsen im Winkel von jeweils 120° und gleicher Achsenlänge a sowie eine Vertikalachse der Länge c durch das Symbol

$$\left[\begin{matrix} & qc & \\ ma : & na & : pa \end{matrix}\right]$$

(1817, 318f.).[44] Jedoch gab Weiß keine explizite Liste des Orbits einer Fläche in den einzelnen Systemen an; er begnügte sich mit der offen gehaltenen Bemerkung, daß das *"Symbol einer Fläche"* $[ma : nb : pc]$ beziehungsweise

$$\left[\begin{matrix} & nc & \\ ma : & na & : pa \end{matrix}\right]$$

in zwei Bedeutungen gelesen werden könne, nämlich als Zeichen für eine einzelne Fläche oder dem einer Gesamtheit aller Flächen "derselben Art" (dem Orbit unter der Symmetriegruppe), ohne diese Gesamtheit allgemein weiter zu spezifizieren.[45]

Wenn auch offen bleiben muß, ob Weiß diese Andeutung in allen Fällen hätte richtig konkretisieren können, so zeigt seine bruchstückhafte Diskussion der Einschränkung der Achsensymmetrien im "zwei- und eingliedrigen" System (monoklin, Symmetrie C_{2h}) und bei den tetraedrischen und pyritoedrischen Halbflächnern des kubischen Systems (den hemiedrischen Kristallklassen T_d, T_h),[46] daß er die vage klingende allgemeine Beschreibung sehr wohl zu präzisieren wußte (wenn auch nicht immer in völlig konsequenter Verwendung der von ihm gewählten Symbolik).

Am vollständigsten war er im Fall der "tetraedrischen Halbflächner" durch die Angaben:

(*) Es treten stets die Flächen $[a : b : c]$, $[a' : b' : c]$, $[a' : b : c']$, $[a : b' : c']$,

(**) nicht jedoch die Flächen $[a' : b' : c']$, $[a' : b : c]$, $[a : b' : c]$, $[a : b : c']$ auf (Weiß 1817, 316).

Dies bedarf offenbar einer Erläuterung: Da im kubischen System $a = b = c$ gilt, ist hier zunächst $[a : b : c]$ besser als $[m_1 a : m_2 a : m_3 a]$ oder kürzer (m_1, m_2, m_3) zu notieren. Beim zweiten Hinsehen ist das "Symbol" $[a : b : c]$ offenbar nicht als einzelne Fläche sondern als Gesamtheit von Flächen zu verstehen, die durch die (am kubischen Achsensystem) zulässigen Permutationen entstehen (also alle). $[a : b : c]$ steht demnach hier für

$$\{(m_{\sigma 1},\ m_{\sigma 2},\ m_{\sigma 3}) \quad | \, \sigma \in \mathcal{S}_3\},$$

analog $[a' : b' : c]$ für

$$\{(-m_{\sigma 1},\ -m_{\sigma 2},\ m_{\sigma 3}), \quad | \, \sigma \in \mathcal{S}_3\}$$

und so weiter.

Mit dieser (wohlwollenden) Interpretation, die im Einklang mit der sonstigen Argumentation Weißens steht, hatte dieser in (∗) tatsächlich den Orbit von T_d und in (∗∗) dessen Komplement zum Orbit von O^* angegeben.

Bei den anderen "halbflächigen" Fällen waren die Weißschen Angaben weniger vollständig; er arbeitete dort nur mit den jeweils zu einer speziellen Fläche gehörenden Flächen "gleicher Art" und deren Komplement zum Orbit der holoedrischen Symmetrie des Achsensystems.[47]

Und doch änderte das nichts daran, daß in seinem Ansatz die *"hemiedrischen" (halbflächigen) Formen* (Terminologie in Weiß 1823, 104) *einen systematischen Ort erhielten* und ihre Symmetrieeigenschaften prinzipiell präzise charakterisierbar wurden. Dies war ein wesentlicher und folgenreicher Unterschied zu Haüys Theorie.

Trotz aller beobachteten Schwächen — nichteindeutige Notation, Unvollständigkeit der expliziten Listen "gleichartiger Flächen", bruchstückhafte Diskussion der reduzierten Symmetrien an den Achsensystemen — hatte Weiß dennoch ohne Zweifel mehr geleistet als die bloße Einführung einer Symbolik zur Charakterisierung der Flächen; er hatte den Weg aufgezeigt, auf dem es prinzipiell möglich war, die vollen und die reduzierten Symmetrien in den einzelnen Kristallsystemen zu präzisieren und halbalgebraisch zu beschreiben.[48] Der nächste Schritt in der Analyse der Kristallsymmetrien in dem von Weiß eröffneten dynamistischen Programm der Kristallographie war damit weitgehend vorgezeichnet.

1.5 M.L. Frankenheims Entdeckung der 32 Kristallklassen

Dieser Schritt wurde im Jahre 1826 durch den jungen Berliner Physiker *Moritz Ludwig Frankenheim* (1801–1869) vollzogen, der sich auf Kristallographie zu spezialisieren begann, kurz bevor er 1827 als Professor der Physik nach Breslau berufen wurde.[49] Frankenheims Auffassung des Materieaufbaus war stark vom Dynamismus beeinflußt; er sah aber keinen Grund, diesen einer atomistischen Auffassung konträr entgegenzustellen, sondern suchte nach einer geeigneten Verbindung der beiden gegensätzlichen Gesichtspunkte und nahm ansatzweise die spätere Bravaissche Theorie der Kristallstruktur vorweg (vgl. §2.5). Die erste Arbeit Frankenheims zur Kristallstruktur (1826) faßte aber zunächst noch ganz im Sinne von Weiß die Richtungsabhängigkeit physikalischer Eigenschaften (Spaltbarkeit, Härte, Glanz, Polarisation etc.) an Kristallen als Resultat richtungsabhängiger Kohäsionskräfte und als "Spur des Wachsthums des Crystalls" auf (1826, 497f.).

Frankenheim schloß auch an die Weißsche Symbolik an, änderte sie allerdings dadurch ab, daß er eine Fläche nicht durch die Achsenabschnitte sondern die Koeffizienten der linearen Gleichung (implizit also die Komponenten eines Normalenvektors) charakterisierte, also etwa die Fläche

$$ax + by + cz = f$$

durch $[+a+b+c]$. Ähnlich wie Weiß notierte er eine gewisse Anzahl der durch Achsensymmetrien hieraus ableitbaren Flächen (eine "Flächengruppe") durch $[a : b : c]$. Zunächst war damit die durch die drei Spiegelungen an den Koordinatenebenen des orthogonalen Achsensystems entstehende "Flächengruppe" gemeint, in Frankenheims Symbolik also

$$[a : b : c] = [\pm a \pm b \pm c] \qquad (1826, 504).$$

In seiner implizit vektoriellen Notation konnte Frankenheim das *Rationalitätsgesetz* folgendermaßen formulieren:

> *Ist an einem Kristall eine Fläche durch* $[+a+b+c]$ *gegeben, so läßt sich jede andere darstellen als* $[+\alpha a + \beta b + \gamma c]$ *mit* $\alpha, \beta, \gamma \in \mathbb{Q}$.

Deren Gesamtheit nannte er die *"Crystallreihe des Körpers"* als seiner Bezeichnung für den implizit gebildeten dreidimensionalen rationalen Vektorraum.

Mit dieser Formulierung des Rationalitätsgesetzes ausgerüstet, untersuchte er die Bedingungen, die zwei Flächen vom Typ

$$[\alpha a : \beta b : \gamma c] \quad \text{und} \quad [\alpha' a : \beta' b : \gamma' c]$$

erfüllen müssen, damit sie kristallographisch "von gleicher Art" sein können. Er wandte zwei Kriterien an:

a) Winkel der Flächen zur z-Achse gleich.Das führte auf die Bedingung

$$\left(\alpha^2 - \alpha'^2\right) a^2 = \left(\beta'^2 - \beta^2\right) b^2 \ ;$$

d.h. die Flächen sind entweder aus derselben "Flächengruppe" im angegebenen Sinn, oder es gilt $b : a = \sqrt{q}$ mit $q \in \mathbb{Q}^+$.

b) Flächen derselben Art schneiden die (x, y)-Ebene "... in einem regulären, oder doch in einem symmetrischen Polygon" (1826, 505).

Mit dieser Bedingung meinte er ein $2n$-Polygon mit n-facher Rotationssymmetrie; er präzisierte sie nämlich durch die Aussage: Die Lote vom Ursprung auf die Polygonseite (beziehungsweise die "Hälfte" der Lote — jedes zweite betrachtet) geben eine reguläre Teilung von 2π. Da für den Winkel ψ zwischen einem Lot der Form $(\pm\alpha a, \pm\beta b)$ und einem anderen der Form $(\pm\alpha' a, \pm\beta' b)$

$$\cos\psi = \frac{\pm\alpha\alpha' a^2 \quad \pm \quad \beta\beta' b^2}{\sqrt{\alpha^2 a^2 + \beta^2 b^2}\ \sqrt{\alpha'^2 a^2 + \beta'^2 b^2}}$$

gilt und der Nenner nach dem 1. Kriterium $(\alpha^2 a^2 + \beta^2 b^2)$ ist, gilt $\cos\psi \in \mathbb{Q}$, also $\psi = 0°$, $60°$, $90°$, $120°$ usw., woraus folgt:

> *"Die Durchschnitte der Seitenflächen der Pyramiden mit der Ebene von x und y bilden daher entweder ein Quadrat oder ein Sechs- oder Dreyeck"* (Frankenheim 1826, 506).

Damit hatte Frankenheim die kristallographischen Rotationssymmetrien auf die der Ordnung 6, 4, 3 oder — stillschweigend — 2 eingeschränkt und damit die Annahme glaubwürdig gemacht, wenn auch nicht bewiesen, daß *sämtliche möglichen Kristallsymmetrien durch Untersuchung "teilflächiger Systeme" der Symmetrien der vier Weißschen Abteilungen* (kubisch, sechsgliedrig, viergliedrig, zweigliedrig) zu erhalten sind.

Zur Durchführung einer solchen Untersuchung gab er in jeder Abteilung die zugehörige vollständige "Flächengruppe" an, formulierte also explizit, was Weiß nur angedeutet hatte. In einem zweiten Schritt suchte er sämtliche darin enthaltenen teilflächigen Systeme und listete sie auf.

Im Fall des *kubischen Systems* charakterisierte er etwa die vollständige "Gruppe" ähnlich wie Weiß durch $[\alpha a : \beta a : \gamma a]$. Damit meinte er nach Umbenennung ($\alpha = m_1, \beta = m_2, \gamma = m_3$ und in vektorieller Notation) die Gesamtheit der Flächen

$$\{(\pm m_{\sigma 1},\ \pm m_{\sigma 2},\ \pm m_{\sigma 3}), \quad | \, \sigma \in \mathcal{S}_3\},$$

also alle 48 Flächen des O^*-Orbits.

Zur Angabe der teilflächigen "Gruppen" führte er eine Notation für vier Flächenuntersysteme der Ordnung 12 ein, etwa $[+(\alpha a : \beta a : \gamma a)]$[50] für

$$\{(\epsilon_1 m_{\sigma 1},\ \epsilon_2 m_{\sigma 2},\ \epsilon_1\epsilon_2 m_{\sigma 3}), \quad | \, \sigma \text{ zyklisch}, \quad \epsilon_1, \epsilon_2 = \pm 1\} =: U_1,$$ [51]

entsprechend $[-(\alpha a : \beta a : \gamma a)]$ für

$$\{-(\epsilon_1 m_{\sigma 1},\ \epsilon_2 m_{\sigma 2},\ \epsilon_1\epsilon_2 m_{\sigma 3}), \quad | \, \sigma \text{ zyklisch}, \quad \epsilon_1, \epsilon_2 = \pm 1\} =: U_2,$$

sowie $[+(\alpha a : \gamma a : \beta a)]$ für

$$\{(\epsilon_1 m_{\sigma 1},\ \epsilon_2 m_{\sigma 2},\ \epsilon_1\epsilon_2 m_{\sigma 3}), \quad | \, \sigma \in \mathcal{S}_3, \quad \sigma \quad \text{nichtzyklisch}\} =: U_3,$$

und $[-(\alpha a : \gamma a : \beta a)]$ für

$$\{-(\epsilon_1 m_{\sigma 1},\ \epsilon_2 m_{\sigma 2},\ \epsilon_1\epsilon_2 m_{\sigma 3}), \quad | \, \sigma \text{ nichtzyklisch}\} =: U_4.$$

Damit konnte er die "Hälften" (Halbflächner) angeben zu

(i) $[+(\alpha a : \beta a : \gamma a)]$ $[-(\alpha a : \beta a : \gamma a)]$, das heißt
$T_d = U_1 \cup U_2$, beziehungsweise genauer formuliert
Orbit $T_d = T_d(m_1, m_2, m_3) = U_1 \cup U_2$;

(ii) $[+(\alpha a : \beta a : \gamma a)]\ [+(\alpha a : \gamma a : \beta a)]$, das heißt $O = U_1 \cup U_3$;
(iii) $[+(\alpha a : \beta a : \gamma a)]\ [-(\alpha a : \gamma a : \beta a)]$, das heißt
$T_h = U_1 \cup U_4$;

sowie das "Viertheil" durch

(iv) $[+(\alpha a : \beta a : \gamma a)]$, d.h.
$T = U_1$ (Frankenheim 1826, 543ff.).

Die anderen vollständigen ("symmetrischen") Flächengruppen gab Frankenheim entsprechend an:

Im *"viergliedrigen" (tetragonalen) System* durch

$$[\alpha a : \beta a : \gamma c] \quad \text{für} \quad \{(\pm m_{\sigma 1}, \pm m_{\sigma 2}, \pm m_3) \quad | \, \sigma \in \mathcal{S}_2\} = D_{4h};$$

im *"zweigliedrigen" (orthorhombischen/monoklinen/triklinen) System* durch $[\pm\alpha a : \pm\beta b : \pm\gamma c]$, dem entspricht $\{(\pm m_1, \pm m_2, \pm m_3)\}$ für D_{2h}.

Im *"sechsgliedrigen" (hexagonalen/trigonalen) System* führte er wie Weiß eine redundante Koordinate ein (x-, y-, t-Achsen alle mit Einheit a im 120°-Winkel in einer Ebene, orthogonal dazu die z-Achse mit Einheit c, Angabe von Punkten durch die Achsenabschnitte der Lote (!) auf die Achsen, Angabe einer Fläche durch die linearen Koeffizienten α, β, ϵ, γ (beziehungsweise m_1, m_2, m_3, n)) und erklärte die "Flächengruppe" $[\pm(\alpha a : \beta a : \epsilon a) + \gamma c]$ als Symbol für

$$\{(\pm(m_{\sigma 1}, m_{\sigma 2}, m_{\sigma 3}), n) \quad | \, \sigma \in \mathcal{S}_3 \quad \sigma \text{ zyklisch}\}.$$

Damit gab er die holoedrische "Flächengruppe" des Systems (und der Abteilung) an durch

$$[\pm(\alpha a : \beta a : \epsilon a) \pm \gamma c] \quad [\pm(\beta a : \alpha a : \epsilon a) \pm \gamma c]$$

als seiner Notationsform von

$$\{(\pm(m_{\sigma 1}, m_{\sigma 2}, m_{\sigma 3}), \pm n) \quad | \, \sigma \in \mathcal{S}_3\} \quad \text{für } D_{6h}.$$

Durch seine Analyse erhielt Frankenheim eine Liste der Kristallsymmetrien, die die angegebenen 5 "Flächengruppen" in der kubischen, darüberhinaus 7 in der viergliedrigen, 8 in der zweigliedrigen und 12 in der sechsgliedrigen Abteilung umfaßte. Zu jeder diskutierte er auftretende einfache Kristallgestalten. *So erhielt er eine gute, präzise und vollständige Übersicht über die 32 Kristallklassen* (1826, 543–565).[52]

Seine Arbeit enthielt für die Entwicklung des Symmetriekonzepts der Kristallographie wesentliche Ergebnisse: die Einschränkung auf 2-, 3-, 4-, 6-zählige Symmetrien, eine Liste der damit verträglichen 32 Kristallklassen und eine präzise, wenn auch im Satz nicht immer einwandfrei realisierte Symbolik. Besondere Bedeutung hat in unserem Kontext die Angabe der Kristallsymmetrien durch "Flächengruppen", die Frankenheim durch Koeffizientenpermutationen und Vorzeichenwechsel erhielt. Diese hatten zwar selber nicht unmittelbar die Bedeutung von Operationssystemen, aber waren Resultat von im Symbol angedeuteten Operationen, die den zulässigen Achsensymmetrien entsprachen. *Seine Auffassung und Sprechweise waren der in der zeitgenössischen Permutationslehre analog*; dort waren ja "Gruppen von Permutationen" die Ergebnisse ausgezeichneter Symbolumstellungen, bevor sie als Operationssysteme selber (Gruppen von "Substitutionen") betrachtet wurden [Wußing 1969, 80ff.]. Frankenheims Fortsetzung des Weißschen Ansatzes stellte also schon eine große Nähe zu den Permutationen der zeitgenössischen Algebra her. Seine Arbeit blieb jedoch weitgehend unbeachtet und, von Satzfehlern gerade im Bereich der neu vorgetragenen Symbolik entstellt, in Okens naturphilosophischem Journal vergraben.[53]

§2 Rationale Vektorräume, Punktsymmetrien und Raumgittertypen im dynamistischen Programm

2.1 J.G. Graßmanns "Geometrische Combinationslehre"

Während Frankenheims grundlegende Arbeit von 1826 unbeachtet blieb, wurden noch im Zeitraum der folgenden fünf Jahre die beiden von ihm entwickelten Ideen zur Präzisierung und Fortführung des Weißschen Programms von zwei Wissenschaftlern neu formuliert und ausgearbeitet. Das geschah unabhängig von Frankenheim und nahezu unabhängig voneinander, in verschiedenen Formen und in unterschiedlichen theoretischen Kontexten. J.G. Graßmann machte die Annäherung eines neuen Typus von Algebra — von ihm "Combinationslehre" genannt — an die kristallographische Gestaltenlehre zum Thema zweier Arbeiten (Graßmann 1829, 1833); J.F.C. Hessel klassifizierte in geometrischer Form die endlichen Punktsymmetriesysteme im euklidischen Raum und hob aus ihnen die 32 Kristallklassen hervor (Hessel 1830).

Justus Günther Graßmann (1779 – 1852) war, wie später sein Sohn Hermann, zeit seines Berufslebens Gymnasiallehrer mit Schwerpunktfach Mathematik und beschäftigte sich in der zweiten Hälfte der 1820er Jahre intensiv mit Kristallographie.[1] Dem Professionalisierungsanspruch dieser Periode gemäß[2] zielte er — bei aller Einschränkung der ihm zur Verfügung stehenden Mittel — auf eigene Forschungsleistungen. Da ihm seine Bedingungen keine bedeutende empirische Arbeit erlaubten, konzentrierte er sich auf theoretische Studien. Selbst diese stießen auf die Einschränkung, daß nicht alle relevante Literatur in Stettin, Graßmanns Wohn- und Arbeitsort, zugänglich war. So gelang es ihm nicht, die ihm nur indirekt bekannten Arbeiten von Weiß einzusehen; er konnte sich lediglich auf die Arbeiten von Haüy, Mohs, Naumann und Marx stützen.[3] Das hinderte ihn jedoch nicht, die auch aus den Arbeiten von Mohs, Naumann und der damals gerade erschienen Darstellung von Marx [1825] hervorgehende Einteilung der Kristallgestalten in Systeme nach Weiß/Mohs zu übernehmen und einer mathematischen Analyse zu unterwerfen. Dabei arbeitete er die die Prinzipien der Gestaltbildung und der Symmetrien deutlicher heraus,als das in seinen Vorlagen der Fall war.

Er beschrieb die Flächen durch ihre Normalen[4] ("*Träger der Fläche*") und baute darauf einen symbolischen Kalkül auf, der ganzzahlige Linearkombinationen und geeignete Symmetrieoperationen handhabbar machte. Diesen Kalkül bezeichnete er in terminologischer Anlehnung an die in Deutschland zu Beginn des 19. Jahrhunderts populäre Hindenburgsche Richtung als "*geo-*

metrische Combinationslehre", grenzte sich aber gleichzeitig von derem Schematismus ab (Graßmann 1829, 174f.).

Die Grundstruktur der Graßmannschen "Combinationslehre" bestand aus einem von drei Strecken b, c, d, den "*Elementarträgern*", im Sinne der Streckenrechnung erzeugten $\mathbb{Z}$-Modul. Diese sollten drei "räumlichen Dimensionen" entsprechen, waren also reell linear unabhängig. Graßmann setzte die Kommutativität der Streckenkomposition — wegen der möglichen Interpretation als Zusammensetzung von Bewegungen mittels Parallelogrammregel von ihm "phoronomische Combination" genannt (1829, 8ff.) — als selbstverständlich voraus. Da er des weiteren eine multiplikative Notation verwendete, erschienen ihm die Koeffizienten β, γ, δ der Linearkombination als "*Wiederholungsexponenten*" einer "*Complexion*" $b^{\beta}c^{\gamma}d^{\delta}$, d.h. des zusammengesetzten Trägers.

Die Darstellung der Flächen einer Kristallart durch ihre Träger hatte einen doppelten Vorteil. Sie brachte die dynamistische Idee, daß die Flächen Ausdruck kristallbildender Kräfte sind, sowie den unterstellten systemischen Zusammenhang der bei einer Kristallart auftretenden Kräfte im $\mathbb{Z}$-Modul mathematisch unmittelbar zum Ausdruck; darüberhinaus ermöglichte sie Graßmann eine Charakterisierung der Weiß/Mohsschen Kristallsysteme durch die holoedrischen Symmetrien in ganz ähnlicher Weise wie Frankenheim (1826).

Dazu wählte er — außer im trigonal/hexagonalen Fall (s.u.) — die "Elementarträger" b, c, d in den Achsen des betreffenden Systems und betrachtete das volle System der Permutationen und Vorzeichenwechsel der Koeffizienten $\beta = m_1$, $\gamma = m_2$, $\delta = m_3$, das mit dem jeweils vorliegenden Achsensystem verträglich war:

- im isometrischen System ($|\boldsymbol{b}| = |\boldsymbol{c}| = |\boldsymbol{d}|$, $\boldsymbol{b}$, $\boldsymbol{c}$, $\boldsymbol{d}$ paarweise orthogonal) zulässige Operationen $(m_1, m_2, m_3) \rightarrow (\pm m_{\sigma 1}, \pm m_{\sigma 2}, \pm m_{\sigma 3})$, $\sigma \in \mathcal{S}_3$ (Graßmann 1829, 67ff.),
- im tetragonalen System ($\boldsymbol{b}$, $\boldsymbol{c}$, $\boldsymbol{d}$ paarweise orthogonal, $|\boldsymbol{b}| \neq |\boldsymbol{c}| = |\boldsymbol{d}|$) $(m_1, m_2, m_3) \rightarrow (\pm m_1, \pm m_{\sigma 2}, \pm m_{\sigma 3})$, $\sigma \in \mathcal{S}_2$ (ebda., 110f.)
- im orthorhombischen System ($\boldsymbol{b}$, $\boldsymbol{c}$, $\boldsymbol{d}$ paarweise orthogonal, $|\boldsymbol{b}|$, $|\boldsymbol{c}|$, $|\boldsymbol{d}|$ paarweise verschieden) $(m_1, m_2, m_3) \rightarrow (\pm m_1, \pm m_2, \pm m_3)$ (ebda., 104f.),
- im monoklinen System ($\boldsymbol{b}$ orthogonal Spann $(\boldsymbol{c}, \boldsymbol{d})$, $|\boldsymbol{b}|$, $|\boldsymbol{c}|$, $|\boldsymbol{d}|$ paarweise verschieden) $(m_1, m_2, m_3) \rightarrow \pm(\pm m_1, m_2, m_3)$, (ebda., 110),
- im triklinen System ($\boldsymbol{b}$, $\boldsymbol{c}$, $\boldsymbol{d}$ beliebige Winkel, $|\boldsymbol{b}|$, $|\boldsymbol{c}|$, $|\boldsymbol{d}|$ paarweise verschieden) $(m_1, m_2, m_3) \rightarrow \pm(m_1, m_2, m_3)$ (ebda., 121).

Das trigonale ("rhomboedrische") System charakterisierte Graßmann nach dem Mohsschen Vorbild durch 3 "Elementarträger" b, c, d, die einer dreizähligen Rotationssymmetrie genügen (also längs der Kanten durch

Spitze oder Fußpunkt eines Rhomboeders angeordnet sind),

$$\sphericalangle(b,c) = \sphericalangle(c,d) = \sphericalangle(d,b), \ |b| = |c| = |d|,$$

mit den zulässigen Operationen

$$(m_1, m_2, m_3) \quad \rightarrow \quad \pm(m_{\sigma 1}, m_{\sigma 2}, m_{\sigma 3}), \qquad \sigma \in \mathcal{S}_3$$

(ebda., 113ff.).

Das entsprach gerade den Operationen von D_{3d}.[5] Die spezifisch hexagonalen Symmetrien (D_{6h}, D_6, C_{6h}, C_{6v}, C_6) wurden bei dieser Darstellung also reduziert — ein Mangel, den Frankenheim bei seiner Verwendung einer redundanten Koordinate vermieden hatte, ohne auf kompliziertere Darstellungsmittel als Permutationen und Vorzeichenwechsel der Koeffizienten, wie etwa Matrizen, zurückgreifen zu müssen.

Die symbolische Darstellung der Symmetrien ermöglichte prinzipiell die Ableitung der einfachen Kristallgestalten als Gesamtheit der Träger aller derjenigen Flächen, die aus einer, etwa (m_1, m_2, m_3), durch sämtliche Operationen des Systems hervorgehen (implizit also als Orbit von (m_1, m_2, m_3) unter der Symmetriegruppe). Für die tatsächliche Ausführung dieses Prinzips war freilich noch zu klären, welche kombinatorischen Typen von Polyedern bei Variation der Parameter m_1, m_2, m_3 überhaupt auftreten können. Graßmann führte diese Diskussion nicht im einzelnen aus; er teilte jedoch das Resultat für einen vollständigen Satz charakteristischer Werte von m_1, m_2, m_3 mit. So gab er etwa für das isometrische System die 7 einfachen Kristallgestalten in moderner Notation an:

Würfel	100 oder $\beta\,00$,
Rhombendodekaeder	110 oder $\beta\beta\,0$,
Oktaeder	111 oder $\beta\beta\beta$,
Tetrakishexaeder	320, 210, 310, allgemein $\beta\gamma 0$,
Trisoktaeder	221, 332, allgemein $\beta\beta\gamma$,
Trapezoeder	211, 311, allgemein $\beta\gamma\gamma$,
Hexakisoktaeder	321 etc., allgemein $\beta\gamma\delta$

(Graßmann 1829, 97ff.), und ganz ähnlich für die anderen Systeme.

Graßmann war sich der Analogie zwischen seiner Vorgehensweise sowie Symbolik und den Permutationen der zeitgenössischen Algebra, mit denen der frühe Gruppenbegriff am deutlichsten verbunden war, durchaus bewußt:

> *"Die (...) Darstellung mittels der Reihenfolge der Wiederholungsexponenten und der Vertauschung der Accente (Vorzeichen, E.S.) an denselben gab uns künstliche Systeme, welche ihren rechten Sinn*

aber nur durch die Lage im Raum erhalten, auf welche sie vermöge der ihnen unterlegten Bedeutung sich beziehen, sie sind also eigentlich nichts als räumliche *Permutationen*" (Graßmann 1829, 58).

Graßmann verband also in seiner "geometrischen Combinationslehre" ein System dreidimensionaler "Complexionen", d.h einen geometrisch interpretierten dreidimensionalen $\mathbb{Z}$-Modul im euklidischen Raum (ein Gitter), mit einem System "räumlicher Permutationen", also implizit einer endlichen orthogonalen Gruppe. Er war davon überzeugt, daß der eingeschlagene Weg zu einer neuen Art (struktureller) Mathematik führen würde, die sich von der traditionellen "mathematischen Größenlehre", d.h. einer ausschließlich auf Quantitäten und ihre funktionelle Abhängigkeiten gerichteten Mathematik, in zweierlei Hinsicht vorteilhaft unterschieden würde. Er glaubte nämlich, daß die "Combinationslehre"

"*... ohne Zweifel dereinst für die Systematik einer jeden Wissenschaft überhaupt und für die Classifikation in der Naturgeschichte insbesondere von der grössten Wichtigkeit werden (würde) ...*" (1829, 171).

Darüberhinaus hoffte er, daß durch die "Combinationslehre" die mathematische Bildung von einer allein von wenigen beherrschten Spezialbildung zu einer wahren Allgemeinbildung werden könnte, weil die Mathematik

"*... durch die wissenschaftlich entwickelte Combinationslehre der Natur und dem Leben genähert (wird), indem sie neue Gesichtspunkte darbietet, die Constructionen der Natur und des Geistes mehr in ihrem grossen Zusammenhange zu betrachten und dadurch vollständiger und leichter aufzufassen*" (ebda.).

Graßmann leugnete dabei nicht einen gewissen Einfluß der gegen Ende des 18. Jahrhunderts in Deutschland einflußreichen traditionellen Schule der "Combinationslehre", die von Karl Friedrich Hindenburg (1741–1808)und anderen vertreten wurde, auf seine Auffassungen. Er kritisierte den traditionellen Standpunkt jedoch mit zwei Argumenten als zu eng, wegen der primär quantitativen Betrachtung der "Combinationen" als Anzahl gewisser Klassen von Elementen, sowie wegen Hindenburgs "schwerfälliger und zu willkürlichen Bezeichnung":

"*Hierdurch wurde die wahre und tiefere Bedeutung der combinatorischen Synthesis verdunkelt und diese in eine Einseitigkeit hineingezogen, in welcher ihre volle und gesunde Gestalt nicht mehr zu erkennen war*" (ebda., 175).

Dem stellte er eine strukturell-operative Auffassung der "Combinationslehre" gegenüber:

> *"Die Combinationslehre ist aber eben sowohl wie die Arithmetik eine eigenthümliche, von jeder andren mathematischen Disziplin unabhängige Grundwissenschaft, welche auf eine organische Weise in das grosse Ganze eintritt und wenn auch nicht als Wissenschaft entwickelt, doch immer darin gewesen ist"* (ebda., 175).

Die von Graßmann in diesem Zusammenhang verwendeten Metaphern zeigen einen deutlichen romantisch-naturphilosophischen Einfluß auf sein Denken. So verglich er die "geometrische Combinationslehre" mit dem "verbindenden Glied der galvanischen Kette, deren Elemente Mathematik und Naturkunde" sind, und er erhoffte sich von der Verbindung von alter und neuer Mathematik ("Grössenlehre" und "Combinationslehre") mit der Naturkunde

> *"... die bewusste Darstellung der Uebereinstimmung von Natur und Geist, die Versöhnung und Einigung der beiden getrennten Sphären, den Erlösungsprocess des menschlichen Geistes von der Folter leerer Abstraction und roher Empirie ..."* (ebda., 172).

Graßmann verband also mit seiner Entwicklung eines Stücks strukturell orientierter Algebra, die den Beziehungen der Kristallographie nachgebildet war, die Idee einer weitgehenden Erneuerung der Mathematik einschließlich ihrer Stellung im System der Wissenschaften, die zu einer zumindest ideellen Erneuerung der Beziehung zwischen Menschen und Natur beitragen sollte. Die emphatische Form, in der er sie vortrug, läßt sie eher als philosophisch gewendete Hoffnung auf Erneuerung erscheinen, denn als eine programmatisch präzisierbare Forschungsorientierung innerhalb der Mathematik. Doch besaß sie merkliche Gemeinsamkeiten mit den naturphilosophischen Ideen des Dynamismus, die bei Weiß und seinen Nachfolgern innerhalb der geometrischen Kristallographie forschungsprogrammbildende Gestalt annahmen. Darüberhinaus enthielt die "geometrische Combinationslehre" neben allen Spekulationen und Hoffnungen einen guten Kern kristallographisch relevanter Erkenntnisse.

Graßmanns zweite Arbeit zur Kristallographie beschränkte sich auf eine gestraffte Darstellung eben dieses geometrisch-algebraischen Kerns (1833). Aber auch diese neue, dem disziplinären Verständnis besser angepaßte Einführung in seine Theorie änderte nicht viel an der zögernden Aufnahme seiner Vorschläge.

Ähnlich wie später die Arbeiten seines Sohnes zur "Ausdehnungslehre" im Ausland (Italien) eher bekannt wurden als im deutschsprachigen Raum, fand J.G. Graßmanns "geometrische Combinationslehre" zunächst über die Arbeiten W.H. Millers (1801–1880) eine partielle Aufnahme in die englischsprachige Kristallographie (Miller 1839, iii). Miller beschränkte jedoch seine Übernahme Graßmannscher Konzepte auf die Permutationssymbolik für die Darstellung äquivalenter Flächen in einem Kristallsystem; die vektorielle Seite des Graßmannschen Kalküls klammerte er dagegen vollständig aus. Auch in Deutschland wurden Graßmanns Vorschläge fast ausschließlich über den Umweg Miller bekannt,[6] obwohl Hessel in einem historischen Anhang Graßmanns Ansatz schon als "classisch" hingestellt hatte (Hessel 1830, *2*, 137). Nicht einmal Hessel hatte sich jedoch an Graßmanns Methode angeschlossen und sie für seine Zwecke einzusetzen versucht. Es blieb daher bei einer insgesamt äußerst schwachen, zunächst indirekten Resonanz auf die Arbeiten des Außenseiters, des forschenden Gymnasialprofessors aus Stettin.

2.2 Rationale Vektorräume in der Kristallographie gegen Ende der 1820er Jahre

Die dynamistische Auffassung ging davon aus, daß die Normale einer Kristallfläche mit der Richtung der Resultante aller an der Flächenbildung beteiligten Kräfte übereinstimmt. Diese Weißsche Idee nahm Franz Neumann (1823) zum Anlaß, eine Fläche auch geometrisch durch ihre "Flächenrichtung", d.h. ihre Normale zu charakterisieren [Groth 1926, 79]. Die Kräftekomposition nach dem Parallelogrammgesetz war für einzelne Kräfte eine schon seit dem 17. Jahrhundert übliche Konstruktion. Die Hypothese des Kristallaufbaus aus einem System konstituierender Kräfte, das für jede Kristallart spezifische geometrische Eigenschaften aufweist, *lenkte nun im dynamistischen Programm der geometrischen Kristallographie die Aufmerksamkeit auf ganze Systeme von Kräften*, die in weiter zu spezifizierender Weise aus drei Grundkräften abzuleiten waren (die wiederum den Weißschen Achsen korrespondierten). Der angenommene systemische Charakter der Kräfte im Kristall führte gegen Ende der 1820er Jahre zur Betrachtung von Gesamtheiten gerichteter streckenartiger Objekte in der Kristallographie, die nichts anderes waren als *frühe Formen dreidimensionaler Vektorräume bzw. $\mathbb{Z}$-Moduln.*[7]

J.G. Graßmann war nicht der einzige Autor, der den Charakter der Gesamtheiten potentieller "Träger" von Kristallflächen in dieser Weise mathematisch ausarbeitete. Fast gleichzeitig, in der Publikation nur ein Jahr später als Graßmann, formulierte Johann Friedrich Hessel (1796–1872), Professor der Mineralogie, Technologie und Naturgeschichte in Marburg, der sich schon früh mit Haüys Symmetrieprinzip beschäftigt und dessen Arbeit von 1815 ins Deutsche übersetzt hatte (Haüy 1815/1819), das Konzept eines "gerengesetzlichen Strahlenvereins", d.h. in unserer Terminologie eines rationalen Vektorraums. Das geschah in einem umfangreichen Artikel für die Neuauflage des "Gehlerschen Physikalischen Wörterbuchs", dessen Erstellung Hessel zum

Anlaß für eine Grundlagenstudie der Symmetrietypen von Kristallen nahm. In den besagten "Strahlenvereinen" fixierte er die Rahmenstruktur, in der die "Träger" der Flächen einer Kristallart zu liegen haben; die Gesamtheit dieser Flächen wurde ihm dadurch zu einem "gerengesetzlichen Flächenverein".

Als "*gerengesetzliche Verbindung*" zweier oder dreier gerichteter Strahlen oder "Pfeile"[8] A, B, C bezeichnete Hessel die Komposition nach der Parallelogrammregel (seine Notation für $A+B+C$ war $[A, B, C]$). Diese Operation verallgemeinerte er durch Zulassung ganz oder gebrochen rationaler Koeffizienten p, q, r. Das führte ihn auf die "gerengesetzliche Verbindung mit Maßzählern" $[pA, qB, rC]$, d.h. rationale Linearkombinationen. So erhielt er je nach der Anzahl der Erzeugenden einen "gerengesetzlichen Strahlenverein in zwei bzw. drei Dimensionen" (Hessel 1830, *2*, 43ff.), als seiner Sprechweise für zwei- bzw. dreidimensionale Vektorräume.

Hessels Dimensionskonzept war allerdings ähnlich wie Graßmanns geometrisch, nicht linear algebraisch; d.h. er forderte etwa für die Dreidimensionalität eines "Strahlenvereins", daß die drei erzeugenden Strahlen "nicht in einerlei Ebene" fallen (ebda., 48f.). Durch diesen Rückgriff auf vorgeordnete elementare Dimensionskonzepte der euklidischen Geometrie vermied er wie Graßmann die Problematik höherdimensionaler rationaler Vektorräume in einer geometrischen Gerade bzw. Ebene. Auf das Konzept der geometrischen Unabhängigkeit gestützt, zeigte er dann immerhin eine schwache Form des Basissatzes:

> Je drei geometrisch unabhängige Strahlen erzeugen den betrachteten "Strahlenverein" durch "gerengesetzliche Verbindung" (ebda., 48).

Das erlaubte Hessel eine mathematisch befriedigende theoretische Fixierung des Rationalitätsgesetzes der Kristallographie. Das Weißsche Prinzip der Achsenwahl im Kristall auf solche Weise, daß die Kristallflächen durch rationale Zahlen (aus "kleinen" ganzen Zahlen) parametrisiert werden, war durch Mohs und Naumanns Korrektur der Achsenwahl auch auf trigonale/hexagonale Kristalle anwendbar geworden. F. Neumann hatte in zwei Arbeiten (1823, 1826) neben anderem nachgewiesen, daß die Rationalität der Parameter nicht so stark, wie vielleicht nach Weiß' Auffassung zu vermuten, von der Achsenwahl abhängig ist, sondern daß die Rationalitätsbedingung der Parameter gewährleistet ist, wenn nur die Achsen (samt Normierung) in drei Kanten eines nichtregulären Tetraeders aus vier kristallographischen Flächen gewählt werden [Groth 1926, 77ff.].

Hessels Formulierung des geometrischen Basissatzes in rationalen Vektorräumen ("gerengesetzlichen Strahlenvereinen") erlaubte nun außer einer Vereinfachung der bei Neumann recht umfangreichen Rechnungen eine Aufdeckung des strukturellen Hintergrunds dieser Beobachtung. So konstatierte Hessel für die Anwendung seines Konzepts in der Kristallographie, daß die

"Vergleichung der bis jetzt bekannten Krystallgestalten" zur Annahme des "Erfahrungssatzes"[9] führe:

> "Die sämtlichen Flächen an einem und demselben Krystalle gehören zu einem und demselben gerengesetzlichen Flächenvereine, *so dass also auch deren Träger zu einem gerengesetzlichen Strahlenvereine gehören und die Kanten des Krystalles parallel liegen mit Strahlen eines gerengesetzlichen Vereins kantenthümlicher Strahlen*" (Hessel 1830, *2*, 92).

Damit hatte Hessel eine mathematisch befriedigende strukturelle Fixierung des Rationalitätsgesetzes als eines der beiden zentralen Grundprinzipien der geometrischen Kristallographie des 19. Jahrhunderts angegeben. Trotz dieser früh entdeckten Bedeutung des Vektorraumkonzepts für die Kristallographie, die auch bei der Entwicklung der Theorie der "Ausdehnungsgrößen" des jüngeren Graßmann einen gewissen Einfluß hatte (Hermann Graßmann 1844) blieb die Vektorraumtheorie jedoch bekanntlich eine weitgehend periphere Erscheinung in der Mathematik des 19. Jahrhunderts. Ganz anders verhielt es sich dagegen bei der anderen mathematischen Struktur, die der auch von Hessel weitergeführten Analyse des kristallographischen Symmetriegesetzes zugrundelag.

2.3 Hessels Klassifikation der endlichen räumlichen Punktsymmetriesysteme

Hessel schickte der Analyse des kristallographischen Symmetriegesetzes eine allgemeine Studie der Gestalten endlicher Polyeder voraus. Deren Ziel war die Klassifizierung der endlichen konvexen Polyeder im euklidischen Raum unter den sich gegenseitig ergänzenden Gesichtspunkten der Symmetrie und des kombinatorischen Typs eines Polyeders. Hessel leistete so einen Beitrag zu einem von ihm als "Formen-" oder "Gestaltenlehre" bezeichneten Teilgebiet der euklidischen Geometrie. Zur Entwicklung der "Gestaltenlehre" schien ihm eine Präzisierung des Verständnisses der seit Haüy in der Kristallographie in steigendem Maße beachteten Polyedersymmetrien und deren Systematik als notwendig, die Hessel im Anschluß an jene Tradition als "*Lehre von der Gleichwerthigkeit*" bezeichnete:

> *"Ich habe gesucht, die Lehre von der Gleichwerthigkeit räumlicher Dinge auf rein mathematische Weise begründet durchzuführen und die verschiedenen Arten dieses Gleichwerthigseins schärfer, als (es) bisher geschah, zu untersuchen. ... Dass eine consequente Durchführung dieser Lehren für die Wissenschaft unnöthig sei, wird*

niemand behaupten wollen, und daher wird auch niemand es tadeln können, dass nicht bloss die Gestaltensysteme, welche in der Krystallenwelt vorkommen, sondern alle denkbaren *Gestaltensysteme auf gebührende Weise sind berücksichtigt worden"* (Hessel 1830, *1*, 3).

Hessel begann seine Untersuchung mit der Analyse der möglichen Symmetrierelationen ("Axenarten") im euklidischen Raum — eine neue Fragestellung, die vor ihm auch von Mathematikern nicht bearbeitet worden war. Darauf baute er das Studium der möglichen endlichen Systeme von Punktsymmetrien ("Strahlen- und Axensysteme") und der zugehörigen einfachen Gestalten auf, das er bis zu einer vollständigen Liste der endlichen Punktsymmetriesysteme, also einer impliziten Klassifikation der endlichen orthogonalen Gruppen im dreidimensionalen Raum führte. Die allgemeine Theorie rundete er durch Entwicklung einer eigenen algebraischen Symbolik für die einfachen Gestalten ab, bevor er die Spezifizierung auf Kristallklassen und deren einfache Gestalten vornahm.

Das Symmetriekonzept Hessels kannte dem zeitgenössischen Stand des Kongruenzbegriffs in der Geometrie entsprechend *keine globalen Kongruenzabbildungen* (also Abbildungen des ganzen Raumes oder der Ebene). Es war im traditionellen Sinne an vorgegebene Figuren (in der Regel kompakte Polyeder) gebunden, allerdings im Unterschied zur bis in die Antike reichenden Tradition nicht mehr ausschließlich metrisch relational formuliert, sondern unter Verwendung von Bewegungen und Inversionen bzw. Spiegelungen ("räumlichen Substitutionen") der beteiligten Figuren.

Hessels Symmetriebegriff war prima facie relational; das heißt er unterschied zunächst für Paare von Figuren (z.B. Polyeder) A, B:

- "ebenbildliche Gleichheit", das heißt eigentliche Kongruenz, symbolisch $A \cong B$,
- und "gegenbildliche Gleichheit", das heißt uneigentliche Kongruenz, symbolisch $A \mid = \mid B$.[10]

Jedoch griff er bei der feineren Unterscheidung der Relationen ansatzweise zu einer operationalen Charakterisierung, ebenso wie bei der Begründung der naheliegenden spezifischen Transitivitätseingeschaften dieser Relationen.[11]

Zur Fixierung der Verfeinerung der Symmetrierelationen griff Hessel auf das Weißsche Konzept der "Achse" zurück und abstrahierte daraus ein rein geometrisches Konzept der Charakterisierung von Symmetriebeziehungen an einer Figur. So startete er mit dem Konzept der "*p-gliedrigen Axe*" (1830, *1*, 36) als einer Geraden, welche Deckrotationen oder Deckspiegelungen der Ordnung p zuläßt. Dies wurde durch zwei Gruppen voneinander unabhängiger weiterer Symmetriemerkmale ergänzt:

Tabelle 2
Hessels 7 Achsentypen

p-gliedrige Achse	1-fach	2-fach
ungleichendig	C_p	C_{pv}
gleichstellig gleichendig	C_{ph}	D_{ph}
ebenbildlich gleichendig	D_p	D_{pd}
gerenstellig gleichendig	$\bar{C}_{2p}$ [13]	D_{pd}

(i) – "*2-fach p-gliedrige*" Achse: zusätzlich zur Rotationssymmetrie gibt es Spiegelungen an Ebenen durch die Achse (internationale kristallographische Notation *pm* (*p* ungerade) bzw. *pmm* (*p* gerade), Schoenflies Notation C_{pv}). Hessel charakterisierte das allerdings verwickelter: der "Gegenkörper" der Figur (d.h. deren punktinverses Bild bezüglich eines Punktes der Achse) kann nach Rotation um π um eine zur Achse orthogonalen Gerade zur Deckung mit der Ausgangsfigur gebracht werden (ebda., 37f.).

– "*1-fach p-gliedrige*" Achse: sonst.

(ii) – "*ebenbildlich gleichendige*" Achse g: zusätzlich zur p-zähligen Rotationssymmetrie gibt es eine 2-zählige Rotationssymmetrie um eine zu g orthogonale Gerade (internationale krist. Notation $p2$ (p ungerade), $p22$ (p gerade); Schoenflies D_p);

– "*gleichstellig gleichendige (bzw. zweiendige)*" Achse g: zusätzlich zur Rotationssymmetrie Spiegelung an einer Orthogonalebene zu g (int. krist. Not. p/m, Schoenflies C_{ph}) (ebda., 40f.);

– "*gerenstellig gleichendige p-gliedrige*" Achse: Drehspiegelung mit Winkel $2\pi/2p$ (int. krist. Not. $2p$, Schoenflies $\bar{C}_{2p}$), von Hessel durch die Bedingungen der "gegenbildlichen Gleichheit" der "oberen" und "unteren Körperhälfte" beschrieben, ohne daß jedoch "gleichstellige Gleichendigkeit" vorliege (ebda., 43);

– "*ungleichendige*" Achse: falls keiner der in (ii) sonst vorliegenden Fälle zutrifft.

Da sich bei Kombinationen dieser verfeinerten Symmetriemerkmale bezüglich einer "p-gliedrigen Axe" lediglich in zwei Fällen eine Überschneidung ergibt — jede "gerenstellig zweiendige 2-fache" Achse ist auch "ebenbildlich zweiendig 2-fach" (ebda., 43)[12] — erhielt Hessel 7 verschiedene Achsenarten (Tab. 2)[13].

Eine "Axe" war für Hessel also Ausdruck eines transitiv abgeschlossenen Systems von Symmetriebeziehungen einer Figur. Das gesamte Symmetriesystem einer (kompakten) Figur erschien Hessel konsequenterweise als "*Axensystem*". Dort treten endlich viele Achsen des oben angegebenen Typs in solcher Art auf, daß die Auswertung der Transitivität von Symmetriebeziehungen wiederum auf eine ausgezeichnete Symmetrierelation führt. In dieser Form arbeitete Hessel implizit mit Verkettungen und abgeschlossenen Systemen der zugrundeliegenden Symmetrierelationen, implizit also mit endlichen (orthogonalen) Gruppen.

Diese Betrachtungsweise kam auch bei der Analyse der möglichen Kombinationen von Achsen in den Symmetrien (endlicher) Figuren deutlich zum Ausdruck. Hessel suchte zunächst sämtliche (nichttrivialen) Achsen der Figur auf und analysierte, welche von ihnen "*gleichwerthig*" sind, d.h. durch Symmetrien ineinander übergehen. Bei Übertragung der so definierten "Gleichwerthigkeit" auf die den Achsen korrellierenden Achsensymmetrien (implizit Untergruppen der vollen Symmetriegruppe vom Typ wie in Tab. 2) entpuppt sich Hessels Charakterisierung als eine indirekte, implizite, dem Sachverhalt aber sehr gut angepaßte Charakterisierung der Konjugationsklassen der Achsensymmetriegruppen in der vollen Symmetriegruppe. Bei Existenz einer Achse ohne "gleichwerthige" zeichnete Hessel diese als "*Hauptaxe*" aus (ebda., 47)[14] und unterschied zwischen Symmetriesystemen *mit* und *ohne* Hauptachse. Aus gruppentheoretischer Sicht entspricht dem die Unterteilung der endlichen orthogonalen Gruppen in solche mit bzw. ohne zyklisch/diedrischen Normalteiler.

Seinem Symmetriebegriff entsprechend fixierte Hessel die Symmetriesysteme geometrisch-konfigurativ, also nicht etwa wie Frankenheim algebraisch-symbolisch (vgl. §1.5) oder gar durch Systeme symbolisch repräsentierter Operationen wie J.G. Graßmann (vgl. §2.1). Er erreichte das durch Diskussion des jeweils zugehörenden "Strahlensystems", d.h. des Bündels von Halbgeraden durch den "Mittelpunkt des Gleichwerths" (einem Fixpunkt des Symmetriesystems).[15]

Zur Charakterisierung eines "Strahlensystems" gab Hessel eine Übersicht, welchem Achsentyp ein beliebiger Strahl zugehört (einschließlich "1-fach 1-gliedriger ungleichendiger" d.h. trivialer Achse) und gab die Zahl der "gleichwerthigen" Strahlen an. Das Resultat war eine vollständige Beschreibung des Symmetriesystems von einem geometrisch-konfigurativen Gesichtspunkt aus.[16] Aus gruppentheoretischer Sicht war dies eine implizite aber deutliche Beschreibung des Orbitdiagramms der Operation endlicher orthogonaler Gruppen auf einer Sphäre mit Angabe des Stabilisators jeden Punktes und der Mächtigkeiten des zugehörigen Orbits. Seinem Kontext gemäß (Studium der möglichen Gestalten endlicher konvexer Polyeder) beschränkte sich Hessel auf "*endliche Strahlensysteme*", d.h. solche, bei denen nur endlich viele nichttriviale Strahlen ("k-fach p-gliedrige Strahlen" mit $k = 1, 2, p \in \mathbb{N}$, $kp > 1$) auftreten. In gruppentheoretischer Sprache bedeutete dies die ***Einschränkung der zugelassenen Symmetriesysteme auf endliche*** *orthogonale Gruppen* (endliche Stabilisatoren/Standgruppen und nur endlich viele nichttriviale Standgruppen, insbesondere endliche Orbits bei Operation auf der Sphäre).

Hessel erhielt in Verfeinerung der Weißschen Symmetriebeschreibung durch Achsensysteme eine reine, das heißt, anders etwa als Haüy, eine von Polyedergestalten absehende geometrisch-konfigurative Charakterisierung endlicher Symmetriesysteme. So unterschied er ausdrücklich zwischen der (Polyeder-) Gestalt und dem der Gestalt zugeordneten *Symmetriesystem* ("*Strahlensystem*"). Lediglich in einem ersten Schritt wurde

> "*... die Gestalt als das Gegebene betrachtet und für sie dasjenige körperliche (d.h. räumliche, E.S.) Strahlensystem aufgesucht, welches ihr entspricht, wenn man alles was an ihr möglicher Weise als gleichwerthig betrachtet werden kann, wirklich als gleichwerthig betrachtet*" (1830, *1*, 68).

War andererseits ein "Strahlensystem" vorgegeben, so erhielt Hessel umgekehrt in einer ganz ähnlichen Vorgehensweise, wie sie vom Standpunkt der Gruppendenkweise aus zu erwarten wäre (Flächennormalen als Orbit eines Normalenvektors), eine zugehörige *einfache Gestalt*:

> "*Man erhält (...) Gestalten, die einem gegebenen Strahlensysteme entsprechen, wenn man Ebenen so um den Mittelpunkt desselben herumlegt, dass, wenn eine solche Ebene einem bestimmten Strahl in einer bestimmten Entfernung vom Strahlenmittelpunkte so schneidet, dass sie auf diesem Strahl senkrecht ist, auch jeder andere, dem erwähnten gleichwerthige, Strahl eben so durch eine Ebene geschnitten wird*" (Hessel 1830, *1*, 69).

Entsprechend sah Hessel Polyeder, die durch Systeme von Flächen "verschiedenen Werths" berandet werden, als "*zusammengesetzte Gestalten*" an. Jedes System von Flächen "gleichen Werths" definiert dabei eine der einfachen Gestalten, aus der die betrachtete Gestalt zusammengesetzt ist (ebda., 70).

Darüberhinaus konnte Hessel das vorher lediglich vage wahrnehmbare Phänomen der *Scheinsymmetrie* bei Polyedern vorgegebenen Symmetrietyps klar charakterisieren. Er verwies darauf, daß eine zugehörige Polyedergestalt "an sich" durchaus ein größeres Symmetriesystem besitzen kann, als es vom zugrundegelegten "Strahlensystem" her eigentlich zu erwarten wäre:

> "*... denn es ist hier (d.h. bei zugrundegelegtem Symmetriesystem, E.S.) nun nicht mehr bloss die Rede von der Gleichwerthigkeit der Theile eines Körpers an sich, sondern von dieser Gleichwerthigkeit*

in Beziehung zu dem bestimmten gegebenen Strahlensysteme, welch letztere Gleichwerthigkeit die erste bei den betreffenden Theilen voraussetzt, während nicht umgekehrt Theile eines Körpers, die an sich gleichwerthig sind, auch sich als gleichwerthig verhalten müssen in Beziehung zu dem gegebenen Strahlensysteme" (ebda., 68f.).

Hessel traf also anders als seine Vorgänger eine sehr klare *Unterscheidung zwischen Symmetrietyp* ("Strahlensystem") eines Polyeders *als Struktureigenschaft* (gegebenfalls kontextbedingt wie etwa bei Vorgabe der Kristallklasse eines Minerals) und *als lediglich zufällig erscheinender Formeigenschaft* der Polyedergestalt . Die geometrisch-konfigurative Charakterisierung des Symmetrietyps erwies sich dieser Art der Fragestellung als sehr gut angepaßt und war Frankenheims bzw. Graßmanns stärker algebraisierenden Ansätzen in keinerlei Weise unterlegen.

Was nun die Klassifikation der "Strahlen-" bzw. "Axensysteme" angeht, so unterschied Hessel zunächst "*hauptaxige*" und "*hauptaxenlose*". Da für die Symmetriesysteme mit Hauptachse weitere Achsen höchstens 2-zählig sind und die letzteren orthogonal zur Hauptachse verlaufen, reduzierte sich die Klassifikation der "hauptaxigen Strahlensysteme" auf eine Diskussion der zu den 7 in Tab. 2 genannten Achsentypen gehörenden Strahlensysteme (Hessels Charakterisierung der Symmetrien der erweiterten zyklischen und diedrischen Gruppen C_p, C_{ph}, C_{pv}, D_p, D_{ph}, D_{pd}, $\bar{C}_{2p}$) (Hessel 1830, *1*, 48ff.).

Für den hauptachsenlosen Fall entwickelte Hessel schrittweise einschränkende Bedingungen, die sich in folgenden Aussagen zusammenfassen lassen:

Lemma 1 (Hessel 1830, *1*, 100–105):
In jedem "hauptaxenlosen Strahlensystem" gibt es dreigliedrige Achsen, darüberhinaus jedoch p-gliedrige Achsen höchstens für $p = 4, 5$. Alle treffen sich in einem Punkt.

In die Begründung ging Hessels Annahme der Endlichkeit der Strahlensysteme natürlich entscheidend ein. Er betrachtete für ein angenommenes $p \geq 6$ zwei p-gliedrige Strahlen kleinstmöglichen Winkelabstandes $\alpha > 0$ und zeigte, daß aus der Transitivitätsforderung der Symmetriebeziehungen die Existenz p-gliedriger Strahlen mit Winkelabstand $\alpha' < \alpha$ folgt. So erhielt er $p \leq 5$ (ebda., 101ff.). Daran schloß er eine Analyse der möglichen Anordnungen von 3-, 4-, 5-gliedrigen Strahlen an und erhielt

Lemma 2 (Hessel, ebda., 105 – 108):

(i) Um einen 4-gliedrigen Strahl ordnen sich vier "ebenbildlich gleiche" 3-gliedrige Strahlen in symmetrischer Lage. 5-gliedrige Strahlen treten in diesem Fall nicht auf.

(ii) Analog ist ein 5-gliedriger Strahl von fünf 3-gliedrigen Strahlen umgeben (4-gliedrige Strahlen treten hier wiederum nicht auf).

(iii) Existieren keine 4- oder 5-gliedrigen Strahlen, so gibt es vier "ebenbildlich gleiche" 3-gliedrige Strahlen in einer symmetrischen Raumwinkelkonfiguration.

Damit hatte Hessel gezeigt, daß alle hauptachsenlosen Systeme 3-gliedrige Strahlen enthalten und nach deren Konstellation in 3 Typen zerfallen, die mit der Achsenkonfiguration von Oktaeder, Ikosaeder bzw. Tetraeder übereinstimmen. In einer Verfeinerung der Analyse erhielt er weiter

Lemma 3 (Hessel 1830, *1*, 121–131):
Es gibt genau 7 "hauptaxenlose Strahlensysteme", die sich durch die Konstellation ihrer 3-gliedrigen Achsen voneinander leicht unterscheiden lassen:

- 2-fach 3-gliedrig 8-strahliges System (erweiterte Oktaedergruppe O^*),
- 1-fach 3-gliedrig 8-strahliges System (Oktaedergruppe 0),
- 2-fach 3-gliedrig 4-strahliges System (erweiterte Tetraedergruppe T_d),
- 1-fach 3-gliedrig 2×4-strahliges System (erweiterte Tetraedergruppe T_h),
- 1-fach 3-gliedrig 4-strahliges System (Tetraedergruppe T),
- 2-fach 3-gliedrig 20-strahliges System (erweiterte Ikosaedergruppe I^*),
- 1-fach 3-gliedrig 20-strahliges System (Ikosaedergruppe I).

Zusammen mit seiner Liste der "hauptaxigen Strahlensysteme" war Hessel damit vom Resultat her eine vollständige Klassifikation endlicher Punktsymmetriesysteme gelungen, die sich zusammenfassen läßt in

Theorem 1 (Hessel 1830):
Jedes endliche Punktsymmetriesystem entspricht

- entweder einem aus den 7 Serien "hauptaxiger Strahlensysteme" von Tabelle 2.
- oder einem der 7 "hauptaxenlosen Strahlensystemen" von Lemma 3.

Die Begründung für diese Aussage war weitgehend schlüssig geführt; sie ließ höchstens insofern etwas zu wünschen übrig, als die Begründung dafür, daß wirklich nur diese und keine weiteren Symmetriesysteme existieren, nicht gerade sehr klar herausgearbeitet war. Insbesondere war für den Fall mit Hauptachsen das Argument positiv in Hinsicht auf konstruktive Darstellung des Achsentyps geführt, nicht negativ hinsichtlich des Ausschlusses eventuell angenommener weiterer Fälle. Jedoch wurde durch Hessels Argumentation nahegelegt, daß es sich bei seiner Liste um eine vollständige Klassifikation der endlichen Punktsymmetriesysteme handelte — eine Auffassung, die sich später mit gruppentheoretischen Mitteln bestätigen ließ.

Hessels Analyse blieb allerdings bei dieser Bestimmung der endlichen Punktsymmetriesysteme nicht stehen; letztere bildeten in seinem Programm der "Formenlehre" — auch quantitativ — lediglich einen ersten Schritt (1830, *1*, 32–65, 99–131). Darauf aufbauend diskutierte Hessel ausführlich die zugehörigen einfachen Gestalten der "hauptaxigen Strahlensysteme" (ebda., 66–98), sowie die "hauptaxenlosen Gestalten" (ebda., 131–185), verbunden mit der Entwicklung einer Fachterminologie, die sich jedoch nicht durchsetzen konnte. In einem dritten Schritt analysierte er schließlich die charakteristischen Größenverhältnisse an den eingeführten einfachen Gestalten (1830, *2*, 3–42), bevor er durch Einführung des Rationalitätspostulats die spezifisch kristallographischen Symmetriesysteme und Gestalten auszeichnen konnte (1830, *2*, 43–127).

2.4 Hessels Bestimmung der Kristallklassen

Hessels Arbeit blieb ein gutes halbes Jahrhundert wenig beachtet. Selbst als in den 1880er Jahren nach Herausbildung des geometrischen Gruppenbegriffs begonnen wurde, diesen explizit in die Kristallographie einzuführen (vgl. §5.1), blieb Hessel zunächst unerwähnt.[17] Zwar hatte sich bis dahin das Konzept der Kristallklassen in der Kristallographie breit durchgesetzt, dies jedoch aufgrund der Arbeiten von Bravais (1849a, b, 1851) und Gadolin (1871), die beide anscheinend jeweils ohne Kenntnis der Arbeiten ihrer Vorgänger die Klassifikation neu ausführten (vgl. §§3.2, 5.1). Erst durch L. Sohncke (1891) wurde Hessels Arbeit wieder breiter bekannt gemacht. Bis dahin waren die Kristallklassen vier- bis fünfmal "entdeckt" worden (Frankenheim 1826, Hessel 1830, Bravais 1849–51, Gadolin 1871, Minnigerode 1887).

Hessel baute in seiner Ableitung der Kristallklassen auf das allgemeine Symmetriestudium in seiner "Gestaltenlehre" auf und sortierte mit Hilfe des Rationalitätsgesetzes diejenigen Punktsymmetriesysteme aus, die "mit dem Gerenstrahlgesetz vereinbar" sind, das heißt ein "geometrisch dreidimensionales" injektives Bild von $\mathbb{Q}^3$ in $\mathbb{E}^3$ invariant lassen.

Hierzu führte er zunächst eine charakteristische Anzahl m der "*Querdimensionsaxen*" einer p-gliedrigen Achse g ein. Dies war im wesentlichen die kleinste Mächtigkeit eines Orbits aus orthogonalen Geraden zu g in der Orthogonalebene durch den "Mittelpunkt" des Systems (1830, *1*, 61ff., 167ff.); d.h. $m = 2p$ im Fall einer Achse vom Typ $\bar{C}_{2p}$ oder D_{pd} und in allen anderen Fällen

$$m = \begin{cases} p & \text{für ungerade } p \\ \frac{p}{2} & \text{für gerade } p \end{cases}$$

Die Verträglichkeit eines Symmetriesystems mit dem Rationalitätsgesetz ist für $m = 1,2$ offensichtlich. Zur Überprüfung der Verträglichkeit für $m > 2$ legte er zwei Basisvektoren $\boldsymbol{a}$, $\boldsymbol{b}$ in zwei "Querdimensionsaxen", die den Winkel $2\pi/m$ einschließen. Da in der Winkelhalbierenden noch eine weitere "Querdimensionsaxe" liegt (also eine Gerade desselben Orbits), andererseits bei der naheliegenden Normierung der Basisvektoren $|\boldsymbol{a}| = |\boldsymbol{b}| = 1$

$$|\boldsymbol{a}+\boldsymbol{b}| = \sqrt{2\left(1+\cos\frac{2\pi}{m}\right)}\,,$$

verlangt Verträglichkeit "mit dem Gerenstrahlgesetz":

$$|\boldsymbol{a}+\boldsymbol{b}| \in \mathbb{Q}, \quad 1+\cos\frac{2\pi}{m} = \begin{cases} 0 \\ \text{oder} \\ 2^{2k+1}, & k \in \mathbb{Z} \end{cases}$$

So erhielt Hessel

$$\cos\frac{2\pi}{m} = 1, -1, -\frac{1}{2}, \quad \text{bzw.} \quad m = 1,2,3$$

und damit

Lemma 4 (Hessel 1830, *2*, 52f.):
Ist eine Achse mit m "Querdimensionsaxen" kristallographisch zulässig, so gilt $m = 1,2$ oder 3. Umgekehrt sind Punktsymmetriesysteme mit Hauptachse und $m = 1,2$ oder 3 kristallographisch zulässig (d.h. mit dem Rationalitätsgesetz vereinbar).

Bei den "hauptaxenlosen Strahlensystemen" wurden die beiden Ikosaedersymmetrietypen ("3-gliedrig 20-strahlige Systeme") ausgeschlossen, weil dort Achsen mit $m = 5$ auftreten. Für die anderen Fälle konnte Hessel hingegen nachweisen:

Lemma 5 (Hessel 1830, *2*, 53):
Bei geeigneter Normierung bilden die "hauptaxigen 8-strahligen und 4-strahligen Systeme" (d.h. die O^*, O, T_d, T_h, T entsprechenden Punktsymmetriesysteme) jeweils "gerengesetzliche Strahlenvereine". Im Fall der "8-strahligen Systeme" z.B. bei Normierung der 4-gliedrigen, 3-gliedrigen und 2-gliedrigen Strahlen im Verhältnis $\sqrt{3} : 1 : \sqrt{3/2}$.

Damit erhielt Hessel die schon von Frankenheim aufgestellte Liste der 32 Kristallklassen wieder,[18] die sich seinem Zugang gemäß nun folgendermaßen aufgliederte:

Theorem 2 (Hessel 1830, *2*, 95–98):
Es gibt 32 kristallographische "Strahlensysteme", die sich wie folgt aufteilen:

(i) 5 hauptachsenlose (Kristallklassen des isometrischen Systems),

(ii) außerdem 27 weitere mit Hauptachse und m "Querdimensionsaxen"

a) 12 mit $m = 3$ (Kristallklassen des trigonal/hexagonalen Systems),

b) 7 mit $m = 2$ (tetragonales System),

c) 8 mit $m = 1$ (orthorhombisches, monoklines und triklines System).

Damit hatte Hessel gezeigt, daß seine allgemeine Symmetrie- und Gestaltenlehre mit großer Schlüssigkeit zu einer Fundierung der geometrischen Kristallographie führte. Eine Gegenüberstellung der theoretisch abgeleiteten Formen mit den empirisch beobachteten Kristallformen ließ ihn 17 der 32 Klassen mit Sicherheit in der Natur identifizieren, bei weiteren 4 schien eine Identifizierung zwar wahrscheinlich, aber nicht endgültig sicher. Die übrigen 11 blieben zunächst rein theoretischer Art.

Seine Ableitung erwies sich damit unter zweierlei Gesichtspunkten als fruchtbar: sie war empirisch gehaltvoll, erschöpfte sich aber nicht in einer ex-post Ableitung schon vorher bekannter Formen; sie griff umgekehrt über den Rahmen des Beobachteten hinaus, war aber nicht zu weit von diesem entfernt, um weiteren empirischen Studien als geeigneter theoretischer Rahmen dienen zu können.

Wenn Hessels Resultate dennoch kaum rezipiert wurden und schnell in Vergessenheit gerieten, bis sie durch Sohncke wieder in Erinnerung gerufen wurden, so kann dies nicht auf eine eventuelle Unfruchtbarkeit des Ansatzes zurückgeführt werden. Diese Schwierigkeiten weisen eher auf eine in den 1830er Jahren noch unzureichende wissenschaftliche Kommunikation, schwachen Bekanntheitsgrad des von Hessel gewählten Publikationsmediums ("Gehlers Physikalisches Wörterbuch") und eine wenig ansprechende Darstellungsform hin, die mit einer weitgehend neu erfundenen, daher esoterisch anmutenden Terminologie und einer Unmenge technischer Details überfrachtet erschien.[19]

Daran änderten auch spätere Bemühungen Hessels, die Grundzüge seiner "Gestaltenlehre" publik zu machen, nichts wesentliches. In (Hessel 1853) führte er eine erneute Ableitung der Punktsymmetrietypen (hier sogar unter Einschluß einiger Typen mit kontinuierlichen Drehachsen) und eine neue symbolische Notation vor. Wiederum fast zehn Jahre später nützte er die Gelegenheit des 50-jährigen Doktorjubiläums von C.L. Gerling für eine erneute Diskussion der Symmetrieklassifikation von "Raumdingen" (wiederum unter Einschluß kontinuierlicher Drehachsen) (Hessel 1862) [Burckhardt 1988, 45ff.]. Obwohl Hessel Bravais' Arbeiten sehr bald nach ihrem Erscheinen zur Kenntnis nahm (Hessel 1853, 29) und zugestehen mußte, daß seine eigene Terminologie "besonders für Ausländer schwierig zu verstehen" sei (1862, 4), blieb er auch in den späteren Arbeiten bei seiner Terminologie und Notationsweise. In Verbindung mit den gewählten Publikationsmedien (1853 Separatdruck bei T. Fischer Verlag, Kassel; 1862 Marburger Festschrift) trug dies nicht gerade zum Erfolg seiner Bemühungen um die weitere Verbreitung seines Ansatzes und seiner Ergebnisse bei.

2.5 Frankenheims Interpretation der "Grundformen" als Ausdruck der Symmetrie von Kristallgittern

Die 1830er Dekade, mit Überschreitungen um einige Jahre nach vorn und hinten, war trotz der relativen Isolation der beteiligten Naturforscher für das von Weiß konstituierte Forschungsprogramm eine fruchtbare Phase. Frankenheim hatte etwa ein halbes Jahrzehnt vor den theoretisch einschneidenden, wenn auch disziplinär wenig erfolgreichen Arbeiten Graßmanns und Hessels seine Entdeckung der 32 Kristallklassen gemacht und publiziert — allerdings ohne jede unmittelbare Wirkung. Ein halbes Jahrzehnt später schlug er eine Verbindung dieses Gesichtspunktes mit dem einer Neuinterpretation der Haüyschen "Grundformen" vor (1835). Wieder einige Jahre später (1842) drang er im Rahmen einer umfangreichen Studie, gestützt auf eigene Beobachtungen und detaillierte Sichtung der Literatur, zu einer systematischen Verbindung der Gliederungsprinzipien der Weiß/ Mohsschen Kristallsysteme sowie den von ihm selber eingeführten Kristallklassen mit den neugefaßten "Grundformen" vor und baute darauf ein methodisch prägnantes, materialreiches "System der Krystalle" (Titel der Arbeit) auf. Diese Studie erreichte im Unterschied zu den anderen nicht nur Bekanntheit unter den deutschsprachigen Kristallographen, sondern fand auch in Frankreich Beachtung und diente etwa A. Bravais als Anregung bei der von ihm durchgeführten Modernisierung des atomistischen Programms (vgl. §3).

Frankenheim nahm bei aller Neigung zur dynamistischen Theorie des Materieaufbaus[20] eine insgesamt eher vorsichtige, "ausgewogene" Stellung im

Atomismus-Dynamismus-Streit ein. Die zeitgenössische atomistische Theorie, deren Hauptvertreter in Frankreich arbeiteten, war in den 1830er Jahren durch die Ablösung des Laplaceschen Programms durch ein komplexeres Netz der entstehenden mathematischen Physik des 19. Jahrhunderts gekennzeichnet [Fox 1970, 1974]. Frankenheim beurteilte dementsprechend die Atomistik als ein System komplizierter Hypothesen, durch die die Phänomene der Gravitation, der Elektrizität, des Lichts und der Wärme nur zum Teil und nicht immer überzeugend erklärt wurden (1835, 2f.). Doch erkannte er ihre weitreichende und vielfältige Mathematisierung im Rahmen der zeitgenössischen rationalen Mechanik, insbesondere der Elastizitätstheorie (vgl. [Fox 1970, 1974; Arnold 1983/84]), umstandslos als Entwicklungsvorsprung gegenüber dem dynamistischen Ansatz an. Er hoffte zwar, selber in gewissem Maße zu einer Mathematisierung innerhalb des vom Dynamismus geprägten Programms beitragen zu können (Kristallklassen), glaubte aber realistischerweise nicht daran, die klaffende Lücke im Handstreich überwinden zu können, und sah daher die Notwendigkeit eines Einbezugs auch atomistischer Konzeptionen in die Theoriebildung.

In seiner Physik der festen Körper akzeptierte er den Erfolg — obwohl nicht die Wahrheit — der atomistischen Hypothese, setzte aber an die Stelle der Haüyschen Auffassung sich berührender polyedrischer Moleküle, an Laplace und Poisson anschließend, die Annahme von Zwischenräumen zwischen den Teilchen. Diese sollten gitterförmig angeordnet sein und durch eine Kombination anziehender und abstoßender Kräfte gebunden werden. Für die geometrische Konfiguration präzisierte er:

> "In den krystallisierten Körpern liegen die Theilchen völlig symmetrisch neben einander, *d.h. wenn man von zwei Theilchen im Innern des Krystalls parallele Linien zieht, so wird, wenn von dem einen ein Theilchen getroffen wird, auch von dem andern ein Theilchen nach einem gleichen Intervall getroffen werden*" (1835, 311).

In dieser Weise gab er eine konfigurative Beschreibung eines Kristallgitters, das implizit auf die Translationsinvarianz der Kristallstruktur hinwies.

Diese Idee Frankenheims war nicht völlig neu. Schon gute zehn Jahre vorher hatte der Physiker und Mathematiker, ***L.A. Seeber***, ein Gauß-Schüler, diese Konzeption als einen Beitrag zur Modernisierung der "alten" (Haüyschen) Auffassung der atomistischen Kristallstrukturtheorie vorgestellt (Seeber 1824). Auch ***Gauß*** selber dachte ganz in diesem Sinne, wie seine Besprechung einer Arbeit Seebers mit anderem Thema, nämlich aus der Zahlentheorie, zeigt. Seeber hatte in einer Abhandlung über Reduktionstheorie ternärer, positiv definiter quadratischer Formen (1831) den Gaußschen Ansatz aus den "Disquisitiones Arithmeticae" fortgesetzt; und Gauß wies in seiner Besprechung (Gauß 1831) außer auf das zahlentheoretische Verdienst der Arbeit auf eine — damals — erstaunliche ***Beziehung zwischen Zahlentheorie und Kristallographie*** hin, die durch die ***geometrische Interpretation einer Klasse quadratischer Formen als ein Gitter*** (mit verschiedenen Basisdarstellungen) eröffnet wurde. Im Gaußnachlaß finden sich Notizen, in denen diese Idee insbesondere unter dem Gesichtspunkt des Rationalitätsgesetzes ein Stück weiter verfolgt wird. Wie so viele andere der Gaußschen Ideen blieb jedoch auch diese ohne merklichen Einfluß auf die weitere Entwicklung der Kristallographie des 19. Jahrhunderts [Groth 1926, 89ff.].

Während Gauß und Seeber dem atomistischen Programm verbunden gewesen zu sein scheinen, strebte Frankenheim eine Verbindung der dynamistischen mit der atomistischen Theorie des Kristallaufbaus an. Den Schlüssel für eine solche Verbindung sah er in der Fortentwicklung der Symmetriekonzepte, die ja in beiden Ansätzen schon eine Rolle spielten. Frankenheim hoffte, die Verbindung durch die Annahme herstellen zu können, daß die jedes Teilchen in gleicher Weise umgebenden Kräftesysteme eine Symmetrie aufweisen, die im Sinne des (erweiterten) Weißschen Programms zu verstehen wären. Konsequenterweise ging er davon aus, daß diese Symmetrie die äußere Gestalt sowie die optischen und elektrischen Eigenschaften des Kristalls determinieren (1835, 293).

Auf der anderen Seite stellte er die Hypothese auf, daß die Spaltungseigenschaften durch die Symmetrie des Gitters bestimmt werden. Diese Hypothese bezog ihre Plausibilität aus der Beobachtung, daß die maximalen Punktsymmetriesysteme der Haüyschen Grundformen — bis auf zwei Ausnahmen— mit einer der holoedrischen Symmetrien der Weiß/Mohsschen Kristallsysteme übereinstimmen, sodaß sie sich in natürlicher Weise den 7 Kristallsystemen[21] einordnen lassen. Ausnahmen bildeten dabei lediglich das Tetraeder und das schiefe Rechteckprisma (Nr. 3, 14 in der Liste von §1.2); das erste wegen "zu kleiner", lediglich hemiedrischer Symmetrie, das letztere, weil es die Symmetrie des Parallelepipeds aufweist und daher bei Einnahme eines Symmetriegesichtspunktes lediglich als nichtgenerische Form des Parallelepipeds erscheint.

Den Grund für diese Übereinstimmung suchte Frankenheim in den Symmetrieeigenschaften der zugrundeliegenden Kristallgitter. In seiner späteren Arbeit formulierte er das folgendermaßen:

> *"Man findet aber neben jener bloss auf die Gesetze der Symmetrie gegründeten Eintheilung (in Kristallsysteme/-klassen; E.S.), dass die Theilchen der Krystalle auf fünfzehn verschiedene Arten geordnet sein können, und diese fünfzehn Arten stimmen in allen Beziehungen mit den fünfzehn Grundformen überein, deren Anzahl also durch die Theorie als nothwendig begründet wird. Diese und andere*

Resultate ergeben sich aus der einfachen Voraussetzung, dass die Theilchen im Krystall symmetrisch gelagert sind." (Frankenheim 1842, 483)

Seiner Auffassung nach wirkt sich die Symmetrie des Teilchengitters in der mechanischen "*Structur*", d.h. den Elastizitäts- und Kohäsionseigenschaften des Kristalls aus (1835, 292, 296). Daher konnte er die Ergebnisse der Haüyschen Spaltungsversuche als empirischen Hinweis auf die Symmetrie der Raumgitter interpretieren. Aus dieser Beziehung — anscheinend nicht aus einer systematischen Untersuchung der Symmetrietypen von Raumgittern — begründete er die Vermutung, daß sich die Gitter in 15 "*Ordnungen*"[22] unterteilen, die in direkter Weise den "Grundformen" korrespondieren sollten.

Frankenheim erschien die Ausführung einer theoretischen Begründung dieser Vermutung nicht als Priorität, weil er die atomistische Auffassung nicht als "Wahrheit" sondern lediglich als Gedankenmodell anerkannte. Er zeigte sich jedoch überzeugt davon, daß Anhänger der atomistischen Theorie die von ihm nur angedeuteten Zusammenhänge in nicht zu ferner Zukunft ausführen würden.[23] Und in der Tat bestätigte Bravais' Analyse keine zwei Jahrzehnte später Frankenheims Vermutung[24] im wesentlichen; Bravais stellte lediglich die Identität zweier der 15 "Ordnungen/Grundformen" unter dem Symmetriegesichtspunkt fest (schiefes Rhombenprisma und parallelogrammatische Dipyramide) und reduzierte so die Frankenheimschen "Ordnungen" auf die 14 nach ihm benannten Raumgittertypen (Bravais 1850, 97, Anm. — vgl. §3.3). Eine Zusammenstellung der Frankenheimschen "Ordnungen/Grundformen" und ihre Beziehung zu den "Grundformen" Haüys, sowie zur Bravaisschen und modernen Charakterisierung der Raumgittertypen findet sich in Tab. 3.

Frankenheim war sich darüber im klaren, daß die Einteilung in "Grundformen/Ordnungen" (Raumgittertypen) und in Kristallklassen nicht in einer linearen Klassifikationshierarchie zu erreichen war. Das führte ihn zwischenzeitlich dazu (1835), die Kristallklassen als sekundäres Merkmal anzusehen und die Auszeichnung von Grundform und Kristallsystem hervorzuheben. Diesen Standpunkt differenzierte er jedoch später und entwickelte in seiner umfangreichen Studie (1842) eine *fünfgliedrige Einteilung* in *Kristallfamilien* (bei Frankenheim (1842) "Classe" oder "System"), *Gittertypen* (bei Frankenheim: "Ordnungen" bzw. "Grundformen"), *Kristallklassen* (bei Frankenheim "Familien"), eine rein geometrisch bestimmte Verfeinerung von Gittertypen und Kristallklassen, die er als "*Gattungen*" bezeichnete. Die "Gattungen" waren nun nach Frankenheim wiederum je nach der chemischen Zusammensetzung (entsprechend der Summenformel) in "Arten" zu unterteilen. Frankenheim ging also, anders etwa als Haüy und Werner nicht mehr davon aus, daß aus der Identität der Kristallformen auf die chemische Identität der Mineralsubstanzen zu schließen sei.[25] Diese Ausdifferenzierung der morphologischen und der chemischen Konzepte war entscheidend durch E. Mitscherlich

Tabelle 3
Frankenheims "Ordnungen/Grundformen"

Kristallsystem bzw. -familie	Grundform	Bravais Kl./Art	Haüy	Modern Typ	Max. Symm.
Isometrisch	Würfel	1/1	1	23P	O^*
("tesseral")	Oktaeder	1/2	2	23F	O^*
	Rhombendodekaeder	1/3	4	23I	O^*
Tetragonal	quadratisches Prisma	3/1	10	4P	D_{4h}
	tetragonale Dipyramide	3/2	6	4I	D_{4h}
Hexagonal	hexagonales Prisma	2	17	3P	D_{6h}
	Rhomboeder	4	5	3R	D_{3d}
Orthorhombisch	Rechteckprisma	5/1	11	222P	D_{2h}
("isoklin")	Rhombenprisma	5/2	12	222C	D_{2h}
	rechteckige Dipyramide	5/3	7	222I	D_{2h}
	rhombische Dipyramide	5/4	8	222F	D_{2h}
Monoklin	parallelogramm. Prisma	6/1	13	2P	C_{2h}
	schiefes Rhombenprisma	6/2	15	2I, 2B etc.	C_{2h}
	parallelogr. Dipyramide	6/2	9	2I, 2B etc.	C_{2h}
Triklin	Parallelepiped	7	16	P	C_i

(vgl. Anhang 2, Tab.10)

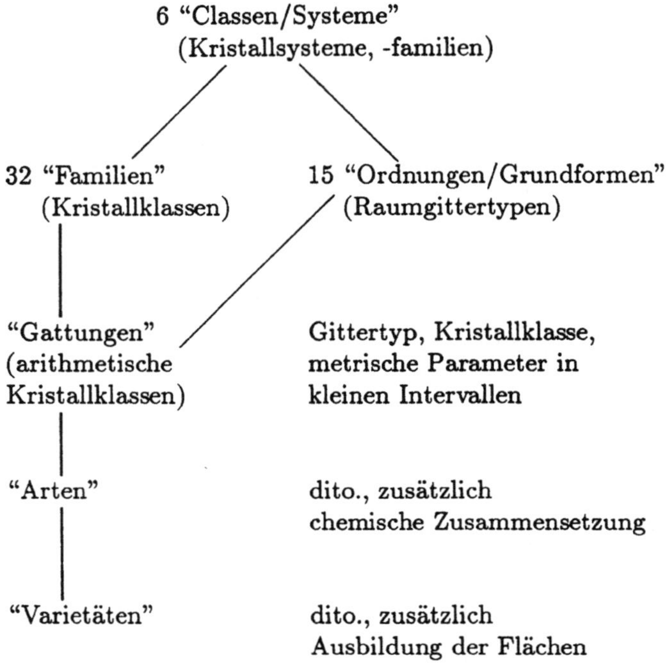

Fig. 5 Kristallklassifikation bei Frankenheim

geprägt worden, der ab 1819 den "Isomorphismus" von Mineralien, d.h. das Auftreten chemisch verschiedener Substanzen in kristallographisch äquivalenten Formen, aus dem Bereich der Anomalien herausgehoben hatte. Mitscherlich sah dies ganz im Gegenteil als ein gesetzmäßig reguliertes Phänomen an und begann, es zur Gewinnung in Einsichten über chemisch analoge Substanzen und Verbindungen zu verwenden [Melhado 1980, Schütt 1984, 138ff.].

Zusätzlich zur "Kristallart" hatte Frankenheim darüberhinaus in (1835) noch die "Kristallvarietät" betrachtet, bei der außer den Angaben zur "Art" (Gittertyp, Kristallklasse, metrische Parameter, chemische Zusammensetzung) die am stärksten ausgebildeten Flächen (einfache/zusammengesetzte Kristallgestalt) anzugeben waren (1835, 295) (vgl. Fig. 5).

Bei der obersten Einteilung in 6 Kristallfamilien ("Classen/Systeme") verwendete Frankenheim in leichter Modifikation die Weißschen Achsensysteme (Frankenheim 1842, 480, 485).[26] Er faßte dabei das trigonale und das hexagonale System mit den 12 Kristallklassen D_{6h}, D_6, C_{6h}, C_{6v}, C_6, D_{3h}, C_{3h}, D_{3d}, C_{3v}, $\bar{C}_6 = C_{3i}$, D_3, C_3 und den zwei "Grundformen" hexagonales Prisma und Rhomboeder (entsprechend den Raumgittertypen $3P$ und $3R$) in seiner "hexagonalen Classe" zusammen (ebda., 517-545). Daß — im Unterschied zu den anderen 5 Kristallfamilien (bzw. Systemen) — hier nicht jede Kristallklasse mit beiden (allen) "Grundformen" sondern nur mit den spezifisch trigonalen (D_{3d} und deren Untergruppen) zu kombinieren ist, erwähnte er nur beiläufig in der Form, daß das Rhomboeder

> "... *auch als Hemiedrie des hexagonalen Systems aufgefasst werden (kann)*" (1840, 518).

Daß in diesem Gesichtspunkt ein zum gewöhnlichen Konzept der Hemiedrien querliegender Aspekt eingeführt wurde, der später die Unterscheidung von Kristallsystemen und Bravaisystemen gerade für die Abgrenzung des hexagonalen Falls vom trigonalen notwendig werden ließ, scheint Frankenheim nicht als ausdrückliches Problem interessiert zu haben. Seine Zusammenfassung des hexagonalen und des trigonalen Systems war eine seinem Präzisierungsniveau der zugrundeliegenden Strukturen adäquate Verarbeitung des Problems, das später zur Zusammenfassung der unterschiedlichen Einteilung der 7 Kristallsysteme und 7 Bravaisysteme in 6 Kristallfamilien führte (Neubüser e.a. 1981) (vgl. Anhang 1).

Nach Frankenheim wurde eine "Kristallgattung" nun im wesentlichen durch die Angabe von "Familie" (heute Kristallklasse) und "Grundform" (heute Raumgittertyp) bestimmt. Darüberhinaus forderte er noch die Angabe der durch Kristallklasse und Grundform noch nicht determinierten metrischen Parameter im Rahmen kleiner Intervalle (Temperaturschwankungen!) (1840, 485). So besaß seine Klassifikation zunächst, d.h. noch vor der Unterscheidung durch freie metrische Parameter, 69 theoretisch mögliche, wesentlich verschiedene "Gattungen", von denen nur eine Teil durch empirisch beobachtete Mineralien besetzt wurde. Stellt man die Redundanz seiner "Grundformen" im monoklinen System in Rechnung (vgl. Tab. 3), so reduziert sich die Anzahl auf $69 - 3 = 66$. Frankenheims Angabe der "Kristallgattungen" stellte bis auf diese kleine Unkorrektheit eine höchst bewundernswerte und konsequente Vorform der Einteilung dar, die im modernen Sinne durch die *arithmetischen Kristallklassen* erzielt wird (vgl. Anhang, insbesondere Tab. 11). Natürlich geschah das ohne Bezug auf die arithmetische Äquivalenz von Raumgruppentypen — gab es für Frankenheim ja nicht einmal einen Anklang an die Idee der Raumgruppentypen — sondern als Ergebnis der Einteilung aller denkbaren Kristallformen und -strukturen nach dem Doppelkriterium der Punktsymmetrie (Kristallklasse) und der Grundform (Raumgittertyp).

Der Entwurf eines Konzepts des Raumsymmetriesystems, das beide Aspekte zu integrieren imstande gewesen wäre, wie wenig später etwa bei Bravais (vgl. §3.4), lag nicht in Frankenheims Reichweite. Und dennoch erreichte er eine erste, suggestive Verbindung der Klassifikationsprinzipien der dynamistischen (deutschen) mit denen der atomistischen (französischen) Strömung der Kristallographie. Seine Vision, auch auf theoretischer Ebene durch das Symmetriekonzept eine Integration zu erreichen, blieb allerdings zunächst unbewiesen und als uneingeholtes Ziel der weiteren Erforschung überlassen.

2.6 Zur Rolle des dynamistischen Programms bei der Ausarbeitung elementarer Symmetriekonzepte und des Vektorraumbegriffs

Die Entwicklung des vom Dynamismus beeinflußten Forschungsprogramms der Kristallographie von Weiß bis Frankenheim bestätigt und erweitert die in der jüngsten Wissenschaftshistoriographie mehr und mehr anerkannte Beobachtung, daß diese philosophische Strömung in ihrer Hauptwirkungsphase zu Beginn des 19. Jahrhunderts keineswegs einen bloß retardierenden Einfluß auf die Entfaltung naturwissenschaftlicher Forschung gehabt hat. Dies wurde insbesondere für Elektrochemie, Elektromagnetismus und Teile der Biologie von verschiedenen Autoren nachgewiesen;[27] für die Kristallographie anerkennt Burke [1966] generell einen (positiven) Einfluß der Schellingschen Philosophie auf Weiß, während Fischer [1962, 1963] zwar anhand der Beziehung Fichte–Weiß die weltanschauliche Aufgeschlossenheit des jungen Weiß demonstriert, jedoch die Stärke des Mineralogen Weiß in dessen späterer relativer Distanzierung von der Naturphilosophie begründet sieht.

Soweit das möglicherweise für die empirische Seite von dessen Arbeiten gelten mag, sowenig wird eine solche Bewertung den theoretisch orientierten Forschungsbeiträgen von Weiß, insbesondere in Richtung Symmetrie und vektorieller Charakterisierung der Kräftesysteme, gerecht. Zwar wurde das "Symmetriegesetz" noch von Haüy in die Geometrie der atomistischen Kristalltheorie eingeführt, es besaß dort aber durch die morphologische Bindung an die Polyedergestalten der "Kerne" kaum die Möglichkeit für eine eigenständige Entfaltung zu einem geometrisch-mathematischen Grundbegriff der Kristallstruktur. Eine Änderung erfolgte mit der von der dynamistischen Auffassung geprägten Einführung der Achsensysteme in die Kristallographie durch Weiß. Diese wurden zum Schlüsselkonzept bei der Ausarbeitung der strukturellen Charakterisierung der Kristallformen sowohl vom Standpunkt der Punktsymmetrie aus (Kristallsysteme, Kristallklassen) als auch von dem des Rationalitätsprinzips (rationale Vektorräume). *Die dynamistische Philosophie hatte demnach einen bedeutenden Einfluß auf die Herausbildung derjenigen Hintergrundkonzepte und Fragestellungen der Kristallographie, die die Klärung des (Punkt-) Symmetriegesichtspunkts und des Rationalitätsprinzips möglich machten.* Sie wurde so zu einer wesentlichen Bedingung für die Ausarbeitung der Konzepte der Kristallsysteme (Weiß), der Kristallklassen (Frankenheim, Hessel), einem ersten Ansatz der Algebraisierung der Kristallsymmetrien (Frankenheim, J.G. Graßmann), der allgemeinen endlichen Punktsymmetriesysteme (Hessel) und des rationalen Vektorraums (J.G. Graßmann, Hessel) also einer ganzen Reihe geometrisch-struktureller Konzepte, die sich auf längere Sicht als von besonderer mathematischer Bedeutung erweisen sollten.

Die Bedeutung der dynamistischen Philosophie blieb aber nicht auf diese unmittelbare Wirkung auf eines der beiden miteinander konkurrierenden Forschungsprogramme der Kristallographie beschränkt. Ähnlich wie das atomistische Programm auf Konstituierung und Weiterentwicklung des dynamistischen Einfluß nahm — besonders deutlich bei Weiß und Frankenheim — blieben die im letzteren ausgearbeiteten Konzepte, insbesondere die Verfeinerung des Symmetriebegriffs, nicht ohne Einwirkung auf das erstere (vgl. §3). Die so bewirkte Vertiefung des Symmetriestudiums in der Kristallographie förderte dann wiederum die explizite Einführung des Gruppenkonzepts in die Geometrie (vgl. §4). Insofern stellt sich der weiterwirkende Einfluß der dynamistischen Naturphilosophie auf die Konzeptbildung der geometrischen Kristallographie als Vermittlungsglied einer indirekten Wirkung auch auf die Mathematik dar.

Auch bei der Herausbildung des Vektorraumkonzeptes wurde der Einfluß der dynamistischen Kristallographie auf die Mathematik mehrfach gebrochen. Selbst wenn wir annehmen dürfen, daß die "geometrische Combinationslehre" des Justus Günther Graßmann neben seinen äußeren Produkten im euklidischen Raum ein wesentlicher Ausgangspunkt für Hermann Graßmanns "Ausdehnungslehre" war, so blieb bekanntlich sogar die Rezeption der letzteren während des 19. Jahrhunderts äußerst schwach. Die Übernahme in den Kernbestand der Mathematik erfolgte erst nach einer breiteren Aufnahme in weitere Zweige der Naturwissenschaften (Elektromagnetismus, Mechanik), als sich im ersten Drittel des 20. Jahrhunderts aktive mathematische Forschungszweige, insbesondere die Funktionalanalysis, herausbildeten, die sich dieses Konzept fruchtbringend aneignen konnten. Das führt auf eine andere Geschichte, die an dieser Stelle nicht weiter verfolgt werden kann;[28] festzuhalten bleibt hier jedoch, daß die vektoriellen Ideen der dynamistischen Kristallographie lediglich indirekt, zeitlich verzögert und abgeschwächt in die Mathematik hineinwirkten.

§ 3 Punkt- und Raumgittersymmetrien im atomistischen Programm der Jahrhundertmitte (A. Bravais)

3.1 Modernisierung des atomistischen Programms

Bis um die Jahrhundertmitte stand die französische Kristallographie unter dem dominierenden Einfluß der korpuskularen Theorie Haüys. Die Neigung der deutschen Kristallographen zu dynamistischen Hypothesen und die damit verbundene Kritik an Haüy wurde mehrere Jahrzehnte lang als unklar und wenig seriös angesehen. Besondere Kritik richtete sich dabei natürlich auf C. S. Weiß.[1] Die überwältigende Dominanz Haüys führte nach dessem Tode bis zu Beginn der 1840er Jahre zu einer relativen Stagnation der theoretischen Kristallographie in Frankreich, also gerade während jener Zeit, in der im deutschsprachigen Raum unter dem Einfluß dynamistischer Vorstellungen vektorielle und Punktsymmetriekonzepte erarbeitet wurden.[2] Ab etwa 1820 bis zu Beginn der 1840er Jahre veränderten sich unter dem Einfluß der Chemie auch die Auffassungen des Molekularaufbaus der kristallinen Materie, sodaß schließlich eine Anpassung der Haüyschen Theorie an die neueren Erkenntnisse der Chemie und der geometrischen Kristallographie erforderlich wurde [Melhado 1980; Mauskopf 1976; Schütt 1984].

Ein wichtiger Vertreter dieser Modernisierungsbestrebungen war *G. Delafosse* (1796–1878).[3] In einem der Académie des Sciences vorgelegten Bericht schloß er sich zwar der Haüyschen Vorgehensweise an, von der äußeren Gestalt und den einschlägigen physikalischen Eigenschaften der Kristalle auf die innere Struktur des molekularen Aufbaus zurückzuschließen, aber er hielt Haüys Annahme der "molécules intégrantes" für eine "falsche Hypothese" (Delafosse 1840, 395), da sie ihm mit den zeitgenössischen chemischen Erkenntnissen über die Zusammensetzung der Moleküle aus Atomen unvereinbar erschien. Delafosse schlug stattdessen die abstrakte Konzeption einer gitterförmigen Anordnung der Moleküle vor, wie vor ihm schon Gauß und Frankenheim. Die Haüyschen "molécules soutractives" repräsentierten seiner Ansicht nach lediglich die ***parallelepipedischen Konfigurationen***, aus denen die Kristallgitter aufgebaut sind (1840, 397; 1843, 649f.), die Grundformen Haüys die verschiedenen Typen von Gitterkonfigurationen (ebda., 396f.).

Da Haüys "Symmetriegesetz" durch Bezug auf die Grundformen (bzw. die "hypothetischen Kerne") formuliert war und deren volle Symmetrie mit den Holoedrien der Weiß/Mohsschen Kristallsysteme übereinstimmten (vgl. §2.5 und §3.2), mußten die im Weißschen Programm als "Halb-" oder "Viertelflächner" identifizierten Kristalle im Haüyschen Programm als Anomalien erscheinen: sie stellten gegenüber dem allgemeinen Gesetz Ausnahmen mit reduzierter Symmetrie dar. Delafosse wies auf ebensolche "Anomalien" (in dieser Bezeichnungsweise) etwa anläßlich der Beispiele Pyrit, Borazit, Turmalin und Quarz hin (Kristallklassen T_h, T_d, C_{3v}, D_3) (1840, 397ff.).

Delafosse stellte sich also ausdrücklich dem Problem der Hemiedrien, mit dem sich die dynamistischen Kristallographen in den vergangenen Jahrzehnten so erfolgreich beschäftigt hatten.[4] Ihm erschien jedoch die dynamistische Konzeption, wie sie insbesondere von Weiß vertreten worden war, so unverständlich, daß er schlichtweg behauptete, die "deutschen Theorien (théories allemandes)" handelten nur von den äußeren Formen der Kristalle und enthielten keine Strukturtheorie (Delafosse 1843, 645, 659).[5] Er war dagegen davon überzeugt, daß die atomistische Theorie so überarbeitet werden konnte, daß sie den scheinbaren Anomalien Rechnung trägt. Man müsse dazu nur das Haüysche "Symmetriegesetz" verfeinern, *indem kongruente Teile der geometrischen Struktur des Kristallbaus ("parties, déja semblables de forme") als nicht notwendig physikalisch äquivalent ("physiquement identiques") angesehen werden* (ebda., 653f.). Diese Annahme führte ihn zur Hypothese eines Aufbaus der "integrierenden Moleküle" Haüys aus "physikalischen Molekülen (molécules physiques)", die der Gesamtkonfiguration eine Symmetriereduktion aufprägen können.

So versuchte er aus den erscheinenden Kristallformen einer Kristallart und ihren physikalischen Eigenschaften auf die "Symmetrie der ihr Molekül konstituierenden Gruppe von Atomen (symétrie du groupe atomique qui constitue sa molécule)" zu schließen (ebda., 399). Diese determiniere umgekehrt die Symmetrie der erscheinenden Gestalten, sowie — bei entsprechender Konstellation — die der physikalischen Eigenschaften des Kristalls, wie etwa die Pyroelektrizität.[6]

Bei der Anwendung diese Prinzips einer gegenseitigen Ergänzung von Gitterkonfiguration und Molekülsymmetrie bei der Erklärung der verschiedenen Kristalleigenschaften (Spaltungsformen einerseits, erscheinende Kristallformen, elektrische und optische Eigenschaften andererseits) scheute er vor der Bildung prägnanter ad-hoc Hypothesen nicht zurück. So erklärte er etwa die sich in der "polaren" Eigenschaft der Pyroelektrizität äußernde "Anomalie" des Borazits (Kristallklasse T_d) dadurch, daß die physikalischen Moleküle reguläre Tetraeder mit gleicher Ausrichtung von Basis zu Spitze bilden (1840, 400); beim Quarz (Kristallklasse D_3) habe das rhomboedrische Molekül eine Verformung quer zu seiner Achse erlitten ("a subi une sorte de distorsion ... perpendiculairement à son axe"; ebda.) usw.

Bei aller Neigung zur ad-hoc Hypostasierung konkreter Polyederkonfigurationen für die physikalischen Moleküle enthielt Delafosses Beitrag einen sehr fruchtbaren Ansatz für eine Fortentwicklung der atomistischen Kristalltheorie über Haüy hinaus, ohne sich von diesem prinzipiell zu distanzieren. Er enthielt Ideen für eine Behebung der Anomalien des Haüyschen Symmetriegesetzes und paßte die Grundkonzepte der atomistischen Theorie an den

Stand der zeitgenössischen Chemie an. Für eine konsequentere Durchführung der von Delafosse vorgeschlagenen *Modernisierung des atomistischen Programms*, die eine allzu schnelle Bindung an Hypothesen über die konkreten Atomkonfigurationen in den physikalischen Molekülen vermied, war allerdings die Klärung dreier grundlegender Problematiken notwendig:

- die Präzisierung der überhaupt möglichen Symmetrietypen der Moleküle ohne Bindung an spezielle Polyederkonfigurationen (also die Klassifikation der Punktsymmetriesysteme),
- eine genauere Analyse des Zusammenhangs zwischen Gitterkonfigurationen und zugehörigen Grundformen
- und schließlich die Herausarbeitung der Prinzipien, nach denen Molekülsymmetrien und Gitterkonfigurationen bei der Bildung der Kristallstruktur zusammenwirken.

Alle drei Fragenkomplexe wurden von A. Bravais in drei aufeinander aufbauenden Arbeiten behandelt (1849b, 1850, 1851).

Auguste Bravais (1811–1863) studierte an der Ecole Polytechnique, wurde danach Marineoffizier, Teilnehmer an verschiedenen geographischen Expeditionen, Astronomiedozent und ab 1845 schließlich Professor der Physik an der Ecole Polytechnique [Birembaut 1970]. Gegen Ende der 1840er Jahre befaßte er sich mit Kristallographie und studierte dazu auch die zeitgenössischen deutsch- und englischsprachigen Arbeiten. Er kannte und zitierte Ergebnisse u.a. von Weiß, Miller und Frankenheim.[7] Das unterschied ihn von Delafosse, der den Arbeiten der dynamistischen Strömung, insbesondere denen von Weiß selbst, mit großer Skepsis und deutlicher Ablehnung gegenüberstand und diese bestenfalls von ihren phänomenologischen Ergebnissen her zu akzeptieren bereit war (Delafosse 1843, 644f., 659). Bravais konnte so wesentliche Impulse aus dem Symmetriestudium der dynamistischen Richtung aufnehmen und erfolgreich in der Modernisierung der atomistischen Kristalltheorie einsetzen.

In der Tat gelang es Bravais, die ersten beiden dieser drei Problemfelder weitgehend aufzuklären. Die Bearbeitung des dritten führte ihn auf die Formulierung einer Theorie, die in der zweiten Hälfte des 19. Jahrhunderts eine mindestens vergleichbare, vielleicht sogar größere Bedeutung bekam als die Haüys in der ersten Hälfte. Bravais' Theorie trat darüberhinaus in eine äußerst fruchtbare Wechselbeziehung mit der zeitgenössischen Mathematik.

3.2 Bravais' Klassifikation der Punktsymmetrien

Bravais' erste größere Arbeit in diesem Kontext, sein "*Mémoire sur les polyèdres de forme symétrique*" (1849b) war rein geometrischen Inhalts (wie auch die zweite — vgl. §3.3). So stellte er ähnlich wie Hessel — dessen Arbeit er allem Anschein nach nicht kannte[8] — das allgemeine Symmetriestudium der Entwicklung der eigentlichen kristallographischen Theorie voran. Gegenstand der Abhandlung war ein systematisches Studium der Symmetrien endlicher räumlicher Punktsysteme. Dabei faßte er ein solches Punktsystem als Eckenkonfiguration eines Polyeders auf und bezeichnete es dementsprechend als (abstraktes) "Polyeder" ((1849b, 21).

Auf solche verallgemeinerte "Polyeder" bezogen, erklärte er verschiedene Typen von Symmetrien durch Diskussion folgender *Symmetrieelemente* (1849b, 21ff.):

- Symmetriezentrum ("centre de symétrie" C) bei Punktinversion,
- Symmetrieachse ("ligne de symétrie" L, L' bzw. Λ) bei Rotationssymmetrie,
- Symmetrieebene ("plan de symétrie" P, P' oder Π) bei Spiegelungssymmetrie.

Die Notwendigkeit der Einführung von *Drehspiegelungen* bzw. zugehöriger eigener Symmetrieelemente *entging Bravais*.

Er charakterisierte die Symmetrieelemente durch geometrische Konstruktionsvorschriften für die Gewinnung des symmetrischen Bildes jeder der endlich vielen Ecken des Polyeders. Insofern arbeitete er explizit mit Abbildungen endlicher Punktmengen. Durch die allgemeine Angabe der Konstruktionsvorschrift war jedoch prinzipiell die Abbildung jedes beliebigen Punktes, beliebiger Raumteile und — in der Konsequenz — sogar des euklidischen Raumes selbst angedeutet. Ein Stück weit realisierte Bravais später diese Potentialität selber bei der Übertragung der Polyedersymmetrien auf die Raumgitter (1850). *Insofern enthielt die Angabe eines Symmetrieelementes bei Bravais die Andeutung einer zugehörigen Isometrie des euklidischen Raumes, bzw. bestimmter endlicher oder unendlicher Teilmengen, ohne diese jedoch als Abbildungen explizit zu thematisieren.*

Zur Beantwortung der Fragen nach sämtlichen Symmetrieelementen eines Polyeders entwickelte Bravais Ansätze eines systematischen Studiums des geometrisch-logischen Zusammenhangs verschiedener Symmetrieelemente untereinander. Insbesondere legte er dar, daß aus der Existenz zweier Symmetrieelemente in der Regel ein weiteres notwendig folgt und analysierte die Art dieser Verbindungen (Tab. 4). Sein Argument lief dabei in naheliegender Weise durch *Verkettung der beiden zugeordneten Symmetrieoperationen* für die Eckpunkte des Polyeders und Nachweis der geometrischen Äquivalenz zur Operation, die einem (dritten) Symmetrieelement zugeordnet ist. In dieser Hinsicht war in seiner Argumentation der operationale Kern — und damit das implizit enthaltene Gruppendenken — wesentlich deutlicher herausgebildet als bei Hessel.

Ähnlich wie Hessel betrachtete Bravais die zu einem Symmetrieelement gehörenden Symmetrien, implizit also Untergruppen des betrachteten Punktsymmetriesystems; und in ähnlicher Weise verwies er bei der Diskussion von

Tabelle 4
Kombination von Symmetrieelementen bei Bravais

2 Symmetrieelemente	führen auf	(1849b, Satz)
P, C (auf P)	L durch C (orth. P)	4
P, P′	L im Schnitt von P, P′ und falls P $\not\perp$ P′ weitere P″, ...	5 7
P, L	L′ und P′, P″ ...,	8 9
L, L′	weitere L″, L‴, ...	10

Symmetrieelementen "*derselben Art (de la même espèce)*" implizit auf Konjugationsklassen von Untergruppen. Eine "*Hauptachse (axe principale)*" führte er jedoch von der Methode her weniger "gruppentheoretisch" als Hessel ein (jedoch mit demselben Resultat), nämlich als Achse, die zu allen anderen Achsen und Symmetrieebenen orthogonal ist (1849b, 24). Da er den Achsenbegriff enger faßte als Hessel (Rotationsachse), gab es bei Bravais nichttriviale Symmetrietypen ohne Achse, sodaß er eine Grobeinteilung der endlichen Punktsymmetrien in drei Typen erhielt: achsenlose, mit Hauptachse, "sphäroedrische" (mit Achsen aber ohne Hauptachse, d.h. Symmetriesysteme von regulären Polyedern).

In der weiteren Analyse ermittelte Bravais für jeden Symmetrietyp die Anzahl und geometrische Konfiguration konjugierter Symmetrieelemente. Er führte zu ihrer Angabe eine abkürzende Notation ein:

- L^k, Λ^k Achse, bzw. Hauptachse der Ordnung k,
- C Inversionszentrum,
- P^k, Π^k Spiegelungsebene orthogonal zu einer Achse L^k bzw. Hauptachse Λ^k,
- qL^k, qL'^k, qP^k, qP'^k, ... Konjugationsklassen von je q Symmetrieelementen des angegebenen Typs.

Damit gelang ihm eine Repräsentation eines Punktsymmetriesystems durch das "*Symbol der Polyedersymmetrie (symbole de la symétrie du polyèdre)*", das die abkürzende Zusammenstellung aller Konjugationsklassen von Symmetrieelementen enthielt. Bei zyklischen und diedrischen Symmetrien mit Hauptachse gerader bzw. ungerader Ordnung aber desselben Schoenflies-Typs waren Bravais' "Symbole" daher verschieden.

Beispiel: Diedersymmetrien

D_{2qh} symbolisiert durch $[\Lambda^{2q}, qL^2, qL'^2, C, \Pi, qP^2, qP'^2]$

D_{2q+1h} symbolisiert durch $[\Lambda^{2q+1}, (2q+1)L^2, \Pi, (2q+1)P]$

Durch die getrennte Aufzählung der 3 "achsenlosen" Symmetriesysteme

C_1	Bravaissymbol	$[0L, 0C, 0P]$
C_i	"	$[0L, C, 0P]$
$C_s = C_{1v} = C_{1h}$	"	$[0L, 0C, P]$

und die Aufspaltung der 7 Serien mit Hauptachse in je zwei hätte Bravais zusammen mit den 7 "sphäroedrischen" Systemen prinzipiell insgesamt $24 (= 2 \times 7 + 7 + 3)$ "Klassen symmetrischer Polyeder (classes des polyèdres symétriques)" erhalten können. Ein Problem entstand jedoch bei der Schoenflies-Serie $\bar{C}_{2n}$, da Bravais keine Drehspiegelungen als Symmetrieelemente eingeführt hatte. Lediglich für den Fall $n = 2q + 1$ gab es in Bravais' Zugang eine Darstellung, da hier eine Punktinversion auftritt und die Gruppe durch eine Inversionserweiterung aus einer zyklischen Gruppe ungerader Ordnung erzeugt werden kann ($\bar{C}_{4q+2} = [\Lambda^{2q+1}, 0L^2, C, 0P]$). Ähnliches gilt jedoch nicht für den Fall $n = 2q$, d.h. die Teilserie $\bar{C}_{4q}$[9]

Das führte Bravais auf die nicht ganz vollständige Klassifikation der "symmetrischen Polyeder" in einer Liste, die zusammengefaßt die *unrichtige* Aussage ergibt von

"Theorem" 1 (Bravais 1849b, 61):
Es gibt 23 (!) "Klassen symmetrischer Polyeder", davon drei achsenlose, 13 mit Hauptachse (!), 7 sphäroedrische. Deren "Symbole" sind in Tab. 5 angegeben.

In dieser Form der "Klassen symmetrischer Polyeder" *erreichte Bravais eine fast vollständige implizite Klassifikation der endlichen orthogonalen Gruppen* im euklidischen Raum. Durch seine Charakterisierung der Symmetrieelemente durch Ansätze konstruktiv definierter Abbildungen von Punktsystemen, die Komposition von Symmetrieelementen, den Systemcharakter der Symmetriekonfiguration und durch seine Analyse "gleichartiger" (konjugierter) Symmetrieelemente trat die *Gruppenstruktur schon recht deutlich obwohl weiterhin implizit* in seiner Arbeit auf.

Die Frage nach den verschiedenen eckentransitiven Polyedertypen einer "Klasse" diskutierte er in der Form der minimalen Eckenzahl (implizit Mächtigkeit von Punktorbits) lediglich am Rande. In dieser Hinsicht hatte Hessel die Analyse der Beziehung zwischen Symmetrie und Gestalt im Sinne einer Klassifizierung der einfachen Gestalten (also der flächentransitiven Polyeder)

Tabelle 5

Bravais' 23 Klassen "symmetrischer Polyeder"

Klasse	Symbol der Symmetrie	entspricht	Minimalzahl Ecken 1.Orbit	2.Orbit	3.	4.
1	$0L, 0C, 0P$	C_1	1	1	1	1
2	$0L, C, 0P$	C_i	2	2	2	
3	$0L, 0C, P$	C_s	1	1	1	
4	$\Lambda^{2q}, 0L^2, 0C, 0P$	C_{2q}	$2q$	$2q$		
5	$\Lambda^{2q}, 0L^2, C, \pi$	$C_{2q,h}$	$2q$	$2q$		
6	$\Lambda^{2q}, qL^2, qL'^2, 0C, 0P$	D_{2q}	$4q$			
7	$\Lambda^{2q}, 0L^2, 0C, qP, qP'$	$C_{2q,v}$	$2q$	1		
8	$\Lambda^{2q}, qL^2, qL'^2, C, \pi, qP^2, qP'^2$	$D_{2q,h}$	$2q$	$0, 2q^*$		
9	$\Lambda^{2q}, 2qL^2, 0C, 2qP$	$D_{2q,d}$	$4q$			
10	$\Lambda^{2q+1}, 0L^2, 0C, 0P$	C_{2q+1}	$2q+1$	$2q+1$		
11	$\Lambda^{2q+1}, 0L^2, C, 0P$	$\bar{C}_{4q+2}$	$4q+2$	$4q+2$		
12	$\Lambda^{2q+1}, 0L^2, 0C, \pi$	$C_{2q+1,h}$	$2q+1$	$2q+1$		
13	$\Lambda^{2q+1}, (2q+1)L^2, 0C, 0P$	D_{2q+1}	$4q+2$			
14	$\Lambda^{2q+1}, 0L^2, 0C, (2q+1)P$	$C_{2q+1,v}$	$2q+1$	1		
15	$\Lambda^{2q+1}, (2q+1)L^2, C, (2q+1)P^2$	$D_{2q+1,d}$	$4q+2$			
16	$\Lambda^{2q+1}, (2q+1)L^2, 0C, \pi, (2q+1)P$	$D_{2q+1,h}$	$2q+1$			
17	$4L^3, 3L^2, 0C, 0P$	T	12			
18	$4L^3, 3L^2, C, 3P^2$	T_h	12			
19	$4L^3, 3L^2, 0C, 6P$	T_d	4			
20	$3L^4, 4L^3, 6L^2, 0C, 0P,$	O	24			
21	$3L^4, 4L^3, 6L^2, C, 3P^4, 6P^2$	O^*	6			
22	$6L^5, 10L^3, 15L^2, 0C, 0P$	I	60			
23	$6L^5, 10L^3, 15L^2, C, 15P^2$	I^*	12			

$$^* \begin{cases} 2q & \text{für } q = 1 \\ 0 & \text{für } q > 1 \end{cases}$$

weitergeführt. Auf der anderen Seite war Bravais' Arbeit der Hesselschen in der Herausarbeitung der intensionalen Struktur des impliziten Gruppenkonzepts klar überlegen. Die Unvollständigkeit seiner klassifizierenden Liste tat dem kaum Abbruch.

3.3 Bravaissysteme, Raumgittertypen und ihre Isometrien.

Bravais' Analyse der "Polyedersymmetrien" war lediglich Voraussetzung und Ausgangspunkt für ein systematisches Studium ebener und räumlicher Gitter unter Symmetriegesichtspunkten, dessen Ergebnisse er schon Ende 1848 der Académie des Sciences vorgelegt hatte.[10] Die Publikation erfolgte jedoch erst etwas später in Liouvilles Journal (Bravais 1850).

Er begann diese Arbeit mit einer geometrischen Beschreibung äquidistanter Punktreihen, von Netzen (2-dimensionalen Gittern) und räumlichen Gittern ("rangées, résaux, assemblages de points"). Dabei diskutierte er die Möglichkeiten, ein Gitter auf verschiedenen Wegen zu erzeugen (äquidistante Punktreihe — durch Parallelverschiebung erzeugtes Netz — Raumgitter) und zeichnete Elementarzellen ("parallélogramme/parallélépipède générateur") und die durch Halbierung entstehenden Elementarsimplizes aus ("triangle/tetraèdre élémentaire") (1850, 7, 22, 54).

Die Punktreihen längs der durch den Ursprung gehenden Kanten eines Elementarsimplexes bezeichnete er als "*konjugierte Punktreihen (rangées conjuguées)*" (ebda., 7). Das war ein geometrischer Zugang zu den verschiedenen möglichen Basisdarstellungen eines Gitters, den er durch einen Nachweis der Konstanz des Flächeninhalts/Volumens der Elementarzellen ergänzte (ebda., 19ff., 42ff.). In naheliegender Weise[11] zeichnete er analog eine *Minimalbasis ("triangle/tetraèdre principal")* aus (ebda., 22, 54).

Die Wahl der Koordinatenachsen in "konjugierten Punktreihen" führte ihn auf die algebraische Beschreibung eines Gitters durch Koordinaten in $\mathbb{Z}^2$ bzw. $\mathbb{Z}^3$ (ebda., 8f., 36f.) und Koordinatenwechsel bezüglich verschiedenen Elemantarzellen auf Matrizen aus $GL(3, \mathbb{Z})$ (ebda., 51f.). So näherte er sich von seiner Seite der von Gauß (1831) angedeuteten Beziehung zwischen der arithmetischen Reduktionstheorie quadratischer Formen und den geometrischen Gittern, indem er den Abstand zwischen zwei Gitterpunkten durch den Wert der quadratischen Form $\Theta(x, y, z)$ ausdrückte

$$d^2(P, P') = \Phi(x, y, z)$$

(x, y, z) Koordinatendifferenz von P, P'[12]

Insbesondere stellte er die Beobachtung an, daß $\det\Theta$ = Volumen einer Elementarzelle und für $(m,n,l) \in \mathbb{Z}^3$, $\mathrm{ggT}(m,n,l) = 1$

$\Phi(m,n,l)$ = Flächeninhalt der Elementarzelle einer Netzebene[13] orthogonal zu l

(ebda., 110ff.).

Bravais verfolgte die Beziehung zwischen der arithmetischen Theorie de quadratischen Formen bzw. Gitter und seiner geometrischen Theorie der Punktgitter selbst allerdings nicht weiter. Er ergänzte die genannten Bemerkungen lediglich noch um einen Hinweis auf Seeber (1831), der schon die "einzigartige Analogie (l' analogie singulière)" zwischen beiden Gesichtspunkten bemerkt habe (Bravais 1850, 113). Bravais zitierte dabei allerdings nur die Gaußsche Besprechung der Seeberschen Arbeit (Gauß 1831), in der dieser Aspekt hervorgehoben worden war.

Zentraler für den Zweck seiner Untersuchung war die Symmetrieanalyse ebener und räumlicher Gitter. Dabei entwickelte Bravais ein Konzept der Gittersymmetrien, das mit geometrischen Abbildungen zumindest der Gitterpunkte arbeitete. Er konzentrierte sich völlig auf den *geometrischen* Gesichtspunkt der (euklidischen) Isometrien eines Gitters. Die naheliegende Beschreibung der Punktsymmetrien eines Gitters durch ganzzahlige Matrizen nach dem Vorbild der an anderer Stelle von ihm gegebenen arithmetischen Darstellung von Koordinatenwechseln erwähnte er nicht einmal am Rande; eine arithmetische Betrachtung der Gittersymmetrien tauchte also bei ihm nicht ansatzweise auf.

Den geometrischen Gesichtspunkt der Selbstabbildungen eines Gitters arbeitete er dagegen deutlich heraus. Er verdoppelte ideell das Gitter zu zwei zunächst übereinanderliegenden Punktgittern Γ, Γ' und betrachtete dann Bewegungen von Γ', bei festem Γ, bei denen Γ' wieder mit Γ zur Deckung kommt:

> *"Nous supposerons (...), que dans le Résau donné, existent deux Résaux égaux, superposés Sommets sur Sommets, de manière à figurer un Résau unique. L'un de deux Résaux sera consideré comme invariable de position; mais l'autre pourra se mouvoir tout d'une pièce, soit par translation, soit par rotation."* (Bravais 1850, 32)

Ähnlich argumentierte er unter Einschluß von Spiegelungen und Punktinversionen[14] für räumliche Gitter (ebda., 57ff.). Bravais betrachtete dabei also ausdrücklich Operationen auf unendlichen, unbeschränkten Punktmengen. Die in der allgemeinen Konstruktionsbeschreibung potentiell enthaltene Abbildung des ganzen Raumes (bzw. der Ebene) war durch die Betrachtung des Punktgitters andeutungsweise realisiert und lag nahezu greifbar vor Augen — explizit arbeitete Bravais jedoch lediglich mit einer Abbildung der Gitterpunkte selbst.

Bravais fixierte die Gittersymmetrien analog der Vorgehensweise bei den endlichen Polyedern durch Angabe von Symmetrieelementen. Dabei verwies er als weiteren wesentlichen Unterschied zu (1849a, b) auf das Auftreten unendlich vieler Symmetrieelemente, wie sie durch Konjugation mit Gittertranslationen entstehen:

> *"La symétrie du Résau, suivant une direction déterminée, n'est jamais caracterisée par une axe unique, mais bien par un système d'axes parallèles, formant un système complet de Rangées parallèles entre elles, embrassant tous les Sommets du Résau."* (Bravais 1850, 28)

Darüberhinaus registrierte er die Existenz von Symmetrieelementen, die nicht durch Gitterpunkte gehen und von ihm als "*Zwischenachsen, Zwischenebenen bzw. Zwischenzentren (axes, planes, centres intermédiaires)*" (ebda., 60ff.) bezeichnet wurden. Doch analysierte er deren Konstellation nicht im einzelnen. Das erschien ihm möglich wegen

Lemma 1 (Bravais 1850, 60ff., 94):
Zu jedem Symmetrieelement eines Gitters gibt es ein solches gleichen Typs (Drehachse, Spiegelungsebene, Inversionszentrum) in jedem Gitterpunkt.

Obwohl Bravais also die Gesamtheiten der Symmetrien eines Gitters betrachtete — und damit implizit die Isometriegruppen räumlicher Gitter, also spezielle Typen von Raumgruppen — konnte er auf deren extensionale Fixierung verzichten und sich auf eine Charakterisierung durch die Symmetrieelemente in Gitterpunkten konzentrieren. Im Ergebnis kam er so zu einer Betrachtung der Isometrien der Gitter unter dem Gesichtspunkt der Punktsymmetriesysteme:

> *"Si, par l'un des Sommets d'un Assemblage, on fait passer tous les axes et plans de symétrie qui lui sont propres, on pourra* considérer l'Assemblage comme un polyèdre *dont le centre est au Sommet que l'ont a choisi."* (ebda., 92; Hervorh. E.S.)

Das war eine anschauliche, abgeschwächte Formulierung der zugrundeliegenden gruppentheoretischen Bestimmung des orthogonalen Anteils K einer Raumgruppe G mit Translationsgitter Γ

$$G/\Gamma \cong K < O(3, \mathbb{R})$$

die ja auch für allgemeinere Raumgruppen als die von Bravais betrachteten möglich ist. Natürlich soll das nicht etwa heißen, daß Bravais explizit mit Isometriegruppen der Gitter arbeitete. Durch seine Charakterisierung der unendlichen Systeme von Symmetrieelementen eines Gitters kam er aber einer Fixierung der zugehörigen Gruppe in dieser Situation ähnlich nahe wie im Fall der Punktsymmetriesysteme (vgl. §3.2).

Ein wichtiger Baustein für die Analyse der Raumgitter war eine Symmetrieklassifikation der ebenen Netze. Dazu beobachtete Bravais zunächst, daß Spiegelachsen durch Netzpunkte wegen der stets vorhandenen Punktinversion immer in orthogonalen Paaren auftreten (ebda., 28). Daraus erhielt er leicht, daß "Hauptdreiecke" (Minimalbasen) von Netzen mit Spiegelsymmetrie rechtwinklig oder gleichschenklig sind, und als Konsequenz weiter, daß an ebenen Gittern nur 2-, 4-, und 6-zählige Drehsymmetrien auftreten. Da in den beiden letzten Fällen stets Spiegelungen vorhanden sind, ergeben sich vom Standpunkt des Punktsymmetrietyps nur die 4 ebenen (Bravais-) *Gittersysteme* ("classes"), charakterisiert durch die Symmetrien C_2, D_2, D_4, D_6 (eben monoklin, orthogonal, tetragonal und hexagonal).[15]

Darüberhinaus unterschied Bravais im orthogonalen System (Symmetrie D_2) zwei (durch "Zentrieren" auseinander hervorgehende) Unterfälle, je nachdem die Spiegelungsachse längs der Kante oder der Diagonale der zugehörigen Elementarzelle verläuft. Diese zwei *Typen* ("modes") des ebenen orthogonalen Systems ("classe") sind durch rechteckige bzw. rhombische Elementarzelle charakterisiert. Ohne die Unterscheidung zwischen System ("classe") und Typ ("mode") der Gitter hier näher zu beleuchten — das holte Bravais bei der Diskussion des räumlichen Falles nach, wo die Unterschiede markanter hervortreten — erhielt er so eine zweistufige Klassifikation der ebenen Punktgitter.

Lemma 2 (Bravais 1850, 29ff.):

a) Bei den ebenen Gittern sind unter dem Gesichtspunkt der auftretenden Punktsymmetrien 4 Gittersysteme ("classes") zu unterscheiden: das monokline (C_2), das orthogonale (D_2), das tetragonale (D_4) und das hexagonale (D_6).

b) Bei Berücksichtigung der Lage der Spiegelachsen im Gitter sind des weiteren im orthogonalen System zwei Gittertypen zu unterscheiden (Rechteck- und Rhombustyp), in den drei anderen Systemen gibt es jeweils nur einen Gittertyp (vgl. Tab. 6).

Beim Studium der Raumgitter erhielt Bravais zunächst eine Einschränkung der zulässigen Rotationssymmetrien, aus der Betrachtung der Basisparallelogramme einer Minimalbasis. Im allgemeinen führt die Ergänzung der 3

Tabelle 6
Bravais' Symmetrietypen ebener Netze

	Hauptdreieck	Anzahl Spiegel-Achsen	minimale Elementar-zelle	Symmetrie	Krist. Bez.
1	generisch	–	Parallelogramm	C_2	P
2	rechtwinklig ungleichschenklig	2	Rechteck	D_2	R
3	gleichschenklig, ungleichseitig	2	Rhombus	D_2	D
4	rechtwinklig, gleichschenklig	4	Quadrat	D_4	S
5	gleichseitig	6	60°/120°–Rhombus	D_6	H

Gitterpunkte P, P', P'', die aus P durch wiederholte Rotation um den Winkel β um eine Achse durch den Gitterpunkt O hervorgehen, zum Parallelogramm $PP'P''P'''$ auf einen Punkt P''' mit $d(O,P''') < d(O,P)$, was zur Minimalität von $d(O,P)$ im Widerspruch steht. Lediglich für 4 Werte von β ist das nicht der Fall. Diese Übertragung führte Bravais auf

Lemma 3 (Bravais 1850, 59f.):
Deckrotationen eines räumlichen Gitters sind nur zu den Ordnungen $q = 2, 3, 4, 6$ möglich.

Damit hatte er eine Einschränkung für die orthogonalen Symmetrien der Raumgitter erhalten, die mit Hessels Analyse der einschränkenden Wirkung des Rationalitätsprinzips für die kristallographisch zulässigen Systeme vom Resultat her übereinstimmte.

Für die weitere Untersuchung wertete Bravais die schon im ebenen Fall gemachte Beobachtung aus, daß das Auftreten gewisser Gittersymmetrien wiederum andere nach sich zieht; so besitzt etwa ein Gitter mit Drehachse gerader Ordnung stets eine dazu orthogonale Spiegelungsebene, aus der Existenz zweier Achsen der Ordnung 3 ("ternäre Achsen") folgt stets die Existenz zweier weiterer in Tetraederkonstellation und darüberhinaus sogar aller Symmetrieelemente des Würfels (Holoedrie O^*) usw. Eine Analyse der Konsequenzen, die das Auftreten einer der zulässigen Rotationssymmetrien bzw.

Tabelle 7
Die 7 Bravaisschen Gittersysteme

	Bravais			Modern	
	Name	Minimal-symmetrie	Symmetriesymbol	Min.	Hol.
1	Terquaternär (isometrisch)	$[2L^3]$	$[3L^4, 4L^3, 6L^2, C, 3P^4, 6P^2]$	T	O^*
2	Senär (hexagonal)	$[\Lambda^6]$	$[\Lambda^6, 3L^2, 3L'^2, C, \pi, 3P^2, 3P'^2]$	C_6	D_{6h}
3	Quaternär (tetragonal)	$[\Lambda^4]$	$[\Lambda^4, 2L^2, 2L'^2, C, \pi, 2P^2, 2P'^2]$	C_4	D_{4h}
4	Ternär (trigonal)	$[\Lambda^3]$	$[\Lambda^3, 3L^2, C, 3P^2]$	C_3	D_{3d}
5	Terbinär (orthorhombisch)	$[\Lambda^2, L^2, L'^2]$	$[\Lambda^2, L^2, L'^2, C, \pi, P^2, P'^2]$	D_2	D_{2h}
6	Binär (monoklin)	$[\Lambda^2]$	$[\Lambda^2, C, \pi]$	C_2	C_{2h}
7	Asymmetrisch (triklin)	$[0L]$	$[0L, C, 0P]$	C_1	C_i

(vgl. Anhang 2, Tab. 10)

zulässiger Kombinationen von ihnen (*Minimalsymmetrie*) für das betrachtete Gitter hat, führte Bravais auf die Einteilung der Raumgitter in 7 *Systeme*, oder wie er sich ausdrückte "Klassen (classes)" der Symmetrie.

Theorem 2 (Bravais 1850, 65ff.):
Die Raumgitter unterteilen sich nach dem Punktsymmetriegesichtspunkt wie in Tab. 7 angegeben in 7 Gittersysteme ("classes"). Das heißt, jedes Raumgitter besitzt eine der dort angegebenen holoedrischen Punktsymmetriesysteme ("Symmetriesymbole"). Zu jedem Gittersystem gibt es eine charakteristische Minimalsymmetrie, bei deren Vorliegen ein Gitter schon sämtliche Symmetrien der zugehörigen Holoedrie besitzt.

Die holoedrischen Punktsymmetrien (die Gruppen der orthogonalen Decktransformationen) der Bravaischen Gittersysteme stehen in erstaunlich treffender Übereinstimmung mit den Symmetrien der Weiß/Mohsschen Kristallsysteme. Bravais konnte darin eine Bestätigung der Fruchtbarkeit des Modernisierungsansatzes der atomistischen Kristalltheorie sehen, auf die er in seinen "Etudes Cristallographiques" (1851) weiter aufbaute (vgl. §3.4).

Er ließ es allerdings nicht bei der Grobklassifikation der Gitter nach ihrem Punktsymmetrietyp bewenden, sondern führte analog dem zweidimensionalen Fall, aber genauer als dort, den *Raumgittertyp* oder, in seiner Terminologie, die "Art der Symmetrie (mode de symétrie)" als verfeinertes Äquivalenzkonzept ein:

> "*Deux Assemblages de la même classe appartiennent à des modes distincts de symétrie, lorsqu'en faisant varier d'une manière continue les espacements des Sommets de l'un des Assemblages,* sans qu'il perde un seul instant ses axes de symétrie, *on ne peut, malgré cela, le rendre que partiellement superposable avec l'autre Assemblage. Tel sont, par example, l'Assemblage dérivant du cube, et celui dérivant du cube centré* (Bravais 1850, 95)."

Er arbeitete also mit folgender

Definition:
Zwei Raumgitter Γ, Γ' desselben Gittersystems, also derselben (maximalen) orthogonalen Symmetrie $H < O(3, \mathbb{R})$, gehören genau dann *demselben Raumgittertyp* an, wenn es eine stetige 1-Parameterschar von Gittern $\Gamma(t)$, $0 \leq t \leq 1$, mit zugehöriger Schar der orthogonalen Symmetrien $H(t)$ gibt, sodaß $\Gamma(0) = \Gamma$, $\Gamma(1) = \Gamma'$, $H(t) = H$ für alle $0 \leq t \leq 1$.

Diese Idee der Deformierbarkeit zweier Gitter ineinander, ohne dabei die Bedingung konstanter orthogonaler Holoedrie zu verletzten, erlaubte Bravais, die ihm wohl bekannte (1850, 94) Frankenheimsche Andeutung einer Unterordnung der "Grundformen" unter den Symmetriegesichtspunkt zu präzisieren. Durch eine Analyse, auf welche Weise in jedem Gittersystem ("classe de symétrie") Raumgitter durch Übereinanderanordnung ebener Netze gebildet werden können, und unter Berücksichtigung möglicher Äquivalenz im Sinne des Raumgittertyps ("mode de symétrie") erhielt er:

Theorem 3 (Bravais 1850, 65ff.):
Es gibt 14 Raumgittertypen, wie in Tab. 8 aufgelistet.

Bravais' Ziel der Klassifikation der Raumgitter unter Symmetriegesichtspunkten war damit erreicht.

Zwar war für Bravais' Einteilung der Gitter in 7 Systeme ("classes") das Symmetriekonzept endlicher Polyeder ausschlaggebend, d.h. Bravais' implizite Charakterisierung endlicher orthogonaler Gruppen; und doch war ihm, wie wir schon sahen, völlig klar, daß die Symmetrien der Gitter ein wesentlich umfangreicheres, tatsächlich sogar unendliches, System bilden (s.o.). *So*

Tabelle 8
Bravais' "Arten der Symmetrie" von Gittern (Gittertypen)

Bravaissystem		char. Gitterzelle	int. Not.
1/1	Terquaternär	Würfel	23P
1/2		innenzentrierter Würfel	23I
1/3		flächenzentrierter Würfel	23F
2	Senär	(60°/120°) rhombisches Prisma	3P
3/1	Quaternär	quadratisches Prisma	4P
3/2		innenzentr. quadr. Prisma	4I
4	Ternär	(60°/120°) rhombisches Prisma mit doppelt zentrierter Diagonale	3R
5/1	Terbinär	rechteckiges Prisma	222P
5/2		innenzentr. Prisma	222I
5/3		rhombisches Prisma	222C
5/4		innenzentr. rhomb. Prisma	222F
6/1	Binär	parallelogrammatisches Prisma	2P
6/2		innenzentriertes parallelogrammatisches Prisma	2I, 2B etc.
7	Asymmetrisch	generisches Parallelepiped	P

(vgl. auch Tab. 3 und Anhang 2, Tab. 10)

erweiterte er die Bedeutung der zunächst für die endlichen Polyeder eingeführten "Symmetriesymbole" anläßlich der Angabe der Gittersymmetrien:

> *"Il importe de remarquer qu'ici les lettres C, Λ, L, Π, P, ... (Kontext von Tab. 7; E.S.), représentent non pas un seul point, ou une seule ligne, ou un seul plan, comme cela a lieu dans les polyèdres à nombre limité de sommets, mais bien un système de points, ou un système d'axes tous parallèles, ou un système de plans pareillement tous parallèles entre eux."* (Bravais 1850, 94)

Zusammen mit seinen Andeutungen über Deckbewegungen der Gitter, Inversionszentren und Spiegelungsebenen lag darin nun unter dem Gesichtspunkt der verfeinerten Klassifikation der Gitter in 14 Raumgittertypen ("espèce de symétrie") eine *implizite Charakterisierung der 14 Isometriegrup-*

pen der Raumgittertypen, als den im gewissen Sinne einfachsten und auffälligsten der kristallographischen Raumgruppentypen

$$G_i = \text{Isom}\,(\Gamma_i), \quad 1 \leq i \leq 14,$$

$$\text{mit } \Gamma_1, \ldots, \Gamma_{14} \quad \text{(Repräsentanten der) Raumgittertypen.}$$

Bei orthogonaler Holoedrie $H(\Gamma_i)$ von Γ_i also

$$G_i \cong \Gamma_i * H(\Gamma_i) \quad \text{semidirekt.}$$ [16]

$$\text{speziell also:} \quad G_1 \cong \mathbb{Z}(23P) * O^*$$

$$G_2 \cong \mathbb{Z}(23I) * O^*$$

$$\ldots$$

$$G_{14} \cong \mathbb{Z}(P) * C_1$$

Bravais' Integration des Symmetriegesichtspunktes mit dem der Gitterstruktur der Kristalle begann also, zu einem bis dahin noch nicht beachteten Typ impliziter geometrischer Gruppen hinzuführen.

3.4 Bravais' kristallographische Theorie und die implizite Verwendung von 71 der 73 symmorphen Raumgruppentypen

In der abschließenden Arbeit seiner kristallographischen "Trilogie", den "*Etudes Cristallographiques*" von 1851 arbeitete Bravais eine auf die mathematischen Studien der ersten beiden Arbeiten (1849b, 1850) aufbauende systematische *Kristallstrukturtheorie* aus, *die die von der dynamistischen Tradition entwickelten Symmetriekonzepte mit dem atomistisch interpretierten Gitterkonzept verband* und das Delafossesche Programm weitgehend ausfüllte. Darüberhinaus führte ihn diese Theoriebildung auch auf die Fortentwicklung seiner Symmetriebetrachtungen, d.h. zu einer Erweiterung seines in (1850) begonnenen impliziten Studiums kristallographischer Gruppen.

Bravais' kristallographische Grundannahmen stimmten weitgehend mit denen von Delafosse überein. Die chemische Isomerie, also die Existenz chemisch unterschiedlicher Verbindungen derselben Summenformel, sah er als Beleg für einen räumlichen Aufbau der Moleküle aus den Atomen in wohlbestimmten Polyederkonfigurationen an ("*polyèdres moléculaires*") (1851, 102); und mit Delafosse ging er davon aus, daß sich die Moleküle bei der Kristallisation so anordnen, daß die *Schwerpunkte ein räumliches Punktgitter* bilden (ebda., 102f.). Dabei schloß er aus der Hypothese des polyedrischen Aufbaus der Moleküle, daß die gitterbildenden Molekularkräfte kein isotropes System bilden und sich ein Molekül daher nur in bestimmten Lagen an eine schon gebildete Grenzfläche anschließen kann (ebda., 194f.). Eine Schlüsselfrage seiner

Kristallstrukturtheorie war daher die nach der Art der ***Beziehung zwischen den Symmetrien des Molekülpolyeders und des zugehörigen Raumgitters.*** Erst als ein Resultat dieser Beziehung trat bei ihm das Konzept der Kristallklasse auf.

Bravais sah nämlich keinen Grund für die Annahme, daß die Symmetrie der Molekülpolyeder in jedem Falle schon mit der des Raumgitters verträglich sein muß (d.h. in dessen Isometriegruppe enthalten ist). Seine Theorie ließ stattdessen Molekülpolyeder beliebiger Symmetrie zu, etwa vom "Symbol" S_p — Bravais' Charakterisierung einer endlichen orthogonalen Gruppe. Die Auswahl der Raumgitterkonfigurationen, in denen Moleküle der Symmetrie Sp kristallisieren können, regulierte Bravais in seiner Theorie durch zwei Hypothesen:

Postulat 1 (Bravais 1851, 206):
Kristallisierende Moleküle einer gegebenen Substanz werden von den sieben Gittersystemen dasjenige annehmen, dessen Symmetrie eine maximale Anzahl gemeinsamer Symmetrieelemente mit der Eigensymmetrie ihres Molekülpolyeders besitzt.

Postulat 2 (ebda., 208ff.):
Im Falle nichteindeutiger Auswahl durch Postulat 1 zwischen Gittersystemen mit verschiedenen Anzahlen freier metrischer Parameter wird ein System höchster Parameterzahl angenommen.[17]

Postulat 2 stellte sicher, daß ein Molekül gegebener Symmetrie (um ein Beispiel zu nennen, etwa C_2) nicht in einem Gitter "zu hoher" Symmetrie kristallisiert (im Beispiel isometrisch, tetragonal, orthorhombisch), sondern in einem Gitter der höchstmöglichen, mit der Molekülsymmetrie verträglichen Allgemeinheit (im Beispiel monoklin). Postulat 2 definierte also in der Form einer *Generizitätsannahme*, was bei Kombination von Molekülsymmetrien und Gitter bei letzterem gegebenfalls als Scheinsymmetrie anzusehen ist (im Beispiel wäre das etwa der Fall, wenn die Parameter des monoklinen Gitters zufällig solche Werte annähmen, daß sich eine kubische Elementarzelle ergäbe).

Unter Verwendung der Notation S_a für das "Symmetriesymbol" des Gitters ("assemblage") und S_c für die *gemeinsamen Symmetrieelemente* von S_p und S_a ("commun") interpretierte Bravais S_c als Symbol eines unter dem Gesichtspunkt der Kristallbildung dem Molekülpolyeder "*äquivalenten Polyeders (polyèdre équivalent)*" (ebda., 216). Ausführlich analysierte er für sämtliche seiner 23 "Klassen" von Polyedersymmetrien, in welchem Gittersystem die Kristallisation nach seiner Hypothese erfolgen müsse und was jeweils das "äquivalente Polyeder" der gemeinsamen Symmetrie S_c ist (ebda., 209–217, Tableau VIII, 272ff.).

Diese "äquivalenten Polyeder" repräsentierten nun die *Kristallklassen* der dynamistischen Theorie — oder genauer 31 von ihnen. Die sphenoidale Klasse $\bar{C}_4$ war von Bravais ja in dieser Weise nicht darstellbar (vgl. §3.2), trat also in (1851, Tab. VIII) nicht auf. Lediglich im Vorbeigehen wurde sie von Bravais als eine Anomalie unter dem "Symbol" $[\Lambda^2, 0C, 0P]^4$ erwähnt, deren Existenz dieser sehr wahrscheinlich Frankenheims Liste der Kristallklassen entnommen hatte, ohne ihr aber eine größere Bedeutung beizumessen.[18]

Die ältere und bedeutendere "Anomalie" der älteren atomistischen Theorie, das Auftreten *hemiedrischer Kristallsymmetrien*, konnte von Bravais dagegen leicht durch die Konstellation $S_c < S_a$ erklärt und damit behoben werden (ebda., 218, 220). Auch konnte er nun problemlos die Frankenheim-Graßmannsche Permutationssymbolik an die atomistische Theorie assimilieren.

So gab Bravais für jedes seiner Systeme — unter explizitem Hinweis auf (Frankenheim 1842) — Permutationstabellen zur Darstellung der Flächenäquivalenz bezüglich jedes Symmetrieelements an, das im "Symbol" des betreffenden Systems auftritt (Bravais 1851, 223ff., 275ff.).[19] Dadurch waren die Permutationstabellen zu jeder Kristallklasse des Systems und damit die Flächenorbits bestimmbar. Das lieferte eine Grundlage für die Bestimmung der einfachen Kristallgestalten, bei der allerdings noch zusätzlich geometrisch-kombinatorische Gesichtspunkte einzubeziehen sind. Bravais stützte sich dabei auf entsprechende Angaben von Frankenheim (ebda., 235ff.).[20] Zum Abschluß der Arbeit gab er Beispiele in der Natur auftretender Kristalle für 11 sicher identifizierte meriedrische Kristallklassen an, sowie einige weitere unter Vorbehalten.[21]

Konnte schon für den zeitgenössischen mathematischen Leser die Parallele zwischen den Permutationsgruppen der Algebra und den Kristallklassen (den Symmetrien der "äquivalenten Polyeder") durch die Verwendung der Frankenheim-Graßmannschen Permutationstabellen offensichtlich werden, so stellt sich Bravais' Vorgehen im Nachhinein als ein schönes Stück werdender, impliziter Gruppentheorie dar. Die Frage nach den zulässigen Kombinationen der Molekülpolyeder mit den Raumgitterstrukturen erweist sich nach der Art ihrer Beantwortung durch Symmetriegesichtspunkte als eine *in geometrische Konfigurationsanalyse gekleidete implizite Frage nach der semidirekten Erweiterbarkeit räumlicher Gittergruppen durch endliche orthogonale Gruppen.* Sie führte Bravais auf die Raumsymmetriesysteme vom Typ der symmorphen Gruppen der Kristallographie (vgl. Anhang).

In der Reduktion eines beliebigen Molekülpolyeders auf das "äquivalente Polyeder" (d.h. beim Übergang von einer beliebigen endlichen orthogonalen

Gruppe auf eine maximale Untergruppe vom Typ der Kristallklassen) enthielt Bravais' Vorgehensweise einen Hinweis darauf, daß nicht alle endlichen orthogonalen Gruppen sondern nur die 32 Kristallklassen für die Erweiterung von Translationsgittern in Frage kommen. Die Generizitätsannahme von Postulat 2 lieferte Bravais darüberhinaus die Möglichkeit eventuell vorhandene überschüssige Symmetrien des Gitters zu identifizieren und auszuschließen. Sie lieferte ihm ein Kriterium zur Erkennung möglicher Scheinsymmetrien des Gitteranteils eines Raumsymmetriesystems und vermied eventuelle Doppelzählungen (vom Standpunkt affiner Äquivalenz).

Dagegen erzwang Postulat 2 keine eindeutige Zuordnung von Kristallklassen zu Gittersystemen. Wie vom Standpunkt der Erweiterungstheorie zu erwarten, ließ Bravais die Zuordnung der Molekülsymmetrien $S_c = C_3$, C_{3i}, C_{3v}, D_3, D_{3d} sowohl zu Gittern des trigonalen als auch des hexagonalen Systems zu (1851, 273ff.). Er listete so in einer resumierenden Tabelle explizit 36 zulässige Zuordnungen von Kristallklassen zu Gittersystemen auf; eine fehlte ihm aus den bekannten Gründen ($S_4 = \bar{C}_4$ im tetragonalen System)(1851, Tafel VIII, 272–274).

Liest man die Tafel auf dem Hintergrund der verfeinerten Einteilung der Gitter in Raumgittertypen von (1850), so enthält sie einen deutlichen, wenn auch nicht in sämtliche Einzelfälle ausdrücklich aufgefächerten, impliziten Hinweis auf die möglichen semidirekten Erweiterungen von Raumgittern durch orthogonale Gruppen, oder — in Bravais' Sprache — einer Übersicht, welche Kristallklassen auf welche Raumgittertypen "bezogen" werden können ("se rapportent").

Auf diese Weise deuteten Bravais' Arbeiten (1850, 1851) *71 von 73 symmorphen Raumgruppentypen* an, die in natürlicher Weise als semidirekte Erweiterungen von Raumgittern durch endliche orthogonale Gruppen entstehen (mit Ausnahme der zwei mit $\bar{C}_4$).[22] Eine Fortsetzung seiner Analyse in Richtung einer Vertiefung und Präzisierung dieses Hinweises lag Bravais jedoch fern; dazu fehlte ihm der geeignete begriffliche Hintergrund, der symbolische Apparat und das wissenschaftliche Motiv. Für die von ihm unmittelbar verfolgten Zwecke war seine Symbolik und die von ihm erreichte Mathematisierungstiefe der auftretenden Symmetrien völlig ausreichend.

Für die Kristallographie lieferte Bravais' Theorie eine großartige Integration von Symmetriegesichtspunkten in das modernisierte atomistische Programm. Die Einteilung der Kristalle nach Kristallklassen und ehemaligen "Grundformen", nunmehr Raumgittertypen, fand eine markante theoretische Fundierung. Gleichzeitig verschob seine Theorie die Bedeutung der Einteilung in "Systeme" von einer Grobklassifizierung der Kristallklassen (dem Standpunkt des Weißschen Programms) zu einer Grobklassifizierung nach der Gittersymmetrie; d.h. in unserer Terminologie, sie ***ersetzte die Einteilung nach Kristallsystemen durch die Einteilung nach Gittersystemen*** [Brown e.a. 1978, 16f.].

Daß diese Verschiebung gewisse, wenn auch nur geringe Konsequenzen auf der extensionalen Ebene der klassifizierten Symmetriekonstellationen nach sich zog, hätte sich prinzipiell für Bravais an denjenigen Fällen zeigen können, in denen seine Postulate 1, 2 keine eindeutige Zuordnung eines "äquivalenten Polyeders" zu einem Gittersystem lieferten. Das waren gerade die Fälle der Kristallklassen des trigonalen Systems (C_3, D_3, C_{3i}, C_{3v}, D_{3d}). Deren zugehörige "Molekülpolyeder" konnten nach Bravais' Hypothese sowohl im trigonalen, als auch im hexagonalen Gittersystem kristallisieren (Bravais 1851, Tab. VIII).[23]

Es gibt jedoch keinen Hinweis darauf, daß Bravais dieser Konsequenz der doppelten Zuordnung in irgendeiner Weise seine Aufmerksamkeit gewidmet hätte. Dazu gab es für ihn kaum einen Anlaß, waren ja große Teile des von Weiß ausgehenden Programms, beziehungsweise von dessen Ergebnissen, in seine Theorie integriert. Das Festhalten an einer Einteilung in Kristallsysteme jener Tradition wäre Bravais vermutlich als Beharren auf einzelnen Elementen eines weitgehend integrierten und damit überholten Programms erschienen.

Bravais' Arbeiten (1849b, 1850, 1851) markierten einen bedeutenden Einschnitt innerhalb der mathematischen Kristallstrukturtheorie des 19. Jahrhunderts. Aufgrund ihrer Klarheit und guten Zugänglichkeit — insbesondere im Vergleich zu (Frankenheim 1826, Hessel 1830) — sowie der Tiefe ihrer weiterführenden Ergebnisse regten sie andere Wissenschaftler zur Fortführung des mathematischen Symmetriestudiums an.

So wurde etwa *A. F. Möbius* (1790–1868), der sich zunächst mit den Symmetrien der Weißschen Kristallsysteme (1849) beschäftigt und eine an Permutationen orientierte Notation zum Studium von Punktsymmetriekonfigurationen entwickelt hatte, von Bravais (1849b) zu einer Untersuchung symmetrischer Figuren angeregt (Möbius 1851). Umfangreiche nachgelassene Manuskripte — zum größten Teil aus den Jahren 1848 bis Anfang 1852 — belegen, daß Möbius zunächst an einen Ausbau seines Ansatzes zu einer auf Permutationssymbolik gestützten "Theorie der symmetrischen Figuren" dachte (Möbius 1886a). Aus verschiedenen Gründen erreichten seine Studien aber trotz verschiedener Anläufe einer Bearbeitung in der 1850er Jahren (genauer Anfang 1852 und 1857) und späterer Ergänzungen zu Anfang der 1860er Jahre keine Publikationsreife [Reinhardt 1886, 188]. Sie könnten jedoch dazu beigetragen haben, daß F. Klein als Herausgeber von Möbius' Gesammelten Werken, Band 2ff., sich in der Mitte der 1880er Jahre wieder für die mathematische Kristallographie zu interessieren begann und A. Schoenflies auf diese Problematik orientierte (vgl. §§4.3, 5.3).

Allerdings war der Möbiussche Ansatz zu diesem Zeitpunkt durch die zwischenzeitlich erfolgte Einführung des geometrischen Gruppenbegriffs schon methodisch überholt. Bravais' Arbeiten hatten durch ihre anregende Wirkung auf Jordan dazu beigetragen, daß um die Wende von den 1860er zu den 1870er Jahren der Gruppenbegriff in der Geometrie explizit gemacht wurde.

§ 4 Die Einführung des Gruppenbegriffs in die Geometrie

4.1 Gruppen vor und in den 1860er Jahren

Bekanntlich entstand der allgemeine Gruppenbegriff im Laufe des 19. Jahrhunderts aus der gegenseitigen Anregung und Verbindung dreier verschiedener großer Strömungen: dem Studium von Permutationssystemen in der Algebra, den implizit gruppentheoretischen Ansätzen der Zahlentheorie und aus der Betrachtung abgeschlossener Transformationssysteme der Geometrie. Wir können dazu auf die ausführliche Studie H. Wußings [1969] verweisen und uns hier bezüglich der ersten beiden Punkte auf ein kurzes Resümee beschränken; der dritte wird hingegen, dem Thema der vorliegenden Arbeit gemäß, eingehender diskutiert werden müssen.

Die Verwendung von Permutationen reichte bis weit in das 17. und 18. Jahrhundert zurück — wenn man die chinesische Mathematik mit einbezieht, sogar noch weiter. Sie dienten zunächst lediglich als symbolisches Hilfsmittel bei der Lösung linearer und algebraischer Gleichungssysteme und später bei den Versuchen der Resolventenkonstruktion für algebraische Gleichungen vom Grad > 3. Bis zum Ende des 18. Jahrhunderts wurden sie hingegen selber nicht Gegenstand algebraischer Untersuchungen, die über kombinatorische Fragen hinausgingen, obwohl durchaus — insbesondere in den Studien Lagranges (1772/1773) — ein gutes Stück implizites Gruppendenken entwickelt wurde. Erst in den Arbeiten Ruffinis (1799), Abels (1829) und Galois' (1830, 1831, 1832) trat der Systemcharakter der Komposition von Permutationen hervor und wurde zum Schlüssel der Analyse der Auflösbarkeitbedingungen von Gleichungen [Wußing 1969, 58ff., 69ff., 73ff.]. Konzeptionell hatte das zur Folge, daß die auftretenden Systeme von Permutationen nicht als abstrakte Permutationsgruppen behandelt wurden, sondern in einer strukturreichen Kontextbindung standen, in der sie *durch Vertauschung von Wurzeln* einer algebraischen Gleichung *und die induzierten Operationen auf den daraus gebildeten rationalen Termen implizit schon als Automorphismengruppen algebraischer Körpererweiterungen auftraten.*

Permutationen wurden erst mit einer Serie von Arbeiten Cauchys in den 1840er Jahren, eröffnet von dessem Mémoire (1844), als n-Tupel ("arrangements") und Abbildungen ("permutations/substitutions") zu eigenständigen, kontextunabhängigen Objekten mathematischen Studiums. In Verbindung mit der expliziten Betrachtung unter Komposition abgeschlossener Gesamtheiten ("système de substitutions conjuguées") bildete sich nunmehr ein kleines Forschungsprogramm zu diesem Thema heraus [Wußing 1969, 62ff.]. *Das*

Studium von Permutationsgruppen wurde an Ausbreitung und Tiefe durch die mit Beginn der 1850er Jahre langsam einsetzende Aufnahme und Ausarbeitung der Ideen Galois' gefördert, die durch die Publikation wichtiger nachgelassener Schriften (Galois 1831 u.a.) im Jahre 1846 ermöglicht wurde — international insbesondere in Italien und Deutschland (Betti 1852; Kronecker 1853, 1856; Dedekind 1856) und natürlich auch in Frankreich (Liouville, Hermite, Bertrand, Serret u.a.), wo etwa zehn Jahre später auch die ersten ausführlichen Publikationen zu diesem Thema erschienen (Serret 1866; Jordan 1865, 1867 u.a.). In diesem Rahmen wurde nun ausdrücklich auch das kontextunabhängige Studium der Permutationsgruppen weitergeführt, das dennoch gleichzeitig an die Galoistheorie als einen bedeutenden, sich entfaltenden Teilzweig der zeitgenössischen Algebra angebunden blieb [Wußing 1969, 87ff.; Scharlau 1981].

Auch in der Zahlentheorie waren gruppentheoretische Denkweisen bis zu diesem Zeitpunkt zur Explizitheit herangereift. Ansätze dieser Art gingen schon auf Euler zurück, der in seiner Theorie der Potenzreste (1758/59) implizit die Ordnung von Untergruppen der multiplikativen Gruppe der Restklassen mod p betrachtet hatte [Weil 1983, 189ff.]. Gauß führte diese Untersuchung in Richtung einer Bestimmung der Erzeugenden einer zyklischen Gruppe weiter [Wußing 1969, 34ff.]. Darüberhinaus argumentierte er auch bei der Untersuchung der Kreisteilungsgleichung und bei der Komposition binärer quadratischer Formen implizit gruppentheoretisch (Gauß 1801).

Die Komposition von Äquivalenzklassen quadratischer Formen war einer der ersten Fälle einer deutlichen, obgleich noch impliziten, gruppentheoretischen Argumentation mit endlichen, nicht durch Permutationen dargestellten, unter Komposition abgeschlossenen Systemen. Als Kummer in (1845) deren formale Analogie mit der Komposition "idealer complexer Zahlen" (Idealklassen) herausstellte, wurde die gruppentheoretische Natur dieser Komposition (als abelsche Gruppe) weiter hervorgehoben, sodaß Dedekind (1856, 63) auf die weiter greifende Analogie zwischen (kommutativen) Permutationsgruppen und der Komposition von Klassen binärer quadratischer Formen hinweisen konnte. Es erscheint so vielleicht nicht als verwunderlich, daß der erste erfolgreiche Axiomatisierungsschritt zur Fixierung des Begriffs einer endlichen abelschen Gruppe durch Kronecker (1879) schließlich aus diesem Kontext heraus erfolgen sollte [Wußing 1969, 45f.].

Zwar hatte Cayley schon in (1854) einen Vorstoß zu einer abstrakten Definition einer Gruppe als endliche oder abzählbare "Menge von Symbolen (sets of symbols)" samt assoziativer Komposition mit Einselement gemacht, bei der die Multiplikation mit jedem Element eine Bijektion der Gesamtheit liefert. Dabei hatte er die strukturelle Parallele der Operation in Permutationsgruppen mit der Matrizen- und Quaternionenmultiplikation im Auge. Obwohl man um die Jahrhundertmitte herum auch beim Studium der linearen Substitutionen in n Veränderlichen von verschiedenen Seiten auf Systeme gruppentheoretischer Natur stieß — etwa bei der Transformation homogener Formen (Eisenstein 1844) oder den Monodromietransformationen von Lösungen gewöhnlicher linearer Differentialgleichungen mit algebraischen Koeffizienten (Riemann 1857/1876) — lag Cayleys Vorstoß von den substantiellen Beobachtungen und Problemen wichtiger Forschungsprogramme der Mathematik noch zu weit entfernt und war zu sehr dem Konzept der britischen "symbolischen Algebra" der ersten Jahrhunderthälfte verbunden, als daß er Chancen auf eine zügige allgemeine Aufnahme unter den zeitgenössischen Mathematikern gehabt hätte.[1]

Schließlich trat ab den 1840er Jahren auch in der Geometrie an verschiedenen Stellen verstärkt implizites Gruppendenken auf: bei der Fixierung unterschiedlicher Abstraktionsstufen der Geometrie durch Auszeichnung eines bestimmten Typs von Transformationen ("Verwandtschaften"), darüberhinaus in der mathematischen Kinematik und in den Symmetriestudien der Kristallographie.

In der projektiven Geometrie hatte Poncelet (1822) den Gesichtspunkt der Invarianz geometrischer Eigenschaften unter Perspektivitäten ("homothétie") herausgestellt. Das bedeutete allerdings noch keineswegs die implizite Ausarbeitung von Gruppenmethoden; er hatte es nicht einmal als nötig erachtet, die hier vom Standpunkt der Äquivalenz eigentlich naheliegende Invarianzforderung auch ausdrücklich auf allgemeine projektive Kollineationen als Komposition mehrerer Perspektivitäten zu verallgemeinern. Das geschah erst im Rahmen der weiteren Systematisierung der projektiven Geometrie durch Möbius (1827), Steiner (1832) u.a., wobei Möbius gleich eine ganze Hierarchie von "Verwandtschaftsbeziehungen" — implizit durch Auszeichnung von Transformationsgruppen definiert — zur Charakterisierung der verschiedenen Zweige der Geometrie hinzufügte [Wußing 1969, 26ff.].

Dazu trat in der euklidischen Geometrie der Beginn einer systematischen Charakterisierung von Bewegungen durch Zusammensetzung von Drehungen und Translationen (Chasles 1830, Rodrigues 1840, Poinsot 1851). Schon Euler hatte gezeigt (1758, §2; 1765, §690), daß sich jede euklidische Bewegung aus einer Rotation und einer Translation zusammensetzen läßt; aber erst Rodrigues entwickelte daraus die Charakterisierung der Gruppe der eigentlichen euklidischen Isometrien [Gray 1980]. Diese wurde von Poinsot (1851) so weit vereinfacht, daß die Struktur von $\mathrm{Isom}^{+}(E^3)$ als semidirektes Produkt aus Rotationen und Translationen in geometrischer Form implizit, aber deutlich hervortrat. Daneben gab es Bestrebungen zur Entwicklung eines angepaßten algebraischen Kalküls zur Behandlung der Komposition von Rotationen des euklidischen Raumes, um die langwierigen Rechnungen mit Eulerschen Winkeln zu vereinfachen. Das führte Cayley (1845) und Hamilton (1847) schon Mitte der 1840er Jahre zur Spindarstellung der euklidischen Rotationen durch Einheitsquaternionen.

Dazu kamen die in der Kristallographie betrachteten Symmetriesysteme, also der 32 Kristallklassen, deren Studium bis zu einer impliziten Charakterisierung aller endlichen Untergruppen von $O(3, \mathbb{R})$ geführt hatte, sowie von 71 eigentlich diskontinuierlichen Untergruppen von $\mathrm{Isom}^+(\mathbb{E}^3)$. J.G. Graßmann (1829, 1833) und M.L. Frankenheim (1826, 1842) hatten dabei sogar schon 6 holoedrische beziehungsweise alle 32 Kristallklassen mittels erweiterter Permutationssysteme, also im zeitgenössischen Sinne algebraisch, dargestellt (siehe §§2, 3).

Insgesamt waren also in der Geometrie um die Jahrhundertmitte implizit verschiedene Transformationsgruppen im Gebrauch ($SO(3, \mathbb{R})$, $\mathrm{Isom}^+(\mathbb{E}^3)$, $\mathrm{GL}(n, K)$ und $\mathrm{PSL}(n, K)$ mit $n = 2, 3$ und $K = \mathbb{R}, \mathbb{C}$) oder angedeutet worden ($\mathrm{Aff}(\mathbb{R}^n)$, $\mathrm{Diff}(\mathbb{R}^n)$ mit $n = 2, 3$), *und daneben in der mathematischen Kristallographie verschiedene endliche orthogonale und andeutungsweise sogar einige (symmorphe) kristallographische Raumgruppen.* Darüberhinaus waren aus den verschiedensten Richtungen herkommend *auch die strukturellen Analogien zwischen den impliziten Gruppen in der Geometrie und denen der Algebra/Zahlentheorie* kurz nach der Jahrhundertmitte recht vielfältig und stellenweise so eng, daß ihre explizite Herausarbeitung uns nachträglich nur noch als eine Frage der Zeit, des Anlasses und — natürlich — einer geeigneten Ausführung erscheinen kann.

Die Symmetriesysteme der Kristallographie waren als Anlaß und Formulierungshilfe dafür besonders geeignet, da ihr bekannterer Teil aus endlichen Gruppen bestand, die sogar schon durch Permutationssymbolik dargestellt worden waren. Der andere Teil, die Bravaisschen Symmetriesysteme räumlicher Gitter, konnten aufgrund endlicher Erzeugung gewissermaßen als Brücke dienen, um die zunächst recht groß erscheinende begriffliche Distanz zwischen den endlichen Gruppen der Permutationslehre und den unendlichen, kontinuierlichen Transformationsgruppen der Geometrie zu überwinden. Sie wurden Auslöser einer Arbeit C. Jordans über Bewegungsgruppen, in der der Gruppenbegriff zum erstenmal expressis verbis in die Geometrie eingeführt wurde.

4.2 Jordans Klassifizierung der Bewegungsgruppen des euklidischen Raumes

Camille Jordan (1838–1921) hatte an der Ecole Polytechnique und der Ecole des Mines studiert und war zunächst wie die Mehrzahl der Polytechniciens als Ingenieur im Staatsdienst tätig geworden, bevor er sich durch seine ersten Arbeiten zur Galoistheorie (1865, 1867) und zur Flächentopologie (1866a, b) als erstrangiger forschender Mathematiker hatte ausweisen können und — zunächst weiter als Staatsingenieur angestellt — nach Paris versetzt wurde.[2] In den 1860er Jahren lag sein Arbeitsschwerpunkt in der Ausarbeitung der Galoisschen Ideen und der zugrundeliegenden Theorie der Permutations- und (linearen) Substitutionsgruppen.

Als ehemaligem Studenten der Ecole des Mines war ihm Bravais' kristallographische Theorie bekannt. So fiel ihm bei seiner Beschäftigung mit der Galoisschen Theorie die Analogie zwischen Galois' Charakterisierung der Auflösbarkeitsbedingungen algebraischer Gleichungen durch Permutationsgruppen und Bravais' Charakterisierung der Struktur kristallographischer Molekülsysteme durch ihre Symmetrien auf. Um diese herauszuarbeiten, übertrug Jordan den bis dahin in seiner expliziten Verwendung auf Permutationen/Substitutionen eingeschränkten Gruppenbegriff in die Geometrie und formulierte das Konzept der (euklidischen) Bewegungsgruppe. Dies war das Thema seines "Mémoire sur les groupes des mouvements" (1869), in dem Jordan sich zum Ziel setzte, alle Typen von Bewegungsgruppen des euklidischen Raumes bis auf affine Konjugation zu klassifizieren, seien sie nun kontinuierlich wie im allgemeinen in der Kinematik oder diskontinuierlich wie in der Kristallographie.

Schon bei der Formulierung seines Problems verwies Jordan auf die Bedeutung der Kristallographie als Ausgangspunkt seiner Arbeit. Er beschrieb es nämlich außer in Gruppenterminologie auch als Klassifikationsproblem aller möglichen Lagesysteme, die ein Molekül mit gegebener Ausgangsstellung und "Orientierung" durch Operation der Gruppe annehmen kann. So gab er die in seiner Arbeit behandelte Fragestellung in zwei Varianten an:

> "*1. Former tous les groupes possibles des mouvements.*
>
> *2. Former toutes les manières possibles des systèmes de molécules superposables à eux mêmes dans diverses positions.*" (Jordan 1869, 232)

Und er *verwies ausdrücklich auf Bravais' Arbeiten*, die er hier zu verallgemeinern dachte:

> "*C'est sous le second point de vue que Mr. Bravais a étudié cette question: les cas particuliers qu'il a traité et dont il a fait une remarquable application à la cristallographie sont les plus importantes.*" (ebda.)

Trotz dieser hohen Bewertung von Bravais' Erfolgen fuhr Jordan fort:

> "*Je crois néanmoins qu'il y a aujourd'hui quelque interêt à traiter le problème dans toute sa géneralité.*" (ebda.)

Jordans Zurückhaltung hinsichtlich einer eventuellen kristallographischen Relevanz seiner Studie war verständlich, lag doch sein *Augenmerk hauptsächlich auf mathematischen Fragestellungen*:

- einer expliziten Fassung des Begriffs der Bewegungsgruppe,
- einer Unterscheidung kontinuierlicher und diskontinuierlicher Gruppen sowie einer Grobklassifikation der Bewegungsgruppen in "Kategorien" gemäß ihrem rotativen Anteil,
- einer gruppentheoretischen Auswertung des kinematischen Konzepts der Schraubenbewegung durch Bildung von Gruppenerweiterungen von Translationsgruppen durch Rotationsgruppen mit — implizit — nichttrivialem Faktorensystem
- und schließlich der Angabe von 174 "Arten (espèces)" von Bewegungsgruppen.

Unter Rückgriff auf das der Algebra entlehnte Gruppenkonzept integrierte er also in seiner Arbeit Rodrigues' und Poinsots Analyse der räumlichen Bewegungen als Schraubungen und deren Komposition mit den Ergebnissen des Symmetriestudiums der Kristallographie.

Jordans *explizite Forderung an eine Bewegungsgruppe* war, daß es sich um eine Gesamtheit von Bewegungen (Schraubungen) des euklidischen Raumes handelt, die unter Komposition abgeschlossen ist (1869, 231). Er forderte also lediglich die Eigenschaften einer Halbgruppe, setzte aber darüberhinaus stillschweigend auch die Existenz der Eins sowie des Inversen ("mouvement égal et contraire") zu jeder Bewegung voraus; die Assoziativität war durch die Natur der Operationen gesichert.[3] Er nahm den Standpunkt der Erzeugung einer Bewegungsgruppe aus endlich vielen Bewegungen ein, ließ dabei aber auch "unendlich kleine" Bewegungen zu. Stillschweigend ging er darüberhinaus von folgender strikter Alternative aus:

- entweder besitzt eine Bewegungsgruppe infinitesimale Erzeugende
- oder nicht; dann besitzt sie in jeder 1-Parameteruntergruppe ein erzeugendes Element von minimalem Translationsbetrag bzw. Rotationswinkel (1869, 235f., 238 etc.).

Auf diese Weise schloß er Gruppen, die weder kontinuierlich (d.h. Liegruppen) noch diskret sind (als Untergruppen von $\mathrm{Isom}^+(\mathbb{E})$) — wie etwa Translationsgruppen isomorph $\mathbb{Q}$ oder Rotationsgruppen isomorph $\mathbb{Z}$ — aus und erzwang eine *strikte Dichotomie kontinuierlich-diskret* der von ihm betrachteten Bewegungsgruppen.

Jordan berechnete die Komposition zweier Schraubenbewegungen $A_{r,t}$ und $A'_{r',t'}$ längs der Geraden A, A' mit Rotationen um die Winkel r, r' und Translationen vom Betrag t, t' im Stile Poinsots unter impliziter Ausnutzung der semidirekten Produktstruktur von $\mathrm{Isom}^+(\mathbb{E}^3)$.[4] Daraus entwickelte er verschiedene gruppentheoretische Gesichtspunkte. So formulierte er

Lemma 1 (Jordan 1869, 235):
Bei Konjugation einer Schraubenbewegung mit einer anderen ergibt sich eine "ähnliche" Schraubenbewegung. Genauer:

$$A'_{r',t'} \cdot A_{r,t} \cdot A'^{-1}_{r',t'} = A''_{r,t}$$
$$\text{mit } A'' = A'_{r',t'}(A).$$

Und er zeigte sich erfreut über die Analogie dieser Beobachtung zum Verhalten von Permutationen, wo die Konjugation auf "ähnliche" Zykeldarstellungen führt.[5]

Aus der Kompositionsregel für Schraubenbewegungen las er ab, daß sich die rotativen Anteile der Schraubungen unabhängig von der Lage der Achsen A, A' und den Translationsanteilen zusammensetzen (1869, 234). Diese Beobachtung war eine geometrische Formulierung für den mit der semidirekten Produktstruktur verbundenen Homomorphismus

$$\begin{aligned} \mathrm{Isom}^+(E^3) &\xrightarrow{\psi} SO(3,R) \\ A_{r,t} &\longmapsto B_{r,0} \qquad \text{mit } B \parallel A \text{ durch einen festen Punkt } 0 \end{aligned}$$

Jordan nützte dies zu einer Grobklassifikation der Bewegungsgruppen gemäß ihres rotativen Anteils und teilte die Gruppen G je nach Bild(ψ) in 6 "*Kategorien (catégories)*" ein (1869, 246f.).[6]

Seine Feinklassifikation erfolgte in 174 "*Arten (espèces)*" wobei eine "Art" sowohl die *Äquivalenzklassenbildung durch affine Konjugation* (entsprechend dem Übergang zum Raumgruppentyp) umfaßte als auch naheliegende *Serienbildung* einschloß. So bildeten z.B. alle zyklischen Rotationsgruppen C_n ($n \in \mathbb{N}$) die "10. Art", die Diedergruppen D_n die "12. Art", die aus einer endlichen Translation $A_{0,t}$ ($=: \tau$) und Drehung um dieselbe Achse $A_{(2\pi/n),0}$ erzeugten Gruppen ($\mathbb{Z}(\tau) \oplus C_n$, $n \in \mathbb{N}$) die "20. Art" usw. Aufgrund seiner Dichotomie kontinuierlich-diskret konnte Jordan die reinen Translationsgruppen nun nach der Anzahl k ($0 \leq k \leq 3$) der unabhängigen infinitesimalen, sowie der Anzahl m ($0 \leq m \leq 3-k$) der unabhängigen endlichen Erzeugenden klassifizieren. So erhielt er 9 "Arten" von Translationsgruppen (1869, 235–237).[7] Auf ähnliche Weise erhielt er 8 "Arten" reiner Rotationsgruppen.[8]

Der größte Teil seiner Arbeit bestand dann in der *Analyse, welche Translationsgruppen durch welche Rotationsgruppen zu erweitern sind.* Das war die gruppentheoretisch mathematisierte und verallgemeinerte Form von Bravais' Untersuchung, welche Molekülpolyeder zu welchen Gittertypen "passen". Jordan konnte also auf Bravais' Ergebnisse über Symmetriekonfigurationen von Netzen und Gittern sowie die Bestimmung der Gittertypen zurückgreifen, ohne noch einmal die gesamten Bravaisschen Überlegungen ausführen zu müssen. Dadurch wurde seine Klassifikation der Gruppen mit 2 oder 3 endlichen Translationserzeugenden überhaupt erst möglich.

Er ging aber in der betrachteten Art der Erweiterung entscheidend über Bravais hinaus, der ja — implizit — lediglich mit *semidirekten* Produkten von Gitter und Rotationsgruppe gearbeitet hatte (vgl. §§3.3, 3.4). Jordan ließ nämlich als Repräsentanten des rotativen Anteils in der Bewegungsgruppe G nicht allein reine Rotationen zu, sondern auch solche Schraubenbewegungen, die mit der betrachteten Translationsgruppe Γ verträglich sind, d.h. diese bei Konjugation in sich überführen.

Das war ein völlig neuer Aspekt in Jordans Arbeit, der über die historisch äußerst bedeutsame, mathematisch aber zu diesem Zeitpunkt recht naheliegende explizite Übertragung des Gruppenbegriffs in die Geometrie merklich hinausging. *Jordan zeigte nämlich eine implizite, in geometrischer Form ausgesprochene Einsicht in die Struktur von Gruppenerweiterungen.* Seine Realisierung des rotativen Anteils einer Bewegungsgruppe durch Schraubenbewegungen entsprach implizit einer Diskussion von Erweiterungen der Translationsgruppe Γ durch eine Untergruppe G_o von $SO(3, \mathbb{R})$ mit nichttrivialem Faktorensystem — eine Problematik, die erst etwa 60 Jahre später von Otto Schreier (1926, 1928) allgemein und explizit geklärt wurde (vgl. auch Anhang).

Die für die Erweiterung notwendige Angabe eines Homomorphismus $\varphi : G_o \to \mathrm{Aut}(\Gamma)$ war wie im Fall der semidirekten Erweiterungen durch die Verträglichkeitsforderung für G_o mit Γ in natürlicher Weise gesichert. Die Angabe von Schraubenbewegungen $\tilde{\rho}_1, \ldots, \tilde{\rho}_k$ für Erzeugende $\rho_1, \ldots, \rho_k$ von G_o (im Fall endlicher Erzeugender) entsprach der Konstruktion einer Erweiterung der Translationsgruppe Γ durch G_o mit nichttrivialem Faktorensystem. In der Jordanschen geometrischen Formulierung äußerte sich das dadurch, daß Relationen zwischen den Erzeugenden

$$R(\rho_1, \quad \ldots, \quad \rho_k) = 1$$

bei den zugeordneten Schraubenbewegungen auf eine Translation $R(\tilde{\rho}_1, \ldots, \tilde{\rho}_k)$ aus Γ führen.[9]

Jordans Einsicht in die Struktur der auftretenden Erweiterungsbedingungen zeigte sich darin, daß er Art und Anordnung der Schraubenbewegungen in streckenweise verwickelten Falldiskussionen so bestimmte, daß diese Bedingungen stets erfüllt waren.[10]

Sein Ergebnis war eine Liste von 174 "Arten" von Bewegungsgruppen, darunter über 50 kontinuierliche, 5 endliche[11] und 59 eigentlich diskontinuierliche mit relativ kompaktem Fundamentalbereich (also kristallographische). Die übrigen "Arten" listeten diskontinuierliche Gruppen ohne relativ kompakten Fundamentalbereich auf. Darunter befanden sich unter anderem 16 Gruppen, die bei Einschränkung ihres Operationsbereiches auf eine Ebene diskontinuierlich und mit beschränktem Fundamentalbereich operieren, also 16 der 17 ebenen Ornamentgruppen. Lediglich eine der beiden $\mathbb{Z}^2$-Erweiterungen von D_3, in moderner Notation $P3m1$, war Jordan entgangen (vgl. §5.4, Anm. 43).

Hinzu traten in der Liste verschiedene Doppelnennungen,[12] deren Auftreten bei der von Jordan geleisteteten Pionierarbeit kaum verwunderlich erscheint. Ebensowenig kann überraschen, daß Jordans Liste nicht ganz vollständig war. So fehlten 6 von den insgesamt 65 eigentlichen Bewegungsgruppentypen der Kristallographie.[13] Die anderen 59 traten jedoch — teilweise in verschiedenen Erzeugungsweisen mehrfach angegeben — explizit auf.

Jordans Arbeit beinhaltete in zweifacher Hinsicht einen begrifflichen Durchbruch für das Symmetriestudium der Kristallographie. Die bei Bravais nur implizit angedeuteten ***Raumsymmetriesysteme der Kristallographie wurden durch den Gruppenbegriff operationalisiert und präzisiert.*** Allerdings galt das durch Jordans Einschränkung auf die eigentlichen Bewegungen zunächst nur für 23 der bei Bravais implizit auftretenden 71 semidirekten Produkte.[14] Hinzu trat die ***Entdeckung von 33 Produkten mit nichttrivialem Faktorensystem, also völlig neuen "verwickelten" Symmetrietypen***, die Bravais aufgrund der Verwendung eines vom mathematischen Standpunkt aus zu einfachen Modells einer Überlagerung von Molekül- und Gittersymmetrien nicht einmal hatte erahnen können.

Jedoch blieb die unmittelbare Bedeutung der Jordanschen Arbeit für die Kristallographie zunächst gering. Der größere Teil ihres Inhalts war ausschließlich von mathematischem Interesse; und Jordan hatte sich nicht einmal die Mühe gemacht, die kristallographisch relevanten Gruppen in irgendeiner Weise gegenüber den anderen hervorzuheben. Ganz im Gegenteil nivellierte seine großzügige Beschreibung der Aufgabenstellung der Arbeit durch Angabe von "Lagesystemen von Molekülen" (auch für den kontinuierlichen Fall!) den grundlegenden Unterschied zwischen den kristallographischen und nichtkristallographischen, insbesondere kontinuierlichen, Bewegungsgruppen scheinbar hinweg. Welcher Anhänger einer atomistischen Materieauffassung aber hätte bereit sein können, etwa den Orbit eines Pfeils unter einer kontinuierlichen Gruppe ernsthaft als Mathematisierung eines "Molekülsystems" zu akzeptieren?

Die kristallographische Bedeutung der Jordanschen Bewegungsgruppenklassifikation konnte daher lediglich indirekt, nach einem Ausbau des Raumgruppengesichtspunkts mit ausdrücklicher Orientierung auf die Spezifika der Kristallographie, hervortreten (vgl. §5). Mathematische Auswirkungen stellten sich dagegen wesentlich schneller ein, da die explizite Übertragung des Gruppenbegriffs in die Geometrie auf gut vorbereiteten Boden fiel.

4.3 Zum Einfluß des Jordanschen Mémoires bei der Herausbildung des Transformationsgruppenkonzepts durch S. Lie und F. Klein

Etwa zur Zeit, als Jordans Mémoire (1869) erschien, begann *Sophus Lie* (1842–1899) in enger Kooperation mit *Felix Klein* (1849–1925) bei der Untersuchung von Fragen der projektiven Geometrie Gruppengesichtspunkte zu berücksichtigen. Lie und Klein hatten seit ihrer ersten Begegnung im Weierstraßschen Seminar in Berlin während des Wintersemesters 1869/70 eine enge Zusammenarbeit entwickelt, die über die Zeit ihres gemeinsamen Aufenthalts in Paris (April bis Mitte Juli 1870), später über briefliche Korrespondenz und weitere Treffen in Düsseldorf (Dezember 1870) und Göttingen/Erlangen (September/Oktober 1872) anhielt.

In dieser Zeit formulierten sie das allgemeine Konzept einer geometrischen Transformationsgruppe und entwickelten verschiedene, sich gegenseitig ergänzende programmatische Ideen zu deren Untersuchung (Lies Klassifikation kontinuierlicher Transformationsgruppen) oder zur Verwendung als strukturelle Leitidee der Geometrie (Kleins "Erlanger Programm"). Nach Kleins Antritt der Erlanger Professur im Oktober 1872 schlugen Lie und Klein in ihrer wissenschaftlichen Entwicklung jedoch unterschiedliche Richtungen ein (Klein Ms XXII G)[15].

Im Austausch Lie-Klein war Lie häufig der Lieferant neuer Ideen, während Klein seinen Anteil später selber wesentlich darin sah, zu deren Formulierung und Einordnung in die geometrischen Forschungsprogramme Plückers oder Clebschs beigetragen zu haben (ebda.).[16] Auch die Herausbildung des Konzepts der Transformationsgruppe verlief zwischen den beiden jungen Mathematikern in einer Weise, die diesem — von Klein selber geteilten[17] — Bild entspricht. In unserem Zusammenhang ist dabei insbesondere von Interesse, ob beziehungsweise in welcher Weise Jordans Mémoire (1869) für die beiden Protagonisten des Transformationsgruppenkonzepts Bedeutung gewann.

Lies erste implizite, aber schon deutliche Verwendung des Transformationsgruppengesichtspunktes stammt aus einer in Berlin verfaßten, von F. Klein endformulierten[18] Arbeit über den "Reyeschen Linienkomplex" (Lie 1870). Lie betrachtete hier in der Plückermannigfaltigkeit $M_4^{(2)} \subset P(5,\mathbb{C})$ von Geraden des projektiven Raums $P(3,\mathbb{C})$[19] den durch Schnitt mit einer weiteren Quadrik ausgezeichneten "Reyeschen Linienkomplex" $R = M_3^{(2,2)} \subset M_4^{(2)}$ samt allen Kollineationen, die R invariant lassen,

$$\begin{aligned} G_R &:= \mathrm{Koll}(P(5,\mathbb{C}); R) \\ &:= \{\psi \mid \psi \in \mathrm{Koll}(P(5,\mathbb{C})), \psi(R) = R\} \\ &\subseteq \mathrm{Koll}(P(5,\mathbb{C})) = \mathrm{PGL}(5,\mathbb{C}) \end{aligned}$$

Er beobachtete, daß G_R aus einer "dreifach unendlichen Anzahl homographischer (projektiver; E.S.) Transformationen" besteht und — in Gruppenterminologie übersetzt — G_R transitiv frei auf R operiert. Nun zeichnete er gewisse Kurven C_R in R aus ("Komplexkurven"), auf deren Gesamtheit G_R wiederum frei operiert. Seine Idee war dann, einen Orbit $G_R(C_R)$ — eine "Gattung von Komplexkurven" in seiner Terminologie — als eine weitere Darstellung des "Reyeschen Komplexes" aufzufassen, d.h. zu einer neuen Art von Elementen des Raumes, eben "Komplexkurven", überzugehen.

Wie F. Klein bemerkte,[20] gibt es in R andererseits auch Kurven, die durch eine "einfach unendliche Anzahl" von Transformationen aus G_R in sich überführt werden. Daran knüpfte eine während des Juni 1870 in Paris gemeinsam geschriebene Arbeit (Klein/Lie 1870) an, die Kurven beziehungsweise Flächen mit "une infinité de transformations" beziehungsweise "un nombre doublement infini de transformations linéaires" in sich betrachtete — also in späterer Formulierung Kurven beziehungsweise Flächen mit kontinuierlichen Transformationsgruppen der Dimension 1 beziehungsweise 2. Lie und Klein benützten die hier studierte transitive Gruppenoperation auf einer Kurve (oder Fläche) zur Auszeichnung invarianter Eigenschaften unter den beteiligten Transformationen, eventuell in Relation zu einem anderen geometrischen Objekt oder einer ganzen Klasse von Objekten (Klein/Lie 1870, 422ff.). Darin deutete sich einer der Grundgedanken des späteren "Erlanger Programms" an.

In ihrer zweiten gemeinsamen Arbeit, die im Winter 1870/71 einige Monate nach ihrem Paris-Aufenthalt entstand, kamen sie noch einmal auf dasselbe Thema zurück und vertieften es (Klein/Lie 1871). Unter Bezug auf (Serret 1866) und (Jordan 1870) wiesen sie nun ausdrücklich auf die Abgeschlossenheit der von ihnen betrachteten "Systeme von Transformationen" unter Komposition und die Parallele zu den Substitutionsgruppen der Algebra hin (Klein/Lie 1871, 430 Anm.). So stand diese Arbeit am Beginn eines Übergangs zu einem expliziten Transformationsgruppenkonzept, allerdings noch ohne Herausbildung einer charakteristischen Fachterminologie und noch ganz im speziellen Kontext.

Klein verwendete neben der Sprechweise "System von Transformationen" bis weit in das Jahr 1871 hinein synonym wahlweise auch "Schar linearer Transformationen", "Zyklus von Transformationen" oder einfach "Transformationszyklus" (Klein 1871, 1872a);[21] und auch Lie verwendete bis kurz vor Ende seiner im Winter 1870/71 und im Frühjahr 1871 erstellten, in zwei Teilen publizierten Doktordissertation (Lie 1871a, b) noch keine Gruppenterminologie.

Wir wollen uns im folgenden etwas näher mit den Umständen befassen, unter denen Lie beziehungsweise Klein die Gruppenterminologie schließlich übernahmen und dabei insbesondere die Frage im Auge behalten, ob und in welcher Weise Jordans Mémoire (1869) dabei eine Rolle spielte. Lie nahm, wie schon angedeutet, die Gruppenterminologie erst in seiner Doktorarbeit auf — allerdings *nicht* im Hauptteil der Arbeit, sondern in einem an die eigentliche Arbeit angehängten letzten Paragraphen der Dissertation.[22] Erst dort *führte er im nachhinein die neue Terminologie der Transformationsgruppe ein.* Dabei nahm er ausdrücklich auf Jordans Mémoire Bezug und und schlug vor, dessen Fragestellung der Klassifikation von euklidischen Isosometriegruppen auf projektive Gruppen zu verallgemeinern:

> *"Es läßt sich eine Aufgabe stellen, alle Gruppen linearer Transformationen anzugeben. Ich sage dabei, dass eine kontinuierliche oder diskontinuierliche Schar von Transformationen eine Gruppe bildet, wenn die Kombination einiger dieser Transformationen jedesmal mit einer Transformation der gegebenen Schar äquivalent ist. Herr Jordan hat insbesondere alle Gruppen von Bewegungen bestimmt."* (Lie 1871b, 208f.)

Lie fuhr dann mit einer Bemerkung fort, daß (und warum) das hier angedeutete Programm einer Klassifikation aller Transformationsgruppen der projektiven Räume die Jordansche Klassifikation als Spezialfall umfassen würde.

Diese Stelle ist in zweifacher Hinsicht bemerkenswert. Zum einen enthält sie die erste Andeutung des später von Lie verfolgten Programms einer Klassifikation der Transformationsgruppen, das dieser erst in (1874) ausführlicher formulierte und dann — auf kontinuierliche eingeschränkt — zum Gegenstand einer Serie wichtiger Arbeiten aus den 1870/1880er Jahren machte (Lie 1874, 1876a, b, 1878a, b, 1880 u.a.).[23] Zum anderen stellt die hier von Lie verwendete Sprechweise von "Gruppen" einen terminologischen Ausreißer dar, der jedoch allem Anschein nach einen systematischen Hintergrund besaß.

Lie ging nämlich keineswegs, wie man nun vielleicht annehmen könnte, ab Frühjahr 1871 zur Verwendung der Gruppenterminologie über, sondern blieb zunächst bei einer unspezifischen Sprechweise, so etwa in seiner am 15.11.1871 vorgelegten Notiz zur Kugelgeometrie im $\mathbb{R}^n$ (Lie 1871d), wo er wieder von "Schar" oder "System von Transformationen" anstelle von "Transformationsgruppen" sprach. *Erst mit seiner Arbeit an der Klassifikation der kontinuierlichen Transformationsgruppen*, also dem an der eben genannten Stelle schon angesprochenen verallgemeinerten Jordanschen Programm, *ging er zur systematischen Verwendung der Gruppenterminologie über.* Die Übernahme der Terminologie von Jordan und die Verallgemeinerung von dessen Klassifikationsprogramm bildeten, hiernach zu schließen, eine Einheit. Diese stand den von Lie selbst entwickelten Auffassungen zwar nahe, bildete darin aber zunächst gewissermaßen eine programmatische Enklave, die erst mit der tatsächlichen Bearbeitung des Programms in Lies übrige Denkweise und Terminologie integriert wurde und diese bleibend beeinflußte.

Das spricht stark für die Annahme, daß Jordans Mémoire (1869) mehr als nur Gegenstand eines beiläufigen Verweises war.[24] Darüber weit hinausgegend scheint sie Lie den Anlaß gegeben zu haben, *die bis dahin stets in konkreten, projektiv-geometrischen Untersuchungen verwendeten Transformationsgruppen aus diesem Kontext* zu lösen und sein allgemeines Klassifikationsprogramm zu formulieren. Das konnte er dann allerdings erst nach seinem Studium der Integration von Differentialgleichungen in Angriff nehmen, nachdem einige dazu erforderliche Hilfsmittel bereitgestellt waren [Hawkins 1982]. Jordans Arbeit scheint demnach eine größere Bedeutung bei der expliziten Formulierung des Gruppenbegriffs innerhalb der Geometrie gehabt zu haben, als ihr gemeinhin — auch in [Wußing 1969] — zugemessen wird. Es bleibt allerdings noch zu prüfen, ob sich ähnliche Indizien für einen Einfluß auch auf Lies engsten Freund und Kooperationspartner dieser Zeit, Felix Klein, ergeben.

Vor einer eingehenderen Diskussion dieser Frage ist zunächst einmal auf Kleins integrative Arbeitsweise hinzuweisen.[25] Diese machte sich schon in Kleins früher Arbeitsphase bemerkbar, etwa wenn die verschiedenen Einflüsse charakterisiert werden, die Klein beim Entwurf des "Erlanger Programms" verarbeitete.[26] Auf seinen Kernbestand reduziert enthielt das "Erlanger Programm" drei Grundgedanken, die sich in folgende Thesen fassen lassen:

(i) Träger einer geometrischen Theorie ist eine "n-dimensionale Mannigfaltigkeit" M.

(ii) Eine geometrische Methode — moderner ausgedrückt Struktur — besteht aus der Auszeichnung einer auf M operierenden Gruppe G, der "Hauptgruppe", und zugehörigen invarianten oder kovarianten Objekten.

(iii) Wesentliche Teile des Systems der geometrischen Disziplinen lassen sich nach dem strukturellen Gesichtspunkt von (i), (ii) ordnen; d.h. die wichtigsten Geometrien sind Theorien von durch Hauptgruppen und invariante/kovariante Objekte strukturierten Mannigfaltigkeiten.

In unserem Zusammenhang geht es nun weder um die Haltbarkeit/Rechtfertigung bzw. Kritik an diesen Thesen,[27] noch um ihre historische Aufnahme und Wirkung,[28] sondern um ihre Herkunft und ihren Hintergrund im Kleinschen Denken selbst.

These (i) war stark durch Riemanns Auffassung der Geometrie beeinflußt, die Klein durch Clebsch kennengelernt hatte. Er konnte das Mannigfaltigkeitskonzept sehr gut mit dem Plückerschen Standpunkt höherer Raumelemente verbinden; dabei unterlief Klein allerdings zunächst eine Reduzierung der intensionalen Komplexität des Riemannschen Mannigfaltigkeitsbegriffs, die er erst im Laufe späterer Arbeiten stillschweigend rückgängig machte [Scholz 1980, 131ff.].

Den Hintergrund von These (ii) bildeten neben dem allgemeinen Transformationsgesichtspunkt der projektiven Geometrie spezifische Ansätze in dieser Richtung in Kleins eigener Arbeit vor 1872. So schien Klein die 1869/70 zusammen mit Lie erarbeitete Auffassung einer Charakterisierung der Geometrie in Kurven oder Flächen mit transitiver Transformationsgruppe (Klein/Lie 1870 — s.o.) als geeignet, seine schon Ende 1869 entworfene Ideen über eine projektive Modellierung der euklidischen und der nichteuklidischen Geometrien durch einen neuen methodischen Gesichtspunkt zu unterstützen und präzisierbar zu machen. Und in der Tat gelang es ihm im Sommer 1871, in die von ihm schon fast zwei Jahre vorher vermutete Beziehung zwischen projektiver (Cayley-) Metrik und Differentialgeometrie konstanter Krümmung den Transformationsgesichtspunkt einzuarbeiten. Als Ergebnis erhielt er die später weithin bekannt gewordene bemerkenswerte Charakterisierung der euklidischen bzw. nichteuklidischen Isometrien durch Einschränkung der Operation bestimmter Untergruppen der Gruppe der projektiven Kollineationen (Klein 1871, 281ff.) [Russo 1968].[29]

Die Bedeutung der Automorphismengruppe für die strukturelle Charakterisierung der "Geometrie" eines Raumes konnte Klein wenig später in der im Oktober 1871 fertiggestellten Arbeit (1872a) auch für die Plückermannigfaltigkeit der Geraden im projektiven Raum herausarbeiten. Ausgehend von deren auf Plücker zurückgehende Beschreibung als Quadrik $M^{(2)}_{n-1}$ im $P(n, \mathbb{C})$ mit Automorphismengruppe Koll$((P(n, \mathbb{C}); M^{(2)}_{n-1})$ — also den Kollineationen, die $M^{(2)}_{n-1}$ invariant lassen — gab Klein eine Bijektion

$$\psi : M^{(2)}_{n-1} \longrightarrow P(n-1, \mathbb{C})$$

und eine mit einer Hyperebene geschnittene Quadrik $M^{(1,2)}_{n-3}$ im $P(n-1, \mathbb{C})$ an, sodaß die Automorphismen der Plückermannigfaltigkeit gerade durch Koll$(P(n-1, \mathbb{C}); M^{(1,2)}_{n-3})$ dargestellt wurden.

Aus der ex-post Perspektive scheint damit die Verallgemeinerung im "Erlanger Programm" schon recht deutlich vorgezeichnet gewesen zu sein. Jedoch reagierte Lie auf einen ersten Vorstoß zu einer solchen Verallgemeinerung, den Klein in einem ihm gegen Ende 1871 zugesandten Manuskript über die "Methoden der Geometrie" machte, zunächst mit Zurückhaltung oder sogar Unverständnis (Klein Ms XXII G). Das zeigt deutlich, daß die von Klein vorgeschlagene *Verallgemeinerung selbst auf dem von Klein und Lie geteilten gemeinsamen Wissenshintergrund über geometrische Transformationsgruppen keineswegs naheliegend* war.[30] Der von Klein geleistete Übergang zwischen seinen Arbeiten über nichteuklidische Geometrie (1871) sowie Liniengeometrie (1872a) und seinem Metaprogramm der Geometrie[31] (1872b, 1873) erklärt sich also nicht aus sich heraus, sondern bedarf weiterer Aufklärung.

Es liegt nahe, einen Hinweis in diese Richtung in seinem "Zweiten Aufsatz zur nichteuklidischen Geometrie" (Klein 1873) zu suchen, der in der ersten Jahreshälfte 1872 verfaßt, aber erst im folgenden Jahr publiziert wurde. In dieser Arbeit arbeitete Klein den Gesichtspunkt der Einteilung der euklidisch/nichteuklidischen Geometrien nach Transformationsgesichtspunkten viel stärker als in der ersten Arbeit (1871) und so deutlich heraus, daß sie als Vorläuferin des Erlanger Programms gewertet werden muß und möglicherweise Schlüsselhinweise zu dessen Entstehung zu geben vermag.

Bei Prüfung der Arbeit unter dem Gesichtspunkt möglicher weiterer Einflüsse, die Klein in Richtung "Erlanger Programm" weiter brachten, fällt zunächst auf, *daß Klein hier zum erstenmal von "Transformationsgruppen" sprach und von diesem Zeitpunkt an (Juni 1872) die vorher schwankende, offen gehaltene Terminologie durch die neugebildete ersetzte.* Noch bei Fertigstellung der liniengeometrischen Arbeit (1872a) hatte er im Oktober 1871 dagegen von "Transformationszyklus", "Gesamtheit der Transformationen" etc. gesprochen.

Darüberhinaus, oder besser in direktem Zusammenhang damit, verwies Klein in seinem "Zweiten Aufsatz über nichteuklidische Geometrie" im Juni 1872 zum erstenmal in seinen Arbeiten auf Jordans Mémoire über Bewegungsgruppen (Klein 1873, 317). Dieses Zusammentreffen kann kaum als Zufall gewertet werden; es erscheint vielmehr als Beleg dafür, daß Klein — ähnlich wie Lie, aber unabhängig von ihm — die Transformationsgruppenterminologie von Jordans "groupes des mouvements" adaptierte. Daraus ergibt sich aber auch, daß *Felix Klein die Jordansche Arbeit (1869) erst im Zeitraum zwischen Oktober 1871 und Juni 1872 ernsthaft zur Kenntnis genommen haben kann,*[32] also genau in dem Zeitraum, in dem sich die zum Erlanger Programm führenden Ideen verdichteten.

Nun gibt es eine bemerkenswerte *inhaltliche Parallele* zwischen Jordans mathematischer Reinterpretation der Bravaisschen Kristallstrukturtheorie und dem "Erlanger Programm", die sehr gut Träger eines weitergehenden Einflusses von Jordans Mémoire (1869) auf Klein gewesen sein kann. Bravais' kristallographische Theorie charakterisierte ja die Struktur einer Kristallart durch deren System von Symmetrien, implizit, aber recht deutlich also durch deren Isometriegruppe. Dieser Gedanke war von Jordan zu Beginn seines Mémoires in der doppelten Formulierung der Fragestellung seiner Arbeit als einer Charakterisierung sämtlicher denkbarer Strukturen von Molekülsystemen und sämtlicher Typen euklidischer Bewegungsgruppen aufgenommen und zugespitzt worden. *Für Felix Klein*, der ab 1871 in verschiedenen Zweigen der Geometrie mit der Idee umging, unterschiedliche Eigenschaften verschiedener Räume durch zugehörige Transformationsgruppen zu charakterisieren, *war in dieser Formulierung der mathematischen Charakterisierung der Struktur von Molekülsystemen durch eine Bewegungsgruppe die Analogie zu seinen eigenen Beobachtungen in den Grundlagen der Geometrie und der Liniengeometrie kaum zu übersehen.*

Eine solche methodische Analogie zwischen recht weit auseinanderliegenden Gebieten ist aber ohne Zweifel eine gut geeignete Bedingung für die Auslösung, Förderung oder Sicherung einer ersten, noch unsicheren Verallgemeinerung. *Nach den vorliegenden Evidenzen liegt es daher nahe anzunehmen, daß Jordans "Mémoire sur les groupes de mouvements" eine stützende heuristische Rolle bei der Herausbildung der Grundgedanken des "Erlanger Programms" spielte.* Mit voller Sicherheit ist dies nach den uns zur Verfügung stehenden Quellen allerdings nicht nachweisbar.

Zusammenfassend können wir festhalten, daß Lie und Klein Jordans Mémoire (1869) während der Zeit eingehender zur Kenntnis nahmen, als sie die Grundideen ihrer unterschiedlichen, aber jeweils mit Transformationsgruppen befaßten Programme entwickelten (Lie im Frühjahr 1871, Klein vor dem Juli 1872, wahrscheinlich Ende 1871). Dies wirkte vereinheitlichend auf die Terminologie und lieferte die Vorlage für Lies Klassifikationsprogramm der kontinuierlichen Gruppen. Sicher festzustellen ist eine weitere terminologische Spur, die das kristallographische Symmetriestudium in der frühen Gruppentheorie hinterließ: durch Jordan — und später Klein — wurde die Sprechweise von "*holoedrischem bzw. meriedrischem Isomorphismus (isomorphisme holoédrique/mériédrique)*" für Isomorphismen bzw. Homomorphismen (mit nichttrivialem Kern) in die Gruppentheorie des ausgehenden 19. Jahrhunderts eingeführt.[33]

Wahrscheinlich enthielt darüberhinaus Jordans überspitzter Hinweis auf die Möglichkeit der Mathematisierung der Bravaisschen Kristallstrukturtheorie in der Sprache der Bewegungsgruppen eine methodische Anregung für Felix Kleins Formulierung der allgemeinen Ideen des "Erlanger Programms". Ähnlich wie bei Lie der terminologische Einfluß von Jordans Mémoire (1869) mit einer programmatischen Anregung verbunden war (Klassifikation der Bewegungsgruppen — Klassifikation der kontinuierlichen Transformationsgruppen), ging dessen Einfluß auch auf Felix Klein wohl deutlich über bloß terminologische Aspekte hinaus. Nehmen wir diesen — zugegebenermaßen nur auf der Basis von Indizien rekonstruierten — Einfluß ernst, *müssen wir von der Wirkung eines indirekten, aber nicht unwichtigen Einflusses der Kristallstrukturtheorie auf die Bildung eines bedeutenden Metaprogramms*[34] *der Geometrie des ausgehenden 19. Jahrhunderts ausgehen* und damit von einem Beitrag zur Schaffung der Bedingungen, durch die der Gruppenbegriff gegen Jahrhundertende seine große strukturierende Bedeutung innerhalb der Mathematik erst gewinnen konnte.

Über alle Unsicherheiten des Indizienargumentes hinweg ist als gesichert festzuhalten, daß die erste Aufnahme des expliziten Gruppenbegriffs innerhalb der Geometrie durch Jordan auf Anregung und Ergebnisse der Bravaisschen Kristallstrukturtheorie zurückgriff. In diesem Sinne beeinflußte das Symmetriestudium der Kristallographie die Aufnahme des Gruppenkonzeptes in die Geometrie direkt; indirekt kam es bis zu den Arbeiten Schoenflies' in der zweiten Hälfte der 1880er Jahre so weit zur Geltung, wie die Wirkungen des Jordanschen Mémoires über Bewegungsgruppen reichten — wie immer man diese einschätzen mag.

§ 5 Gruppen in der Kristallographie — die Entdeckung der 230 Raumgruppentypen

5.1 Erste Nutzbarmachung des Jordanschen Mémoires für die Kristallographie: L. Sohncke und B. Minnigerode

Die Übernahme des Gruppenbegriffs in die Kristallographie erfolgte langsam und über verschiedene Wege. Der wohl bedeutsamste wurde durch *Leonhard Sohncke* (1842–1897), einen Schüler F. Neumanns, Physiker in Karlsruhe (1871–1883), später in Jena und München (1886–1897), eingeschlagen, der in der Mitte der 1870er Jahre mit einer Auswertung des Jordanschen Mémoires (1869) für die Kristallographie begann (Sohncke 1876a, 1879). Er blieb allerdings mit seinen Anstrengungen unter den Kristallographen mit wenigen Ausnahmen — unter ihnen jedoch keine geringeren als P. Curie und E.S. Fedorov — zunächst allein.[1]

Selbst für den einfachen Fall der Kristallklassen blieb der Gruppenbegriff noch bis gegen Ende der 1880er Jahre praktisch ungenutzt. So argumentierte etwa A. Gadolin in einer unter Kristallographen stark beachteten und häufig als wichtigste Quelle für die systematische Ableitung der Kristallklassen angegebenen Arbeit (1871) ohne Verwendung von Konzepten der Gruppentheorie.[2] Ein offensichtlicher Grund dafür war, daß seine Arbeit vor Abfassung des Jordanschen Mémoires geschrieben und der Finnischen Gesellschaft der Wissenschaften schon am 19.3.1867 vorgelegt worden war. Bevor diese sich zur Publikation entschied, war im übrigen durch die St. Petersburger Mineralogischen Gesellschaft schon eine russische Fassung der Abhandlung veröffentlicht worden (Gadolin 1869). Gadolin knüpfte an Arbeiten der Mohs-Schule (F. Naumann u.a.) an; Frankenheim, Hessel und sogar Bravais waren ihm anscheinend unbekannt. Er gab — eingeschränkt durch das Rationalitätsgesetz — eine erneute Ableitung der Symmetriekonfigurationen der 32 Kristallklassen und teilte diese in 6 Systeme ein. Von dieser Grundlage aus konnte er Redundanzen der in der Mohs-Tradition entstandenen Symmetriebeschreibungen von Kristallen kritisieren[3] und glaubte einige "neue" Kristallklassen (D_{2d}, C_{4v}, C_4, C_3, D_3, C_s, C_1) abgeleitet zu haben (Gadolin 1871, 60f.).

Selbst nach der Publikation des Jordanschen Mémoires dauerte es noch fast 20 Jahre, bis auch in der Kristallographie die Kristallklassen explizit vom Standpunkt endlicher orthogonaler Gruppen eingeführt wurden. Sogar noch Anfang der 1880er Jahre, als *Pierre Curie* (1859–1906) aufgrund der Unvollständigkeit der Bravaisschen Liste der Kristallklassen ($\bar{C}_4$) und deren Herleitung (fehlende Drehspiegelung) eine erneute, nunmehr vollständige

Deduktion der Punktsymmetriesysteme in Hinsicht auf die Kristallographie angab (1884), unterblieb die Aufnahme des mittlerweile in der Mathematik weit verbreiteten geometrischen Gruppenbegriffs. Erst kurz vor Ende des Jahrzehnts wurde dieser vom Greifswalder Mathematiker *B. Minnigerode* in einem Artikel im "Neuen Jahrbuch für Mineralogie" in die Behandlung der Kristallklassen eingeführt (1887). Minnigerode stellte seinem Artikel eine kurze Diskussion der endlichen Untergruppen von $SO(3,\mathbb{R})$ und deren mögliche Erweiterung durch orientierungsumkehrende Isometrien voraus. Er gab für jede Kristallklasse G Erzeugende $\rho_1, \ldots, \rho_k$ und für jedes Element einen Term $P_i(\rho_1, \ldots, \rho_k)$ $(1 \leq i \leq |G|)$ aus den Erzeugenden an. Zusätzlich stellte er jedes Element als lineare Abbildung dar, die nach geeigneter Koordinatenwahl im Frankenheimschen Stil durch eine erweiterte Permutation repräsentiert wurde.

Eine explizite Angabe der definierenden Relationen zwischen den Erzeugenden, wie sie nach W. Dycks Arbeiten über endliche Präsentation von Gruppen (Dyck 1882, 1883) vielleicht zu erwarten gewesen wäre, unterließ Minnigerode.[4] Seine Arbeit war also nicht unbedingt auf dem neuesten mathematischen Stand; sie bildete aber den Ausgangspunkt einer Übernahme expliziter Methoden der elementaren Gruppentheorie in die Kristallographie. Zu diesem Zeitpunkt arbeitete allerdings auch schon Schoenflies an seinen Studien der kristallographischen Raumgruppen. Deren Ergebnisse sollten Minnigerodes Beitrag wenig später an Bedeutung weit übertreffen und ihn gänzlich in den Schatten stellen (§§5.3, 5.5).

Sohnckes Bemühungen um eine Nutzbarmachung der Jordanschen Klassifizierung der Bewegungsgruppen waren all dem vorhergegangen. Er hatte auf Anregung seines Lehrers F. Neumann die Bravaisschen Arbeiten gründlich studiert und in den 1860er Jahren eine ganz auf die kristallographischen Aspekte zugeschnittene, an Bravais orientierte Herleitung der 7 Bravaissysteme und 14 Raumgittertypen gegeben (Sohncke 1867). Bravais' Hypothese der symmetrischen Molekülpolyeder war Sohncke allerdings zu restriktiv erschienen, sodaß er, noch ehe ihm Jordans Mémoire (1869) zu Gesicht kam, mit einer geometrisch-konfigurativen Analyse der unendlichen ebenen Symmetriesysteme begann. Die Symmetrien studierte er schon in (1874) aus der Sicht "*regelmäßiger ebener Punktsysteme von unbegrenzter Ausdehnung*", von denen er annnahm:

> "*... dass die Punktvertheilung (...) um jeden (...) Punkt dieselbe ist wie um jeden anderen*" (Sohncke 1879, 23).

Sohncke machte also nicht den Versuch, Systeme von Symmetrien der euklidischen Ebene "an sich" zu betrachten, sondern studierte sie nur so weit, wie sie als Symmetrien regulärer Punktmuster (d.h. solcher mit transitiver Symmetriegruppe) auftreten. Vom Standpunkt des Gruppenbegriffs aus gelesen, könnte man sagen, daß Sohncke nicht die ebenen Symmetriesysteme selbst, sondern deren Orbits klassifizierte. Das hatte notwendigerweise zur Folge, *daß Sohncke gewissermaßen nur solche Symmetriesysteme sehen konnte, die als volle Symmetriegruppe eines Punktmusters auftreten.*[5] Nun läßt jedes ebene, reguläre 2-fach periodische Punktmuster (Netz) Punktinversionen bzw. Drehungen der Ordnung 2 zu. Sohncke konnte daher aus seiner Perspektive Symmetriesysteme mit orthogonalem Anteil ohne 2-zählige Drehungen (d.h. der orthogonalen Klassen C_1 oder C_s) nicht identifizieren. Von den 17 ebenen Ornamentgruppen entfallen dann aber 4 (P_1, P_m, C_m, P_g); die anderen 13 ebenen Symmetriesysteme wurden von Sohncke unter seinem Gesichtspunkt der regulären Punktmuster vollständig aufgezählt.

Als Sohncke kurz nach Abfassung der Arbeit (1874) im Juli 1873 von Jordans Mémoire erfuhr, erkannte er schnell dessen potentielle Bedeutung für die Kristallographie. Er analysierte es im Jahre 1875 unter kristallographischem Gesichtspunkt, sortierte die Gruppen mit infinitesimalen Erzeugenden oder ohne relativ kompakten Fundamentalbereich aus — immer vom Standpunkt der zweiten Jordanschen Problembeschreibung der "Lagesysteme von Molekülen",[6] und füllte die Lücken in Jordans unvollständiger Liste der kristallographischen Raumgruppen aus eigentlichen Bewegungen[7] (Sohncke 1876a). Das Ergebnis seiner Analyse stellte er Ende der 1870er Jahre ausführlich in seinem Buch "Entwickelung einer Theorie der Krystallstruktur" (Sohncke 1879) dar. Dabei gab er eine Liste von 66 (!) "Punktsystemen" an, einem mehr, als von der Anzahl kristallographischer Raumgruppen des $\mathbb{E}^3$ her möglich erscheint. Zwei seiner Systeme der Kristallklasse D_2 waren, anders als er meinte, von demselben Symmetrietyp.[8]

Sohnckes Kristallstrukturtheorie gründete sich auf die Hypothese, daß die Schwerpunkte von "Krystallelementen" eines Kristalls ein "*regelmäßiges Punktsystem*" bilden. Dabei ließ er offen, wie die genannten "Krystallelemente" zu interpretieren sind, ob als chemische Moleküle oder Molekülgruppen und ob diese sich gegenseitig berühren oder räumlich getrennt um die im "Punktsystem" fixierten Mittellagen oszillieren (1879, 27).

Diskretheit des Punktsystems erreichte Sohncke durch die ausdrückliche Forderung der Existenz einer positiven unteren Schranke der Punktabstände. Die *Regelmäßigkeit* erklärte er zunächst folgendermaßen:

> *"Ein regelmässiges Punktsystem ist ein solches, in welchem die von jedem Systempunkt nach allen übrigen Systempunkten gezogenen Linienbündel untereinander kongruent sind."* (Sohncke 1879, 28; vgl. 1876, 3).

Diese Definition hat — in unserer Terminologie gesprochen — die Transitivität der Symmetriegruppe des "regelmäßigen Punktsystems" zur Folge; damit kann das Punktesystem also auch als Orbit einer diskontinuierlichen

Untergruppe von Isom($\mathbb{E}3$) aufgefaßt werden. Sohncke reflektierte diesen Sachverhalt dadurch, daß er ausdrücklich Deckbewegungsgesamtheiten seiner Punktsysteme untersuchte.[9]

Wir gehen daher in Anlehnung an Sohncke im weiteren aus von

Definition 1:
Eine Punktmenge $\boldsymbol{P}$ im $\mathbb{E}^2$ oder $\mathbb{E}^3$ heißt genau dann *reguläres Punktesystem*, wenn $\inf_{A,B \in P}(\text{dist}(A,B)) > 0$ gilt und die Symmetriegruppe von $\boldsymbol{P}$ auf $\boldsymbol{P}$ transitiv operiert.

Nach einem auf diskrete Punktsysteme zugeschnittenen Beweis, daß nur 2-, 3-, 4- oder 6-zählige Achsen auftreten können (ebda., 39ff.), bestand Sohnckes Hauptarbeit in einer Klassifikation der möglichen Anordnungen von Rotations- und Schraubenachsen in einem regulären Punktsystem. Ähnlich wie Jordan gab er zur Darstellung des Resultats Erzeugende des translativen und (1 bis 3) Erzeugende des rotativen Anteils an (ebda., 65–174, Tabelle 175f.). Darüberhinaus diskutierte er die Erzeugung eines "regelmäßigen diskreten Punktsystems", d.h. eines Orbits der angegebenen Deckbewegungsgruppe G, die durch Erweiterung eines Translationsgitters Γ durch ein $G_o < SO(3,\mathbb{R})$ entstanden war, als endliche Vereinigung von Punktgittern; modernisiert geschrieben arbeitete Sohncke also bei

$$0 \to \Gamma \xrightarrow{i} G \xrightarrow{\rho} G_0 \to 0$$

nach Wahl eines Repräsentantensystems,

$$H \subset G;\ \rho_{|H} : H \to G_0 \text{ bijektiv,}$$

mit der Darstellung eines Punktorbits durch

$$G(p) = \bigcup_{h \in H} h(\Gamma(p))$$

(Sohncke 1879, 178).

Abschließend argumentierte er für die empirische ***Relevanz der neuartigen Symmetriesysteme*** (der "*Schraubensysteme*", also der verschränkten Erweiterungen mit nichttrivialem Faktorensystem) innerhalb der Kristallographie durch Skizzierung einer strukturtheoretischen Erklärung des optischen Drehvermögens bei gewissen Kristallen. Schon Herschel hatte fast 50 Jahre früher (1822) die Hypothese ausgesprochen, daß die Existenz einer links- und einer rechtsdrehenden Quarzvarietät auf den Mangel an Spiegelsymmetrie der Intermolekularkräfte zurückzuführen sei. Im Laufe der folgenden Jahrzehnte waren in diversen anderen Kristallklassen (O, C_3, D_3, C_4, D_4, C_6, D_6) vom optischen Verhalten her ähnliche "*enantiomorphe Paare*" links- und rechtsdrehender Kristallvarietäten entdeckt worden. Sohncke konnte nun die Herschelsche Hypothese hervorragend in seine Kristallstrukturtheorie integrieren, weil genau diese Kristallsysteme

> "... *solche Punktsysteme (enthalten), die als enantiomorphe Gebilde einander (spiegelbildlich E.S.) zugeordnet sind* ..." (ebda., 239).

Er untermauerte diese strukturelle Erklärung durch Verweis auf Experimente (Reusch 1869), bei denen durch Aufschichtung dünner gegeneinander gedrehter Glimmerplättchen eine Drehung der Polarisationsebene durchfallenden Lichts künstlich erzeugt wurde. Schon an anderer Stelle hatte er diese Experimente als Indiz für eine analoge "geschraubte" Anordnung der Moleküle in Kristallen mit optischem Drehvermögen interpretiert (1876b). Sohncke hatte somit neben der mathematischen Auswertung des Jordanschen Mémoires (1869) unter kristallographischem Gesichtspunkt gleichzeitig einen Beitrag zum Nachweis der physikalischen Relevanz der neu eingeführten "verwickelten" Symmetriesysteme geleistet.

5.2 Fedorovs Arbeiten zur geometrischen Kristallographie bis 1889

Sohnckes Kristallstrukturtheorie zog das Interesse von Wissenschaftlern verschiedenen Hintergrundes und unterschiedlicher Arbeitsrichtung auf sich. Die folgenreichsten an Sohncke anschließenden Arbeiten waren die des Kristallographen und Mineralogen *Evgraph Stepanovič Fedorov* (1853–1919) und des ab Mitte der 1880er Jahre stark von F. Klein beeinflußten Mathematikers *Arthur Schoenflies* (1853–1928).

Fedorov hatte als Sohn eines Generalmajors der Pioniertruppe im zaristischen Heer selber zunächst eine militärische Laufbahn angestrebt, bevor er 1874 aus dem aktiven Dienst als Leutnant eines Pionierbatallions ausschied und nach dem Studium der Chemie und Physik am technischen Institut St. Petersburg am Berginstitut desselben Orts 1880 ein Studium der Mineralogie und Geologie aufnahm. Dieses beendete er 1883 mit Auszeichnung.[10] Schon während seines Studiums hatte er, anschließend an Sohncke, aber eigenständige Wege gehend, mathematisch orientierte Forschungen begonnen, deren Ergebnisse er im Jahre 1881 in einem Manuskript zusammenfaßte und der Akademie der Wissenschaften unter dem Titel "Elemente der Gestaltenlehre (Načala učenija o figurach)" zur Veröffentlichung vorlegte (Fedorov 1885). Dessen Publikation wurde aber von Čebyšev vom Standpunkt der aktuellen mathematischen Forschung und von dem für Kristallographie zuständigen Akademiemitglied Eremjev als mineralogisch zu spekulativ zurückgewiesen. Erst durch den Einsatz des finnischen Kristallographen A. Gadolin wurde die Arbeit vier Jahre später schließlich doch zum Druck in den Verhandlungen der Mineralogischen Gesellschaft St. Petersburg aufgenommen.[11]

Im Jahr der Publikation avancierte Fedorov von einer bescheidenen Stelle als Geologe beim Bergamt zum Konservator beim Geologischen Komitee St. Petersburg. Trotz häufiger und ausgedehnter Reisen zu Felduntersuchungen in den Nordural unter beschwerlichen Bedingungen nahm er sich die Zeit zur Fortsetzung seiner theoretischen Forschungen und legte die mathematischen Grundlagen (Fedorov 1885–87, 1888, 1889) für eine umfassende Studie der "Symmetrie der regelmäßigen Figurensysteme (Simmetrija pravil'nich sistem figur)" (Fedorov 1890/91a). Darin erzielte er parallel zu Schoenflies — methodisch unabhängig aber in der Endphase in brieflichem Austausch mit diesem — eine vollständige Klassifikation der 230 kristallographischen Raumgruppen.

Kurz darauf entwarf er eine neue, verbesserte Methode zur optischen Vermessung von Mineralien (Fedorov 1893a). Dies brachte ihm im Jahre 1894 die Ernennung zum Direktor des geologischen Museums der Turjinsker Gruben (Ural) ein. Schon ein Jahr später wurde er als Professor an die Landwirtschaftsakademie Petrovsko-Razumovskoje bei Moskau berufen. Ab 1896 wurde er gleichzeitig Professor der Mineralogie am Berginstitut Moskau und erhielt einen Lehrauftrag am St. Petersburger Berginstitut.

Etwa zur Zeit seines Briefwechsels mit Schoenflies, in der Zeit ihrer gemeinsamen Endeckung der 230 kristallographischen Raumgruppentypen (1889–1891), begann er auch einen intensiven Austausch mit westlichen Mineralogen, insbesondere *Paul Groth* (1843–1927), dem damaligen Herausgeber der "Zeitschrift für Krystallographie und Mineralogie", in dem ein Teil der Fedorovschen Arbeiten auf deutsch publiziert wurden. 1896 wurde Fedorov auf Vorschlag von P. Groth und L. Sohncke zum korrespondierenden Mitglied der Bayerischen Akademie der Wissenschaften ernannt. In dieser Zeit arbeitete er seine auf spezielle reguläre Pflasterungen ("parallele Raumteilungen") gegründete Kristallstrukturtheorie weiter aus (Fedorov 1895–1905, 1900) (vgl. §5.4).

Erst Jahre nach seiner wissenschaftlichen Anerkennung im Westen wurde er 1901 zum Mitglied der St. Petersburger Akademie der Wissenschaften ernannt, schied aber aus ihr schon wenig später (1905) wegen Schwierigkeiten beim Aufbau eines Mineralogischen Instituts mit scharfer Kritik an der Immobilität der Institution wieder aus.[12] Er wechselte nun als Professor zum Berginstitut St. Petersburg, wo er den Rest seines Lebens arbeitete (1905–1919). Unmittelbar nach der Gründung der Sowjetischen Akademie der Wissenschaften wurde er deren Mitglied, starb aber kurze Zeit darauf, bevor er sichtbar zum Aufbau der mineralogisch-kristallographischen Forschung in diesem institutionellen Rahmen hätte beitragen können.

Fedorovs Beiträge zur geometrischen Kristallographie waren durch eine starke Betonung der Bedeutung regulärer Pflasterungen geprägt, das heißt im wesentlichen Pflasterungen des euklidischen Raumes mit ziegeltransitiver Deckisometriegruppe und "genügend großer" orthogonaler Untergruppe (siehe §5.4, Definition 3). Die zugehörigen Symmetriesysteme (Raumgruppen) hatten für Fedorov eine untergeordnete, eher instrumentelle Bedeutung. Schon in seiner ersten großen Abhandlung über die geometrischen Grundlagen der Kristallographie "Elemente der Gestaltenlehre" (1885) kam eine solche Auffassung zur Geltung; und sie veränderte sich auch später nicht einschneidend.

Fedorov schloß an Sohnckes Studium der "regelmässigen Punktsysteme" an, erweiterte dessen Konzeption jedoch in zweierlei Hinsicht:

- durch Betrachtung "***regelmässiger Systeme von Figuren***" (insbesondere regulärer Pflasterungen anstelle von Punktorbits)
- sowie durch Einschluß uneigentlicher Kongruenzen in den Bereich zulässiger Deckoperationen (Fedorov 1885, 240).

Die "regelmässigen Punktsysteme" gewann er daraus leicht durch Auszeichnung eines beliebigen Punktes in einer der Figuren und Bestimmung aller Punkte in sämtlichen Figuren in "analoger Lage". Dabei unterschied er "***doppelte***" und "***einfache Punktsysteme***", je nachdem die Symmetrien uneigentliche Kongruenzen einschlossen oder nicht (1885, 240; 1890/91a, 10).

Sein Hauptaugenmerk richtete sich aber auf die grundlegenden Eigenschaften ebener und räumlicher monoedrischer und in der Regel sogar regulärer Pflasterungen ("***Ebenen-***" bzw. "***Raumteilungen***") durch Polygone ("***Planigone***") bzw. Polyeder ("***Stereoeder***"). Aufgrund seiner kristallstrukturtheoretischen Annahmen schienen ihm dabei "***parallele Pflasterungen***" besonders wichtig zu sein, das heißt solche, bei denen je zwei Ziegel durch Translation ineinander überführt werden können. Die Ziegel besitzen dann offensichtlich paarweise parallele Kanten bzw. Seitenflächen. Dafür führte er die Bezeichnung "***Parallelogone***" bzw. "***Paralleloeder***" ein.[13]

Fedorov beobachtete nun, daß "normalerweise", d.h. bei den von ihm verwendeten regulären Pflasterungen, jeweils mehrere Ziegel so zu einem neuen zusammengefaßt werden können, daß eine der gegebenen Pflasterung übergeordnete parallele Pflasterung entsteht. Er glaubte, dies sogar allgemein beweisen zu können (Fedorov 1885, §§64, 84), setzte dabei allerdings stillschweigend Regularität der Pflasterung voraus.[14] Und selbst von dieser Grundlage aus schien sein Argument nicht sehr klar.[15] Ungeachtet solcher Schwächen im Detail entwickelte Fedorov in seiner Argumentation dennoch ***implizit ein Verständnis für die Beziehung zwischen den Fundamentalbereichszerlegungen*** *einer kristallographischen Gruppe und ihrer Translationsuntergruppe*, noch bevor Schoenflies überhaupt diese Art von Fragestellungen zu bearbeiten begann (vgl. §§5.3, 5.5).

Von einer solchen Fragestellung herkommend, suchte er nun nach einer affinen Klassifikation der konvexen Parallelogone/Paralleloeder und erhielt das Ergebnis von

Theorem 1 (Fedorov 1885, §§57, 77):

(i) Es gibt genau zwei affine Klassen konvexer Parallelogone: Quadrat/Parallelogramm und Hexagon/Triparallelogramm.[16]

(ii) Es gibt genau 5 affine Klassen konvexer Paralleloeder: Hexaeder/Triparalleloeder (Parallelepiped), hexagonales Prisma/Tetraparalleloeder, Rhombendodekaeder/Hexaparalleloeder, verlängertes Rhombendodekaeder/verlängertes Hexaparalleloeder, gestutztes Oktaeder/Heptaparalleloeder.[17]

In seiner Klassifikation ging Fedorov stillschweigend von der Existenz einer Punktsymmetrie bei konvexen Paralleloedern aus, ohne diese jedoch beweisen zu können. Diese Lücke wurde von H. Minkowski geschlossen (1897), der im Rahmen seiner Untersuchung zur Geometrie der Zahlen wenig später auf dieselbe Fragestellung stieß.[18]

Fedorov arbeitete später in seiner Kristallstrukturtheorie viel mit konvexen Paralleloedern. Er führte daher abkürzende Sprechweisen für sie ein, deren wichtigste zusammengefaßt sind in

Definition 2:

a) Die fünf in Theorem 1 klassifizierten Paralleloedertypen heißen *Normalparalleloeder.*

b) Eine Pflasterung des $\mathbb{E}^3$ aus Normalparalleloedern werde kurz als "*Paralleloederteilung*" bezeichnet.

Den Punktsymmetrien widmete Fedorov einen eigenen Abschnitt seiner Arbeit mit dem Titel "Symmetrielehre" (1885, 130ff.). Ohne Hessels Resultate zu kennen,[19] entwickelte Fedorov eigenständig eine *Klassifikation der Punktsymmetriearten* (implizit: endliche orthogonale Gruppen), die er durch "*typische Isoeder*", d.h. einer Kugel umbeschriebene Polyeder mit kongruenten Seitenflächen, charakterisierte — also vom Standpunkt der gruppentheoretischen Klassifikation durch generische einfache Formen. Eine Klassifizierung der Symmetriesysteme der von ihm betrachteten regulären Pflasterungen lag jedoch noch außerhalb der Reichweite seiner geometrischen Methoden.

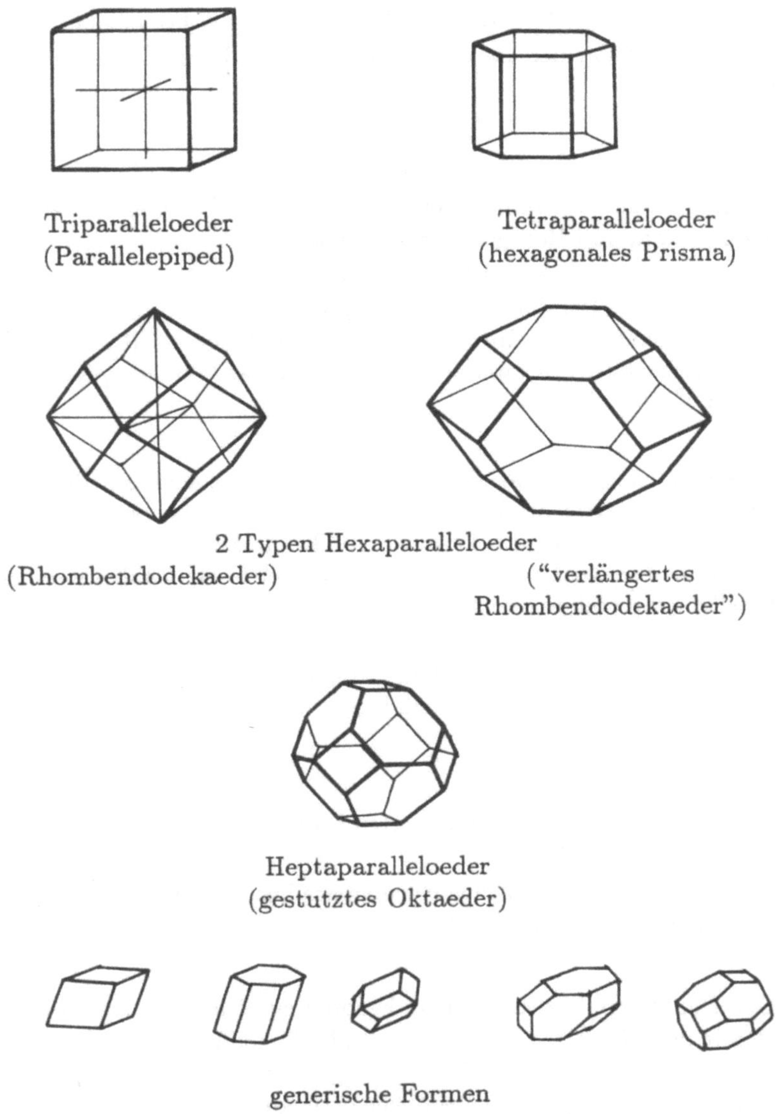

Fig. 6 Die 5 affinen Typen konvexer Paralleloeder

Fedorov entwickelte die von ihm angewandten Methoden der "Symmetrielehre" in der zweiten Hälfte der 1880er Jahre durch die Einführung von speziell auf die Erfordernisse der Kristallographie zugeschnittenen Notationen der analytischen Geometrie weiter (Fedorov 1885–87, 1888). Er arbeitete dabei prinzipiell mit orthogonalen Koordinatenprojektionen eines Punktes — auch dann, wenn er dem Problem angepaßte schiefwinklige Achsensysteme zugrundelegte — und darüberhinaus mit einer konnotationsreichen Symbolik, deren Bedeutung erst bei Berücksichtigung des Kontextes lesbar wird.

Sind etwa im Fall einer Rotationssymmetrie um eine p-zählige Achse z die p Achsen $y_0, \ldots, y_{p-1}$ in einer Orthogonalebene zu z rotationssymmetrisch gewählt und die Werte der orthogonalen Koordinatenprojektionen eines Punktes P bezüglich dieser Achsen etwa $y_i(P) = b_i$ $(0 \leq i \leq p-1)$, so erhielt Fedorov eine Koordinatendarstellung des Orbits von P bezüglich der Rotationssymmetriegruppe C_p durch die Angabe von

$$z = c,\ y_0 = b_i,\ y_1 = b_{i+1} \quad (0 \leq i \leq p-1).$$

Dafür verwendete er die Schreibweise

$$z = c, \quad y_0 = \overset{p}{b}_i, \quad y_1 = \overset{p}{b}_{i+1}.$$

die ihm gleichzeitig als Symbol der Gruppe C_p diente (1889/1971, 26f.). Ergänzt durch eine Darstellung (möglicherweise "gekoppelter") Vorzeichenwechsel, erhielt er daraus eine symbolische Repräsentation der endlichen orthogonalen Gruppen, deren Symmetriekonfigurationen er schon in (1885) geometrisch-relational beschrieben hatte. Jede Gruppe (bzw. der zugehörige Orbit) wurde durch einen (endlich mehrdeutigen) 3-Komponenten-Term symbolisch dargestellt.

Beispiel (Fedorov 1889/1971, 45ff.):

a) Darstellung von $D_{p,h}$ nach naheliegender Achsenwahl durch

$$z = n^{k+l}c, \quad y_0 = \overset{p}{b}_i \quad y_1 = \overset{p}{b}_{i+n^k} \quad (n = -1,\ j, k, l = 0, 1)$$

b) von O^* nach Auszeichnung von drei der 3-zähligen Achsen als x_0, x_1, x_2 durch

$$x_0 = n^j \overset{3}{a}_i, \quad x_1 = n^k \overset{3}{a}_{i+n^m}, \quad x_2 = n^l \overset{3}{a}_{i+2n^m}.$$

So gelang ihm eine informationsreiche, komprimierte Darstellung von Symmetriebeziehungen und -systemen, ohne auf Terminologie und Symbolik der zeitgenössischen Gruppentheorie zurückgreifen zu müssen.[20]

Natürlich war Fedorovs "frühe" Symmetrieauffassung (d.h. etwa bis 1889) ähnlich wie Sohnckes *implizit gruppentheoretisch* — nicht zuletzt aufgrund eines direkten oder indirekten Einflusses des Jordanschen Mémoires (1869). Obwohl Fedorovs Denken in Systemen geometrischer Operationen durch die Auseinandersetzung mit Schoenflies' frühen Arbeiten an der Wende von den 1880er zu den 1890er Jahren ein Stück weiter zugespitzt wurde, *übernahm er nie eine explizit gruppentheoretische Sichtweise.* "Gruppen" erschienen bei ihm nur als eine "façon de parler" von Schoenflies, die er selber nicht übernahm. Er zog es stattdessen vor, in seinen späteren Arbeiten von ("einfachen" oder "doppelten") Punktesystemen zu sprechen, wenn er die entsprechenden Raumsymmmetriesystem charakterisieren wollte (Fedorov 1896 u.a.). In dieser Hinsicht ging er in seinen späteren Arbeiten nicht wesentlich über die Auffassungsweise hinaus, die er schon in seinem Erstling von 1885 entwickelt hatte. Die in der zweiten Hälfte der 1880er Jahre entwickelten Hilfsmittel, insbesondere die symbolische Darstellung von Symmetriesystemen, erwiesen sich als ausreichender Hintergrund zur Bestimmung der kristallographischen Raumsymmetriesysteme (-gruppen). Bevor wir darauf eingehen (§5.4), sollen jedoch zunächst die von A. Schoenflies bis Mitte 1889 erzielten Ergebnisse sowie dessen gänzlich andere Vorgehensweise dargestellt werden.

5.3 Schoenflies' Herleitung von 227 kristallographischen Raumgruppentypen bis 1889

Ohne von Fedorovs Arbeiten zu wissen, begann in der zweiten Hälfte der 1880er Jahre *Arthur Schoenflies* (1853–1928) die Sohnckesche Kristallstrukturtheorie unter mathematischen Gesichtspunkten zu analysieren und weiterzuentwickeln. Schoenflies hatte bei Kummer in Berlin studiert und habilitierte sich — parallel zu einer Anstellung als Gymnasiallehrer in Kolmar — im Jahre 1884 mit einer Arbeit über klassische Kinematik im Göttingen. Der junge, an klassischer Geometrie und Anwendungen interessierte Privatdozent suchte schon in dieser Zeit Kontakt zu Felix Klein, der damals noch in Leipzig lehrte.[21] Er las Jordans Mémoire (1869) und schrieb seine erste kleinere Note über Bewegungsgruppen (Schoenflies 1886). Mit Kleins Wechsel von Leipzig nach Göttingen zum Sommersemester 1886 intensivierte sich der Kontakt. Schoenflies arbeitete Sohnckes Klassifikation der regelmäßigen Punktsysteme unter gruppentheoretischem Gesichtspunkt aus (Schoenflies 1887a, b) und wurde durch Klein zu einer Verallgemeinerung durch Einbezug der uneigentlichen Bewegungen des Raumes angeregt. Daraus entstand eine Serie von Arbeiten (Schoenflies 1888a, b, 1889, 1890), und — nach einem intensiven Austausch mit Fedorov im Jahre 1890/91 — eine umfassende vollständige Herleitung der 230 kristallographischen Raumgruppentypen (Schoenflies 1891a) (§5.5).[22] Diese Arbeit wurde zu einem Klassiker der mathematischen Kristallographie[23] und verschaffte ihrem Autor weite Anerkennung als angewandter Mathematiker.

Im Jahre 1892 wurde Schoenflies Extraordinarius auf der in Göttingen durch F. Kleins Initiative neugeschaffenen Stelle für angewandte Mathematik. Das hinderte ihn nicht an einer Ausweitung seiner Forschungsinteressen. So befaßte er sich ab der zweiten Hälfte der 1890er Jahre auch mit Fragen der Punktmengentopologie, insbesondere der Dimensionsinvarianz zweidimensionaler Mannigfaltigkeiten unter Homöomorphismen.[24] Doch gab er die angewandte Mathematik — insbesondere in der Lehre — auch nach der Übernahme eines Ordinariats für Mathematik in Königsberg (1893) und später in Frankfurt (1911) keineswegs auf [Freudenthal 1975].

Während der Zeit um Kleins Antritt der Göttinger Professur (Sommersemester 1886) begann Schoenflies also ein intensiveres Studium der (eigentlich) diskontinuierlichen[25] Bewegungsgruppen des euklidischen Raums. Seine erste in diesem Zusammenhang entstandene Note (Schoenflies 1886) enthielt einen ausführlichen Beweis für die in Jordans Mémoire (1869) als selbstverständlich vorausgesetzte Rationalität des Winkels $\omega = 2\pi(p/q)$ $(p, q \in \mathbb{Z})$ einer Drehung oder einer Schraubung $A(\omega, t)$ einer Bewegungsgruppe ohne "unendlich kleine Bewegungen". Schoenflies schickte sie im Sommer 1886 mit der Bemerkung an Jordan, gerade eine Abhandlung über die kristallographischen Bewegungsgruppen beendet zu haben, deren Resultat bis auf kleine Abweichungen mit dem Sohnckes (1879) übereinstimme (Schoenflies an Jordan 5.8.1886). Die hier angesprochene, erst im nächsten Jahr gedruckte Arbeit (Schoenflies 1887)[26] erhielt in der Tat eine stärker auf Gruppenmethoden gestützte Ableitung der 65 kristallographischen Raumgruppen aus eigentlichen Bewegungen (im folgenden "*Sohnckesche Gruppen*") als bei Sohncke.

Die Hauptidee dieser Arbeit lag darin, daß Schoenflies — nach einer Variation des bekannten Argumentes, daß ein räumliches Translationsgitter nur mit zyklischen Gruppen C_n mit $n = 1, 2, 3, 4, 6$ erweiterbar ist — die ***Bewegungsgruppen** G **schrittweise durch Adjunktion jeweils einer weiteren Bewegung aus einer räumlichen Translationsgruppe*** Γ erhielt:

$$\Gamma < \tilde{C}_n < \tilde{D}_n \quad (n = 2, 3, 4, 6), \qquad \tilde{D}_2 < \tilde{T} < \tilde{O}$$

Dabei sind $\tilde{C}_n$, $\tilde{D}_n$, ..., $\tilde{O}$ Untergruppen von $\mathrm{Isom}^+(\mathbb{E}^3)$ mit rotativen Anteilen $\rho(\tilde{C}_n) = C_n$, ..., $\rho(\tilde{O}) = O$, wobei $\rho : \mathrm{Isom}^+(\mathbb{E}^3) \to O(3, \mathbb{R})$.

Als Hilfsmittel diente ihm eine Unterscheidung "*gleicharthiger*" von "*gleichberechtigten*" (später "*gleichwerthigen*") Bewegungen bzw. Achsen; die ersteren setzte er als konjugiert in $\mathrm{Isom}^+(\mathbb{E}^3)$, die letzteren als in der betrachteten Bewegungsgruppe G selbst voraus. Damit formulierte er:

Erweiterungskriterium:
Die Sohnckesche Gruppe G mit Translationsgitter Γ ist genau dann ohne Änderung des Translationsgitters durch $\beta \in \mathrm{Isom}^+(\mathbb{E}^3)$ zu einer Sohnckeschen Gruppe $\tilde{G} = \langle G, \beta \rangle$ erweiterbar, wenn gilt:

(i) Jede Achse A (mit reduzierter Operation[27] $\alpha \in G$) wird in eine "gleicharthige" $A' = \beta A$ (mit reduzierter Operation $\alpha' = \beta\alpha\beta^{-1} \in G$) transformiert.

(ii) Ist $\beta^k (k \in \mathbb{Z})$ eine Translation, so ist $\beta^k \in \Gamma$.[28]

Nach der naheliegenden Beobachtung, daß jeder Achsenorbit in G ("Schaar gleichberechtigter Axen") ein Basisparallelepiped P von Γ trifft (1887, 325), charakterisierte Schoenflies jede einzelne Bewegungsgruppe durch Angabe "gleichberechtigter" Achsen in P. Insgesamt argumentierte er also ganz im Jordanschen Stil.

Die Ausweitung auch auf uneigentliche Bewegungen wurde Schoenflies im Jahre 1887 durch F. Klein nahegelegt.[29] Neben dem in diese Richtung fortgesetzten Studium der Erweiterungsbedingungen beschäftigte er sich mit den gängigen Kristallstrukturtheorien (1888b) und den mit den Gruppen verbundenen "*regulären Raumteilungen*" (räumlichen Pflasterungen mit ziegeltransitiver Symmetriegruppe) (1888a). In der letztgenannten Arbeit gab er eine Methode zur Herleitung von Fundamentalbereichen einer Sohnckeschen Gruppe G aus den Basiszellen der Translationsuntergruppe Γ durch sukzessive Unterteilung an, die einer aufsteigenden Kette von Untergruppen

$$\Gamma < G_1 < G_2 < \ldots < G$$

entsprach. Ist für eine Untergruppe $H < G$ etwa S ein Fundamentalbereich, so ist ja ein Fundamentalbereich R von G durch kongruente Unterteilung von S zu erhalten

$$S = \bigcup_{1 \le i \le m} g_1(R), \text{ mit } g_1, \ldots, g_m \text{ Repräsentanten von } G/H$$

Gegen Ende der Arbeit wurde die Problematik der Erweiterung der Bewegungsgruppe G durch orientierungsumkehrende Isometrien zu G^* angesprochen, durch die eine Unterteilung des Fundamentalbereichs von G in zwei, sich berührende "spiegelbildliche Polyeder" induziert wird.

Auf diese Überlegungen baute Schoenflies' "Beitrag zur Theorie der Krystallstructur" auf (1888b), in dem er die *Vorteile einer Beschreibung der Kristallstruktur durch reguläre Raumteilungen* darlegte. Diese setzte im Unterschied zu Sohnckes Auffassung keine spezifische Hypothese für die empirisch immer noch völlig ungeklärte Mikrostruktur des Kristallaufbaus voraus und stellte nach Schoenflies' Ansicht daher eine geeignetere, *sowohl mit unterschiedlichen Varianten der atomistischen als auch der dynamistischen Materieauffassung verträgliche Mathematisierung der Kristallstruktur* dar.[30] Beiläufig gab er an, nunmehr durch Unterteilung der Fundamentalbereiche der Sohnckeschen Gruppen 236 (!) Typen diskreter Raumgruppen konstruiert zu haben, deren genauere Darstellung er für eine spätere Arbeit ankündigte. Bei seiner ersten heuristischen Erkundung der kristallographischen Raumgruppen arbeitete er also anscheinend ähnlich wie Fedorov mit Methoden der geometrischen Kristallographie. Erst bei seiner Ausarbeitung gewannen Gruppenkonzepte die spätere herausragende Bedeutung.

Die angekündigte, im November 1888 im Manuskript fertiggestellte, weitere Arbeit erschien etwa ein Jahr später in den Mathematischen Annalen (Schoenflies 1889). Schoenflies diskutierte hier die Erweiterung einer Sohnckeschen Gruppe G mit Translationsgitter Γ durch eine "symmetrische Operation" $\sigma \in \mathrm{Isom}^-(\mathbb{E}^3)$ zu $G^* = \langle G, \sigma \rangle$. Dabei verwendete er eine naheliegende Verallgemeinerung des Erweiterbarkeitskriteriums, das auch orientierungsumkehrende Transformationen zuließ (1889, 174f.), sowie die Beobachtung, daß σ als eine der folgenden Operationen angenommen werden kann:

- reine Spiegelung an der Ebene $\boldsymbol{S}$, $\sigma =: \boldsymbol{S}(0)$,
- Drehspiegelung an $\boldsymbol{S}$ mit Winkel α, $\sigma =: \boldsymbol{S}(\alpha)$,
- speziell $\sigma = \boldsymbol{S}(\pi) = i$ (Punktinversion),
- Schubspiegelung an $\boldsymbol{S}$ mit translativer Komponente t, $\sigma =: \boldsymbol{S}(t)$ (1889, 176).

Er überprüfte die so erzeugten Gruppen nach einem intuitiv formulierten Kriterium (ebda., 171) auf "geometrische Identität" und erhielt als Resultat eine *Liste von 227 kristallographischen Raumgruppen*, die zum Teil sehr komprimiert angegeben waren, häufig sogar nur in summarischen Andeutungen für mehrere analog erzeugbare Gruppen in einem Absatz.

Gleich zu Beginn seiner Liste entgingen Schoenflies zwei Raumgruppen. Zunächst bemerkte er zutreffend, daß bei Erweiterung einer reinen Translationsgruppe $G = \Gamma$ lediglich die Operationen $\sigma = i$, $\boldsymbol{S}(0)$, $\boldsymbol{S}(t)$ in Frage kommen. Während bei $\sigma = i$ das generische Gitter triklin ist, setzen die Fälle $\sigma = \boldsymbol{S}(0)$, $\boldsymbol{S}(t)$ ein monoklines Gitter voraus, das von zweierlei Raumgittertyp, $2P$ oder $2I$ (in Bravais-Notation Typ 6/1, 6/2 — vgl. §3.3), sein kann. Schoenflies übersah jedoch den stillschweigenden Übergang zu monoklinen Raumgittern bei Erweiterung durch $\sigma = \boldsymbol{S}(0)$, $\boldsymbol{S}(t)$ und die daraus folgende Aufspaltung des Gittertyps. So erhielt er lediglich die Gruppen $P\bar{1}$, Pm, Pa; nicht jedoch Im und Ia (in (Schoenflies 1891a) C_s^3, C_s^4).[31]

Trotz der Knappheit seiner Darstellung entging Schoenflies lediglich eine weitere Raumgruppe. Bei der Erweiterung der Sohnckeschen Gruppen der Kristallklasse T ($G = I23$, $F23$, $P23$, $I2_13$, $P2_13$ — von Schoenflies in (1889) in dieser Reihenfolge als T_1, T_2, ... T_5 bezeichnet) hielt er lediglich erweiternde Operationen $\sigma = \boldsymbol{S}_h(0)$, $\boldsymbol{S}_d(0)$, $\boldsymbol{S}_q, i$ mit Spiegelungen an der "Horizontalebene" $\boldsymbol{S}_h$ und Diagonalebene $\boldsymbol{S}_d$ der jeweiligen Elementarzelle für notwendig. Auf diese Weise erhielt er die Raumgruppen der Kristallklassen T_h und T_d bis auf eine Klasse von T_d, nämlich $I\bar{4}3d$. Sie wäre bei seiner Vorgehensweise als Erweiterung von $I2_13$ (in (1889) als T_4 bezeichnet) durch eine Schubspiegelung $\boldsymbol{S}(1/2(a+b+c))$ bzw. d in internationaler kristallographischer Notation an einer Diagonalebene $(1,-1,0)$ zu erhalten gewesen:

$I\bar{4}3d = \langle I2_13, d\rangle$ (T_d^6 in Schoenflies 1891a)).[32]

Da ingesamt also 3 der 230 Raumgruppentypen fehlten, scheint Schoenflies' Zusammenfassung der Arbeit auf den ersten Blick immanent schlüssig:

> *"... (So) gelangen wir zu dem Resultat, dass es im ganzen 227 Gruppen von Transformationen giebt, welche eine räumliche Translationsgruppe besitzen und den Raum congruent oder symmetrisch in sich überführen. Unter ihnen giebt es 65 Gruppen von Bewegungen und 162 Gruppen, die auch symmetrische Operationen enthalten."* (Schoenflies 1889, 203)

Dieses Resümee erweist sich jedoch bei näherem Hinsehen nicht nur als "objektiv" verkehrt; es war darüberhinaus selbst als Beschreibung des Inhalts der Arbeit nur "zufällig" richtig, also auch in dieser Richtung irreführend. Das mußte Schoenflies in seiner Korrespondenz mit Fedorov Ende 1890/Anfang 1891 selber feststellen. Bei der Abzählung der aufgelisteten Gruppen hatten sich nämlich zwei Fehler gegenseitig kompensiert — eine unbemerkte Identität zweier Gruppen[33] und das Übersehen einer lediglich "im Prinzip" (d.h. in einer summarischen Aufzählung) enthaltenen Gruppe.[34]

Trotz ihrer Mängel — komprimierte Darstellung bis zur Unverständlichkeit einzelner Passagen (insbesondere bei der Erweiterung Sohnckescher Gruppen mit zyklischer Kristallklasse) und Unvollständigkeit der Liste — ***stellte diese Arbeit (Schoenflies 1889) den ersten bedeutenden Schritt zu einer konstruktiven Klassifikation der kristallographischen Raumgruppen dar.*** Die explizite Verwendung von Konzepten der geometrischen Gruppentheorie wurde in dieser auf Bravais aufbauenden und dennoch für dynamistische Hypothesen offenen Erweiterung der mathematisch-kristallographischen Theoriebildung entscheidend. Sie gab der von Schoenflies angestrebten Theorieerweiterung Sprache, operatives Medium und methodische Ideen. Allerdings löste die Verwendung gruppentheoretischer Konzepte nicht gewissermaßen als "deus ex machina" die Probleme der eindeutigen symbolischen Repräsentation und der Vollständigkeit der Ergebnisse. Eine vollständige Liste der kristallographischen Raumsymmetriesysteme wurde — wie um diese Einschränkung zu pointieren — auf anderem Wege zuerst von E.S. Fedorov erreicht, der fast gleichzeitig und unabhängig von Schoenflies mit seiner Klassifikation begann und nach der Eröffnung eines wissenschaftlichen Briefaustauschs mit Schoenflies seinem Korrespondenten stets ein wenig voraus war.

5.4 Fedorovs Entdeckung der 230 kristallographischen Raumgruppentypen und seine Kristallstrukturtheorie

Fedorov arbeitete, noch bevor er von Schoenflies im Sommer 1890 dessen Arbeit (1889) zugesandt bekam (Schoenflies an Fedorov, 4.7.1890), in Fortsetzung seiner kristallographischen Studien der 1880er Jahre an einer Symmetrieklassifikation der "regelmäßigen Figurensysteme". Im Laufe des Jahres 1890 erzielte er ein Ergebnis, das unabhängig von (Schoenflies 1889) und vollständiger als dieses war, das er zur Sicherung der Priorität im September/Oktober 1890 als Vorabdruck an Vertreter des Fachgebietes, darunter auch A. Schoenflies, verschickte (Fedorov an Schoenflies 30.9.1890 alten Stils).[35] Die Arbeit erschien im folgenden Jahr, ergänzt durch eine Korrekturnote, in den Verhandlungen der St. Petersburger Mineralogischen Gesellschaft unter dem Titel "Symmetrie der regelmäßigen Figurensysteme (Simmetrija pravil'nich sistem figur)" (1890/91a, b).

Fedorov schloß dabei in verschiedener Hinsicht an seine Arbeiten der 1880er Jahre an, so etwa mit der Definition eines *regulären Figurensystems*, in der er die in (1885) gegebene Erklärung wieder aufnahm und präzisierte:

> *"Unter einem regelmässigen Systeme der Figuren verstehe ich eine solche nach allen Richtungen unendliche Gesamtheit der endlichen Figuren, dass, wenn wir zwei derselben nach den Symmetriegesetzen zur Deckung bringen, sich dadurch auch das ganze System deckt."* (Fedorov 1890/91a, 10; Fedorovs Übersetzung in 1892, 40)[36]

Diese "Definition" erhält ihre volle Bedeutung natürlich erst aus ihrem Kontext. Präzisieren wir zunächst einmal "endliche Figur" F im Sinne einer beschränkten Teilmenge des $\mathbb{E}^3$, "System von Figuren" durch eine abzählbare Menge $\boldsymbol{F}$ solcher Teilmengen, so setzte Fedorov bei einem "regelmässigen" Figurensystem stillschweigend stets die (eigentliche oder uneigentliche) Kongruenz zweier Figuren $F', F'' \in \boldsymbol{F}$ voraus. Die Fortsetzbarkeitsforderung von Symmetrieoperationen zweier Figuren auf solche des ganzen Figurensystems $\boldsymbol{F}$ implizierte für Fedorov daher insbesondere die Transitivität der Symmetriegruppe von $\boldsymbol{F}$. Die Forderung an das Figurensystem "... nach allen Richtungen unendlich ..." schränkte die Symmetriegruppe von $\boldsymbol{F}$ auf solche mit Translationsgruppe von maximalen Rang (kristallographische Gruppen) ein. Da jede Kongruenzoperation von Figuren auf ganz $\boldsymbol{F}$ fortsetzbar sein soll, ist darüberhinaus der Stabilisator einer Figur F in der Symmetriegruppe von $\boldsymbol{F}$ mit der vollen orthogonalen Symmetrie von F identisch. Wir können also neu formulieren:

Definition 3 (Fedorov 1890/91a):
Ein *regelmäßiges (reguläres) Figurensystem* des $\mathbb{E}^3$ besteht aus einer abzählbaren Menge $\boldsymbol{F}$ beschränkter, untereinander kongruenter Teilmengen des $\mathbb{E}^3$, für deren Symmetriegruppe $G = \text{Symm}(\boldsymbol{F})$ gilt:

(i) G operiert transitiv auf $\boldsymbol{F}$.
(ii) G enthält die volle orthogonale Symmetriegruppe einer (charakteristischen) Figur $F \in \boldsymbol{F}$.
(iii) G hat eine Translationsuntergruppe maximalen Rangs (ist kristallographisch).

Häufig betrachtete Fedorov anstelle allgemeiner Figurensysteme (monoedrische) Pflasterungen.

Fedorov schränkte also durch die Regelmäßigkeitsforderung nicht gerade sehr deutlich auf *Pflasterungen des $\mathbb{E}_3$ mit ziegeltransitiver Symmetriegruppe ein (isoedrische Pflasterung), bei denen der Stabilisator eines Ziegels in der Symmetriegruppe der Pflasterung mit dessen voller orthogonalen Symmetrie übereinstimmt.* Wir werden im folgenden die Formulierung "*reguläre Pflasterung*" — abweichend von der in der modernen Literatur verwendeten[37] — im Fedorovschen Sinne eines regulären Figurensystems einsetzen.

Die zulässigen "Symmetriegesetze", auf die Fedorov im angegebenen Zitat Bezug nahm, präzisierte er durch die Diskussion möglicher zugehöriger *Symmetrieelemente*:

- "Deckungsachsen" (Drehungen oder Schraubungen),
- "Symmetrieebenen" (einfache oder Gleitspiegelungen), "Achsen/Ebenen kombinierter Symmetrie" (Drehspiegelungen) (Fedorov 1890/91/1971, 52).

Die Gesamtheit dieser Symmetrieelemente faßte er wiederum unter der Formulierung "*das Symmetriegesetz des Systems*" — im Gegensatz zu "den Symmetriegesetzen" (Plural) wie oben — zusammen:

> "*Nachdem wir uns vorgestellt haben, wir hätten alle mögliche Deckoperationen (wörtlich "Deckbewegungen", hier aber alle Deckoperationen eines regulären Figurensystems, E.S.) ausgeführt, erhalten wir dadurch die Gesamtheit aller dieser Symmetrieelemente, die auf wohlbestimmte Weise im Raume angeordnet sind und vollkommen genau das* Symmetriegesetz des Systems *konstituieren. Dieses Gesetz wird mit dem Gesetz der Symmetrie eines gewissen regelmäßigen Figurensystems und demjenigen der Symmetrie eines daraus abgeleiteten regelmäßigen Punktesystems völlig identisch sein. Gemäß diesem Gesetz können wir im Raume nicht nur Punkte, Punktgruppen und beliebige Figuren verteilen, sondern sogar ganz allgemein beliebige geometrische Gestalten.*" (Fedorov 1890/91a, 11)[38]

Fedorov bildete so durch Abstraktion aus der Geamtheit der Symmetrieoperationen eines geometrischen Figurensystems das *Konzept eines*

Raumsymmetriesystems. Diesem billigte er eine gewissen Eigenständigkeit ausdrücklich zu, sah es aber im ganzen als bloßes *Hilfsinstrument zum Studium und zur Klassifikation der regulären Figurensysteme* an. Später umging er sogar wieder den sprachlichen Rückgriff des abstrakten Konzeptes und zog dessen indirekte Benennung über reguläre Punktesysteme vor (im Gegensatz zu Sohncke verstand er darunter auch "doppelte", d.h. solche mit orientierungsvertauschenden Symmetrien) (Fedorov 1896 u.a.).

Ähnlich wie Jordan, Sohncke oder Schoenflies charakterisierte Fedorov nun die Kristallklasse ("*Symmetrieart*" oder auch "*Syngonie*") eines regulären Figurensystems mittels der Zuordnung des analogen parallelen Symmetrieelements durch einen festen Punkt zu jedem des regulären Figurensystems, also durch das naheliegende geometrische Äquivalent zum Bild des Homomorphismus

$$\rho : G \longrightarrow O(3, \mathbb{R}) \text{ (} G \text{ Decktransformationsgruppe des Figurensystems).}$$

Er unterschied drei große Klassen regulärer Figurensysteme und der zugehörigen "Symmetriegesetze" je nachdem, wie Symmetrielemente der "Symmetrieart" (Kristallklasse) bei ihrer räumlichen Realisierung nach Maßgabe des betreffenden "Symmetriegesetzes" (also in der Raumgruppe) zueinander liegen (Fedorov 1890/91/1971, 56ff.):

(i) *Symmorphe Systeme G (Kristallklasse G_o)*:
Die Symmetrieelemente der Kristallklasse lassen sich durch Elemente des Raumsymmetriesystems so realisieren, daß sie sich in einem Punkt (Symmetriezentrum der orthogonalen Symmetrie) schneiden und keine Translationskomponente enthalten. In diesem Fall entsteht die Raumgruppe G als semidirektes Produkt $G \cong \Gamma * G_o$.[39]

(ii) *Hemisymmorphe Systeme G^* (Kristallklasse G_o^*)*:
Alle eigentlichen Symmetrien von $G_o := G_o^* \cap SO(3, \mathbb{R})$ lassen sich durch Achsen realisieren, die durch einen Punkt gehen. G^* entsteht daraus durch Erweiterung mit einer Gleitspiegelung,insgesamt also aus dem Translationsgitter durch zwei Erweiterungsschritte

$$\Gamma < \Gamma * G_o < G^*.$$

Die erste davon ist semidirekt, die zweite eine verschränkte $\mathbb{Z}_2$-Erweiterung mit nichttrivialem Faktorensystem.

(iii) *Asymmorphe Systeme*:
Sonstige Fälle, d.h. verschränkte Erweiterungen, die nicht unter (i), (ii) fallen.

Diese Unterscheidung erschien Fedorov aufgrund seiner Hypothesen über die Kristallstruktur als wesentlich ("Parallelität der Kristallmolekel" — siehe unten).

Explizit führte er die *Äquivalenz räumlicher Symmetriesysteme* (im Sinne affiner Äquivalenz) über kontinuierliche Abänderung der metrischen Parameter des Translationsgitters ein (Fedorov 1890/91a, 17; 1971, 56). Zwei Systeme, die erst nach Spiegelung äquivalent werden, nannte er "analog" (enantiomorph).

Für die Klassifikation räumlicher Symmetriesysteme entwickelte er eine theoretische Grundlage, die im wesentlichen aus folgenden Einsichten über allgemeine Gesetzmäßigkeiten der Konfiguration der Symmetrieelemente bestand:

Theorem 2 (Fedorov 1890/91/1971, 57ff.):

(i) Dreh- und Schraubenachsen ("Deckachsen") regulärer Figurensysteme sind stets von der Ordnung $p = 2, 3, 4, 6$.

(ii) Richtungen von Dreh- und Schraubenachsen sind stets auch Richtungen von Decktranslationen.

(iii) Zu jeder Dreh- und Schraubenachse gibt es zwei unabhängige orthogonale Translationen.

Beim Beweis von Teil (ii) und (iii) des Theorems *setzte Fedorov allerdings stillschweigend die Existenz eines Translationsgitters voraus* (ebda., 59f.) und damit eine fundamentale Eigenschaft kristallographischer Gruppen, die bei aller geometrisch-intuitiven Suggestivität einem mathematischen Beweis einige Schwierigkeiten entgegenstellt. Das mußte wenig später Schoenflies bei der Ausarbeitung seines Buches (1891) erfahren (vgl. §5.5).

Über Symmetrieebenen beobachtete Fedorov

Theorem 3 (Fedorov 1890/91/1971, 60f.):

(i) Jede Symmetrieebene E eines regulären Figurensystems ist Netzebene der zugehörigen Symmetriegruppe (d.h. es gibt zwei linear unabhängige Translationen der Gruppe parallel E), und orthogonal zu E gibt es stets eine Decktranslation τ.

(ii) Bei E, τ wie in (i) gibt es stets eine Symmetrieebene E' parallel E im Abstand $|\tau|/2$.

Diese beiden Theoreme und eine Beobachtung über konjugierte Translationen zu Drehachsen mit nichtorthogonaler konjugierter Netzebene[40] genügten Fedorov als theoretische Grundlage für seine vollständige Herleitung der dreidimensionalen kristallographischen Raumgruppentypen ("Symmetrie regulärer Figurensysteme"). Dabei erzeugte er zunächst die "einfachen Systeme" (Sohnckesche Gruppen) aus zwei unabhängigen Dreh- oder Schraubenachsen sowie Translationen und erweiterte diese dann durch Symmetrie- oder Gleitspiegelungsebenen.

Zur Beschreibung räumlicher Symmetriekonfigurationen regulärer Figurensysteme setzte Fedorov seine kurz zuvor entwickelte Symbolik mehrwertiger Koordinatenterme ein. Die Kunst bestand nun in einer solchen Auswahl der Koordinaten, daß die "Symmetrieart" (Kristallklasse) des räumlichen Systems möglichst einfach aus dem Symbol abzulesen war. Dazu verwandte er insbesondere eine abkürzende Notation der Translationskomponenten, etwa für ein reines (Punkt- bzw. Translations-) Gitter ausgehend vom Punkt

$$\begin{array}{lll} y = b & z = c & v = d \text{ durch} \\ y = b + \lambda & z = c + \lambda_0 & v = d + \lambda_1 \end{array}$$

wobei er davon ausging, daß die Translationsterme λ, λ_0, λ_1 mit beliebigen Koeffizienten aus $\mathbb{Z}$ versehen werden können (1890/91/1971, 61f.).

Damit erhielten die Symmetrien der symmorphen Systeme besonders einfache Symbole, wie etwa $P2 = C_2^1$ als 3. symmorphes System $3s$ durch

$$y = b + \lambda, \quad z = n^k c + \lambda_0, \quad v = n^k d + \lambda_1,$$

$P23 = T^1$ als $59s$ durch

$$x_0 = n^j \overset{3}{a}_i + \lambda, \quad x_1 = n^k \overset{3}{a}_{i+1} + \lambda, \quad x_2 = n^l \overset{3}{a}_{i+2} + \lambda$$

und $Pm3m = O_h^1$ als $71s$ durch

$$x_0 = n^j \overset{3}{a}_i + \lambda, \quad x_1 = n^k \overset{3}{a}_{i+n^m} + \lambda_1, \quad x_2 = n^l \overset{3}{a}_{i+2n^m} + \lambda_2$$
$$(n = -1; \quad j, k, l, m = 0, 1).$$

Seiten- und innenzentrierte Gitter deutete er durch halbzählige Elementartranslationen mit geeigneten Koeffizientenkombinationen an, z.B. $C222 = D_2^6$ als $10s$ durch

$$y = n^k b + \frac{\lambda}{2}, \quad z = n^{k+j} c + f\frac{\lambda_0}{2}, \quad v = n^j d + f\frac{\lambda_1}{2},$$

$I222 = D_2^8$ als $11s$ durch

$$y = n^k b + f\frac{\lambda}{2}, \quad z = n^{k+j} c + f\frac{\lambda_0}{2}, \quad v = n^j d + f\frac{\lambda_1}{2},$$

und $F222 = D_2^7$ als $12s$ durch

$$y = n^k + g\frac{\lambda}{2}, \quad z = n^{k+j}c + (f+g)\frac{\lambda_0}{2}, \quad v = n^j d + f\frac{\lambda_1}{2},$$
$$(n, k, j \text{ wie oben }; \quad f, g = 0, 1).$$

Im Falle des Auftretens von Schraub- oder Gleitkomponenten bei hemimorphen bzw. asymmorphen Systemen konnte Fedorov in seinen Symmetrietermen die Verbindung orthogonaler Symmetrieelemente mit Translationskomponenten (in der Raumgruppe) durch Angabe der ganzzahligen Anteile von Elementartranslationen mit den entsprechenden Koeffizienten relativ leicht andeuten. Zum Beispiel $P2_1 = C_s^2$ als erstes asymorphes System $1a$ durch

$$y = b + j\frac{\lambda}{2}, \quad z = n^j c + \lambda_0, \quad v = n^j a + \lambda_1,$$

$Ia = Bb = C_s^4$ als zweites hemimorphes System $2h$ durch

$$y = n^k b + f\frac{\lambda}{2}, \quad z = c + f\frac{\lambda_0}{2}, \quad v = d + k\frac{\lambda_1}{2},$$

$P2_13 = T^4$ als $89a$ durch

$$x_0 = n^j \overset{3}{a}_i + (j+k)\frac{\lambda}{2}, \quad x_1 = n^k \overset{3}{a}_{i+1} + j\frac{\lambda}{2}, \quad x_2 = n^{j+k} \overset{3}{a}_{i+2} + k\frac{\lambda}{2},$$

$Pa3 = T_h^6$ als $91a$ durch

$$x_0 = n^j \overset{3}{a}_i + l\frac{\lambda}{2}, \quad x_1 = n^k \overset{3}{a}_{i+1} + j\frac{\lambda}{2}, \quad x_2 = n^l \overset{3}{a}_{i+2} + k\frac{\lambda}{2}$$

und so weiter (n, k, j, l wie oben).

Dabei verstand sich eine unendliche Vieldeutigkeit des angegebenen Symbols (zusätzlich zur endlichen Vieldeutigkeit durch Variation des Index i und der Parameter j, k, l, m) durch zusätzliche Addition beliebiger ganzzahliger Linearkombinationen aus Translationstermen "von selbst". Die Symbolik setzte also für ihre korrekte Verwendung ein gutes Kontextwissen voraus und war alles andere als eindeutig. Fedorov erreichte desungeachtet eine hohe Virtuosität in ihrer Verwendung zur Identifizierung und Konstruktion der Symmetrien regulärer Figurensysteme. Das zeigt sich im Spätherbst und Winter 1890, als Schoenflies und Fedorov um die Klärung der Unstimmigkeiten bemüht waren, die zwischen ihren Ergebnissen bei der Klassifikation der kristallographischen Raumgruppentypen aufgetreten waren.

Diese Unstimmigkeiten resultierten aus den in den jeweiligen Listen (Schoenflies 1889, Fedorov 1890/91a) enthaltenen — zunächst unerkannten — Doppelzählungen und Lücken (vgl. §5.3). Fedorov legte im Herbst 1890 seine Arbeit vor und ließ einige Vorabdrucke zum Versand herstellen, bevor sie in den "Zapiski" (Verhandlungen) der Mineralogischen Gesellschaft St. Petersburg im folgenden Jahr zur weiteren Verbreitung gedruckt wurde. Im Vorwort kündigte er zunächst die Ableitung und Angabe von 229 regulären Systemen an (Fedorov 1890/91a, 4). Tatsächlich enthielt die Liste jedoch eine Doppelnennung (Fmm2= C_{2v}^{18} als $16h$ und $17s$ — s.u.); real enthielt sie also 228 Raumgruppentypen. Es fehlten die Gruppen Ibca= D_{2h}^{2} und $\bar{I}43d = T_d^6$.

Im Oktober 1890 entdeckte er — wahrscheinlich durch Vergleich mit der Liste in (Schoenflies 1889) — eine der noch fehlenden Gruppen Ibca= D_{2h}^{27}, die er zunächst als hemimorphes System ansah (Fedorov 1891b, 115)[41], und erst später als asymmorph identifizierte.[42] Er glaubte nun Ende Oktober/Anfang November (alten Stils)[43] eine Liste von 230 Raumsymmetriesystemen zu besitzen (Fedorov 1891b, Fedorov an Schoenflies o.D. #235). Aber schon Mitte November (alten Stils) entdeckte er die Doppelzählung ($16h = 17s$) und reduzierte seine Zählung auf die tatsächlich in seiner Liste enthaltene Anzahl von 229 (Fedorov an Schoenflies 25.11.1890). Etwa zur selben Zeit fand er das letzte noch ausstehende Symmetriesystem $I\bar{4}3d = T_d^6$, das er als "103a" (asymmorph) klassifizierte,[44] und hatte nun eine korrekte, vollständige Liste der 230 kristallographischen Raumgruppentypen.[45]

Da für eine fundierte Auswertung der Rolle des Gruppenbegriffs bei der Entdeckung der Raumgruppen der genaue Ablauf der Klärung der Unstimmigkeiten zwischen Fedorov und Schoenflies vom Oktober 1890 bis zum März 1891 von Bedeutung erscheint, mag eine nochmalige, nunmehr etwas detailliertere Zusammenfassung ihrer Korrespondenz in dieser entscheidenden Phase angebracht sein.

Nachdem Schoenflies im Juli 1890 seine Arbeiten (1887a, b; 1889) Fedorov zugesandt hatte, erhielt er Mitte Oktober (neuen Stils) den Vorabdruck von Fedorovs (1890/91a). Es ergab sich nun folgender Ablauf:

(i) ***Ausgangssituation Mitte Oktober 1890 (neuen Stils)***
Schoenflies besaß eine vermeintliche und tatsächliche 227er Liste von Raumgruppen. Ihm fehlten $Im = C_s^4$, $Ia = C_s^4$, $I\bar{4}3d = T_d^6$. Bei den zyklischen Gruppen war eine weniger gezählt als "im Prinzip" angegeben, dafür gab es die Doppelnennung von $P\bar{4}2_1c = D_{2d}^4$ als V_d^8 und V_q^8 (vgl. §5.3).

Fedorov hatte eine vermeintliche 229er, tatsächlich aber eine 228er Liste. Ihm fehlten $Ibca = D_{2h}^{27}$ und $I\bar{4}3d = T_d^6$; andererseits gab es eine Doppelnennung $Fmm2 = C_{2v}^{18}$ als $16h$ und $17s$. Fedorov wies Schoenflies in seiner Arbeit auf dessen Doppelnennung ($V_8^d = V_8^q$) und die fehlenden Gruppen Im, Ia hin (Fedorov 1890/91a, 4, Anm. 2).[46]

(ii) *Aufstellung scheinbarer 230er Listen, Oktober bis etwa Mitte November (neuen Stils)*
Fedorov entdeckte durch Vergleich mit (Schoenflies 1889) die fehlende Gruppe $Ibca = D_{2h}^{27}$, erhöhte seine vermeintliche Anzahl auf 230 und teilte dies Schoenflies mit (Fedorov an Schoenflies, #235, etwa 11. bis 14.11.1890 neuen Stils geschrieben[47]).

Schoenflies verstand zunächst Fedorovs Einwände bezüglich der Doppelnennung und der beiden fehlenden Gruppen nicht (Schoenflies an Fedorov 29.10.1890), zum Teil aus sprachlichen Gründen.[48] Fedorov erläuterte seinen Hinweis (Fedorov an Schoenflies 21.10./ 2.11.1890). Daraufhin korrigierte Schoenflies seine Doppelnennung ($V_8^d = V_8^q$), glaubte aber zunächst, daß die von Fedorov zusätzlich angegebenen "Symbole" vom Standpunkt der Raumgruppen nichts wesentlich neues brächten (Schoenflies an Fedorov 10.11.1890) und nur Punktmuster ("Molekelhaufen") desselben Symmetrietyps darstellen. Fedorov trat dieser Auffassung durch Hinweis auf seinen Äquivalenzbegriff der Systeme entgegen, dem in Schoenflies' Nomenklatur in etwa "geometrisch identisch" entspräche (Fedorov an Schoenflies #242, etwa 14. bis 17.11.1890 neuen Stils).

Schoenflies akzeptierte bei erneuter Kontrolle seiner Argumentation die Existenz der beiden Raumgruppen[49] und glaubte, bei seiner globalen Angabe der Gruppen mit zyklischer Kristallklasse noch eine weitere "im Prinzip" genannte nicht gezählt zu haben. So erhielt er scheinbar eine 230er Liste und glaubte, daß er und Fedorov "nunmehr zu der erwünschten Übereinstimmung gelangt" wären (Schoenflies an Fedorov 17.11.1890, 28.11.1890). Tatsächlich fehlte beiden noch die Kenntnis von $I\bar{4}3d = T_d^6$; andererseits gab es bei Fedorov noch eine explizite Doppelnennung ($16h = 17s$) und bei Schoenflies eine davon unabhängige Doppelzählung.

(iii) *Korrekturen und Aufstellung der endgültigen Liste der 230 Raumgruppentypen Mitte November 1890 bis März 1891*
Noch im November 1890 bemerkte Fedorov die in seiner Liste enthaltene Doppelnennung ($16h = 17s$); auf der anderen Seite entdeckte er anscheinend nur wenige Tage später den noch fehlenden Raumgruppentyp $I\bar{4}3d = T_d^6$ ($= 103a$). Beide Korrekturen sowie die nunmehr endgültige Gesamtzahl von 230 Raumgruppentypen gab er in der Sitzung der Petersburger Mineralogischen Gesellschaft vom 16./28.11.1890[50] zu Protokoll (Fedorov 1890/91b).

Schoenflies teilte er in seinem Brief vom 25.11.1890 (alten Stiles?) lediglich seine eigene Doppelnennung und die in Schoenflies' Brief vom 28.11.1890 (#234) neu aufgetretene mit. Die neu entdeckte Gruppe erwähnte Fedorov hingegen nicht, sondern sprach ausdrücklich von einer notwendigen Korrektur der Gesamtzahl auf 229.[51] Schoenflies akzeptierte diese Korrektur unmittelbar darauf (Schoenflies an Fedorov 13.12.1890). Erst in einem nicht erhaltenen Brief vom 15./27.12.1890 informierte Fedorov Schoenflies von seiner neu entdeckten Raumsymmetriesystem 103a (= $I\bar{4}3d$).

Schoenflies hielt in seiner ersten Reaktion das neue Symmetriesystem für inkonsistent, glaubte also, daß es keine kristallographische Raumgruppe repräsentierte (Schoenflies an Fedorov 7.1.1891). Erst bei erneuter genauerer Prüfung erkannte er die Korrektheit des Fedorovschen Hinweises und konnte die Gruppe in seiner eigenen Darstellungsweise rekonstruieren (Schoenflies an Fedorov 17.3.1891). Die von Fedorov zwischen Mitte November und Mitte Dezember 1890 erreichte Klärung über den endgültigen Stand der Liste der Raumgruppentypen wurde also von Schoenflies im Zeitraum Mitte Dezember 1890 bis Mitte März 1891 schrittweise nachvollzogen.

Es ergibt sich damit sehr deutlich das *Bild eines technisch-konstruktiven Vorsprungs Fedorovs bei der Analyse der Lücken und Unzulänglichkeiten*, die bei der Raumgruppenklassifikation durch ihn und Schoenflies zunächst noch auftraten. Offenbar ergab sich dieser Vorsprung aus Fedorovs weit entwickeltem Verständnis regulärer Figurensysteme, kombiniert mit einer virtuosen Handhabung der Symbolik mehrdeutiger Terme zur Darstellung der Raumgruppensymmetrien. Schoenflies wurde dagegen im Zeitraum der Korrespondenz mit Fedorov dadurch behindert, daß seine symbolische Repräsentation der Raumgruppen in (1889) unvollständig war. Zwar arbeitete er mittlerweile bei der Vorbereitung des Buches (Schoenflies 1891a) eine verbesserte theoretische Grundlegung und eine vereinheitlichte neue Symbolik aus; das führte aber gerade während des Umbruches zu Schwierigkeiten mit der ihm mittlerweile selber obsolet erscheinenden Symbolik von (1889) (Schoenflies an Fedorov 28.11.1890, 106).

Es zeigt sich jedenfalls im Ergebnis, daß es bis auf eine Ausnahme ($Ibca = D_{2h}^{27}$) Fedorov war, der die Lücken und Doppelnennungen in seiner und Schoenflies' ursprünglichen Liste identifizierte. Die explizite Verwendung des Gruppenkonzeptes und die zugehörige theoretische Rahmung brachten also — solange dieses wie in den frühen Arbeiten von Schoenflies noch stark über geometrische Anschaulichkeit vermittelt war — nicht schon per se eine Verbesserung der Voraussetzungen für die Klassifikation der kristallographischen Raumsymmetriesysteme mit sich. *Insbesondere kann die explizite Verwendung gruppentheoretischer Überlegungen nicht als eine unabdingbare Voraussetzung der Klassifikation angesehen werden. Der vermittelte Einfluß von Gruppengesichtspunkten (Jordan — Sohncke — Fedorov) war offenbar als historische und methodische Vorbedingung für eine konstruktiv-pragmatische Klassifikation durchaus hinreichend, wenn sie wie bei Fedorov mit einer hinreichend ausgearbeiteten Analyse geometrischer Gestalten (hier der regulären Figurensysteme) verbunden war.*

Etwa zur Zeit der Arbeit an der Raumgruppenklassifikation las Fedorov das Jordansche Mémoire über Bewegungsgruppen (1869) im Original. Das geht aus seiner wenig später verfaßten Arbeit über "Symmetrie in der Ebene (Simmetrija na plokosti)" (Fedorov 1891a) hervor, in der Fedorov die *erste vollständige Klassifikation der ebenen Ornamentgruppen* angab. Er erhielt sie aus einer Analyse, welche der 230 Raumgruppentypen bei Einschränkung auf eine Ebene auch dort "regelmässige Figurensysteme" induzieren. Fedorov fand, daß dies für 17 Systeme der Fall ist, und unterteilte diese dem Vorgehen im Raum analog in 13 symmorphe (semidirekte Produkte aus Translationsnetz und orthogonaler Gruppe) und 4 asymmorphe Systeme. Für jedes gab er ein zugehöriges mehrwertiges Symmetriesymbol an (1891a, 379–386), darüberhinaus Symmetriekarten[52] der auftretenden Symmetrieelemente und — für die symmorphen Systeme — der möglichen zugehörigen Parallelogone (ebda., Tafel I, II).

In einer auswertenden Notiz verwies er auf die 13 von Sohncke (1874) und die 16 von Jordan (1869) angegebenen Ornamentgruppen und gab die Korrespondenz zwischen deren Ergebnissen und seinen eigenen an.[53] Jordan und Sohncke hatten dabei jeweils verschiedene Systeme übersehen. So standen in Fedorovs Arbeit keine gänzlich neue Ornamentgruppen; jedoch war er es, der die erste systematische Zusammenstellung gab.[54]

Für Fedorov waren die Raumgruppen nicht schon an sich von Bedeutung für die Kristallstrukturtheorie, sondern lediglich als Durchgangsstation zur Analyse spezieller regulärer Pflasterungen, die seiner Ansicht nach als adäquate Mathematisierung der Kristallstruktur herangezogen werden sollten. Auch den von Sohncke eingenommen Gesichtspunkt der regulären Punktesysteme konnte er in dieser Hinsicht nicht teilen. Er grenzte stattdessen die Begriffe "regelmässiges Punktsystem" und "Kristallstructurart" ausdrücklich gegeneinander ab, indem er betonte, daß vom Standpunkt der regulären Punktesysteme die Strukturunterscheidung allein aufgrund der "Verschiedenheit der räumlichen Lage der Symmetrieelemente" (also durch die Raumgruppe) erfolgt (Fedorov 1892, 682; 1893a, 590). Die Unterscheidung der Kristallstukturen allein nach ihren Raumsymmetriesystemen erschien ihm jedoch nicht als ausreichend. Seiner Auffassung nach sollte außer der Raumgruppe eine zugehörige Pflasterung ("Stereoederteilung") und eine übergeordnete Paralleloederteilung betrachtet werden.

> *"Wird aber in Betracht gezogen, dass die Structurarten als verschieden bezeichnet werden müssen, wenn die Paralleloeder verschieden, wenngleich die Symmetrieelemente vollständig identisch wären, so hat also die Theorie der regulären Raumtheilung uns zu einem ganz neuen Standpunkt geführt, und zwar:*

Eine mögliche Kristallstructurart ist (nicht nur durch Symmetrieelemente, sondern auch) durch die normalen Paralleloeder und das Gesetz der Theilung derselben in Stereoeder bestimmt." (Fedorov 1892, 68)

Die Paralleloeder kamen dadurch ins Spiel, daß Fedorov Homogenität und Symmetrie der Kristalle aus einem Aufbau der Kristallsubstanz aus "Kristallmolekeln" erklären wollte, die von den chemischen Molekülen verschieden sind. Insbesondere entwickelte er aufgrund der Homogenität der Kristallsubstanz die ***Parallelitätshypothese***

(∗) "*... dass die krystallinisch-homogene Substanz aus gleichen und gleich orientierten (d.h. sämmtlich in paralleler Lage geordneten) Theilchen besteht, welche zusammen genommen den Raum lückenlos ausfüllen"* (1896a, 117).

Zur mathematischen Modellierung der "Kristallmolekeln" kamen daher nach Fedorovs Ansicht lediglich Paralleloeder in Frage und, wie er annahm, sogar Normalparalleloeder. Dem Aufbau der "Kristallmolekeln" aus den chemischen Molekülen entsprach seiner Ansicht nach die Unterteilung der Paralleloeder in Stereoeder einer regulären Pflasterung (1893a, 592; 1896, 117ff.). Ihm erschien daher als wichtigste Aufgabe der mathematischen Kristallstrukturtheorie, Gebilde aus einer Paralleloederteilung (Definition 2b) und einer untergeordneten regulären Pflasterung zu studieren und zu klassifizieren. Die wichtigsten dabei verwendeten Konzepte seien in heutiger Sprechweise zusammengefaßt in

Definition 4 (Fedorov 1889/90/1971, 62ff; 1892, 68; 1896):

a) Eine ***Fedorovsche Strukturart*** besteht aus einem Tripel $(\boldsymbol{P}, \boldsymbol{R}, G)$ aus einer Paralleloederteilung $\boldsymbol{P}$ des $\mathbb{E}^3$, einer $\boldsymbol{P}$ verfeinernden regulären Pflasterung $\boldsymbol{R}$ aus Ziegeln trivialer orthogonaler Symmetrie (Unterteilung in "Stereoeder") und der zugehörigen Raumgruppe G (mit Translationsgitter Γ und Kristallklasse G_0), sodaß die Kristallklasse der Raumgruppe mit der orthogonalen Symmetrie H_o eines Paralleloeders von $\boldsymbol{P}$ übereinstimmt, $G_o = H_o$. $\boldsymbol{R}$ ist demnach reguläres Figurensystem (Pflasterung) zur einfach transitiv operierenden Gruppe G, $\boldsymbol{P}$ zur zugehörigen symmorphen Gruppe $G' \cong \mathbb{Z}^3 * G_0$.

b) Eine ***symmorphe Strukturart*** liegt genau dann vor, wenn die Paralleloederteilung $\boldsymbol{P}$ invariant unter G ist ($G = \mathrm{Isom}(\boldsymbol{P})$). Dann sind $\boldsymbol{P}$ und $\boldsymbol{R}$ reguläre Figurensysteme zu derselben Gruppe $G \cong \Gamma * G_o$.

c) Eine ***hemisymmorphe Strukturart*** liegt genau dann vor, wenn es

(i) eine unter G invariante Unterteilung $\boldsymbol{P}^*$ von $\boldsymbol{P}$ gibt, bei der jedes Paralleloeder von $\boldsymbol{P}$ in zwei spiegelsymmetrische zerfällt, während

(ii) P selber nicht invariant unter G ist.

Die Gruppen G' und G von $\boldsymbol{P}$ und $\boldsymbol{R}$ haben dann eine Untergruppe des Index 2 gemeinsam.

d) In allen anderen Fällen handelt es sich um *asymmorphe Strukturarten.*

Bei den symmorphen und hemimorphen Strukturarten unterschied Fedorov weiterhin "*ordinäre*" und "*extraordinäre*", je nachdem die Translationsgruppe Γ von G transitiv auf $\boldsymbol{P}$ operiert oder nicht (Fedorov 1896, 146).

Unter dem Gesichtspunkt seiner Parallelitätshypothese (∗) erschienen ihm die asymmorphen Strukturarten als kristallographisch irrelevant ("unwahrscheinlich"), weil die dabei auftretenden Paralleloederteilungen $\boldsymbol{P}$ nicht invariant unter dem Raumsymmetriesystem G sind und daher die untergeordneten Stereoederteilungen $\boldsymbol{R}$ die Hypothese (∗) nicht abzubilden gestatten (Fedorov 1896, 219). Ähnliches galt für die meisten der extraordinären Strukturarten mit Ausnahme von 15 extraordinären symmorphen Strukturarten der Kristallklassen C_i und C_{2h}, bei denen die "parallele" Lage der Paralleloeder auch bei Anwendung von Punktinversionen bzw. Drehungen der Ordnung 2 gewährleistet bleibt.

Trotz wenig ausgearbeiteter, das heißt implizit gehaltener, Klassifikationskriterien stellte Fedorov in seinen Arbeiten der 1890er Jahre eine umfangreiche Liste möglicher Strukturarten auf; in seiner Arbeit (1896) waren es schon 1182. *Davon erschienen Fedorov jedoch lediglich 246 als kristallographisch relevant ("wahrscheinlich")*: 131 ordinäre symmorphe, 15 extraordinäre symmorphe (Kristallklasse C_i und C_h) und 100 ordinäre hemimorphe (Fedorov 1896, 218).

Die Klassifikation der kristallographischen Raumgruppentypen erschien Fedorov so zwar als wichtige Voraussetzung, keinesfalls aber als die letztlich entscheidende mathematische Grundlage seiner Kristallstrukturtheorie. Von den 230 Raumgruppentypen erschienen ihm nur die $73 + 54 = 127$ symmorphen und hemimorphen als kristallographisch relevant. Diese wiederum führten auf 246 "wahrscheinliche", also für die Kristallographie nach Fedorovs Ansicht potentiell verwendbare, Strukturarten. Aufgabe der zukünftigen messenden und empirischen Kristallographie war nun seiner Konzeption gemäß die Überprüfung der vorgeschlagenen Theorie, das heißt die Bestimmung von Strukturarten empirischer Kristalle in seinem Sinne.

Dieser Auffassung Fedorovs folgte die Mehrzahl der Mineralogen und Kristallographen allerdings nicht. Nach der Entdeckung der Röntgenstrahlbeugungsmethode im Jahre 1912 wurde sie durch die nun möglich gewordenen empirischen Strukturbestimmungen schnell erschüttert (vgl. §5.6). Schon eine der ersten Strukturbestimmungen führten W.H. und W.L. Bragg beim Pyrit auf eine Atomgitteranordnung mit Symmetrie $Pa3 = T_d^6$. Fedorov reagierte darauf außerordentlich schnell und "undogmatisch", indem er anerkannte, daß es sich um den Nachweis des realen Auftretens eines asymmorphen Systems handelte (Fedorov 1914) [Belov/Šafranovskij 1962]. Damit war seiner spezifischen Variante der Kristallstrukturtheorie weitgehend der Boden entzogen. Die offener gehaltene gruppentheoretische Auffassung samt den zugehörigen allgemeiner gehaltenen regulären Raumteilungen gewann nun entsprechend größere Bedeutung für die Entwicklung empirisch gestützter Strukturtheorien.

5.5 Schoenflies' systematische Darstellung der Theorie der kristallographischen Raumgruppen von 1891

Die gruppentheoretische Strukturtheorie der Kristallgeometrie fand in Schoenflies ihren ersten herausragenden Vertreter. Direkt nach Publikation seiner ersten Arbeit über kristallographische Raumgruppen in den Mathematischen Annalen (1889) machte er sich an die Arbeit für eine umfangreiche und ausführliche Darstellung in seinem Buchprojekt "Krystallsysteme und Krystallstructur" (Schoenflies 1891a). Das Manuskript für dieses Buch entstand in einem selten günstigen Zeitablauf, in dem Schoenflies die aus dem Briefwechsel mit Fedorov hervorgehenden neuen Kenntnisse über Lücken oder Doppelzählungen in seiner Liste von (1889) nahezu direkt übernehmen konnte. Er hatte schon am Buchmanuskript zu arbeiten begonnen, als der Briefwechsel in der zweiten Jahreshälfte 1889 in Gang kam (Schoenflies an Fedorov, 14.12.1889). Im Laufe des Voranschreitens wuchs das Projekt so an, daß das Manuskript dem Verlag in drei großen Sendungen stückweise übergeben und gedruckt wurde:

- die ersten 5 Bogen (Teil I) Mitte 1890 mit einer elementaren Einführung in die geometrische Gruppentheorie, Arbeit in $O(3, \mathbb{R})$, Ableitung der Kristallklassen, Kristallsysteme[55] und Kristallformen (Fedorov/Schoenflies 1970, 93, 115),
- die nächsten 5 Bogen (Kap. 1 bis 7/8 von Teil II) gegen Ende 1890 mit einer Darstellung der Bravaisgittertheorie, Arbeit in $\mathrm{Isom}(\mathbb{E}^3)$, dem gruppentheoretischen Instrumentarium für die Erweiterung räumlicher Translationsgruppen zu kristallographischen Raumgruppen (Kap. 6), Ableitung der Gruppen des monoklinen und triklinen Systems (Kap. 7) sowie evtl. des orthorhombischen,
- und schließlich der gesamte Rest bis zum späten Frühling (März/April) 1891 mit der Ableitung der Raumgruppen in Kristallsystemen höherer Symmetrie, einer Diskussion der gängigen Kristallstrukturtheorien vom Standpunkt der Raumgruppen und Raumteilungen sowie einem

Nachtrag eines (unvollständigen) Beweises für die Existenz (dreidimensionaler) Translationsgitter in kristallographischen Raumgruppen (Fedorov/Schoenflies 1970, 115).

Da sich das Buch an ein breites Publikum, nicht nur an Mathematiker, richtete, erklärte Schoenflies den damals außerhalb der Mathematik noch kaum bekannten Gruppenbegriff überaus motivierend, fast zögernd, in zwei Stufen aus dem geometrischen Kontext heraus. Nachdem er die Komposition eigentlicher und uneigentlicher Bewegungen aus $O(3, \mathbb{R})$ ("Operationen 1. und 2. Art") und ihre Verwendung zur Beschreibung von Symmetrierelationen diskutiert hatte (1891a, 20–53), führte er das Konzept einer "*endlichen Gruppe von Operationen*" ein (Schoenflies 1891a, 54). Mit dieser Formulierung waren im wesentlichen endliche orthogonale Gruppen gemeint; jedoch blieb die Formulierung allgemein genug, um endliche Gruppen von Bijektionen beliebiger (gegebenenfalls strukturierter) Mengen einzuschließen.[56] Das reichte als konzeptioneller Rahmen für die Ableitung der Kristallklassen und Systeme aus. Dem fügte er noch eine Diskussion der einfachen Kristallgestalten hinzu und verwies auf die Möglichkeit, die Gestaltklassifikation auch für beliebige endliche orthogonale Gruppen durchzuführen. Ein solches Unterfangen hätte freilich den Rahmen seines Buches gesprengt; daher verwies er in diesem Punkt auf Hess' "Lehre von der Kugelteilung" (1883). Eine kurze Diskussion der Bedeutung der Punktsymmetrien für die Kristallphysik schloß den ersten Teil seines Buches ab.

Bei der Darstellung der "Theorie der Krystallstructur" im zweiten Teil verallgemeinerte Schoenflies wiederum sehr langsam und kontextbezogen die von ihm verwendeten Begriffe. Erst nach der Diskussion der Translationsgruppen und der Komposition von Bewegungen und "Operationen 2. Art" von Isom($\mathbb{E}^3$) definierte er den Begriff der *Raumgruppe*. Er verwies zwar darauf, daß die von ihm betrachteten Gruppen aus sämtlichen Deckisometrien "regelmässiger Molekelhaufen" bestehen, versuchte aber zunächst "ihre Beziehungen zu den Molekelhaufen vorläufig bei Seite (zu) lassen", um ihre allgemeinen Strukturgesetze vorweg abzuleiten. So begann er mit der

> "Erklärung. *Unter einer Raumgruppe von Operationen verstehen wir eine unendliche Schaar von räumlichen Operationen von der Art, dass das Product von irgend zweien dieser Operationen einer der genannten Schaar angehörigen Operation äquivalent ist.*" (1891a, 359)

Diese Definition enthielt noch den Mangel der frühen Transformationsgruppenerklärungen von Lie und Klein. Das war kaum verwunderlich, da sich erst in den 1890er Jahren die Einsicht in die Notwendigkeit der Existenzforderung für Inverse endgültig durchsetzte.[57] Schoenflies glaubte sogar, einen Beweis für die Existenz der Inversen geben zu können. Das dabei von ihm zur Anwendung gebrachte Argument scheint charakteristisch für den frühen Umgang mit Transformationsgruppen zu sein, bei dem der Kontextbezug und die "formalen Gesetze" des allgemeinen Begriffs nicht deutlich voneinander getrennt wurden:

> "*Es sei L irgend eine Operation der Raumgruppe Γ der hier betrachteten Art.* Da L Deckoperation eines Molekelhaufens ist, *so führt auch die umgekehrte Operation L^{-1} den Molekelhaufen in sich über und gehört daher der Gruppe an ... Demnach ergiebt sich:* **Lehrsatz 1:** *"Eine Raumgruppe Γ enthält zu jeder Operation L die inverse Operation, sowie die Identität."*(1891a, 359f.; erste Hervorh. E.S.)

Die starke Kontextbindung verleitete Schoenflies also offensichtlich dazu, eine definierende Begriffserklärung für logisch akzeptabel zu halten, die schwächer war, als die in der kontextuellen Argumentation eingesetzte Struktur. Diese enthielt als wesentliches Element das von Sohncke übernommene, verallgemeinerte Konzept eines "*regelmässigen Molekelhaufens*":

> "*... Unter einem regelmässigen Molekelhaufen von unbegrenzter Ausdehnung verstehen wir einen solchen nach allen Richtungen unendlich ausgedehnten Molekelhaufen, der aus lauter gleichartigen Molekeln besteht und die Eigenschaft besitzt, dass jede Molekel auf die gleiche Art von der Gesammtheit der Molekeln umgeben ist.*" (Schoenflies 1891a, 239)

Die mathematische Theorie der Kristallstruktur basierte dann auf der

> "Grundhypothese: *um jeden in seinem Innern gelegenen Punkt zeigt ein homogener Krystall die Structur eines regelmässigen Molekelhaufens von unbegrenzter Ausdehnung.*" (ebda.)

Diese Verbindung mit der Kristallstrukturtheorie veranlaßte Schoenflies dazu, stillschweigend als selbstverständlich anzunehmen, daß ein "Molekelhaufen" diskret ist (1891a, 628). Das von ihm verwendete Konzept des "Molekelhaufens" genügte also insgesamt der

Definition 5a (Schoenflies 1891a, 239, 628):
Ein "*Molekelhaufen*" (diskretes reguläres Punktesystem im $\mathbb{E}^3$) wird durch eine Punktmenge $M \subset \mathbb{E}^3$ charakterisiert, das folgenden Bedingungen genügt:

(i) M besitzt eine transitive Deckisometriegruppe (1891a, 239, wie oben zitiert).

(ii) M ist diskret im Sinne $\inf_{x \neq y,\ x,y \in M} |x - y| > 0$. Insbesondere besitzt M keinen Häufungspunkt (1891a, 628).

(iii) Die konvexe Hülle von M ist $\mathbb{E}^3$ (M "ist nach allen Richtungen unendlich ausgedehnt") (1891a, 239).

Umgekehrt definierte Schoenflies über diese "Molekelhaufen" die kristallographischen Raumgruppen.

Definition 5b (Schoenflies 1891a, 360):
$G < \mathrm{Isom}(E^3)$ ist genau dann eine "*Raumgruppe von kristallographischer Bedeutung*", wenn G transitive Decktransformationsgruppe eines "Molekelhaufens" im angegebenen Sinne ist.

Tatsächlich bereitete Schoenflies in dieser orbitbezogenen Charakterisierung die spätere strukturelle Auffassung kristallographischer Gruppen als diskrete, unzerlegbare Untergruppen von $\mathrm{Isom}(\mathbb{E}^n)$ vor (vgl. §5.6). Durch (ii) wird ja auch die Diskretheit von G und durch (iii) deren Unzerlegbarkeit gesichert. Beide zusammen haben aber — wie Bieberbach später für den n-dimensionalen Fall bewies — die Existenz eines beschränkten Fundamentalbereichs und einer dreidimensionalen Translationsuntergruppe zur Folge. *Schoenflies selber wies schon ausdrücklich darauf hin, daß (ii) die Diskretheit von G impliziert* (G "besitzt keine unendlich kleinen Operationen", 1891a, 628),[58] *und bemühte sich um den Beweis der von ihm als zentral erkannten Tatsache der Existenz einer dreidimensionalen Translationsuntergruppe.* Erst dadurch wurde ja die Schlüssigkeit der konstruktiven Klassifikation kristallographischer Raumgruppen in Fortführung der Arbeiten Bravais', Jordans und Sohnckes nachgewiesen. Schoenflies stieß dabei allerdings auf Schwierigkeiten: Bei den "gruppentheoretischen Hilfssätzen" vor Beginn der Herleitung der Liste der Raumgruppentypen, wo die systematische Begründung des Satzes hätte erfolgen müssen, verwies er auf einen später nachzureichenden Beweis für die Existenz eines Translationsgitters (1891a, 360). Erst in seiner letzten Manuskriptsendung, im letzten Kapitel seines Buches, gab er schließlich einen Beweis, der jedoch an entscheidender Stelle eine Lücke enthielt.

Er argumentierte zunächst:

G kristallographisch $\Rightarrow$ sämtliche auftretenden Rotationswinkel stehen in rationalem Verhältnis zu π.[59]

Daraus zog er wie selbstverständlich den Schluß, daß der orthogonale Anteil G_o von G eine der 32 Kristallklassen ist (1891a, 636). Aus der Endlichkeit der Achsenzahl von G_o, gegenüber unendlichem Orbit von G schloß er auf die Existenz zweier Operationen paralleler Achsenrichtung und entgegengesetzten Drehwinkels. Daraus folgt die Existenz einer zum Achsenpaar orthogonalen Translation in G. Mit Bedingung (iii) war dann auch die Existenz von drei linear unabhängigen Translationen zu folgern (1891a, 637). Die Einschränkung von G_o auf eine der 32 Kristallklassen erfolgte andererseits seit Bravais gerade durch die Invarianzforderung für ein Gitter unter der Operation von G_o. Schoenflies' Argument war also zirkulär, benutzte allerdings lediglich die Endlichkeit von G_o. Dadurch war der Weg angedeutet, wie der Zirkel durchbrochen werden konnte.

Die Lücke wurde erst am Ende des Jahrzehnts vom Leipziger Mathematiker Rohn durch den Nachweis der Endlichkeit des orthogonalen Anteils G_o geschlossen (Rohn 1899, 1900).[60] Damit wurde der Schoenfliessche Beweis für die Existenz eines Translationsgitters in dreidimensionalen kristallographischen Gruppen abgeschlossen.

Zur Charakterisierung und Untersuchung einer Raumgruppe G arbeitete Schoenflies, aufbauend auf seine in (1887) und (1889) verwendete Methode, mit dem System der Achsen (zu jedem $\alpha \in G^+ = G \cap \mathrm{Isom}^+(\mathbb{E}^3)$) und der Symmetrieebenen (zu jeder Spiegelung oder Gleitspiegelung σ aus $G^- = G \cap \mathrm{Isom}^-(\mathbb{E}^3)$) sowie den jeweils zugehörigen "reduzierten Operationen".

Definition 6 *Reduzierte Operation*

a) *einer (orientierten) Achse A* einer kristallographischen Raumgruppe G ist diejenige Bewegung $\alpha = A(\omega, \tau) \in G^+$ mit $\alpha A = A$, minimalem Rotationswinkel $\omega > 0$ und minimalem Translationsanteil τ.

b) einer Symmetrieebene $\boldsymbol{S}$ von G ist dasjenige $\sigma = \boldsymbol{S}(t) \in G^-$ mit $\sigma(\boldsymbol{S}) = \boldsymbol{S}$ und Translationsanteil

$$t \in \left\{0, \frac{t_1}{2}, \frac{t_2}{2}, \frac{1}{2}(t_1 + t_2)\right\}$$

$$\text{bei } \Gamma = \langle t_1, t_2, t_3 \rangle, \quad t_1, t_2 \parallel \boldsymbol{S}.$$

Während die reduzierte Operation einer Achse eindeutig bestimmt ist (1889, 367f.), ist die einer Symmetrieebene abhängig von der Basis in Γ und erst nach der Wahl von $t_1, t_2 \in \boldsymbol{S}$ eindeutig (1889, 373). Das reichte immerhin aus, die *Wahl von Repräsentanten von G/Γ als "reduzierte Operationen"* zu standardisieren (1889, 375).

Der Plan für das Vorgehen bei Raumgruppenerweiterungen $G \to \tilde{G}$ desselben Translationsgitters ergab sich für Schoenflies aus der Gewinnung der Kristallklassen durch sukzessive Adjunktion jeweils einer erzeugenden Operation aufgrund der simplen Beobachtung, daß bei Bildung orthogonaler Anteile der Bewegungen $\rho : \tilde{G} \to \tilde{G}_o < O(3, \mathbb{R})$ Urbilder von Untergruppen wieder

Untergruppen sind. Er suchte daher nach einer analogen Erweiterung der Raumgruppen durch Adjunktion jeweils eines Elementes. Die in (1887) und (1889) unbewiesen verwendeten Erweiterbarkeitskriterien faßte er nun in der bewiesenen Aussage zusammen:

Lemma 1 (Schoenflies 1891a, 382f.)
Die kristallographische Raumgruppe $G < \mathrm{Isom}(\mathbb{E}^3)$ mit Translationsgitter $\Gamma < G$ läßt sich genau dann durch $\lambda \in \mathrm{Isom}(\mathbb{E}^3)$ bzw. $L := \langle\lambda\rangle < \mathrm{Isom}(\mathbb{E}^3)$ mit $\rho(\lambda) = \lambda'$ und $\lambda'^m = 1$ zu einer kristallographischen Raumgruppe $\tilde{G}$ desselben Translationsgitters erweitern, falls gilt:

(i) $\lambda^{-1}G\lambda = G$,[61]

(ii) $\lambda^m = t_\lambda \in \Gamma$.

Der von ihm angegebene Beweis bestand aus einer einfachen Überlegung der Raumgruppenerweiterung in $\mathrm{Isom}(\mathbb{E}^3)$:

$$\tilde{G} := G \times \{\lambda^i | 0 \leq i \leq m-1\}$$

mit Komposition

$$(g\lambda^i)(g'\lambda^j) = g(\lambda^i g' \lambda^{-i})(\lambda^i\lambda^j) = g(\lambda^i g'\lambda^{-i}) t_\lambda^\epsilon \lambda_{\mathrm{red}}^{i+j}$$

$$\text{mit} \quad \lambda_{\mathrm{red}}^n := \lambda^{n'}, \quad \text{wobei} \quad n' \equiv n (\mathrm{mod}\, m), \quad 0 \leq n' \leq m-1,$$

$$\text{und} \quad t_\lambda^\epsilon := \begin{cases} 0 & \text{falls } i+j \leq m-1 \\ t_\lambda & \text{sonst.} \end{cases}$$

Das Faktorensystem der Erweitung wird also hier durch Übergang zur reduzierten Operation von $\lambda^i\lambda^j$ definiert und geht bei der Rechnung in $\mathrm{Isom}(\mathbb{E}^3)$ in naheliegender Weise in die Bestimmung der Komposition zweier Operationen der erweiterten Gruppe $\tilde{G}$ ein. Die Notwendigkeit der Bedingungen (i), (ii) liegt darüberhinaus direkt auf der Hand.

So läßt sich die sukzessive Erweiterung der Kristallklassen durch ρ^{-1} auf die Raumgruppen übertragen. Schoenflies faßte diese Beobachtung als "Fundamentaltheorem für die Erzeugung von Raumgruppen" zusammen.

Theorem 4 (Schoenflies 1891a, 383):
Sei $\tilde{G}_o(3, \mathbb{R})$ eine Kristallklasse, die durch Erweiterung der Kristallklasse G_o als $\tilde{G}_o = G_o \times L'$ mit $L' = \langle\lambda'\rangle < O(3, \mathbb{R})$ und $\lambda'^{-1}G_o\lambda' = G_o$ darstellbar ist. Dann ist jede zu $\tilde{G}_o$ homomorphe Raumgruppe $\tilde{G}$ mit Translationsgitter Γ nach der Methode von Lemma 1 als Erweiterung einer Raumgruppe G

(desselben Translationsgitters und mit Kristallklasse G_o) durch Adjunktion einer Operation

$$\lambda \in \mathrm{Isom}(\mathbb{E}^3) \text{ bzw. } L = \langle\lambda\rangle < \mathrm{Isom}(\mathbb{E}^3) \text{ mit } \lambda^{-1}G\lambda = G,$$

also als $\tilde{G} = G \times L$, darstellbar.

Das lieferte eine einwandfreie Begründung für den schon in (1887) und (1889) eingeschlagenen Weg der Generierung der kristallographischen Raumgruppen aus Translationsgittern durch sukzessive Adjunktion jeweils eines zusätzlichen erzeugende Elementes.

Die "Bravaisschen Gruppen", also die von Bravais implizit charakterisierten Symmetriesysteme, konnte Schoenflies nun als diejenigen Raumgruppen G mit Translationsgitter Γ charakterisieren, für die gilt:

$$G_o = \rho(G) < G.$$

In diesem Fall ergibt sich G nämlich offensichtlich als inneres semidirektes Produkt in $\mathrm{Isom}(\mathbb{E}^3)$, $G = \Gamma * G_o$ (1891a, 386).

Natürlich waren die Erzeugungsregeln noch durch Identitätskriterien für verschieden erzeugte Gruppen zu ergänzen. Schoenflies gab auf der allgemeinen Ebene insbesondere an:

Lemma 2 (Schoenflies 1891a, 389)
Seien $\tilde{G}$, $\tilde{G}'$ Erweiterungen derselben kristallographischen Gruppe G durch Adjunktion der Operationen $l, l' \in \mathrm{Isom}(\mathbb{E}^3)$, dann gilt:

(i) $l \in \tilde{G}', l' \in \tilde{G} \Rightarrow \tilde{G} = \tilde{G}'$.

(ii) Operieren l, l' auf dem (nichtleeren) Achsensystem von G gleich, so liegt einer der folgenden Fälle vor:

a) $\tilde{G} = \tilde{G}'$,

b) alle Achsen von G sind parallel und l, l' unterscheiden sich nur durch eine achsenparallele Translationskomponente.

Die Aussage von (ii) folgt unmittelbar aus der Beobachtung, daß $l^{-1}l'$ jede Achse von G in sich überführt, während die von (i) in der hier angegebenen Fassung[62] offensichtlich ist. Weitere Identitätskriterien entwickelte Schoenflies unter Berücksichtigung der spezifischen Bedingungen in jedem der folgenden Kapitel, in denen die Raumgruppen kristallsystemweise mit steigender Symmetrie abgeleitet wurden.

Aus dem Erweiterungsschema für die Kristallklassen

$$\begin{array}{ccccccccc}
1 & \hookrightarrow & & C_n & & \hookrightarrow & & D_n & \\
\downarrow & & \swarrow & \downarrow & \searrow & & \swarrow & & \searrow \\
C_s, C_i & & C_{n,h} & C_{n,v} & \bar{C}_{2n} & & D_{n,h} & & D_{n,d}
\end{array}$$

$$(n = 2, 3, 4, 6)$$

$$\begin{array}{ccccc}
D_2 & \hookrightarrow & T & \hookrightarrow & O \\
 & \swarrow & & \searrow & \downarrow \\
T_h & & & T_d & O^*
\end{array}$$

gewann Schoenflies, anders als in (1889), nun auch bei der Erweiterung der Raumgruppen ein Gerüst für die zu diskutierenden Fallunterscheidungen. Durch detaillierte Angabe der Erzeugenden jeder Raumgruppe vermied er die Unklarheiten der älteren Darstellung.

Entsprechend führte er neue Bezeichnungen X^i für die Raumgruppen ein, die aus der Angabe der Kristallklasse $X \in \{C_1, C_s, C_2, C_{2h}, \ldots, O, O^*\}$ und einem Index i zur Unterscheidung der verschiedenen Raumgruppen G mit $\rho(G) = X$ zusammengesetzt war.[63]

Bei diesem Vorgehen ordnete sich auch die von Fedorov im Dezember 1890 entdeckte — vom Schoenflies erst im März 1891 akzeptierte — Gruppe $I\bar{4}3d$ zwanglos als T_d^6 in die Ableitung der Raumgruppe der Kristallklasse T_d ein. Ausgehend vom Erweiterungsschema der Kristallklassen

$$\begin{array}{ccc}
D_2 & \hookrightarrow & T \\
\downarrow & & \downarrow \\
D_{2d} & \hookrightarrow & T_d
\end{array}$$

beobachtete Schoenflies, daß eine Raumgruppe $G(T)$ mit Kristallklasse T nur dann Kandidat für eine Erweiterung mit Diagonalspiegelung S_d bzw. $S_d(\tau)$ ist, falls die zugehörige Untergruppe zur Kristallklasse D_2 analog erweiterbar ist:

$$\begin{array}{ccc}
G(D_2) & \hookrightarrow & G(T) \\
\downarrow & & \downarrow \\
G(D_{2d}) & \hookrightarrow & G(T_d)
\end{array}$$

Dadurch wurden die möglichen Erweiterungen von $G(T)$ auf $G(T_d)$ durch reine Diagonalspiegelung S_d bzw. eine geeignete Schubspiegelung $S_d(\tau)$ auf ein übersichtliches Fallschema eingeschränkt.[64] Die Erzeugung von $I\bar{4}3d = T_d^6$ geschah darin durch eine Schubspiegelung $S_d(\frac{1}{2}(t_1+t_2+t_3))$, die vorher schon bei der Erweiterung im tetragonalen Kristallsystem aufgetreten war (1891a, 540f.):

$$\begin{array}{ccc} I2_12_12_1 = D_2^9 & \hookrightarrow & T^5 = I2_13 \\ \downarrow & & \downarrow \\ I\bar{4}2d = D_{2d}^{12} & \hookrightarrow & T_d^6 = T^5\langle S_d(\tau)\rangle = I\bar{4}3d \end{array}$$

Diese kurze Diskussion des kritischsten Falls bei der Herleitung der vollständigen Liste in den Jahren 1889/90 mag genügen, um die Schoenfliessche Vorgehensweise zu charakterisieren.

Es zeigt sich jedenfalls, daß Schoenflies mit seinen Mitteln eine übersichtliche, vollständige und fast lückenlos begründete Herleitung der 230 kristallographischen Raumgruppentypen erreichte.

Ähnlich wie er und Fedorov die Klassifizierung der Raumgruppen unabhängig in Angriff genommen hatten, wenn auch beide angeregt durch dieselben Arbeiten von Jordan und Sohncke, so entwickelten sie auch unabhängig voneinander die Idee einer mathematischen Fundierung der Kristallstruktur in regulären Pflasterungen (Fedorov 1885, Schoenflies 1888a, b). Dabei unterschieden sich ihre Auffassungen allerdings stärker als im ersten Punkt. Während Fedorov von sehr spezifischen Eigenschaften der kristallographisch relevanten Raumteilungen ausging (Parallelitätshypothese) und aufgrund der sich daraus ergebenden Einschränkungen wiederum bis zu einer Klassifikation der seines Erachtens entscheidenden ("wahrscheinlichen") "Structurarten" vorstieß (vgl. §5.4), entwickelte Schoenflies lediglich einige allgemeine mathematische Gesichtspunkte, die die Bildung und das Studium isoedrischer Pflasterungen regulieren. Diese sollten dann als vermittelnde Ebene zwischen der gruppentheoretisch-mathematischen Theoriebildung und den physikalisch zu begründenden Strukturtheorien dienen, über die er selber nichts Genaueres mehr aussagen konnte und wollte.

Insbesondere begründete er durch eine anschauliche Argumentation die Existenz einer isoedrischen Pflasterung $(B_g)_{g\in G}$ zu einer kristallographischen Gruppe G (1891a, 570f.). Einen dieser Bereiche, etwa $B := B_1$, bezeichnete er als *einfachen Fundamentalbereich* von G, falls keine zwei inneren Punkte von B G-äquivalent sind (ebda., 572). Schoenflies untersuchte nun, unter welchen Bedingungen zu einer Untergruppe $G' < G$ eine isoedrische Raumteilung $(B'_{g'})_{g'\in G'}$ existiert, die auch G-invariant ist. Er fand dabei das leicht nachvollziehbare

Theorem 5 (Schoenflies 1891a, 576ff.)
Für eine kristallographische Gruppe G und Untergruppe $G' < G$ mit zugehöriger isoedrischer Raumteilung $\boldsymbol{B}' = (B'_{g'})_{g' \in G'}$ aus einfachen Fundamentalbereichen sind äquivalent:

(i) Die Pflasterung $\boldsymbol{B}'$ ist G -invariant.

(ii) Es gibt eine Pflasterung $\boldsymbol{B} = (B_g)_{g \in G}$ zu G, sodaß sich ein Ziegel B'_1 von $\boldsymbol{B}'$ aus endlich vielen Ziegeln von $\boldsymbol{B}$ zusammensetzen läßt:

$$B'_1 = \bigcup_{g \in H} B_g$$

Dabei ist $H = \{g_1, \dots g_k\}$ endliche orthogonale Untergruppe von G.

(iii) $G = G' * H$ mit $H < O(3, \mathbb{R})$ (inneres semidirektes Produkt in $\mathrm{Isom}(E^3)$) und jeder Ziegel $B'_{g'} \in \boldsymbol{B}'$ wird von $g'Hg'^{-1}$ in sich überführt.

Diese Beobachtung erlaubte Schoenflies für die kristallographischen Gruppen $G = G' * H$ mit orthogonaler Untergruppe $H < G$ die Konstruktion "*symmetrischer Fundamentalbereiche*". Diese sind allerdings im heutigen Sinne keine Fundamentalbereiche, sondern punktsymmetrische Ziegel (Symmetrie H) einer übergeordneten isoedrischen Pflasterung (zur Gruppe G'), die sich aus $|H|$ symmetrisch aneinanderliegenden Fundamentalbereichen von G aufbauen.

Das einfachste Beispiel dafür sind die Bravaisschen Gruppen $G = \Gamma * G_o$. Schoenflies wies darauf hin, daß die "symmetrischen Fundamentalbereiche" von G mit den Basiszellen von Γ übereinstimmen können aber nicht müssen. Da die "regelmässigen Molekelhaufen" der Kristallstrukturtheorie durch Fixierung eines Punktes in einem "einfachen Fundamentalbereich" erzeugbar sind, konnte Schoenflies nun eine mathematische Analyse der Prizipien geben, die in verschiedenen kristallographischen Theorien bei der Konstituierung der hypothetischen Molekel verwendet wurden und in verschiedener Weise Molekülsymmetrien in Rechnung stellten.

Bravais hatte die Symmetrieeigenschaften eines Kristalls auf die Überlagerung der Symmetrieeigenschaften der Moleküle mit denen des Kristallgitters zurückgeführt. Aus Schoenflies' Sicht entsprach dem Bravaisschen "Polyeder der gemeinsamen Symmetrie S_c" eine Zusammenfassung von $n = |G_o|$ Punkten des G_o -Orbits des erzeugenden Punktes eines Molekelhaufens zu einem größeren Molekel, oder — in der Sprache der Raumteilungen — der Betrachtung eines "symmetrischen Fundamentalbereichs" von G. Dagegen bestehen die Molekelhaufen, die zur Raumteilung mit "einfachem Fundamentalbereich" gehören, aus n ineinander geschachtelten Punktgittern:

$$G(p) = \Gamma(G_o(p))$$

Darüberhinaus wies Schoenflies darauf hin, daß ganz allgemein im Fall der inneren semidirekten Zerlegbarkeit von G als $G \cong G' * H$ mit $H < \rho(G) = G_o$ Kristallstrukturtheorien mit "symmmetrischen Molekeln" formulierbar sind und unterschied strikt zwischen "*Molekelsymmetrie*" H und der "*Krystallstructur*" G', *die er mathematisch mit einer transitiv operierenden Deckisometriegruppe des Molekelhaufens identifizierte* (1892b, 524, Anm. 3 u.a.). Dabei wies er darauf hin, daß je nach Annahmen über den Bau der Moleküle (Zusammenfassung von Punkten des zugrundeliegenden regulären Punktesystems) eine unterschiedliche Aufteilung der Kristallsymmetrie G_o auf "Molekelsymmetrie" H und Symmetrie der "Krystallstructur" G' erfolgt. Das Spektrum der Wahlmöglichkeiten wird dabei natürlich durch die Gruppe G und ihre möglichen Zerlegungen $G = G' * H$ determiniert.

An einem Ende des Extrems ist stets die Annahme trivialer Molekelsymmetrie und $G = G'$ möglich. Schoenflies sprach in diesem Fall von "*reiner Structurtheorie*" (1892b, 513), weil hier die Kristallsymmetrie G_o allein aus der "Krystallstructur" G' resultiert. Auf der anderen Seite hatte insbesondere Sohncke bei Versuchen, Spiegelsymmetrien zu berücksichtigen, mit Punktsystemen gearbeitet, bei denen jedes "Molekel" aus einem Paar spiegelbildlich gelagerter Elemente bestand. Das entsprach in Schoenflies' Ansatz der Annahme einer Spiegelungsgruppe $H \cong \mathbb{Z}/2\mathbb{Z}$ und $G = G' * H$. Schoenflies ging an verschiedenen Stellen auf diese Frage ein (Schoenflies 1890; 1891a, 584ff.; 1892a, b) und wies auf die relative Willkürlichkeit bei der Abspaltung von "Molekelsymmetrien" hin. Mathematisch entsprach dem die Wahl einer Pflasterung mit Ziegelsymmetrie H und einfach transitiver Decktransformationsgruppe G'.

Die Spezifizierung der Materieverteilung in einem "symmetrischen Fundamentalbereich" mußte dagegen aus dem Blickwinkel der mathematischen Theorie heraus völlig offen gelassen werden. Sie zu klären, war Aufgabe der Physik. So formulierte Schoenflies *Abgrenzung und gegenseitige Ergänzung mathematischer und physikalischer Theoriebildung* in diesem Kontext dadurch, daß die mathematische Theorie

> "*... den Spielraum abzugrenzen (hat), innerhalb dessen sich die Hypothesen über die Natur der Krystallbausteine noch bewegen können ...*"

während

> "*... der Physiker als der unumschränkte Beherrscher des Fundamentalbereichs erscheint ...*" (1892b, 521).

Die umfangreiche und detaillierte Darlegung der mathematischen Grundlagen der kristallographischen Symmetriekonzepte war sein Beitrag dazu, diesen "Spielraum abzugrenzen" und in dem von ihm vertretenen Konzept der Kristallstruktur die *Kleinsche Idee der gruppentheoretischen Ordnung der verschiedenen geometrischen Theorien für die Kristallographie nutzbar* zu machen (Schoenflies 1892b, 524). Schoenflies hatte so neben einer übersichtlichen Herleitung der 230 Raumgruppentypen den Übergang zwischen mathematischer und physikalisch-kristallographischer Theoriebildung angedeutet und *ansatzweise eine Integration des gruppentheoretischen Gesichtspunktes mit dem der Raumteilungen* erreicht. Insgesamt spielte der Gesichtspunkt der Pflasterungen bei ihm allerdings eine im Vergleich zu Fedorov untergeordnete Rolle. Eine systematische Klassifizierung beliebiger isoedrischer Pflasterungen des $\mathbb{E}^3$ war nicht nur bei den ihm zur Verfügung stehenden Methoden nicht zu realisieren, sondern scheint auch heute noch nicht absehbar. Auch Fedorov konnte sich in dieser Hinsicht nur aufgrund der sehr restriktiven Bedingung übergeordneter Paralalleloederteilungen Hoffnungen machen.[65]

Die Verwendung zeitgenössischer Methoden der Gruppentheorie und ihre ausführliche Erklärung auch für nichtmathematische Leser machte Schoenflies' Darstellung von Vorgehensweise und Ergebnis her in gleicher Weise für Mathematiker interessant wie für Nichtmathematiker verständlich. Indem Schoenflies eine bemerkenswerte Parallele zwischen jüngsten Entwicklungen der Mathematik und den zeitgenössischen Forschungen der Kristallographie herausarbeitete, wies er exemplarisch nach, daß die begriffsorientierte strukturelle Forschung Bedeutung nicht nur innerhalb der Mathematik selber, sondern auch für die Erkenntnis der Gesetzmäßigkeiten und Erscheinungsformen der Natur haben kann. Darin lag — neben dem vordergründigen Plus einer leichteren sprachlichen Zugänglichkeit — der entscheidende Vorteil seines Buches gegenüber der Fedorovschen Darstellung. Aber obwohl die gruppentheoretische Strukturauffassung unter theoretischen Kristallographen größeren Anklang als Fedorovs Theorie der Kristallstrukturarten fand, erschien auch sie noch zwei Jahrzehnte lang als eine weitgehend spekulative Theoriebildung ohne genügend gesicherte empirische Grundlage. Das änderte sich erst mit der Entdeckung der Röntgenstrahlbeugungsmethode, die der empirischen Strukturbestimmung von Kristallen völlig neue Wege und technische Möglichkeiten eröffnete.

5.6 Ausblick auf spätere Entwicklungen

Ein Teil der Überzeugungskraft der Klassifikation von Schoenflies und Fedorov resultierte aus der Konvergenz ihrer Ergebnisse, die von verschiedenen Ausgangspunkten und auf recht unterschiedliche Weise hergeleitet worden waren. Die Gemeinsamkeiten rührten dabei größtenteils von ihrer gemeinsamen Anregung durch die Jordan-Sohnckesche Klassifikation diskreter unzerlegbarer Bewegungsgruppen und der zugehörigen Punktorbits her.[66] Eine zusätzliche Bestätigung des grundlegenden Charakters dieser Ergebnisse kam von einem weiteren Ansatz her, der Symmertrieklassifikation räumlicher Kugelpackungen durch *William Barlow* (1845–1934).

Barlow arbeitete bei seinem Versuch, in den 1890er Jahren eine mechanische Strukturtheorie der Kristalle zu entwerfen, mit der Vorstellung der Atome als Zentren sphärischer Kraftfelder. Das führte ihn auf die Hypothese einer räumlichen Anordnung der Atome, im Sinne dreidimensionaler sphärischer Kugelpackungen. Nach ersten, relativ simplen Modellen für einzelne Kristallstrukturen, die mit Sohnckes "regelmäßigen Punkthaufen" verwandt waren und ihn mit diesen bekannt machte (Barlow 1883/84), begann Barlow Anfang der 1890er Jahre mit einer Symmetrieklassifikation der räumlichen Kugelpackungen. Dabei lernte er auch die Ergebnisse Fedorovs und Schoenflies' kennen und machte sie sich zunutze. Ohne deren Herleitung im Detail nachvollzogen zu haben,[67] zeigte er in (Barlow 1894), daß auch aus den räumlichen Kugelpackungen in natürlicher Weise die Symmetrieklassifikationen nach den 230 Fedorov-Schoenfliesschen Raumgruppen hergeleitet werden kann. Obwohl keine weitere "unabhängige" Herleitung der Raumgruppen vorlag — wie manchmal behauptet — lieferten Barlows Arbeiten ein weiteres Argument dafür, daß die kristallographischen Raumgruppen unabhängig von der weiteren Konkretisierung der physikalischen Strukturkonzepte eine zentrale Bedeutung bei der weiteren Vertiefung des Verständnisses des Kristallaufbaus haben würden.

Eine solche weitere Konkretisierung wurde durch die Entdeckung der Röntgenstrahlbeugung an Kristallen durch den jungen Münchener Privatdozenten Max Laue[68] ermöglicht. Sie löste eine Entwicklung der Kristallphysik aus, die den Charakter der Kristallographie in den folgenden Jahrzehnten grundlegend veränderte. Bis dahin war die Klassifikation der kristallographischen Raumgruppentypen noch immer eine Theorie, die zwar mathematisch wohlbegründet war, aber physikalisch auf weitgehend spekulative Hypothesen aufbaute und eine viel zu weite Hülle für das empirische Wissen über den Kristallaufbau bildete.[69] Erst mit der modernen röntgenometrischen (später auch elektronenmikroskopischen und neutronenstrahlinterferometrischen) Kristallbeobachtung wuchs sie in die Rolle einer auf die spezifischen Ansprüche der Kristallographie zugeschnittenen Theorie ausgewählter Aspekte der euklidischen Geometrie hinein, vergleichbar vielleicht der von Trigonometrie und Differentialgeometrie (der Flächen) in der Geodäsie. Die Arbeiten P. Nigglis waren in dieser Hinsicht bahnbrechend [Burckhardt 1988].

Max (von) *Laue* (1879–1960) arbeitete seit 1909 an A. Sommerfelds Institut für Theoretische Physik an der Universität München. Er hatte während seiner Studienzeit Chemie und Mineralogie als Nebenfächer gewählt. Als er sich nun mit Beugung und Interferenz (im sichtbaren Spektrum) an zweidimensionalen Gittern beschäftigte, kam ihm die Idee, daß die 1895 entdeckten

Röntgenstrahlen sich möglicherweise an Kristallen analog verhalten würden. Trotz Skepsis und sogar Ablehnung Sommerfelds gegenüber dieser Idee gelang es ihm, in W. Friedrich und P. Knipping Mitarbeiter zu finden, die die nötige Erfahrung hatten, um seine Idee in ein erfolgreiches Experiment umzusetzen.

So entstand der epochemachende Bericht über "Interferenz-Erscheinungen bei Röntgenstrahlung" (W. Friedrich/ P. Knipping/M. Laue 1912) [Forman 1969]. Die anfänglichen Deutungsprobleme der — auch von Laue so nicht erwarteten — Interferenzmuster rührten zum Teil von einem unentwickelten Wissen über die Natur der Röntgenstrahlen her; so konkurrierten etwa noch die Hypothese einer korpuskularen mit der einer rein elektromagnetischen Strahlung. Hinzu trat, daß selbst unter der Annahme, daß räumliche Punktgitter beim Aufbau der Kristallsubstanz eine Rolle spielten, noch sehr verschiedene Hypothesen über deren atomare bzw. molekulare Realisierung vorlagen. Erst durch die Arbeiten *William Henry Braggs* (1862–1942) und seines Sohnes *William Lawrence* wurde die Natur der Röntgenstrahlbeugung an Kristallen so weit aufgeklärt, daß die Interferenzmethode zur Bestimmung der Art des Kristallaufbaus aus ineinandergeschachtelten Atomgittern samt Symmetrie und metrischen Parametern einsetzbar wurde.[70]

Damit waren die Grundlagen für eine Modernisierung der Kristallographie gelegt, aus der in wenigen Jahrzehnten die uns bekannte, zwischen Mineralogie, Physik, physikalischer Chemie, Biochemie und Mathematik angesiedelte Disziplin entstand [Ewald e.a. 1962b]. Ihre Wurzeln in der traditionellen Kristallographie des 19. Jahrhunderts sind jedoch auch nach dieser einschneidenden disziplinären Wandlung nicht zu verleugnen.

Unter *rein mathematischem Gesichtspunkt* standen die Ergebnisse Fedorovs und Schoenflies' in engster Beziehung zu analogen Untersuchungen der diskontinuierlichen Operation diskreter Gruppen (mit beschränktem Fundamentalbereich) in der elliptischen und hyperbolischen Geometrie. In der elliptischen Ebene war die entsprechende Klassifikation im wesentlichen mit der lange bekannten Aufstellung der endlichen orthogonalen Gruppen in $O(3, \mathbb{R})$ identisch. Für die hyperbolische Ebene hatte Poincaré im Rahmen seiner Forschungen über automorphe Funktionen gezeigt (1882), daß es unendliche viele "Fuchssche Gruppen" gibt und wie sie geometrisch durch Polygone und algebraisch durch Erzeugende charakterisierbar sind [Gray 1986, Kap. 6; Scholz 1980, 357f.]. Der dreidimensionale Fall war von Fricke und Klein in den "Vorlesungen zur Theorie der automorphen Funktionen" (1897) für den hyperbolischen Raum behandelt worden; für den elliptischen folgte zumindest die Endlichkeit der Anzahl diskontinuierlich operierender Isometriegruppen schon aus entsprechenden Sätzen Jordans für endliche Gruppen in $GL(n, \mathbb{Z})$ (Jordan 1878, 1880).

Dies war der Kontext, in den *David Hilbert* (1862–1943) die Ergebnisse von Schoenflies und Fedorov einordnete, als er zur Jahrhundertwende auf dem

Pariser Mathematikerkongreß seinen programmatischen Vortrag über "Mathematische Probleme" hielt (Hilbert 1900). So formulierte er als *18. Problem* die Doppelfrage nach der Verallgemeinerbarkeit einer endlichen Klassifikation kristallographischer Gruppen auf den n-dimensionalen euklidischen Raum und nach der Möglichkeit monoedrischer, aber nicht isoedrischer Pflasterungen im Dreidimensionalen — d.h. einer Pflasterung mit kongruenten Ziegeln aber ohne transitive Decktransformationsgruppe.

Das 18. Hilbertsche Problem wurde als eines der ersten gelöst. Die erste Teilfrage wurde durch den Klein-Schüler *Ludwig Bieberbach* (1886–1982) anschließend an ein Oberseminar in Göttigen, in dem er auf Anregung Hilberts über die Schoenfliessche Klassifikation der dreidimensionalen kristallographischen Raumgruppen vorgetragen hatte, beantwortet (Bieberbach 1910a, b, 1912). Nach einer ersten Beweisskizze in (1910a) legte er in einem ersten Teil seiner Beweisausführung zunächst einige Grundlagen durch die Untersuchung der Eigenschaften diskreter Gruppen $G < \mathrm{Isom}(\mathbb{E}^n)$. Zunächst zeigte er, daß jedes diskrete $G < \mathrm{Isom}(\mathbb{E}^n)$ diskontinuierlich mit Fundamentalbereich operiert (1910b, 313f.). Dann präzisierte er die von Schoenflies intuitiv gehandhabte Eigenschaft, daß sich die Punktorbits ("Molekelhaufen") einer kristallographischen Gruppe in Dimension 3 ins Unendliche erstrecken, durch

Lemma 3 (Bieberbach 1912b, 333f.)
Für diskretes $G < \mathrm{Isom}(\mathbb{E}^n)$ ist der Fundamentalbereich von G genau dann beschränkt, wenn G nicht zerlegbar ist.

Dabei nannte er G genau dann "*zerlegbar*", wenn $\mathbb{E}^n$ als G -Modul zerlegbar ist.

Da, wie Bieberbach in Präzisierung und Verallgemeinerung des Schoenfliesschen Argumentationsganges zeigen konnte, eine diskrete Gruppe mit maximaler Translationsuntergruppe von weniger als maximalem Rang ($\dim\Gamma := \dim(\mathrm{Spann}_{\mathbb{R}}\Gamma) < n$) zerlegbar ist (Bieberbach 1910b, 330ff.), erhielt er eine Verallgemeinerung des zentralen Satzes über Raumgitter in kristallographischen Gruppen, um den Schoenflies für $n = 3$ solange hatte ringen müssen.

Theorem 6 (Bieberbach 1910b, 333f.)
Sei $G < \mathrm{Isom}(\mathbb{E}^n)$ diskret und unzerlegbar, $\Gamma < G$ die maximale Translationsuntergruppe. Dann gilt:

$$\dim\Gamma = n.$$

Im zweiten Teil seines Beweisganges (1912) nützte Bieberbach die Existenz n-dimensionaler Translationsuntergruppen zur Entwicklung eines arithmetischen Zugangs zu kristallographischen Gruppen im $\mathbb{E}^n$. Durch Wahl einer Basis von Γ wird für $G_o := \rho(G)$ mit $\rho : \mathrm{Isom}(\mathbb{E}^n) \to O(n, \mathbb{R})$ eine treue unimodulare Darstellung $G_u < GL(n, \mathbb{Z})$ ausgezeichnet. Umgekehrt läßt diese offenbar eine positiv definite quadratische Form invariant, ist also endlich. Dies lieferte den Ausgangspunkt für den Bieberbachschen Endlichkeitsbeweis.

Er ging nun nämlich durch geeignete Koordinatenwahl zu einer isomorphen Repräsentation G_a einer kristallographischen Gruppe G über:

$$\begin{array}{ccccccccl} 0 & \to & \Gamma & \to & G & \to & G_0 & \to 1, & G < \mathbb{R}^n * O(n, \mathbb{R}) \\ & & \uparrow\cong & & \uparrow\cong & & \uparrow\cong & & \\ 0 & \to & \mathbb{Z}^n & \to & G_a & \to & G_u & \to 1, & G_a < \mathbb{Z}^n * GL(n, \mathbb{Z}) \end{array}$$

Nach dem von Minkowski verschärften, schon von Jordan (1878) bewiesenen Satz über die endliche Anzahl der Konjugationsklassen endlicher Untergruppen von $GL(n, \mathbb{Z})$ gibt es nur endlich viele Möglichkeiten, G_u zu wählen. Bieberbach faßte nun alle Gruppen G_a mit derselben Konjugationsklasse unimodularer Gruppen G_u zu einer Klasse, der *arithmetischen Kristallklasse* (Terminologie erst bei Burckhardt und Niggli) zusammen (1912, 411) und charakterisierte die Isomorphieklassen möglicher Erweiterungen von G_u durch $\mathbb{Z}^n$ durch die zugehörigen Faktorensysteme. Ein leichtes Abschätzargument zeigte, daß wiederum nur endlich viele Auswahlmöglichkeiten bestehen (ebda., 411f.).[71]

Frobenius hatte schon im Anschluß an Bieberbachs Beweisskizze (1910a), in der nur vom Nachweis der Endlichkeit der Isomorphieklassen kristallographischer Gruppen die Rede war, darauf hingewiesen, daß die Klassifizierung nach affiner Äquivalenz im $\mathbb{E}^n$ problemadäquater war, und einen eigenen Beweis für die Endlichkeit affiner Äquivalenzklassen kristallographischer Raumgruppen angegeben (Frobenius 1911). Diese Erweiterung integrierte Bieberbach nun in seinen zweiten Teil des Beweises und zeigte

Lemma 4 (Bieberbach 1912, 408ff.)
Für G, $G' < \mathrm{Isom}(\mathbb{E}^n)$ diskret und unzerlegbar gilt:

$$G \text{ affin äquivalent zu } G' \Leftrightarrow G \cong G'.$$

Damit war der erste Teil von Hilberts 18. Problem in folgendem Sinne gelöst:

Theorem 7 (Frobenius 1911, Bieberbach 1912, 411f.)
Die Anzahl affin äquivalenter Klassen kristallographischer (diskret, unzerlegbarer) Gruppen in $\mathrm{Isom}(\mathbb{E}^n)$ ist endlich.

Der *zweite Teil der Hilbertschen Frage wurde 1928 von K. Reinhardt positiv* beantwortet. Er gab ein nichteinfach zusammenhängendes Polyeder vom topologischen Typ des Volltorus an, das als Standardziegel einer monoedrischen Pflasterung des $\mathbb{E}^3$ dienen konnte, ohne daß die lokale Kongruenzoperation, die einen Ziegel in einen benachbarten überführt, zu einer globalen Deckisometrie der gesamten Pflasterung erweiterbar ist. Darüberhinaus zeigte er, daß durch Induktion über die Dimension monoedrische, nichtisoedrische Pflasterungen für beliebige $n > 3$ konstruiert werden können (Reinhardt 1928). Reinhardts Vermutung, daß für $n = 2$ monoedrische Pflasterungen dagegen auch isoedrisch sind, wurde schon wenige Jahre später von H. Heesch widerlegt (Heesch 1935).

Rein formal betrachtet, war Hilberts Problem damit durch Bieberbach, Frobenius, Reinhardt und Heesch beantwortet. Tatsächlich war jedoch die mathematische Arbeit an den damit verbundenen Fragen keineswegs beendet; ganz im Gegenteil bildeten die von Bieberbach und Frobenius entwickelten Methoden den Ausgangspunkt eines Forschungsprogramms der arithmetischen Theorie kristallographischer Gruppen (Burckhardt, Niggli, Zassenhaus, Hermann, Brown, Neubüser, Wondratschek u.a.).[72] Auf der anderen Seite begann ein detaillierteres Studium der topologischen und kombinatorischen Fragen, die mit regulären Raumteilungen verbunden sind, erst nach Reinhardts Arbeit.[73]

Die Bedeutung des 18. Hilbertschen Problems war also nicht allein unmittelbar an die ursprüngliche Fragestellung gebunden. Es half darüberhinaus, die Aufmerksamkeit von Mathematikern auf wichtige weitergehende Fragen zu lenken, und trug so zur Entstehung fruchtbarer Forschungsprogramme bei [Delone 1976, Milnor 1974]. Deren Grenzen sind bis heute keineswegs ausgeschöpft.

Aufgrund der höheren disziplinären Autonomie der Mathematik fallen Inhalt und Art der Wechselbeziehung zwischen autonomer (theoretischer) Mathematik und Anwendungen innerhalb der Kristallographie in unserem Jahrhundert sichtlich anders aus als im Jahrhundert vorher. Doch sind selbst noch in dieser Entwicklung die Anstöße aus dem Symmetriestudium der Kristallographie des 19. Jahrhunderts wirksam, das mit R.J. Haüy und C.S. Weiß seinen Anfang nahm und in den großen Arbeiten Bravais', Jordans, Fedorovs und Schoenflies' gipfelte.

Kapitel II

Methoden der projektiven Geometrie in der graphischen Statik

Vorbemerkung

Schon eingangs wurde angemerkt, daß die thematische Gemeinsamkeit der nun folgenden Fallstudie mit der ersten darin besteht, daß sie von einem weiteren, wenn auch weniger erfolgreich verlaufenen, mathematischen Theoretisierungsversuch einer Anwendungsdisziplin handelt. Anwendungsfeld und eingesetzte mathematische Methoden haben dagegen kaum miteinander zu tun.

Während des letzten Drittels des 19. Jahrhunderts gab es eine zweite Phase der Verwissenschaftlichung technischen Wissens, die an die Bestrebungen der französischen Technikwissenschaftler der ersten Jahrhunderthälfte aus dem Umfeld der Ecole Polytechnique anschloß, aber an Tiefe und praktischer Wirksamkeit weit über diese hinausging. Die Baustatik war eine der technischen Grundlagendisziplinen, in der wissenschaftliche Methoden besonders früh wirksam wurden. Dabei kamen von seiten der Mathematik insbesondere algebraisch-analytische, aber auch rein geometrische Methoden zur Anwendung. Was die letzteren angeht, wurden teilweise schon lange bekannte graphische Methoden zunächst systematisiert und mit Methoden der zeitgenössischen Geometrie analysiert. Die nun folgende Fallstudie ist diesem geometrischen Methodenarsenal der Baustatik des 19. Jahrhunderts entnommen.

Damit soll in keinerlei Weise eine Wertung der vergleichenden Bedeutsamkeit gegenüber den algebraisch-analytischen Methoden zum Ausdruck gebracht werden. Aus längerfristiger Perspektive beurteilt, hätte unter diesem Gesichtspunkt wohl sogar eher dem anderen Zweig der Vorrang gebührt. Die getroffene Wahl erklärt sich also aus ganz anderen Erwägungen;

wir finden nämlich in dieser Fallsituation eine selten prägnante und widersprüchliche Verschränkung pragmatisch einsetzbarer Methoden der Standfestigkeitsuntersuchung damals wichtiger Tragwerkstrukturen (Fachwerke) mit mathematisch-theoretischen Gesichtspunkten (projektive Geometrie). Sie scheint daher besonders ergiebiges Material für das exemplarische Studium der Beziehungen zwischen theoretischer Mathematik und Anwendungen bereitzuhalten.

Der markanteste Versuch zur Theoretisierung der geometrischen Methoden der Baustatik geht auf den in Zürich lehrenden C. Culmann mit seinem Konzept der "Graphischen Statik" zurück. Die für die Theoretisierung zentralen Methoden der graphischen Statik, sowie Culmanns Ideen für ein Programm weitergehender theoretische Fundierung durch Methoden der projektiven Geometrie werden in §6 dargestellt. Parallel zu Culmann hatten der schottische Ingenieurwissenschaftler W.J.M. Rankine und, angeregt durch diesen, der bekannte Physiker J.C. Maxwell Dualitätsphänomene in Konstruktionen der Statik entdeckt, die prinzipiell recht gut in den Rahmen des Culmannschen Programms einzufügen waren. Sie wurden aber von ihnen zunächst ganz unabhängig von Culmann ausgewertet, bevor sie durch L. Cremona mit Culmanns Konzept in Verbindung gebracht wurden (§7). Culmanns eigene spätere Beiträge zu seinem Theoretisierungsprogramm werden in §8 untersucht.

Dabei wird eine Beschränkung der Reichweite der von Culmann eingesetzten Methoden hervortreten, die für die Reaktion anderer Technikwissenschaftler zu einem guten Teil, jedoch nicht allein, als Erklärung herangezogen werden kann. Es muß darüberhinaus noch das Umfeld eines sich wandelnden Selbstverständnisses der technischen Wissenschaften in Rechnung gestellt werden, um ein hinreichend treues historisches Bild der beschränkten Aufnahme des Culmannschen Programmes im ausgehenden 19. Jahrhundert zu gewinnen. Dabei wird auch die Frage der unterschiedlichen Theoretisierungsstile bei Culmann und Rankine/Maxwell eine Rolle spielen (§9).

§ 6 Culmanns Entwurf eines Theoretisierungsprogramms der graphischen Statik

6.1 Verwissenschaftlichung der Technik im 19. Jahrhundert

Während des vergangenen Jahrhunderts erlebte das technische Wissen in Bezug auf Inhalt, Methode, Art der Gewinnung und Anwendungsbedeutung tiefgreifende Veränderungen. Traditionell, das heißt hier bis zum Beginn des 19. Jahrhunderts, basierte technisches Wissen fast ausschließlich auf unmittelbarer Konstruktions- oder Produktionserfahrung; seine Gewinnung und Weitergabe war auf das engste an die handwerkliche, manufakturielle und ansatzweise ingenieurmäßige Produktion gebunden. Die in der Aufklärungsperiode betriebene und gelehrte wissenschaftliche Technologie bestand entscheidend aus Systematisierungsversuchen der empirisch vorgefundenen Kenntnisse. Sie diente damit weniger der Auffindung neuer als der Verbreitung vorhandener Verfahren und Vorgehensweisen [Klemm 1954, 239ff.; Troitzsch 1966; Eulen 1969; Gillispie 1957]. Weder die wissenschaftliche Revolution des 16./17. Jahrhunderts noch die anschließende Wissenschaftsentwicklung in der vom Baconschen Programm beeinflußten Akademieforschung hatten Wesentliches daran ändern können.

Zwar gab es von beiden Seiten Ansätze zur Überwindung der Kluft zwischen wissenschaftlichem und technischem Wissen: so etwa von seiten der Techniker-Industriellen der anlaufenden industriellen Revolution, die aus einer Art technischer Neugier heraus zu einer teilweise bemerkenswerten autodidaktischen Aneignung wissenschaftlicher Ergebnisse der zeitgenössischen Naturwissenschaften kamen [Musson 1972, Kap. 2], auf der anderen Seite durch Wissenschaftler wie etwa Euler, die exemplarisch tiefschürfende mathematische Analysen technischer Problemstellungen durchführten [Timerding 1907, Mauersberger 1982, Ackeret 1957]. Von einer systematischen Anwendung naturwissenschaftlich-mathematischer Erkenntnisse auf technische Fragestellungen kann jedoch zu dieser Zeit noch keine Rede sein. Die Einflüsse der Geodäsie auf die Kartographie [Bialas 1982] und der Astronomie auf die Überseenavigation [Forbes 1975] bilden in dieser Hinsicht eher die Ausnahme. Die sporadischen Ansätze brachten daher noch keine breite Veränderung im Charakter und der Gewinnungsweise technischen Wissens mit sich. Historische Bedeutung gewannen sie schließlich stärker aus ihrer Vorläuferrolle für die im 19. Jahrhundert auf naturwissenschaftlich-mathematischer Grundlage errichteten Technikwissenschaften.

Einen ersten Einschnitt markierten in dieser Hinsicht die Theoretisierungsbestrebungen der Ingenieurausbildung im Gefolge der französischen Revolution. Das mit der Gründung der Ecole Polytechnique verfolgte Konzept einer Fundierung des Ingenieur- und Produktionswissens durch naturwissenschaftliche Grundlagendisziplinen führte außer zu einer Blüte der mathematischen Naturwissenschaften zu großartigen ***Entwürfen technikwissenschaftlicher Disziplinen, insbesondere im Maschinenbau*** (Poncelet, Coriolis, Hachette, Dupin) ***und im Bauwesen*** (Navier).[1] Aber die Distanz dieser Entwürfe zu den Anforderungen der Praxis blieb lange Zeit noch so groß,[2] daß die Übernahme des französischen Konzepts der Ingenieurausbildung in anderen europäischen Ländern nicht ohne Modifikation und stärkere Praxisanpassung vonstatten gehen konnte. Die Tradition der Ecole Polytechnique diente im übrigen ja selber primär der Herausbildung einer Schicht technisch-wissenschaftlich gebildeter höherer Staatsbeamter, und selbst die 1829 als Verlängerung dieser Tradition gegründete Ecole Centrale des Arts et Manufactures erwies sich den praktischen Anforderungen des Industrieingenieurwesens, wie sie in der zweiten Jahrhunderthälfte zur Geltung kamen, als nicht sonderlich gut angepaßt, sodaß sich auch in Frankreich gegen Jahrhundertende gänzlich neue Ingenieurausbildungsgänge und -institutionen herausbildeten [Shinn 1978; Locke 1977]. Das alles war letztlich ein Ausdruck dessen, daß in der Anfangsphase der industriellen Revolution der gesellschaftliche Modernisierungsdruck auf Technik und Wissenschaften viel stärker politisch, philosophisch und ideologisch vermittelt als unmittelbar praktischen Notwendigkeiten entsprungen war.

Damit soll keineswegs jede Praxiswirksamkeit wissenschaftlicher Entwurfsmethoden für die erste Hälfte des 19. Jahrhunderts bestritten werden. In einzelnen Ausschnitten ist diese natürlich auch schon in der ersten Industrialisierungsphase nachzuweisen, so etwa in der Baustatik beim Entwurf und den Standfestigkeitsuntersuchungen der ersten Hängebrücken, an denen sich namentlich auch Navier beteiligte [Wagner/Egermann 1987]. Es mag aber vielleicht als charakteristisch angesehen werden, daß Navier, dem bedeutendsten der auf diesem Gebiet tätigen Theoretiker, der praktische Erfolg versagt und anderen, weniger bekannten Ingenieuren (M. Séguin, H. Dufour u.a.) vorbehalten blieb. Damit soll nichtdie längerfristige Bedeutung der entwickelten Methoden in Frage gestellt, sondern lediglich ihre damals aktuelle Wirksamkeit auf ein realistisches Maß zurückgeführt werden.

Die Einschränkungen resultierten aber wesentlich daraus, daß sich praktischer Druck in Richtung stärkerer wissenschaftlicher Durchdringung technischer Disziplinen offenbar erst im Gefolge der industriellen Revolution einstellte und sich nicht schon während ihrer Anfangsphase geltend machen konnte. Als dann jedoch ab den 1830er Jahren — noch im Rahmen, wenn auch gegen Ende der ersten Industrialisierungsphase — in England, Kontinentaleuropa und den USA der Eisenbahnbau begann und sich zu einem Schlüsselsektor entwickelte, wuchsen die Anforderungen an die Ingenieurpraxis hinsichtlich der Bewältigung neuer konstruktiver Aufgaben (Damm-, Gleis-, Brücken-

und Hallenbau) unter Verwendung neuer Materialien (Schmiedeeisen, das durch das neu entwickelte Puddelverfahren nun als Baumaterial einsetzbar wurde) so stark an, daß zumindest für das Bauwesen eine Verwissenschaftlichung der Entwurfspraxis notwendig wurde. Ähnliche Konsequenzen brachten die Anforderungen der zweiten Industrialisierungsphase (etwa 1850–1890) für die technische Thermodynamik [Lohmann 1980; Chanell 1982] und den Maschinenbau [Mauersberger 1980] mit sich.

Die Verwissenschaftlichung technischer Disziplinen bedeutete eine tiefgreifende Umwandlung des zugehörigen Wissenstyps; denn die Tradierung unmittelbar empirisch gestützter Entwurfsregeln wurde durch naturwissenschaftliche Analyse der in der betreffenden Technik wesentlichen Naturvorgänge, die Abstrahierung eines mathematisch-naturwissenschaftlichen Modells für eine ausgezeichnete Klasse technischer Objekte (in unserer Fallstudie durch das statische System "Fachwerk", das vergleichsweise einfach aus den Tragwerken vom Fachwerktyp herauszulösen war) und durch darauf aufbauende Problemlösungen unter wirtschaftlichen Optimalitätsgesichtspunkten abgelöst. Vom Standpunkt der Naturwissenschaften und der Mathematik aus betrachtet, bedeutet dieser Prozess die Entstehung systematischer Anwendungsfelder, die nicht mehr wie im 18. Jahrhundert, etwa bei Euler,[3] als unmittelbarer Teil den Mutterdisziplinen untergeordnet waren. Diese bildeten nun schnell eine eigene disziplinäre Dynamik mit eigenem Ziel und Methodenverständnis, eigenen wissenschaftlichen Institutionen und Ausbildungsgängen heraus, sowie nicht zuletzt mit einem Praxisfeld, das — immer vom Standpunkt der Wissenschaften her betrachtet — außengesteuert war. Diese Dynamik entsprang ja der Industrialisierung und wurde stärker durch die Mechanismen von Kapitalverwertung und -akkumulation reguliert als durch die disziplinäre Logik von Entdeckung, Entfaltung, Stagnation oder Niedergang wissenschaftlicher Forschungsprogramme.

Insofern die *modernen Technikwissenschaften* in veränderter Form die Ansätze mathematisch-technologischen Denkens aufnahmen und fortentwikkelten, die in den theoretischen Antizipationen des 18. Jahrhunderts als Teil der Naturwissenschaften und der Mathematik entstanden waren, erscheint ihre Wirkung als eine *Herausnahme wichtiger Anwendungsfelder aus den Naturwissenschaften und der Mathematik.* Ein gutes Beispiel dafür ist etwa die Transformation der Elastizitätstheorie der rationalen Mechanik in eine auf das Bauingenieurwesen zugeschnittene Form, die in den 1860/70er Jahren stattfand.[4]

Vom Standpunkt der Mathematikhistoriographie bekommt die Herausbildung der Technikwissenschaften — zusammen mit neuen Anwendungen der Mathematik in den Natur- und Sozialwissenschaften — dadurch ihre spezifische Bedeutung, daß sie das *Komplement der für die mathematische Forschung des 19. Jahrhunderts so entscheidenden Orientierung auf eigenständige ("reine") Theorie-, Objekt-, und Methodenbildung* darstellt. Diese Seite des Wandels der Mathematik im 19. Jahrhundert ist bisher wenig untersucht worden.[5]

Dadurch ist eine wesentliche Seite der Mathematikgeschichte des vergangenen Jahrhunderts in den Hintergrund getreten und verbunden damit auch die Frage, wie Technikwissenschaftler und Mathematiker das Spannungsfeld von theoretisch-mathematischer Forschung und Anwendungen ausfüllten. Untersuchungen zu diesem Thema konzentrierten sich bislang stark auf wissenschaftsorganisatorische Fragen [Manegold 1969, 1970 u.a.].

Die vorliegende Fallstudie verfolgt einen disziplinären Zugang zu dieser Problematik. Die *graphische Statik* bietet sich dafür aus verschiedenen Gründen an. So ist das Bauwesen einer derjenigen traditionellen Bereiche, in denen die Verwissenschaftlichung der Technik während des 19. Jahrhunderts deutlich zu verfolgen ist [Straub 1964; Werner 1980]. Die für einige Jahrzehnte in diesem Prozeß hervortretende graphische Statik bildet einen leicht zugänglichen Zweig des Bauingenieurwesens; darüberhinaus tritt in ihr der für dieses Anwendungsfeld wichtige Gegensatz zwischen einer Orientierung auf praktisch relevante Techniken und der mathematischen Theoretisierung sehr deutlich zutage.

Unsere *Fragestellung ist dabei klar von seiten einer weit verstandenen Mathematikgeschichte geprägt*; sie richtet sich auf den Einsatz mathematischer Methoden bei der beabsichtigten Theoretisierung, deren Beziehungen zur disziplinären Mathematik im engeren Sinne, der möglicherweise erzielten Vertiefung technikwissenschaftlichen Verständnisses, der Erweiterung von Problemlösungskapazitäten usw. Die vom technikhistorischen Standpunkt vielleicht wichtiger erscheinenden Fragen nach Praxiseinflüssen und deren Verschiebungen auf die Entwicklung technischen Wissens kann hier gewissermaßen nur als "Randbedingung" berücksichtigt werden, soweit sie aus den mir zugänglichen Arbeiten der Technikgeschichte rekonstruierbar ist. Eigenständige Forschungen zu diesem Fragekomplex hätten den Rahmen dieser Arbeit gesprengt.

6.2 Fachwerktheorie und graphische Statik

Die zentrale Idee der graphischen Analyse von Kräftezerlegungen an Bauwerken beruhte auf der Methode des Seil- und Kräftepolygons. Schon Stevin, Newton, de la Hire und Varignon hatten im 17. Jahrhundert die Zusammensetzung von auf einen Punkt wirkenden Kräften durch die Konstruktion eines zugehörigen Kräftepolygons analysiert. Schwieriger erschien zunächst die Gleichgewichtsanalyse beziehungsweise die Gewinnung der Resultante eines ebenen Kräftesystems, dessen Aktionslinien nicht sämtlich durch ein und denselben Punkt laufen. Jedoch gestattete in diesem Fall die iterierte Anwendung der Kräftepolygonmethode die Konstruktion eines (fiktiven) Seilpolygons, nach dessen Kanten jede der in den Ecken angreifenden Kräfte zerlegt wird und das so gebildet wird, das sich die Zerlegungskomponenten in jeder Kante gegenseitig annullieren (Fig. 7).

Schon Varignon hatte 1687 vorgeschlagen, die Stabilität von Gewölben nach einer Zerlegung in Bauelemente (z.B. Gewölbesteine) durch die Spiegelung eines fiktiven Seilpolygons und Umkehrung der Richtungen der Zerlegungskräfte zu analysieren. Damit erhält man *eine* (nicht die einzig mögliche!) Kräfteverteilung im Gewölbe, die unter Erfüllung der lokalen Gleichgewichtsbedingungen (actio = reactio an den fiktiven Durchstoßpunkten der Kraftlinien durch die Gewölbefugen) eine Ableitung des Eigengewichts in die Widerlager gewährleistet (Fig. 8). Auf dieser Idee beruhten Methoden der Gewölbetheorie, die bis in das 19. Jahrhundert hinein verwendet und ausgebaut wurden [Kurrer 1981]. Ebenso bildeten sie den Ausgangspunkt für eine im 18. und 19. Jahrhundert verbreitete Methode zur graphischen Lösung der Komposition allgemeiner Kräftesysteme. In der 1794 gegründeten Ecole Polytechnique gehörte die "*Seilpolygonmethode (méthode de polygon funiculaire)*" zum Standardprogramm der Statikvorlesungen.

Erläuterung: *Seilpolygonmethode (vgl. Fig. 9)*
Die Seilpolygonmethode beruhte auf der Idee, zwischen die Aktionslinien p_1, ..., p_n eines Systems ebener Kräfte, $p'_1, \ldots, p'_n$ ideell ein Seil (bzw. ein durch Gelenke verbundenes Stabpolygon) einzuspannen, d.h. zunächst einen Kantenzug $a_1, \ldots, a_n$ mit Ecken P_i auf den Aktionslinien p_i $(1 \leq i \leq n)$ so zu konstruieren, daß bei Zerlegung der Kräfte p'_i in die Richtungen der beiden inzidierenden Polygonkanten a_{i-1}, a_i in jeder dieser Kanten Gleichgewicht eintritt. In den Endpunkten P_1, P_n des Kantenzuges gibt es dann eindeutig ausgezeichnete Richtungen (Kanten) $a_0 (\equiv a_{n+1})$ und a_n, längs denen die Zerlegung von p'_1 bzw. p'_n ergänzend zur Komponente in a_1 bzw. a_{n-1} erfolgt. Sei $P_0 = P_{n+1}$ der Schnittpunkt von a_0, a_n (zunächst unter der Voraussetzung $a_0 \not\parallel a_n$).

Die Kräfteparallelogramme, gemäß denen die Kräfte p'_i in Komponenten a'_{i-1} und a'_i längs den Seilkanten a_{i-1}, a_i zerlegt werden, lassen sich paarweise an aufeinanderfolgenden Kanten aneinanderlegen (actio = reactio in jeder Seilkante; vgl. Fig. 7). Die durch Halbierung entstehenden Kräftedreiecke lassen sich durch Parallelverschiebung also zu einem System von Dreiecken $(a'_{i-1}, p'_i, a'_i;\ 1 \leq i \leq n)$ mit gemeinsamer Spitze O' und Basiskantenzug $p'_1, p'_2, \ldots, p'_{n+1}$ zusammenschieben, der ein geschlossenes Kräftepolygon der Ausgangskräfte $p'_1, \ldots, p'_n$ und ihrer Resultante p'_{n+1} bildet. O' heißt der "*Pol des Kräftepolygons*". Jede Kante a'_i inzidiert mit zwei Dreiecken, analog dem doppelten Auftreten der Seilkante a'_i an beiden Ecken P'_{i-1}, P'_i der entsprechenden Seilkante.

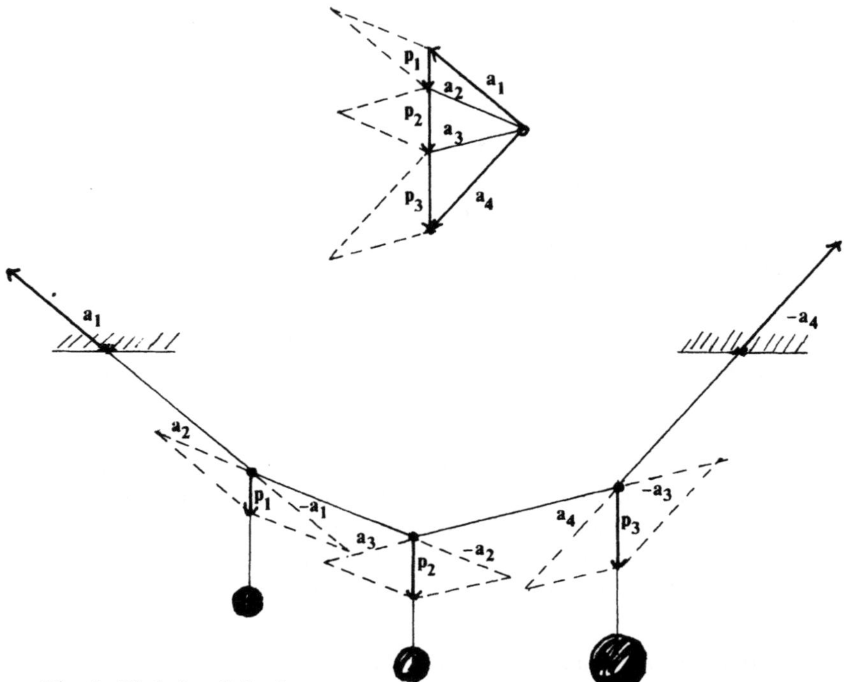

Fig. 7 Einfaches Seilpolygon

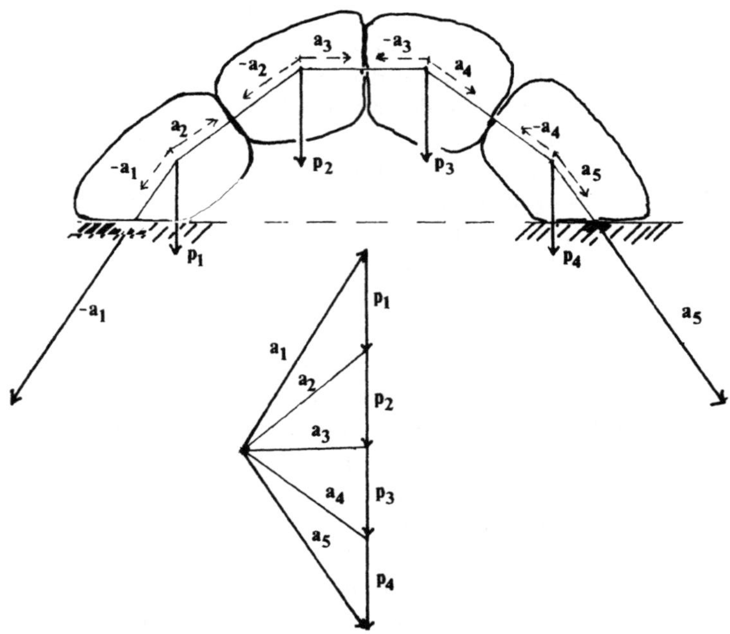

Fig. 8 Varignons Druckpolygon im Gewölbe

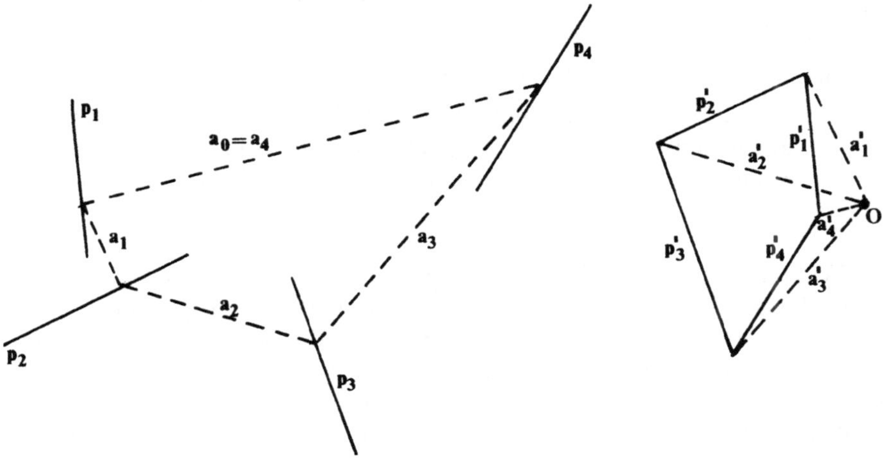

Fig. 9 Seil- und Kräftepolygon in der Ebene

Die Umkehrung dieser Vorgehensweise: Konstruktion eines Kräftepolygons $p'_1, \ldots, p'_{n+1}$, Wahl eines Punktes O' in derselben Ebene, Konstruktion des Dreiecksnetzes $(a'_{i-1}, p'_i, a'_i, 1 \leq i \leq n)$, $a'_0 = a'_{n+1})$ durch Verbindung von O' mit den Ecken des Kräftepolygons, Konstruktion eines Kantenzuges $a_1, \ldots, a_n, a_{n+1} = a_0$ mit $a_i \parallel a'_i$ derart, daß sich a_{i-1}, p_i, a_i in einem Punkt schneiden, führt offensichtlich zu jeder Wahl von O' auf eine Kräftezerlegung der p'_i längs der Kanten eines fiktiven Seilpolygons, bei der die lokalen Gleichgewichtsbedingungen erfüllt sind.

Die Sprechweise vom "Seilpolygon" wird dabei zuweilen auch dann metaphorisch beibehalten, wenn die "Seilkanten" a_i zum Teil auf Druck, statt auf Zug belastet sind. Falls alle Kanten auf Druck belastet sind, so ist eine Realisierung etwa durch ein gelenkig verbundenes Stabpolygon denkbar. Dann ist aus naheliegenden Gründen auch von einem "Stabpolygon", einem "Stützlinienpolygon" oder einfach "*Stützpolygon*" die Rede.

Diese Konstruktion zeigt unmittelbar, daß bei vorgegebenem ebenen Kräftesystem $p'_1, \ldots, p'_n$ längs $p_1, \ldots, p_n$ drei grundsätzlich verschiedene Möglichkeiten bezüglich der Resultante eintreten können:

(i) Generischer Fall:
Kräfteparallelogramm $p'_1, \ldots, p'_n$ nicht geschlossen, Schließung durch $p'_{n+1} \neq 0 \Leftrightarrow a'_0 \not\parallel a'_n$. In diesem Fall ist die Aktionslinie p_{n+1} der Resultante die Parallele zu p'_{n+1} im Kräfteparallelogramm durch den Schnittpunkt der (nichtparallelen) Seilkanten a_0 und a_n. Dabei sind p_{n+1} und p'_{n+1} unabhängig von der Wahl von O' und damit der speziellen Wahl des Seilpolygons.

Ist hingegen das Kräfteparallelogramm $p'_1, \ldots, p'_n$ geschlossen, das heißt $p'_{n+1} = 0$, so ist offensichtlich $a'_0 = a'_n$ im Kräftenetz. Im Seilpolygon können dem zwei Situationen entsprechen:

(ii) $a_0 = a_n$, das heißt Gleichgewicht der Kräfte $p'_1, \ldots, p'_n$.

(iii) Parallele, aber nicht identische äußere Seilkanten a_0, a_n, das heißt: die Resultante von $p'_1, \ldots, p'_n$ ist vektoriell Null, besitzt aber ein reines Drehmoment ungleich Null ("Kräftepaar" $\pm a'_n$ längs a_0, a_n).

Während des 18. Jahrhunderts wurden, häufig unter Rückgriff auf Seilpolygonkonstruktionen, erste wissenschaftliche Voraussetzungen für die Stabilitätsanalyse von Bauwerken geschaffen. Neben die Bestimmung der Stützlinie etwa in Gewölben als umgekehrtes, diskret belastetes Seil [Straub 1964, 180ff.] traten konkurrierende Ansätze einer Analyse auf Standfestigkeit gegenüber Kantung der Gewölbeteile in den Viertelpunkten [ebda., 184ff.] oder auch solche, die eine Arbeitsgleichung für die Absenkung oberer Gewölbe- oder Kuppelteile aufstellten [ebda., 146ff.]. Doch herrschten in der Baupraxis noch während des gesamten 18. Jahrhunderts die geometrischen Konstruktionsregeln der Renaissance zur Dimensionierung der Bauteile vor, die aus Erfahrung und Formgefühl hervorgegangen waren. Die neuen wissenschaftlichen Methoden wurden zunächst erst a posteriori zur Stabilitätsanalyse eingesetzt, wenn an fertigen Bauwerken Risse und Einsturzgefahr auftraten.[6] Weitergehende Theoriebildung blieb zunächst ohne merklichen Einfluß auf die Baupraxis.[7]

Erst die französische Revolution schaffte durch ihre neuen Bildungsinstitutionen, insbesondere die Ecole Polytechnique, und durch die Modernisierung älterer, wie etwa der Ecole des Ponts et Chaussées (gegründet 1747), Voraussetzungen für die systematische Durchdringung des Ingenieurwissens mit naturwissenschaftlichen Kenntnissen. In der Baustatik war es der ab 1819 an der Ecole des Ponts et Chaussées lehrende und forschende *Louis Marie Henri Navier* (1785–1836; ab 1830 auch Professor an der Ecole Polytechnique), der in eigener Entwurfsarbeit, in zahlreichen Artikeln in den neugegründeten "Annales des Ponts et des Chaussées" und in seiner Lehre wissenschaftliche Grundlagen in das Ingenieurbauwesen einzuführen begann [Straub 1964, 193ff.; Hänseroth 1985]. Er arbeitete dabei noch stark mit traglasttheoretischen Methoden, die auf Analyse der an einem Bauwerk auftretenden Kräfte (Eigengewicht + äußere Lasten) und deren Zerlegung beruhten, sodaß unter plausiblen Annahmen über die Zerlegungsbedingungen in allen Teilen des Bauwerks die lokalen Gleichgewichtsbedingungen und damit eine sichere Ableitung der Kräfte in die Fundamente oder Widerlager gewährleistet schien. Darüberhinaus arbeitete er an der Entwicklung von auf die Belange der Baustatik zugeschnitten elastizitätstheoretischen Methoden, durch die seine Arbeiten ihre Bedeutung bis weit in das 19. Jahrhundert hinein bekamen.

Gerade im letzten Punkt griffen Naviers Arbeiten allerdings deutlich über die Probleme der aktuellen Ingenieurpraxis hinaus, ähnlich wie die zeitgenössischen französischen Bestrebungen einer Verwissenschaftlichung des Maschinenbaus. Ihre breite Aufnahme erfolgte daher — insbesondere außerhalb Frankreichs — erst modifiziert und nach einer Zwischenphase einer elementareren, an den praktischen Anforderungen des Ingenieurwesens orientierten Theoriebildung. Dabei spielte die Gewölbetheorie mit den konkurrierenden Ansätzen der Kantungs- und der Stützlinientheorie noch bis um die Jahrhundertmitte eine dominierende Rolle. Hinzu traten neben anderen Ansätzen auch die ersten Stabilitätsuntersuchungen von Hängetragwerken [Wagner/Egermann 1987]. Naviers Hauptwerk (1826) wurde erst um die Jahrhundertmitte, insbesondere unter dem Einfluß M. Rühlmanns (Polytechnikum Hannover) im deutschsprachigen Raum breiter aufgenommen.[8]

Mit der steigenden Bedeutung des Schmiedeeisens als Baumaterial und den höheren Anforderungen an Brücken- und Hallenkonstruktionen, die sich aus dem Ausbau des Eisenbahnnetzes ergaben, rückte in den 1850er Jahren anstelle des Gewölbes das Fachwerk als wichtigstes Tragstruktur in das Zentrum der Untersuchungen [Straub 1964, 205ff.]. Hatte man auch anfangs Eisen als Baumaterial ohne große Überlegung so eingesetzt, als imitiere man die bei Steinbrücken angewendete Massivbauweise (massive Gußeisenbauelemente, die nur zur Materialersparnis durchbrochen waren, oder eng vernetzte Trägersysteme), so ging man schon etwa ab Beginn des 19. Jahrhunderts, zunächst aus rein empirischen Gründen, mehr und mehr zu einer Fachwerkträgerkonstruktionsweise über. Für diese war bei geeigneter Geometrie des Fachwerks die Zerlegung der Kräfte in Komponenten längs der Stäbe ("Stabkräfte") in eindeutiger Weise möglich ("bestimmte Fachwerke", siehe unten).

Das Zusammentreffen von rapid ansteigender praktischer Relevanz im Eisenbahnbrücken- und Hallenbau sowie theoretischer Einfachheit ließ die *Theorie der bestimmten Fachwerke* in den 1850/60er Jahren in einer Phase verstärkter Theoretisierung der Technikwissenschaften im deutschsprachigen Raum zum wichtigsten Gebiet der Baustatik werden [Straub 1964, 244ff.; Werner 1980, 65ff.]. Sie ist daher als Hauptanwendungsgebiet der im folgenden analysierten mathematischen Methoden der Baustatik im Auge zu behalten. Zunächst mag aber, der besseren Verständlichkeit wegen, eine kurze Erklärung der Grundbegriffe der Fachwerktheorie angebracht sein.

Erläuterung: *Fachwerktheorie*

Ein (ebenes) *Fachwerk* ist idealiter[9] ein gelenkig gelagertes ebenes Stabnetz mit k Kanten/Stäben, e Ecken/Gelenken/Knoten, also $2e - 3 - k$ inneren (bis auf starre Bewegungen des ganzen Netzes) Freiheitsgraden. Je nachdem

$k < 2e - 3$, $> 2e - 3$, $= 2e - 3$ ist, ist das Fachwerk kinematisch unbestimmt, kinematisch überbestimmt oder — im allgemeinen — kinematisch bestimmt. "Im allgemeinen" heißt hier:

- in keinem der Teilnetze ist für sich gezählt $k' > 2e' - 3$,
- die Ecken liegen nicht in einer "dünnen" Untermenge der Ebene, die infinitesimale Bewegungen gestatten würde.[10]

Die Analyse dieser Bedingungen zeigt:

Bei einem kinematisch bestimmten Fachwerk gibt es zu jedem Gleichgewichtssystem äußerer Kräfte (globale Gleichgewichtsbedingung) eine eindeutige Zerlegung längs der Stäbe, sodaß in jedem Stab und in jedem Knoten Gleichgewicht besteht (innere bzw. lokale Gleichgewichtsbedingung). Man redet daher schlicht von ***bestimmten Fachwerken.*** Die kinematisch überbestimmten Fachwerke sind zunächst ***statisch unbestimmt***: ein äußeres Gleichgewichtssystem läßt sich im allgemeinen auf unendlich viele Weisen längs der Stäbe so zerlegen, daß die inneren lokalen Gleichgewichtsbedingungen überall erfüllt sind (inneres Gleichgewichtssystem). Erst bei Berücksichtigung der elastischen Kräfte (bzw. der Formänderungsenergie) bei der resultierenden Verformung der Stäbe wird die Bestimmung der inneren Kräfte möglich, wenn die entsprechenden Materialeigenschaften bekannt sind. Dies ist Gegenstand der Theorie der unbestimmten Fachwerke.

Die Theorie der unbestimmten Fachwerke wurde im breiteren Rahmen erst etwa ab den 1880er Jahren betrieben, hatte allerdings schon Wurzeln in Arbeiten der 1860er Jahre, wie Maxwells (1864b) [Kurrer 1987a]. In dieser Phase wurde es dann auch möglich, die Effekte von ***nichtgelenkig*** ausgeführten Stabverbindungen zu studieren ("Nebenspannungen"). Beide Entwicklungen zusammengenommen gingen zu Beginn des 20. Jahrhunderts in die Theorie der (statisch unbestimmten) ***Rahmentragwerke*** ein, die mit der Verbreitung des Eisenbetonbaus zentrale Bedeutung erlangten [Straub 1964, 274ff.; Kurrer 1987c].[11] Grob gesprochen läßt sich also eine Theorieentwicklung in drei Etappen von den jeweiligen Tragstrukturen her wie folgt veranschlagen:

- bestimmte Fachwerke (etwa 1840–1880),
- unbestimmte Fachwerke (etwa 1880 bis etwa 1910),
- Rahmentragwerke (etwa ab 1910).

Wir beschränken uns im folgenden bis auf einige Ausblicke in §9 fast ausschließlich auf die erste Phase der Theoriebildung in den 1860/70er Jahren, in der vorwiegend bestimmte Fachwerke behandelt wurden. Diese wurde von Culmann, Rankine, Maxwell, Cremona und einigen anderen, in diesem Zusammenhang weniger hervorstechenden Wissenschaftlern, geprägt.[12]

Die unter Ingenieuren weit verbreiteten graphischen Methoden erwiesen sich zur Lösung von Problemen der Fachwerktheorie als besonders geeignet.

Aufgrund dieser Verbindung bildete sich in den 1860er Jahren eine eigene technikwissenschaftliche Methode heraus, die *graphische Statik*. Als einer ihrer wichtigsten Vertreter und Urheber im deutschsprachigen Raum gilt *Carl Culmann*; aber etwa gleichzeitig und unabhängig entstanden ähnliche Systematisierungen in Rußland (*Jourawski*) und den USA (*Whipple*) [Timoshenko 1953, 186ff.]. In Großbritannien entwickelte der bekannte schottische Physiker und Ingenieurwissenschaftler William J. M. *Rankine* (1820–1872) Methoden der technischen Statik, die graphische und analytische Ansätze miteinander verbanden.

Dieser gemeinsame Trend wird verständlich, wenn man bedenkt, daß sich die von G. Monge in den Jahren 1795–1799 in den Vorlesungen an der Ecole Polytechnique entwickelte "Géométrie Déscriptive" während der ersten Hälfte des 19. Jahrhunderts in Frankreich, verschiedenen anderen europäischen Ländern und in den USA als "Sprache des Ingenieurs" durchgesetzt hatte. Schon Monge hatte darauf verwiesen, daß die Methoden nicht nur zur genauen Beschreibung und graphischen Untersuchung der geometrischen Form von Objekten brauchbar, sondern auch zur graphischen Lösung verschiedener rechnerischer Probleme nutzbar sind. In dieser Tradition entwickelte Cousinery in seinem "Calcul par le Trait" (1838) graphische Rechenmethoden. Darauf konnte Culmann bei seiner Grundlegung der graphischen Statik aufbauen (1866, 1875). Aber Culmann beschränkte sich nicht allein auf eine Systematisierung der graphischen Methoden der Statik; er versuchte darüberhinaus, diese durch Konzepte aus der projektiven Geometrie theoretisch zu untermauern und so ihren Charakter als wissenschaftliche Disziplin im Gegensatz zur alten empirischen Ingenieurpraxis zu stärken.

6.3 Implizit vektorielle Ansätze in Culmanns "Graphischer Statik" von 1866

Carl Culmann (1821–1881) hatte vor seiner Berufung an das neugegründete Züricher Polytechnikum vierzehn Jahre lang als Eisenbahnbauingenieur im bayerischen Staatsdienst gearbeitet (1841–1855). Vorangegangen war ein Studium am Polytechnikum in Karlsruhe und ein früher Kontakt mit der französischen Schule der Ingenieurwissenschaften.[13] Während seiner Jahre im bayerischen Staatsdienst war er am Bau der Eisenbahnlinie durch das Fichtelgebirge beteiligt. 1849 unternahm er eine ausgedehnte Studienreise nach England und durch die USA, um die Bauweise der dortigen eisernen, respektive hölzernen Brücken kennenzulernen. Seine daraus hervorgehenden Studien (Culmann 1851, 1852) bilden einen Markstein in der Entwicklung der Theorie der Brückenkonstruktionen. Sie enthielten eine analytische Methode zur Bestimmung der inneren Kräfte in bestimmten Fachwerken (1851, 86ff.) und unterzogen die zum Teil statisch dubiosen Konstruktionsweisen wissenschaftlicher Kritik.

Durch die Brückenstudien bekannt geworden, wurde Culmann 1855 bei der Gründung des Züricher Polytechnikums, der späteren ETH, als erster Professor für Bauingenieurwesen berufen. Einige Jahre lang lehrte er sämtliche Gebiete dieses Faches (Brückenbau, Straßenbau, Wasserbau, Eisenbahnbau), konnte sich aber ab 1860 auf Brückenbau und Baustatik spezialisieren. Zu dieser Zeit begann er mit Vorlesungen über Methoden zur graphischen Lösung statischer Probleme der Fachwerke, der Gewölbe und der Stützmauern. Die dabei erzielte Systematisierung publizierte er in seinem Werk "Graphische Statik" (1866).

Anfang der 1860er Jahre gab es in der darstellenden Geometrie starke Bestrebungen zur Berücksichtigung projektiver Methoden[14] Culmann entwickelte analog dazu die Auffassung, daß die projektive Geometrie geeigneter theoretischer Hintergrund der graphischen Statik sei. Konsequenterweise bemühte er sich um eine entsprechende Berücksichtigung der projektiven Geometrie in der Ingenieurausbildung und erreichte, daß ab 1864 in Zürich neben der seit 1860 von v. Deschwanden im klassischen Stil vorgetragenen darstellenden Geometrie auch eine einsemestrige Einführung in die projektive Geometrie für das Bauingenieurstudium obligatorisch wurde. Diese wurde zunächst von *Theodor Reye* (1838–1919) gelesen, der von 1863 bis 1870 als Privatdozent der Mathematik am Eidgenössischen Polytechnikum arbeitete. Im Jahre 1867, also kurz nach der Herausgabe der Erstausgabe des Culmannschen Hauptwerkes, wurde *Wilhelm Fiedler* (1832–1912), der führende Vertreter der Idee einer Verbindung von projektiver und darstellender Geometrie, nach Zürich berufen und übernahm die Vorlesung der geometrischen Grundlagenfächer. So bildete sich Ende der 1860er Jahre in Zürich eine personell starke Vertretung der Verbindung projektiv-geometrischer Methoden mit den Ingenieurwissenschaften heraus (vgl. §9.1).

Fiedlers Bestrebungen stießen nicht nur auf positive Reaktion bei so hervorragenden Technikwissenschaftlern wie Culmann, sondern auch bei bedeutenden Geometern seiner Zeit. Sein umfangreicher Briefwechsel mit zeitgenössischen Mathematikern zeigt, daß er in seinem Anliegen der Verbindung von projektiver und darstellender Geometrie weithin akzeptiert und ermutigt wurde.[15]

Gestützt durch die Übereinstimmung mit Fiedler, versuchte Culmann in den folgenden Jahren die projektiven Methoden der Statik weiter auszubauen (Culmann 1870, sowie Culmann Hs 2997:10, ETH Zürich)[16] und begann nach fast zehn Jahren mit der Herausgabe einer völlig überarbeiteten Fassung seines Hauptwerkes (1875). Zu diesem Zeitpunkt konnte er allerdings schon eine geteilte Aufnahme seiner Vorstellungen registrieren. Die graphischen Methoden der Baustatik hatten schnelle Verbreitung gefunden, während er eine vergleichsweise geringe Resonanz für seinen Fundierungsversuch durch Konzepte der projektiven Geometrie beklagen mußte (1875, Vff.).

Trotz seiner intensiven Bemühungen um Systematisierung und Theoretisierung seines Faches ließ Culmann den Kontakt zur Ingenieurpraxis keineswegs abreißen. So war er unter anderem an den verschiedensten Bauvorhaben als Gutachter tätig. Seinen Plan, die Neuauflage der "Graphischen Statik" in die verschiedenen Anwendungsgebiete hinein fortzuführen, konnte er hingegen nicht mehr realisieren; er starb 1881 an einer schnell eskalierenden Lungeninfektion.[17] Sein Schüler Wilhem Ritter (1847–1906) setzte zwar schließlich das geplante Vorhaben fort (Ritter 1880–1906); jedoch gewannen die Culmannschen projektiven Methoden auch keine größere problemlösende Bedeutung in den von Ritter behandelten Anwendungen (vgl. §9.1).

In seinem einführenden Werk (1866) entwickelte Culmann sein Konzept der graphischen Statik in einem Band von den Grundlagen bis hin zu den Anwendungen. In den ersten beiden Abschnitten stellte er die Methoden des graphischen Rechnens dar, wie er sie von Cousinery (1838) gelernt hatte, dazu die in seinen Vorlesungen seit 1860 entwickelten Grundideen der graphischen Statik. Dann folgten Anwendungen auf die Theorie des Balkens, des Fachwerks, der Gewölbe und der Stützmauern.

Seine Methode war zur Zerlegung von Kräften in den Stabsystemen bestimmter Fachwerke besonders gut geeignet; allerdings beschränkte sich Culmann auf solche Fachwerktypen, bei denen durch jeden Stab ein geradliniger Schnitt des Fachwerks geht (das heißt, eine Zerlegung längs einer Geraden in zwei Zusammenhangskomponenten möglich ist), der höchsten 3 Stäbe trifft (1866, 360f.). Dann läßt sich die Auswirkung einer äußeren Kraft auf einen beliebigen Stab a leicht ermitteln: bei einem fiktiven Schnitt der angegebenen Art durch a wird die Kraft längs der drei Stäbe zerlegt. Das ist in eindeutiger Weise möglich und graphisch leicht zu lösen ("Culmannsche Kräftezerlegung").[18] Die Stabspannung kann so durch graphische Kräftekomposition in der Ebene bestimmt werden.

Natürlich enthielten die von Culmann systematisierten Methoden an vielen Stellen Ansätze der *Vektorrechnung*, wenn auch lediglich *graphisch und implizit*. Die Arbeiten Hamiltons oder Graßmanns waren ihm anscheinend unbekannt. Bei der geringen Resonanz für vektorielle Konzepte unter den Mathematikern wäre es denn auch eher verwunderlich gewesen, wenn der Ingenieurwissenschaftler Culmann die Bedeutung dieser Arbeiten entdeckt hätte. Die Kristallographie auf der anderen Seite, in der schon sehr früh die aus dynamistischer Sicht hypostasierten Kräftesysteme zur Herausbildung vektorieller Konzepte geführt hatten, lag ihm sehr fern. Schon eher denkbar erscheint da, daß Culmann etwa bei der Lektüre der statischen Arbeiten von Möbius (1844) oder später, bei der Überarbeitung seines Werkes, durch Cremonas Arbeit über den graphischen Kalkül (Cremona 1873a), in der auf Bellavitis und H. Graßmann verwiesen wurde, die vektorielle Natur der Streckenrechnung als eine der Statik gut angepaßte Operationsstruktur erkannt hätte. So hätte es durchaus im Bereich des Möglichen gelegen, daß Culmann die Streckenrechnung als Vorläuferform der Vektorrechnung als eine seinen Untersuchungen angemessene Ausdrucksweise identifiziert und zu einem effektiven System ausgebaut hätte, eventuell sogar konkurrierend zum Ansatz der projektiven Theoretisierung. Das ist jedoch nach allen uns zugänglichen Quellen nicht der Fall. Culmann entschied sich stattdessen ganz eindeutig für eine projektiv-geometrische Theoretisierung der graphischen Statik, obwohl ihm die Streckenrechnung selber durchaus geläufig war.

In der Tat behandelte Culmann in seinem Werk gleich zu Beginn die *Streckenaddition* (1866, §1),[19] die Multiplikation mit Skalaren (in der Form der Streckenverhältnisse) und andeutungsweise sogar das äußere Produkt im Graßmannschen Sinne, wenn auch natürlich ganz im Rahmen der Dimensionsbeschränkung des Dreidimensionalen (1866, §2). Selbstverständlich baute er auf die strukturelle Identität von Streckenrechnung und Kräftezusammensetzung auf (1866, §24) und verwies auf die Möglichkeit der Resultantenbestimmung eines ebenen Kräftesystems durch graphische vektorielle Addition und getrennt durchzuführende Addition der Drehmomente gegenüber einem beliebig gewählten Punkt (1866, 42f.).[20] Dennoch zog er in der Ebene die Zusammensetzung nach der Seilpolygonmethode vor (1866, 113).

Für die *Kräftezusammensetzung im Raum* verwendete Culmann (in 1866) eine implizit vektorielle Darstellung, die auf Poinsot (1804) zurückging. Er führte eine beliebige räumliche Kraft auf eine (im Sinne der Streckenrechnung) äquivalente durch einen fest gewählten Punkt und auf ein Drehmoment ("Kräftepaar") zurück, das er selber wieder in der bekannten Weise durch eine gerichtete Strecke in Normalenrichtung repräsentierte. Dann erfolgte Addition der Vektor- und Momentenanteile getrennt. Trotz dieser simplen implizit vektoriellen Repräsentation für Momente und für die räumliche Kräftezusammensetzung suchte er nach einer Theoretisierung im projektiven Sinne. Das zeigen die von ihm verwendeten Sprechweisen ("unendlich kleine, unendlich ferne Kraft" usw., s.u.). So entstand ein merkwürdiger Gegensatz zwischen praktikablen implizit vektoriellen graphischen Operationen und der Suche nach einer Explizierung durch projektive Konzepte (vgl. §8).

6.4 Culmanns Theoretisierungsprogramm

Der Hintergrund für Culmanns Theoretisierungsversuch ist unschwer zu skizzieren. Die Wiederentdeckung der projektiven Geometrie im Frankreich des beginnenden 19. Jahrhunderts ergab sich aus einer theorieorientierten Vertiefung und Fortsetzung der darstellenden Geometrie Monges (Poncelet 1822). Durch die Arbeiten Möbius' (1827 u.a.), Steiners (1832 u.a.), Plückers (1835 u.a.), sowie von Staudts (1847 u.a.) wurde die projektive Geometrie sehr schnell im deutschsprachigen Raum aufgenommen und weiterentwickelt. So erschien sie schon kurz nach der Jahrhundertmitte als eine der dynamischsten Teildisziplinen der Geometrie [Guérindon/Dieudonné 1978, 81–89; Gray 1987; Klein 1926, 115–145; Ziegler 1985, 64–97]. Es lag daher keineswegs fern, nun wiederum nach möglichen Anwendungsfeldern der mittlerweile etablierten theoretischen Disziplin zu suchen. Culmann setzte sich einen solchen Brückenschlag zum Ziel und stützte sich dabei zunächst weitgehend auf v. Staudts "Geometrie der Lage" (1847).[21] Nach der Identifizierung der ersten Ansatzpunkte für eine Einführung projektiver Konzepte in die Statik sah er sich in seiner Annahme bestätigt, die projektive Geometrie als geeignete theoretische Grundlage der graphischen Statik heranziehen zu können. Er baute daher die Darstellung seines grundlegenden Werkes auf "Kenntnisse der neueren (projektiven, E.S.) Geometrie" auf und begründete dieses Vorgehen durch die Überzeugung:

> *"Mit der alten Geometrie, in der Lage und Maass bunt durcheinander gemengt sind, sich begnügen zu wollen, wäre dem Bestreben jener alten Mechaniker gleich zu achten die ganze Mechanik ohne Hülfe der Analysis ableiten zu wollen."* (1866, VIf.)

Dabei war ihm völlig klar, daß der Grad der Durchdringung des Stoffes der graphischen Statik mit den Konzepten der projektiven Geometrie noch vieles zu wünschen übrig ließ. Er betrachtete seine Arbeit lediglich als einen ersten Schritt auf dem Weg zur Realisierung eines viel weiter gespannten Planes zur Theoretisierung der Bauwissenschaften und beendete die Vorrede von (1866) mit geradezu poetischen Worten einer programmatischen Vision:

> *"Und nun fahre hin, gern hätte ich dich zum Fundament einer auf wissenschaftliche Basis gegründete Ingenieurkunde gemacht, allein kaum darf ich die Hoffnung hegen, so viel Kraft in mir zu finden, um das Ganze dieses umfangreichen Faches umzuarbeiten: das ist ein Werk, das mir vor Augen schwebt, wie einer jener alten mittelalterlichen Dome sich vor dem Künstler erhob, der ihn entwarf und der der Hoffnung sich nicht hingeben konnte, ihn je in seiner Vollendung zu schauen."* (Culmann 1866 XVf.)

Lassen wir es an dieser Stelle offen, ob die spätere Entwicklung Culmanns Vision der "Vollendung" in irgendeiner Weise erfüllen sollte.

In der Erstauflage der "Graphischen Statik" (Culmann 1866) trug Culmann durch *zwei mathematische Kunstgriffe* zum Brückenschlag zwischen Statik und projektiver Geometrie bei. Der erste ergab sich aus der Analyse und Entfaltung einer Dualitätsbeziehung zwischen Kräfte- und Seilpolygon der Seilpolygonmethode unter spezifischen Bedingungen (im folgenden: "*Culmann-Dualität*"). Der zweite bestand aus einer *breiter gestreuten*

Einführung projektiv-geometrischer Sprechweisen in die graphische Statik. Der erstgenannte Punkt erscheint — mit allen auch hier angebrachten Einschränkungen (siehe unten) — als der deutlich substantiellere von beiden.

Bei dessen Herausarbeitung ging Culmann von den auffallenden strukturellen Relationen zwischen Seil- und Kräftepolygon der ebenen Kräftezusammensetzung aus und versuchte, sie mit den Mitteln der projektiven Geometrie zu fixieren. Die nächstliegende Vermutung, daß sie möglicherweise durch Vorliegen einer projektiven Kollineation ausgedrückt werden kann, erwies sich jedoch schnell als verkehrt (Culmann 1866, 85).[22] So untersuchte Culmann als nächstes, ob eine *projektive Korrelation ("reziproke Korrespondenz")* der Ebene in Frage kommt.

Wir verwenden im folgenden die Konvention, daß Geraden durch kleine, Punkte durch große lateinische Buchstaben bezeichnet werden; g_∞ ist die "unendlich ferne" Gerade, die bei Culmanns Sichtweise einer projektiven Komplettierung der euklidischen Ebene stets eindeutig ausgezeichnet war. Durch Inzidenzen bestimmte Objekte werden (wie bei Culmann) folgendermaßen bezeichnet:

$P \cdot Q$ Gerade durch die Punkte P und Q,

$g \cdot h$ Schnitt der Geraden g und h.

Wir verwenden wie Culmann die Bezeichnungen im Seilpolygon Π (jeweils für $0 \leq i \leq n, i$ modulo n):

p_i Wirkungslinie der i-ten (äußeren) Kraft,

P_i Ecke des Seilpolygons auf p_i,

a_i Kante mit $a_i = P_i \cdot P_{i+1}$ (Seileckkante)

und im Kräftepolygon Π':

p'_i i-te Kraft, bzw. die durch sie gehende Gerade in der Reihenfolge ihres Aneinanderschließens, ($p'_0 = p'_{n+1}$ Resultante) $p'_i \parallel p_i$,

A'_i Ecke mit $A'_i = p'_i \cdot p'_{i+1}$,

O' Pol des Kräftepolygons.

Culmann forderte dann von einer Korrelation ψ, die Π in Π' überführt:

$(*) P_i$ aus $\Pi \rightarrow p'_i$ in Π',
d.h. den Ecken des Seilpolygons korrespondieren die in naheliegender Weise zugehörigen Seiten des Kräftepolygons,

$(**)$ $g_\infty \rightarrow O'$ (Pol des Kräftepolygons)
in perspektivischer Korrespondenz.[23]

Forderung $(*)$ hat zur Folge, daß

$$A'_i = p'_i \cdot p'_{i+1} = \psi(P_i) \cdot \psi(P_{i+1}),$$

und damit wegen $a_i = P_i \cdot P_{i+1}$

$$\psi(a_i) = \psi(P_i) \cdot \psi(P_{i+1}) = A'_i;$$

das heißt, den *Seiten a_i und Ecken P_i des Seilpolygons korrespondieren die Ecken A'_i und Seiten p'_i des Kräftepolygons* (Culmann 1866, 85).

Der Verbindungsgeraden a'_i des Pols des Kräftepolygons mit einer Ecke A'_i korrespondiert der unendlich ferne Punkt der zugehörigen Seite a_i von Π; denn ist $g' = \psi(g_\infty \cdot a_i)$, so gilt

$$g' = \psi(g_\infty \cdot a_i) = \psi(g_\infty) \cdot \psi(a_i) = O' \cdot A'_i = a_i.$$

Umgekehrt ist aufgrund der perspektivischen Korrespondenz die Gerade $g' = \psi(g_\infty \cdot a_i)$ diejenige des Büschels durch O', die mit $g_\infty \cdot a_i$ inzidiert, also parallel a_i ist; das heißt $(O' \cdot A'_i) \parallel a_i$. *Durch (**) sicherte Culmann also, daß die Strahlen a'_i vom Pol O' des Kräftepolygons zu den Ecken A'_i parallel zu den Seiten a_i des Seilpolygons sind.* (1866, 85f.).

Nun wurde Culmann von T. Reye auf eine direkte Konsequenz seiner Forderung (∗) hingewiesen (Culmann 1866, 86). Diese folgte aus:

Lemma 1
Liegt bei der Korrelation ψ eine Gerade g perspektivisch zum Büschel $\psi(g)$ und $\psi^{-1}(g)$ nicht auf g, so liegt auch g perspektivisch zu $\psi^{-1}(g)$.

In dem von Culmann betrachteten Fall liegt also die unendlich ferne Gerade g_∞ perspektivisch zum korrespondierenden Punkt/Büschel $\psi^{-1}(g_\infty) =: O$. Damit folgt aber auch für den unendlichen fernen Punkt einer Seite des Kräftepolygons $Q_i := g_\infty \cdot p'_i$, daß die korrespondierende Gerade $\psi^{-1}(Q_i) = l_i$ diejenige Gerade durch O ist, für die $l_i \parallel p_i$. Da Q_i mit p'_i indiziert, liegt auch $\psi^{-1}(p'_i) = P_i$ auf l_i. Die Parallele zu p'_i durch P_i ist aber die Wirkungslinie p_i der i-ten Kraft im Seilpolygon; daher treffen sich alle Wirkungslinien p_i im Punkt O, das heißt, sie sind aus dem Büschel durch $O (1 \leq i \leq n)$ (1866, §30). Diesen Punkt O nannte Culmann *Pol des Seilpolygons.*

Umgekehrt ist eine projektive Korrelation, die für ein Strahlenbüschel und eine Gerade (nicht aus diesem Büschel) definiert ist auf die ganze Ebene fortsetzbar und bis auf einen freien Parameter bestimmt. In Culmanns Situation wird ψ also durch die Bedingung

$$(*\!*\!*) \quad \begin{array}{ll} \Psi : O \longmapsto g_\infty & \text{perspektivisch} \\ \Psi : g \longmapsto O' & \text{perspektivisch} \end{array}$$

charakterisiert (Culmann 1875, §74).[24] Culmann erhielt also eine Fixierung der strukturellen Relation zwischen Seil- und Kräftepolygon durch eine ebene Korrelation der projektiven Geometrie unter der Bedingung, daß die äußeren Kräfte des Seilpolygons durch einen Punkt laufen.

Satz 1 (Culmann-Dualität, 1866, 86):
Es seien Π und Π' das Seil- bzw. Kräftepolygon eines Diagramms der Seilpolygonmethode zur ebenen Kräftezusammensetzung mit Bezeichnungen wie oben. Laufen alle äußeren Kraftlinien von Π durch einen Punkt O (im Endlichen) und ist O' der Pol von Π', so existiert eine projektive Korrelation ψ, die Π in Π' unter Wahrung der Parallelitätsbedingungen $p_i \parallel p'_i$, $a_i \parallel a'_i$ überführt.

Durch diesen Dualitätssatz hatte Culmann einen ersten definiten Bezug zwischen graphischer Statik und projektiver Geometrie hergestellt. Es lag daher nahe zu überprüfen, ob diese zunächst lediglich strukturelle Beobachtung auch zur Lösung statischer Aufgaben, oder zumindest zur Vereinfachung der Lösungen, herbeigezogen werden konnte.

Culmann versuchte, sich insbesondere die projektiven Eigenschaften von Kegelschnitten zu diesem Zweck zunutze zu machen. Das gelang ihm bis zu einem gewissen Grade bei den graphischen Konstruktionen der Gewölbetheorie. Dort traten zwei zu einander inverse Problemstellungen auf:

(i) Gegeben eine Belastungskurve, das heißt, ein diskretes oder kontinuierliches System paralleler Belastungskräfte über einem Gewölbequerschnitt; gesucht ein zugehöriges Seilpolygon als Stützlinie, das in einem traglasttheoretischen Ansatz zur Ableitung der Belastungskräfte in die Widerlager geeignet ist, und die Widerlagerkräfte selbst.

(ii) Gegeben ein Stützlinienpolygon und die Richtung paralleler Belastungskräfte auf dessen Ecken; gesucht die Größe der Kräfte, die im vorgegebenen Stützpolygon abgeleitet werden.

Der sogenannte Stützlinienansatz der Gewölbetheorie forderte, daß bei Belastung das zugehörige Seil-/Druckpolygon im Kern des Gewölbes verläuft [Kurrer 1981, 89]. Die Lösung von Problem (i) gestattet die Bestimmung der Form eines Gewölbes bei vorgegebener Belastung, die Lösung von Problem (ii) führt auf Bedingungen an den Überbau bei vorgegebener Gewölbeform. Für elliptische, parabolische oder hyperbolische Gewölbeformen erschien Culmann daher die Untersuchung reziproker (dualer) Diagramme an Kurven 2. Ordnung sinnvoll; und umgekehrt war die Dualitätstheorie der Kegelschnitte innerhalb der projektiven Geometrie spätestens seit Poncelet gut bekannt.

Culmann konnte sich auf eine Reihe bekannter Sätze stützen, unter anderem darauf, daß die duale Kurve C' eines Kegelschnitts C selber wieder ein

Kegelschnitt ist und im Falle der Polarreziprozität bezüglich C insbesondere sogar $C = C'$ gilt, daß ein einem Kegelschnitt um- (bzw. ein-) beschriebenes Polygon in der dualen Figur in ein dem dualen Kegelschnitt ein- (bzw. um-) beschriebenes Polygon übergeht usw.

Er versuchte daher, Probleme der Statik an elliptischen Gewölben so in die Dualitätstheorie von Kegelschnitten einzufügen, daß er sich auf ein Stück gut ausgebauter Theorie stützen konnte. Dabei beobachtete er zunächst die Gültigkeit von

Lemma 2 (Culmann 1866, 91):
Ein Seilpolygon Π und das Kräftepolygon Π' mit Pol O' seien nach Satz 1 (Culmann-)dual zueinander; C sei ein Kegelschnitt mit Mittelpunkt A, $\boldsymbol{O'}$ und $\boldsymbol{A}$ die Strahlenbüschel durch O' bzw. A. Ordnet man jeder Geraden g durch O' die Gerade g' durch A mit konjugierter Richtung (bezüglich C) zu, so wird dadurch eine projektive Korrespondenz von Strahlenbüscheln

$$\alpha : \boldsymbol{O'} \longrightarrow \boldsymbol{A}$$

definiert.

Ist nämlich ψ die projektive Korrelation, die nach Satz 1 Π in Π' überführt, φ die Polarreziprozität bezüglich C, so ist

$$\boldsymbol{O'} \xrightarrow{\Psi^{-1}} g_\infty \xrightarrow{\varphi} \boldsymbol{A}$$
$$\text{und} \quad (\varphi \cdot \Psi^{-1})|_{\boldsymbol{O'}} = \alpha.$$

Daher ist α projektive Korrespondenz von Strahlenbüscheln.

Culmann betrachtete nun Seil-/Stützpolygone, die einem Kegelschnitt C, etwa einer Ellipse, umbeschrieben sind, und suchte nach einer Auswertung der projektiven Korrespondenz des Strahlenbüschels $\boldsymbol{O'}$ mit dem Zentralbüschel $\boldsymbol{A}$ von C durch Richtungskonjugation an C (Lemma 2). Dabei behandelte er insbesondere den für einfache Belastungssituationen typischen Fall paralleler äußerer Kräfte (Gravitationskräfte), das heißt den Fall mit Pol O des Seilpolygons im Unendlichen. Das Kräftepolygon entartet dann offensichtlich zu einer Doppelstrecke, etwa längs der Geraden l'. Die elementare Konstruktion der Seilpolygonmethode bleibt davon unberührt.

Problematischer ist diese Situation für die Culmann-Dualität; die Forderung der perspektivischen Lage von O und g_∞ (Satz 1) macht hier ja keinen Sinn mehr. Unabhängig davon bleibt dagegen die Betrachtung der perspektivischen Korrespondenz von g_∞ und $\boldsymbol{O'}$ und damit auch der projektiven

Korrespondenz $\alpha : O' \to A$ von Lemma 2 möglich, allerdings ist diese dann zunächst nur auf dem Strahlenbüschel O' definiert.

Culmann argumentierte nun zwar so, als existiere die Culmannsche Dualtität ψ auch in diesem Fall (1866, 94ff.). Er benützte sie allerdings nicht direkt, sondern gewann analog der in Lemma 2 genannten Kollineation α eine projektive Abbildung des Kräftepolygonnetzes ψ', die (das auf einer Geraden liegende) Polygon der äußeren Kräfte sogar ähnlich abbildet, und arbeitete damit weiter. Dabei nahm er an, daß α auf der unendlich fernen Geraden durch Richtungskonjugation (bezüglich C) operiert.

Diese Konstruktion war nun wiederum einwandfrei, weil sie sich unabhängig von der Existenzfrage von ψ direkt durch Fortsetzung der zunächst nur auf O' definierten projektiven Korrespondenz α (Lemma 2) begründen läßt. Eine durch die Bedingungen

$$\alpha : O' \longrightarrow A \text{ (durch Richtungskonjugation an } C),$$

$$\alpha : g_\infty \longrightarrow g_\infty \text{ (durch Richtungskonjugation an } C)$$

charakterisierte Abbildung läßt sich ja stets zu einer Kollineation der reellen projektiven Ebene fortsetzen und ist bis auf einen reellen Parameter bestimmt.[25] Die Einschränkung von α auf eine beliebige Gerade l' mit $\alpha(l') = \tilde{l}'$ liefert dann offensichtlich eine Ähnlichkeitsabbildung von Geraden, weil der unendlich ferne Punkt von l' auf den unendlich fernen Punkt von $\tilde{l}$ geht.

Betrachtet man nun in Π' die Geraden a'_i des Büschels O', so werden ihnen durch α die konjugierten Strahlen des Zentralbüschels von C zugeordnet, hier also die Verbindungsgeraden $\tilde{a}_i$ von A mit den Berührpunkten der Seilstrecken a_i an $C (1 \leq i \leq n)$. Dem entarteten Kräftepolygon l' in Π' korrespondiert mittels α also eine Gerade $\tilde{l}$ konjugierter Richtung zur Parallelschar der äußeren Kräfte. Der Wahl des freien Parameters in α entsprechend, kann $\tilde{l}$ jede Gerade konjugierter Richtung außer der des Büschels A sein. Die $\tilde{a}_i$ schneiden nun auf $\tilde{l}$ Strecken aus, die ihrer Länge nach den Beträgen der Kräfte p'_i proportional sind.

Culmann erhielt also — wenn auch mit einer nicht ganz durchsichtigen Begründung — völlig zurecht folgenden Ähnlichkeitssatz für entartete Kräftepolygone:

Satz 2 (Culmann 1866, 96ff.):
Sei Π ein einem Kegelschnitt C mit Zentrum A umbeschriebenes Seilpolygon mit Seilkanten $a_1, \ldots, a_n$ und äußeren Kräften $p_1, \ldots, p_n$, wobei p_i mit den Seilkanten a_{i-1} und a_i inzidiert und sämtliche p_i der Geraden l parallel sind. Ist weiter $\tilde{l}$ eine nicht durch A gehende Gerade konjugierter Richtung zu l, A das Zentralbüschel von C, $\tilde{a}_i$ die Gerade aus A, die C im Berührpunkt von

a_i schneidet, und $\tilde{p}_i$ die von $\tilde{a}_{i-1}$ und $\tilde{a}_i$ auf $\tilde{l}$ ausgeschnittenen Strecke, so gilt:

$$|p_1| : |p_2| : \ldots : |p_n| = |\tilde{p}_1| : |\tilde{p}_i| : \ldots : |\tilde{p}_i|.$$

Dieser Satz erlaubte Culmann nun eine einfache graphische Lösung des oben erwähnte Umkehrpoblems (ii) der Gewölbetheorie, das heißt die Bestimmung derjenigen Lasten, die durch ein gegebenes Berührpolygon an einen Kegelschnitt gestützt werden. Insbesondere wurde dadurch die ***graphische Bestimmung der Belastungskurve an einem elliptischen Gewölbe*** stark vereinfacht (1866, §126) (vgl. Fig. 10).

Das war ohne Zweifel ein schönes und von der Einfachheit und Durchsichtigkeit her überraschendes Ergebnis der Culmannschen Analyse der graphisch-statischen Probleme vom projektiv-geometrischen Standpunkt aus. Und doch konnte es im Prozeß der Verwissenschaftlichung der Baustatik aufgrund zweier Tatsachen keine größere Bedeutung gewinnen. Zum einen waren die so zu gewinnenden Lösungen nicht neu; Culmann selber verwies in der Überarbeitung seines Werkes (1875, 305) auf eine schon vorher publizierte analytische Bestimmung der Belastungskurve an elliptischen Bögen durch Bauernfeind (1846). Seiner Methode blieb also lediglich der Vorteil einer weitaus einfacheren Handhabung gegenüber der analytisch-numerischen Lösung. Das konnte aber kaum als so gewichtiger Erfolg angesehen werden, daß allein daraus ein merkliches Stück Rechtfertigung für Culmanns umfassendes Programm der projektiven Theoretisierung der graphischen Statik zu ziehen gewesen wäre.

Hinzu trat, daß das gelöste Problem in der zweiten Hälfte des 19. Jahrhunderts nur von eingeschränkter praktischer Bedeutung gewesen zu sein scheint. Die Bestimmung der Belastungskurve an einem vorgegebenen elliptischen Bogen konnte zwar dazu genutzt werden, die erforderliche Gewichtsverteilung eines einer vorgegebenen Bogenform angepaßten Überbaus zu bestimmen. Culmann selber wandte diese Überlegung in a-posteriori Analysen auf ausgewählte Bauwerke des 17. und 18. Jahrhunderts an (1875, 305). Viel unklarer erscheint aber, ob dieses spezielle Problem der Stützlinientheorie von Bögen und Gewölben im 19. Jahrhundert überhaupt von sonderlicher konstruktiver Bedeutung war. Tatsächlich scheint die Stabilitätstheorie von Gewölben erst später, nach Einbeziehung elastizitätstheoretischer Methoden, im Bauwesen des ausgehenden 19. und des 20. Jahrhunderts für den Entwurf von Industriebauten eine Rolle gespielt zu haben. ***Diese Beschränkung wiegt umso stärker, als es sich bei Satz 2 um die wichtigste, in (Culmann 1866) enthaltene Anwendung der Culmannschen Dualitätsidee handelte.*** Culmanns oben zitierte Auffassung, die projektive Geometrie sei so unabdingbar zur Fundierung der graphischen Statik wie die Analysis für die Mechanik (1866, VIf.), stand also zunächst auf ziemlich schwachen Füßen.

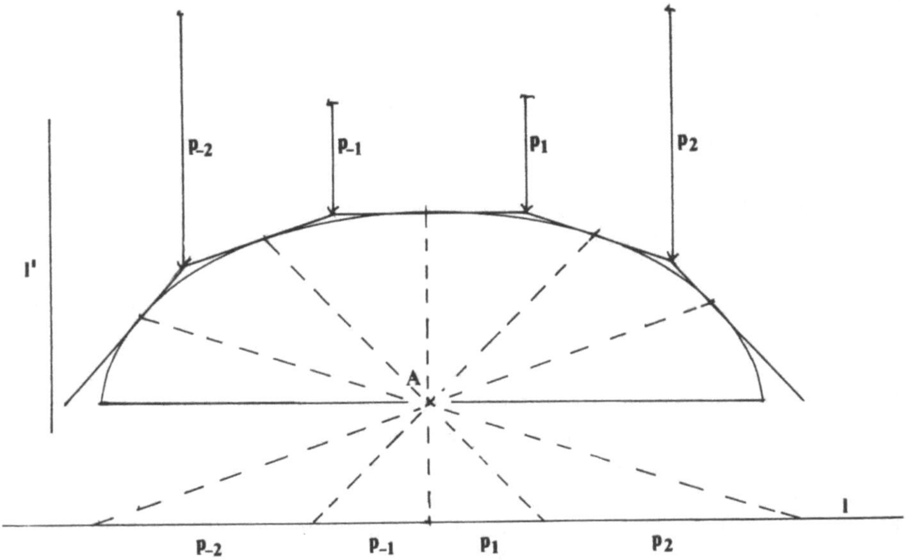

Fig. 10 Belastungskurve am elliptischen Gewölbe nach C. Culman

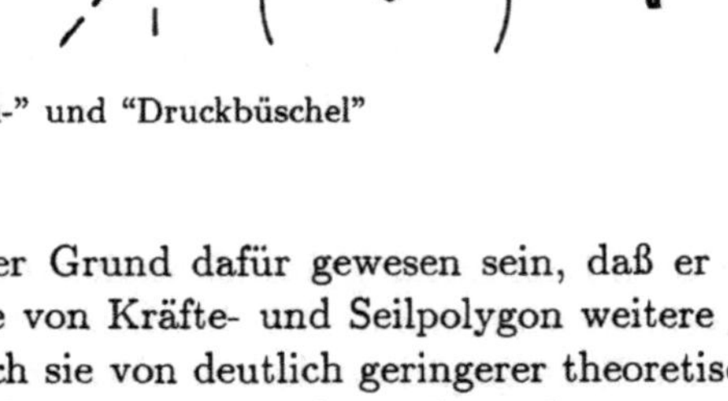

Fig. 11 "Fugen-" und "Druckbüschel"

Dies mag der Grund dafür gewesen sein, daß er in (1866) außer seiner Dualitätsidee von Kräfte- und Seilpolygon weitere projektive Konzepte einführte, obgleich sie von deutlich geringerer theoretischer Relevanz waren als die Culmann-Dualität. Bei näherer Betrachtung erscheinen sie sogar als nichts mehr denn bloße Sprechweisen. Das gilt etwa für die Form, in der Culmann die Stützlinie eines Gewölbes als Schnitt zweier korrelierter Strahlenbüschel, des "Fugenbüschels" und des "Druckbüschels", beschrieb (vgl. Fig. 11) (1866, 447).[26]

Zum Teil waren diese Sprechweisen ihrem Gegenstand nicht einmal sonderlich angemessen, etwa im Fall der Anwendung auf Drehmomente, bei der Culmann von folgender Überlegung ausging:

Bei der Zusammensetzung ebener Kräfte nach der Seilpolygonmethode kann das Kräftepolygon Π' geschlossen sein (Resultante = 0), in diesem (und nur in diesem) Fall sind die beiden äußeren Seiten des Seilpolygons ("Schlußlinien") bei jeder Wahl des Poles O' von Π' parallel. Die Resultante erscheint dann, wie Culmann sich ausdrückte, als eine "*unendlich ferne, unendlich kleine Kraft*" (1866, 106). Ein Paar gleich großer, paralleler, entgegengesetzt gerichteter Kräfte stellt den Prototyp solch eines Systems dar. Diese Kräftesysteme lassen sich natürlich nach der Seilpolygonmethode mit anderen Kräften zusammensetzen (1866, 107).

Culmanns "projektive" Terminologie erwies sich jedoch schon allein dadurch als brüchig, daß er das "Maß unendlich kleiner und ferner Kräfte" im traditionellen Sinne einführen mußte, also als Fläche des von einem zugehörigen Kräftepaar eingeschlossenen Parallelogramms. Diese methodisch etwas unbefriedigende *Vermischung euklidischer Maßkonzepte mit projektiver Terminologie* hätte vielleicht als gerechtfertigt erscheinen können, wenn neue Einsichten oder Operationsweisen daraus hervorgegangen wären. Das aber war nicht der Fall.

Culmann stellte die traditionelle Zusammensetzung ebener Momente durch Addition ihres Maßes (graphisch die repräsentierenden Flächen) dar und glaubte, eine Erklärung für die Möglichkeit, so vorzugehen, im Hinweis darauf zu finden, daß die Addition "unendlich ferner" Kräfte ja in einer Geraden (nämlich g_∞) geschähe (1866, 109). Er versuchte hier also, mit einer der projektiven Geometrie entlehnten Argumentation eine Operationsweise zu begründen, die eher in Richtung vektorieller Strukturen verwies.

Analog argumentierte er bei der Zusammensetzung "unendlich ferner Kräfte" im Raum, deren Lage und Richtung bei Vorgabe eines ausgezeichneten Punktes O durch eine (orientierte) Fläche durch O anzugeben sei. Diese wiederum charakterisierte er durch eine der beiden Normalenrichtungen. Die Darstellung der "unendlich fernen Kraft" durch eine Strecke in Normalenrichtung, deren Länge dem Betrag des Drehmomentes entsprach (1866, 115) führte ihn auf die schon von Poinsot und Möbius verwendete Streckenrechnung für Momente. *So ging Culmann* trotz seiner Bemühungen, die Momente in projektiver Terminologie zu fassen, *für eine praktikable Operationsweise auf eine implizit vektorielle Repräsentation über.*

Das deutete auf eine Schwäche in Culmanns Theoretisierungsversuch der graphischen Statik hin. Der explizite und programmatische Bezug zur projektiven Geometrie führte in (1866) nur an einer Stelle zu einer Vereinfachung von Konstruktionsverfahren, nämlich bei der Anwendung der Culmannschen Dualität von Kräfte- und Seilpolygon auf elliptische Gewölbe. Das war aber eine sehr spezielle Problemstellung, die im Bauwesen des 19. Jahrhunderts nur von eingeschränkter Bedeutung war. An anderen Stellen, insbesondere bei seiner Darstellung der Momente, war der Bezug zur projektiven Geometrie bloß terminologisch. Bei der Zusammensetzung von Drehmomenten kam sogar noch unter der Hülle der projektiven Sprechweise die implizit vektorielle Struktur der graphischen Operationen deutlich zum Vorschein.

Culmann konnte das wohl deswegen nicht erkennen, weil er in anderer Richtung suchte, nämlich in der einer Vertiefung der Methoden der graphischen Statik durch Konzepte der projektiven Geometrie. Das verstellte ihm allen Anschein nach den Blick für die Bedeutung der einfachen vektoriellen Strukturen in der graphischen Statik. Auf der anderen Seite gab er sich verständlicherweise mit dem von ihm in (1866) erreichten Theoretisierungsstand nicht zufrieden, sondern setzte seine Bemühungen in diese Richtung in den nächsten Jahren weiter fort. Bevor wir darauf eingehen (§8), sollte jedoch eine parallele Entwicklung in Großbritannien und Italien ins Auge gefaßt werden, die sich in Culmanns Programm einfügen ließ, obgleich ihre Wurzeln außerhalb lagen.

§ 7 Dualität von Stab- und Kräftediagrammen bei Rankine, Maxwell und Cremona

7.1 Entdeckung der Rankine-Maxwellschen Dualität

Der schottische Ingenieurwissenschaftler und Physiker *William J. Macquorne Rankine* (1820–1872) arbeitete ganz ähnlich wie Culmann für längere Zeit (1838–1848) im Eisenbahnbau, bevor er sich ganz der technikwissenschaftlichen Lehre und Forschung zuwenden konnte. Sein Studium an der Universität Edinburgh hatte sich auf Naturwissenschaften konzentriert, war aber, dem damaligen Kanon an britischen Universitäten gemäß, breit und klassisch ausgerichtet gewesen. Es hatte ihn also keineswegs spezifisch auf eine Ingenieurtätigkeit vorbereiten können. Besonders tief, tiefer noch als im Schnitt auf dem Kontinent, mußte ihm die Kluft zwischen Inhalt, Struktur und Typ des akademischen Wissens der Gelehrten und des empirischen Wissens der britischen Ingenieure erscheinen. Diese Situation hatte sich bis zum Zeitpunkt seiner Berufung an die Universität Glasgow im Jahre 1855 nicht wesentlich geändert.

Es wurde daher eine von Rankines Aufgaben, in neu eingerichteten, auf die wissenschaftliche Ausbildung von Ingenieuren zielenden Vorlesungen an der Universität Glasgow physikalisch-mathematische Grundlagen zu verarbeiten, ohne jedoch den Stil rein naturwissenschaftlicher Vorlesungen zu kopieren oder mit ihnen beziehungweise der Mathematik in Konkurrenz zu treten. Die empirisch-pragmatischen Anforderungen der Ingenieurpraxis sollten also zur Geltung kommen, ohne andererseits in den traditionellen Empirismus der Ingenieure zu verfallen. Rankine gelang das nicht zuletzt dadurch, daß er seine Forschungen bei der Anwendung der physikalischen Naturgesetze von vorneherein auf die Besonderheiten richtete, die aus der "causa materialis" der in Frage stehenden technischen Systeme resultieren.[1] So konnte er etwa entscheidend zur Klärung der Kontroverse über Nutzen bzw. Unsinn der Verwendung des Expansionsdrucks überhitzten Wasserdampfs in Dampfmaschinen und zur Fundierung der technischen Thermodynamik beitragen [Channell 1982, 40ff.].

Eine analoge Rolle spielten Rankines Bemühungen um systematische Material- und Bruchuntersuchungen für die Anwendbarkeit der Mechanik auf Maschinen- und Eisenbahnbau, für die Anwendbarkeit der Statik auf das Bauwesen und eine technisch nutzbare Elastizitätstheorie [Timoshenko 1953, 163; Channell 1982, 49ff.]. Dem so definierten Kernbereich der technischen Mechanik schaltete Rankine in seinen Vorlesungen über angewandte Mechanik eine auf die zeitgenössischen Anwendungen der Fachwerktheorie zugeschnitte Darstellung der Statik vor, die "Theorie der Tragwerke (theory of structures)" (Rankine 1858, §§129 ff.). Deren zentrales Thema war das Studium von Gleichgewichtsbedingungen sowohl an bestimmten als auch an kinematisch unterbestimmten Fachwerken ("polygonal frames").

Zentrale Stellung nahm darin die *Formulierung eines Gleichgewichtskriteriums* für Systeme von Kräften an (unter-)bestimmten Fachwerken ein.

Lemma 1 ("Satz von Rankine"[2] 1858, §150):
Es seien folgende Objekte gegeben:

- ein gelenkig verbundenes Stabpolygon Γ mit Ecken $P_1, \ldots, P_n$ und Kanten $a_1, \ldots, a_n$ (a_i inzident P_i, P_{i-1}; $P_{n+1} := P_1$),
- ein Punkt O' mit Strahlen $a'_i \parallel a_i$ durch O'
- und ein n-Polygon mit Ecken A'_i auf den a'_i und Kanten

$$p'_i = \overline{A'_{i-1}A_i} \quad (A'_0 := A'_n)$$

samt einer ausgezeichneten Orientierung.

Setzt man dann auf den Ecken P_i von Γ äußere Kräfte p_i an, die der Größe und Richtung nach durch p'_i bestimmt sind, so ist das entstehende Kraft-Stab-System (ohne Winkeländerung im Stabpolygon) im Gleichgewicht. Im Stab a_i wirkt dabei die durch

$$\overline{O'A'_i}$$

repräsentierte Spannung (d.h. ein Paar gleich großer, entgegengesetzter Kräfte).

Das Kriterium war unmittelbar der Seilpolygonmethode zu entnehmen (§6.2). Rankine formulierte es in dieser Form, weil sie ihm für Stabilitätsuntersuchungen an Fachwerken besonders geeignet erschien. Er wendete nämlich zu diesem Zweck Lemma 1 Schritt für Schritt auf die Polygone des Stabnetzes eines Fachwerkes an, wobei vorgegebene äußere Kräfte und die schon in vorhergehenden Schritten an benachbarten Stabpolygonen bestimmten Stabspannungen die Wahlmöglichkeit des Kräftepolygons $A'_1, \ldots, A'_n$ einschränkten.

In die Formulierung des Lemmas ging insbesondere die Beobachtung ein, daß jeder Zerlegung einer äußeren Kraft p_i in Stabkräfte längs a_{i-1}, a_i ein geschlossenes Dreieck im Kräftepolygonnetz korrespondiert. Andererseits wird dem Stabpolygon $A_1, \ldots, A_n$ der Punkt O' charakteristisch zugeordnet. Rankine arbeitete also bei der Stabilitätsuntersuchung eines Fachwerks in

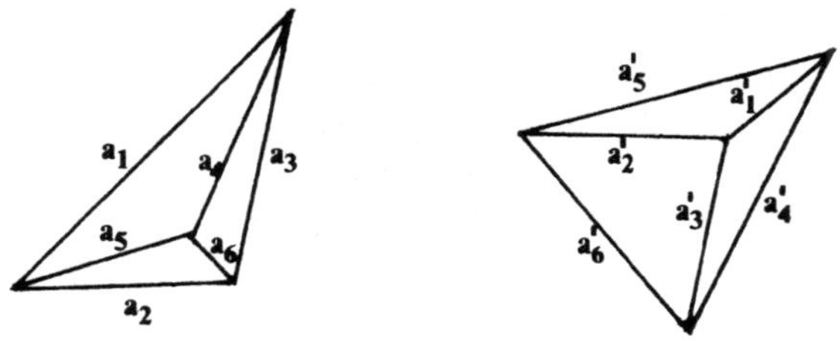

Fig. 12 Maxwell-duale Diagramme

der Regel mit einer konstruktiv auftretenden bijektiven Beziehung zwischen den Ecken im Stabnetz und den geschlossenen Polygonen im Kräftenetz, sowie den Polygonen im Stabnetz und den Punkten (den jeweiligen Polen) im Kräftenetz. Implizit war darin die Andeutung einer Dualitätsbeziehung von Stab- und Kräftenetz der Fachwerkstatik enthalten; aber es blieb noch völlig unklar, ob sich die Pole der diversen Kräftepolygone so anordnen lassen, daß sich diese systematisch zu einem dem Stabnetz im strikten Sinne dualen Kräftenetz zusammenschließen. Rankine dachte nicht daran, diese Frage zu verfolgen; er stellte diese Frage sogar nicht einmal.

Stattdessen suchte er in ganz anderer Richtung weiter, nach einem analogen Gleichgewichtskriterium für Kräftesysteme an räumlichen Fachwerken nämlich. Als er ein solches Kriterium wenige Jahre später tatsächlich fand, nahm er noch stärker als im ebenen Fall auf implizite Dualitätsbeziehungen Bezug.

Satz 1 (Rankine 1864):
An ein räumliches Fachwerk in Gestalt eines geschlossenen Polyeders Π mit Ecken E_i, Kanten k_j, Seitenflächen α_k $(1 \leq i \leq \mu,\ 1 \leq j \leq \nu,\ 1 \leq k \leq \lambda)$ mögen in den E_i äußere Kräfte p_i angreifen, die mit einem weiteren Polyeder Π' folgendermaßen in Verbindung stehen:

(i) Π' habe Ecken E'_k in Korrespondenz zu den α_k von Π, sowie Kanten k'_j in Korrespondenz zu k_j und Flächen α'_i in Korrespondenz zu E_i derart, daß

  a) ein Punkt O' existiert, von dem aus die Ebenen $O' \cdot k'_j$ für alle $1 \leq j \leq \nu$ orthogonal zu k_j sind,

  b) k_j inzident $E_i \Leftrightarrow k'_j$ inzident α'_i.

(ii) $p_i \perp \alpha'_i$, wobei alle p_i in das Äußere bzw. das Innere von Π' gerichtet sind, und $|p_i| = cF(\alpha'_i)$ mit konstantem c für $1 \leq i \leq \mu$, $F(\alpha'_i) =$ Flächeninhalt von α'_i.

Dann gilt:

(*) Die $p_i (1 \leq i \leq \mu)$ bilden ein Gleichsgewichtssystem.

(**) Bezeichnet δ_j das Dreieck in $O' \cdot k'_j$ mit Spitze O' und Basis k'_j, so erfüllt das durch Zerlegung der äußeren Kräfte längs der Kanten k_j entstehende System mit Spannung $q_j = cF(\delta_j)$ in k_j überall (d.h. in allen Ecken und Kanten) die lokale Gleichgewichtsbedingung.

Zwar gab Rankine keinen Beweis seines Satzes an; die Begründung dürfte er sich aber kaum anders gedacht haben als Maxwell wenig später (Maxwell 1870). Maxwell arbeitete mit einer Zerlegung von Π' in pyramidenförmige Teilpolyeder Π'_i mit Spitze jeweils in O' und Basis α'_i $(1 \leq i \leq \mu)$. Nach den Prinzipien der Hydrostatik ergeben sich unter Annahme eines konstanten Außendrucks auf Π' bzw. Π'_i Systeme von Kräften auf den Seitenflächen, die den äußeren Kräften bzw. den Zerlegungen in den mit E_i inzidierenden Kanten korrespondieren. Offensichtlich ist jedes dieser Systeme im Gleichgewicht (Maxwell 1870, 178).[3]

Die hier zitierte Arbeit *James Clerk Maxwells* (1831–1879)[4] war nicht die erste, in der dieser auf Rankines Gleichgewichtssätze Bezug nahm. Er hatte schon kurz nach der Publikation von Rankines Beobachtung der räumlichen Gleichgewichtskonstellation (Rankine 1864), noch im selben Jahrgang des Philosophical Magazin, in dem auch Rankines Arbeit erschien war, eine erste Notiz über "*reziproke Figuren (reciprocal figures)*" in der Stabilitätstheorie von Fachwerken publiziert.[5] Darin war Maxwell auch auf die schon in der ebenen Konfiguration implizit enthaltene strukturelle Dualitätsrelation zwischen Stab- und Kräftediagrammen eingegangen (Maxwell 1864a).

Anders als Culmann griff Maxwell dabei nicht direkt auf das fertig ausgearbeitete Dualitätskonzept der projektiven Geometrie zurück. Er betrachtete dieses lediglich als Anregung, um ein zunächst recht allgemein gehaltenes, vage formuliertes Konzept der Reziprozität zu formulieren, unter das sowohl Spiegelungen und Punktinversionen, als auch Polarreziprozitäten und die bei Rankine vorgefundenen Dualitätsbeziehungen fielen.[6] Dieses vage Konzept präzisierte er erst in einem zweiten Schritt mit Blick auf die Rankineschen Diagramme. Dabei arbeitete Maxwell mit *Diagrammen/Figuren ("figures")*, die nach Art der Stab- bzw. Kräftenetze aus Ecken (Punkten $A_1, \ldots, A_e$), Kanten (Strecken $a_1, \ldots, a_k$) und Seitenflächen (Polygonen $\alpha_1, \ldots, \alpha_f$) so zusammengesetzt waren, daß zwar Überlappungen (bei Darstellung in der Ebene) nicht ausgeschlossen, jedoch — modern gesprochen — die Eigenschaften eines zweidimensionalen endlichen Zellenkomplexes erfüllt waren. Stets bestanden aber die 1-Zellen bei Darstellung in der Ebene aus Strecken. "Reziproke Figuren" erklärte er dann wie folgt.

Definition (Maxwell 1864a):
Zwei ebene Diagramme/Figuren Γ, Γ' mit

$$\begin{array}{rcl} \text{Ecken } A_i\ (1 \le i \le e) & \text{bzw.} & A'_i\ (1 \le i \le e'), \\ \text{Kanten } a_i\ (1 \le i \le k) & \text{bzw.} & a'_i\ (1 \le i \le k'), \\ \text{Flächen } \alpha_i\ (1 \le i \le f) & \text{bzw.} & \alpha'_i\ (1 \le i \le f') \end{array}$$

heißen genau dann *reziprok (dual)* zueinander, wenn $k = k'$, $e = f'$, $f = e'$ ist, die naheliegende Bijektion

$$\begin{array}{rcl} \text{Ecken von } \Gamma & \to & \text{Flächen von } \Gamma' \\ A_i & \to & \alpha'_i \quad (1 \le i \le e), \\ \text{Kanten von } \Gamma & \to & \text{Kanten von } \Gamma' \\ a_i & \to & a'_i \quad (1 \le i \le k), \\ \text{Flächen von } \Gamma & \to & \text{Ecken von } \Gamma' \\ \alpha_i & \to & A'_i\ (1 \le i \le f) \end{array}$$

Inzidenzen erhält und außerdem gilt:

$$a_i \parallel a'_i \quad \text{oder} \quad a_i \perp a'_i \quad (1 \le i \le k).$$ [7]

Maxwell betrachtete im folgenden lediglich Figuren, die eine reziproke besitzen — hier kurz als *zulässige Figuren/Diagramme* bezeichnet. Die Beziehung zur Statik ergab sich dann leicht aus Rankines Gleichgewichtskriterium in der Ebene (Lemma 1) wie folgt:

Satz 2 (Maxwell 1864a, 522):
Sind Γ, Γ' duale Diagramme, so steht ein System von Spannungen in den Kanten von Γ mit Beträgen gemäß der Länge der korrespondierenden Kanten von Γ' im Gleichgewicht.

Maxwell verwies darauf, daß bei der statischen Analyse von Fachwerken die Konstruktion eines reziproken Kräftediagramms eine besonders elegante Lösung der Kräftezerlegung geben kann, schätzte aber anscheinend den Anwendungsbereich zunächst als gering ein.

Interessanter schien ihm hingegen die rein geometrische Analyse der durch die Fachwerktheorie motivierten Dualität von Diagrammen zu sein. Dabei stellte er die These auf, daß eine Figur genau dann zulässig ist (d.h. eine reziproke besitzt), wenn sie ebene Zentralprojektion eines Eulerpolyeders im Raum ist (Maxwell 1864a, 522). Diese falsche und später korrigierte These

(Maxwell 1870; vgl. §7.2) stützte Maxwell auf eine zutreffende Beobachtung über die Konsequenz der Existenz eines reziproken Diagramms, verbunden mit einer fehlerhaften Argumentation über die Eulercharakteristik χ zulässiger Figuren.

Beobachtung (Maxwell 1864a, 515):
In einer zulässigen Figur inzidiert

a) jede Kante mit genau zwei Seitenflächen (weil auch mit genau zwei Ecken),
b) jede Ecke mit mindestens drei Kanten (aus ähnlichen Gründen).

Als einfachste Figur betrachtete er ein Paar reziproker Diagramme mit $e = 4$, $k = 6$, $f = 4$, die einer ebenen Projektion dualer Tetraeder korrespondiert (Fig. 12). Nach der Beobachtung, daß hier

$$\chi = e - k + f = 2$$

gilt, argumentierte er höchst heuristisch, daß jede zulässige Figur hieraus durch Unterteilung oder Vereinigung von Zellen zu erhalten sei und dabei die Charakteristik χ konstant bleibe (Maxwell 1864a, 515f.).

Die Argumentationsfigur war dabei der des Cauchyschen Beweisversuchs (Cauchy 1813) für die Allgemeingültigkeit des speziellen Eulerschen Polyedersatzes analog [Lakatos 1976, 7ff.], damit ebenso zu kurz gegriffen und im Resultat falsch. Ein nun folgendes induktives Argument für die Möglichkeit einer Realisierung zulässiger Figuren durch Projektion eines Eulerpolyeders baute daher schon auf eine im allgemeinen verkehrte Aussage auf (Maxwell 1864a, 519ff.).

Maxwells erste Erkundung der theoretischen Konsequenzen der Reziprozitätsidee war also noch allzusehr mit den Mängeln einer bloß heuristischen Vorgehensweise behaftet. Das tat der Bedeutung der von ihm und Rankine entwickelten Dualitätsrelation in den Diagrammen der Statik jedoch keinen Abbruch.[8] Ihre Entdeckung wies von ihrem Gehalt her ohne Zweifel enge Beziehungen zu Culmanns Bestrebungen auf; sie war aber unabhängig und in anderem Geiste gewonnen. Vom Resultat her gesehen lenkte sie das Augenmerk auf eine andere Dualitätsrelation, als sie bei Culmann aufgetreten war. Insbesondere dienten dabei Fachwerke und deren Kräftediagramme als Bezugspunkt.

7.2 Maxwells Theorie der reziproken Diagramme

Maxwells erste Explizierung der Dualitätsrelation von Stab- und Kräftediagrammen (1864a) ließ den tatsächlichen Anwendungsbezug zur statischen Analyse von Fachwerken offen; darüberhinaus besaß sie den Mangel einer unzureichenden Begründung und stellte sogar im Resultat eine verkehrte These über die Eulercharakteristik zulässiger Diagramme sowie deren Beziehung zur Polyedertheorie auf. Auf beide Problemfelder kam Maxwell in den nächsten Jahren in zwei zeitlich auseinanderliegenden Arbeiten zurück und trug entscheidend zu ihrer Klärung bei (Maxwell 1867, 1870).[9]

Völlig außer acht geblieben war bei seiner 1864er Notiz über die Reziprozität von Diagrammen die in jeder Anwendungssituation wesentliche Unterscheidung der äußeren (Lasten) von den inneren Kräften (Spannungen) in den Fachwerkstäben. Maxwell hatte stattdessen aus einem strukturellen Gesichtspunkt heraus lediglich auf eine gewisse Abgeschlossenheit der Diagramme Wert gelegt, die in der Reziprozitätsbedingung enthalten ist und zum Beispiel berandete endliche Zellenkomplexe aus den zulässigen Figuren ausschließt. Jedes ebene Fachwerk ist aber durch die Linie der äußeren Fachwerkstäbe, den *Gurt*, per se zunächst einmal berandet. Das scheint auf den ersten Blick die Anwendbarkeit der Maxwellschen Dualitätsidee in der Fachwerktheorie zu erschweren, wenn nicht gar zu verhindern. Bei genauerer Betrachtung der gesamten Anwendungskonfiguration stellt sich aber heraus, daß die äußeren Kräfte (Belastungen) so in die Gesamtkonfiguration zu integrieren sind, daß die in (Maxwell 1864a) postulierte Abgeschlossenheit der Diagramme vieler ebener Fachwerke durch leichte Idealisierung einfach zu erzielen ist. Eine Beobachtung dieser Art bildete Anlaß und Thema eines kurzen Artikels, den Maxwell ausdrücklich in Hinblick auf die Anwendungspraxis verfaßte und in der Ingenieurzeitschrift "The Engineer" publizierte (Maxwell 1867).[10]

Maxwell legte hier das von ihm in (1864a) unter weitgehender Abstraktion vom Anwendungskontext entwickelte Konzept der Dualität ebener Diagramme[11] in einer auf das Studium von Fachwerken zugeschnittenen Form dar und demonstrierte seine Nützlichkeit an einem einfachen Dachträger (Fig. 13). Die Idee, wie aus einem Stabdiagramm ebener Fachwerke ein zulässiges Diagramm zu erhalten ist, war so einfach wie schlagend und läßt sich zusammenfassend formulieren als

Lemma 2 (Maxwell 1867):
Für die Existenz eines reziproken Kräftediagramms zum Stabnetz eines ebenen Fachwerks einschließlich äußerer Kräftelinien ist

(i) notwendig, daß die äußeren Kräfte lediglich an Knoten des Gurtes, d.h. des äußeren Randes des Stabnetzes, angreifen;

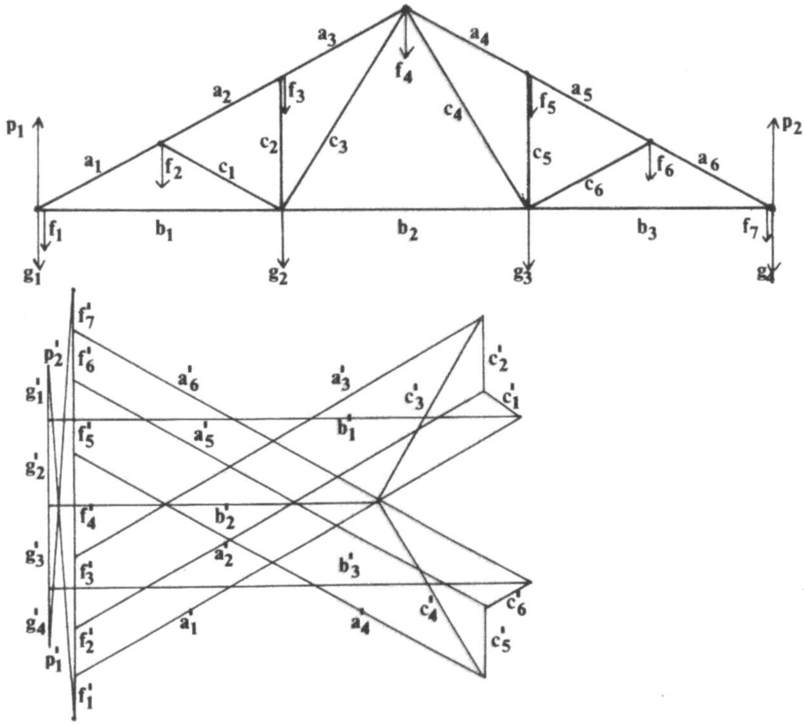

Fig. 13 Maxwells Beispiel für duale Diagramme an Dachträgern (1867)

(ii) hinreichend, daß in jedem Knoten des Gurtes eine Kraft angreift und die äußeren Kraftlinien parallel verlaufen.

Die Parallelitätsbedingung ist erfüllt, wenn etwa lediglich Gravitationskräfte betrachtet werden,[12] der andere Teil von (ii) sowie (i) setzen im wesentlichen eine geeignet idealisierte Verteilung des Eigengewichts der Fachwerkelemente auf Gurtpunkte voraus. Der Einsatz eines Fachwerktragwerkes in das Gesamtbauwerk erfolgte in der Regel sowieso so, daß äußere Belastungen im engeren Sinne, das heißt ohne Eigengewicht, auf Knoten des Gurtes angesetzt wurden.

Mathematisch ergibt sich (i) aus der Bedingung, daß jede Kante des Diagramms mit genau zwei Flächen inzidiert, Bedingung (ii) folgerte Maxwell aus der Ergänzung des ebenen Stabdiagramms zu einem pyramidalen Eulerpolyeder mit dem vom Gurt eingeschlossenen Polygon als Basis und beliebig gewählter Spitze. Zentralprojektion aus einem geeignet gewählten Punkt[13] in die Basisebene ergab dann das durch die äußeren Kraftlinien ergänzte Stabdiagramm.[14]

Diese Idee vor Augen, ist es nun relativ einfach, bei Vorgabe eines durch äußere Kräfte zu einem zulässigen Diagramm ergänzten Stabnetzes Γ ein zugehöriges reziprokes Kräftediagramm Γ' zu konstruieren. Zu beginnen ist mit dem (zu einer Doppelstrecke) entarteten äußeren Kräftepolygon; daran sind unter Beachtung der dualisierten Inzidenzen von Γ sukzessive die Polygone der Kräftezerlegung zu den einzelnen Knoten A_i des Stabnetzes anzuschließen.[15] Es ergibt sich dann ein geschlossenes Kräftenetz, bei dem insbesondere jede Kraft mit genau zwei Zerlegungspolygonen (α_i) inzidiert (vgl. Fig. 13). Dies hat gegenüber einer beliebig angeordneten Konfiguration der Kräftezerlegungspolygone den doppelten Vorteil zeichnerisch-konstruktiver Ökonomie und einer sich von selbst ergebenden graphischen Korrektheitsprobe (Schließung des Kräftepolygonnetzes). Maxwell verwies darauf nur knapp und beiläufig;[16] dieser Aspekt spielte jedoch bei der Aufnahme der von ihm vorgeschlagenen Methode durch die Ingenieure eine wesentliche Rolle.[17]

In dieser Phase einer erneuten Beschäftigung mit den Kräftediagrammen während des Sommers 1867, als sein Blick auf die Erfordernisse der Ingenieure gerichtet war, befaßte sich Maxwell auch erneut mit der weiteren theoretischen Untermauerung des von Rankine und ihm entwickelten Dualitätskonzeptes. Er entdeckte dabei, daß es in einem strikten Sinne der Korrelation ("Reziprozität") in der projektiven Geometrie subsumiert werden kann[18] — allerdings in anderer Weise, als im Fall der Culmann-Dualität. Er schob die Publikation dieser Beobachtung jedoch um weitere drei Jahre hinaus, bis er sich noch einmal in einer tiefer greifenden theoretischen Arbeit abschließend mit den Kräftediagrammen auseinandersetzte (Maxwell 1870).

Das eigentliche Ziel dieser letzten Arbeit war eine Verwendung dualer Diagramme zur Analyse der mechanischen Spannungen innerhalb eines Körpers, die aus einem äußeren Gleichgewichtssystem von Kräften resultieren. Er verwendete die Diagramme hier zur Diskretisierung und Approximation der inneren Kräfte, die in Punkten, Linien bzw. Flächen des Körpers wirken (Maxwell 1870, 178ff.). Dem stellte er eine neue, korrigierte und erweiterte Fassung der Dualitätstheorie der Diagramme voran (ebda., 161–177).

Er schloß zunächst vorsichtiger als in (1864a) aus den schon dort beobachteten Inzidenzen und der Endlichkeitsbedingung, *daß jedes zulässige Diagramm als ebene Projektion eines geschlossenen Polyeders aufgefaßt werden kann* (1870, 167f.). Dann korrigierte er die Aussage über die Eulercharakteristik eines zulässigen Diagramms unter Verweis auf Ergebnisse Riemanns (1857) und Listings (1862) im Fall eines "n-fach zusammenhängenden Polyeders":

$$\chi = 4 - 2n.$$

Dies war eine zeitgenössische Formulierung für die Bestimmung der Eulercharakteristik einer geschlossenen orientierbaren Fläche des Geschlechts p, mit $p = n - 1$. Die stillschweigende Voraussetzung der Orientierbarkeit der betrachteten Polyeder erfolgte bei Maxwell ohne Reflexion auf die damit verbundene Einschränkung.[19] Jedoch ist dieses Vorgehen ohne weiteres zu rechtfertigen: Das Kräftediagramm ist zunächst ja lediglich als ein Netz von Polygonen ohne Kantenorientierung gegeben. Der Angabe, ob die Belastung der Kanten in einer Ecke auf Zug oder Druck erfolgt, entspricht einer Orientierung jedes einzelnen Kräftepolygons. Gleichgewicht erfordert eine kohärente Orientierung.[20] Maxwells Einschränkung auf orientierbare geschlossene Polyeder läßt sich also als implizite Konsequenz der Gleichgewichtsforderung für das Kräftesystem verstehen.

Die Darstellung eines Paares reziproker Diagramme als Projektionen zweier Polyeder legte nun die Frage nahe, in welcher Beziehung die zugehörigen Polyeder zueinander stehen. Maxwell entdeckte, daß diese durch eine räumliche Dualität φ zu realisieren ist, die in seiner inhomogenen Schreibweise die Ebene

$$\boldsymbol{E} := \{(x, y, z) | z = Ax + By + C\}$$

auf den Punkt

$$\varphi(E) = (\xi,\ \eta,\ \zeta) \quad \text{mit} \quad \xi = cA,\ \eta = cB,\ \zeta = -C,\ c \in \mathbb{R}$$

abbildet. Bei der von ihm gewählten Dualisierung galt also

$$x\xi + y\eta = c(\zeta + z).$$

Damit identifizierte er φ als Polarreziprozität am Rotationsparaboloid $x^2 + y^2 = 2cz$. Sie entstand ja aus der Polarisierung der inhomogenen quadratischen Form $x^2 + y^2 - 2cz$.[21] Einer geometrisch formulierten Konstruktionsvorschrift[22] für φ war andererseits leicht zu entnehmen, daß die Orthogonalprojektion einer Geraden g und ihrer reziproken $\varphi(g)$ in die (x, y)-Ebene orthogonal zueinander stehen.[23] So erhielt Maxwell

Satz 3 (Maxwell 1870, 168f.):
Bei Realisierung eines zulässigen ebenen Diagramms Γ der Eulercharakteristik χ als Orthogonalprojektion eines geschlossenen Polyeders Π ergibt sich ein duales Diagramm durch ebene Orthogonalprojektion des dualen Polyeders Π' bezüglich der räumlichen polaren Korrelation am Rotationsparaboloid $2cz = x^2 + y^2$.

Damit hatte Maxwell — gewissermaßen im Vorbeigehen — einen Bezug zur projektiven Geometrie konstruiert. Hauptsächlich aber hatte er durch die Herstellung einer *relativ einfachen Verbindung zwischen den zulässigen Diagrammen der graphischen Statik und der soeben erst entstandenen Flächentopologie* den Fehler in der in (1864a) behaupteten Beziehung zwischen Polyedern und zulässigen Diagrammen beheben können.

7.3 Exkurs: Flächentopologie und Starrheitsbedingungen von Fachwerken bei Maxwell

Maxwell beließ es nicht bei der Beobachtung dieser ersten peripheren Berührung zwischen der Theorie der reziproken Diagramme und der Flächentopologie. Vielmehr erkundete er deren Tragweite durch Analyse der Konsequenzen, die sich aus der in der Eulercharakteristik enthaltenen Information für die *Starrheitsbedingung von Fachwerken* gewinnen ließen.

Im räumlichen Falle etwa ist die Anzahl der Freiheitsgrade im allgemeinen offenbar

$$\begin{aligned} \nu &= 3e - k - 6 \\ \text{mit } e &= \text{Anzahl der Ecken/Knoten}, \\ k &= \text{Anzahl der Kanten/Stäbe}. \end{aligned}$$

Da bei einem reinen m-Ecksfachwerk zwischen der Anzahl der Kanten und der Anzahl f der Seitenflächen des zugehörigen Polyeders $2k = m \cdot f$ gilt, konnte Maxwell aus der Eulercharakteristikbedingung

$$e - k + f = 4 - 2n$$

die Schlußfolgerung ziehen

Satz 4 (Maxwell 1870, 172ff.):

(i) Ein räumliches Fachwerk, das aus dem 1-Gerüst eines n-fach zusammenhängenden Polyeders mit m-Polygonen als Seitenflächen gebildet ist und k Kanten hat (kurz: " n-fach zusammenhängendes m-Ecksfachwerk"), besitzt im generischen Fall

$$\nu = 6(1-n) + k(2 - \frac{6}{m})$$

Freiheitsgrade.

(ii) Im Falle eines Dreiecksfachwerks ($m = 3$) gilt also nach Herausnahme von k_1 Kanten

$$\nu = k_1 + 6 - 6n.$$

Dort liegt also im allgemeinen bei $k_1 = 6n - 6$ Starrheit vor. Insbesondere ist ein einfach zusammenhängendes Dreiecksfachwerk kinematisch bestimmt.[24]

Die Auswirkungen des topologischen Typs räumlicher Fachwerkstrukturen auf deren statische Eigenschaften faßte Maxwell folgendermaßen kurz zusammen: Ein räumliches Dreiecksfachwerk vom Eulertyp (einfach zusammenhängend) ist starr und ohne Einschränkungen; ohne äußere Belastungen bleibt es daher auch im Inneren spannungsfrei. Topologisch kompliziertere Dreiecksfachwerke ($n > 1$) besitzen dagegen im allgemeinen Einschränkungsgrade ($\nu < 0$); sie weisen daher leicht auch ohne äußere Kräfte innere Spannungen auf, die erst durch Abgehen vom reinen Dreieckstyp vermeidbar werden (etwa $6n - 6$ Vierecke).

Beim analogen Vorgehen für ebene Fachwerke erwies sich der Unterschied von Knoten auf dem Gurt und im Inneren als wichtig, etwa

$$e = e_1 + e_2,$$
$$k = k_1 + k_2,$$

mit e_1, k_1 Anzahl der Ecken bzw. Kanten auf dem Gurt,

e_2, k_2 Anzahl der Ecken bzw. Kanten im Inneren,

$$k_2 = k - e_1.$$

Maxwell zog dann analog dem räumlichen Fall die Konsequenz aus der Eulercharakteristikbedingung für ein einfach zusammenhängendes, berandetes, ebenes, reines Dreiecksfachwerk. Aus

$$3f = 2k_2 + k_1 = 2k - e_1 \quad \text{und} \quad \chi = e - k + f = 1$$

folgt

$$3e - e_1 = 3 + k.$$

Daher gilt für die Anzahl der Freiheitsgrade im allgemeinen

$$\nu = 2e - k - 3 = e_1 - e = -e_2.$$

So ergibt sich die Aussage von

Satz 5 (Maxwell 1870, 174f.):
Ein ebenes Dreiecksfachwerk mit e' Knoten (Ecken) im Inneren des Netzes (nicht auf dem Gurt) besitzt im allgemeinen e' Einschränkungsgrade, ist also insbesondere nur bei $e' = 0$ bestimmt.

Die Tatsache, daß bei bestimmten Dreiecksfachwerken sämtliche Knoten auf dem Gurt liegen müssen,[25] konnte den Fachwerkkonstrukteuren aus Beobachtung und Induktion heraus geläufig sein. Das war jedoch keineswegs immer der Fall. Noch Jahre nach Maxwells Publikation wurden vereinzelt Dreiecksnetze mit inneren Knotenpunkten als bestimmte Fachwerke angesehen (Bow 1873, Nr. 125).[26] Jedoch war insgesamt Maxwells Entdeckung weniger vom Resultat her beachtenswert als von der Beweismethode. Sie zeigte durch das globale Argument über die Eulercharakteristik einen gewissen *Einfluß der topologischen Struktur der Fachwerke auf deren Starrheitseigenschaften.* Maxwells Untersuchung der Beziehung zwischen Flächentopologie und Statik der Fachwerke zeigte also theoretisch gehaltvolle, wenn auch nicht unbedingt spektakuläre Ergebnisse.

Möglicherweise suchte er nach weiteren Ergebnissen, die bei der Konstruktion bestimmter Fachwerke auch im Fall $n > 3$ nützlich sein konnten; jedenfalls bewies er analog seinem Vorgehen bei Dreiecksfachwerken den folgenden

Satz 6 (Maxwell 1870, 175):
Ein ebenes Fachwerk, dessen Netz ebene Projektion des 1-Gerüstes eines n-fach zusammenhängenden Polyeders aus m-Polygonen ist, hat im allgemeinen

$$\nu = 5 - 4n + (1 - 4/m)k$$

Freiheitsgrade.[27]

Diese Relation erschien ihm jedoch für die Konstruktion ebener bestimmter Fachwerke als wenig hilfreich. Maxwell verwies etwa im naheliegenden Fall $m = 4$ darauf, daß ν von 1 (für $n = 1$) auf -3 (für $n = 2$) springt, ein bestimmtes Fachwerk also auf diese Weise nicht zu erhalten ist.[28]

Sein Versuch, die Beziehung zwischen Flächentopologie und Theorie der zulässigen Diagramme bis hin zur konstruktiven Nutzbarkeit zu konkretisieren, wie er es in (1867) für die Dualitätsidee getan hatte, blieb somit ganz in den Anfängen stecken. Immerhin blieben Maxwells Überlegungen in diese Richtung nicht ganz ohne Resonanz. So ist es wohl seiner Anregung zu verdanken, daß und in welcher Weise August Föppl bei der Bestimmtheitsdiskussion räumlicher Fachwerke in seinem Lehrbuch (1900, 242) die Eulersche Polyederformel heranzog.[29]

7.4 Theoretische Weiterentwicklungen bei Cremona und anderen

Maxwells Beitrag zu einer anwendungsorientierten Theorie der Diagramme zog eine Reihe weiterer Ergänzungen und Erweiterungen nach sich. Die bedeutendste dieser Art kam von *Luigi Cremona* (1830–1903) zwei Jahre nach

Maxwells letzter Arbeit zu diesem Thema. Cremona hatte Bauwissenschaften, Architektur und Mathematik studiert und war erst nach einigen Schwierigkeiten aufgrund seiner Beteiligung an der italienischen republikanischen Unabhängigkeitsbewegung 1848/49 an der Universität Bologna Professor geworden (1860–1867). In dem für uns interessanten Zeitraum (1867–1873) lehrte er als Professor für Höhere Geometrie am Technischen Institut Mailand. Später wurde er Professor für graphische Statik, sowie gleichzeitig Direktor der Ingenieurschule Rom (1873–1877) und erhielt schließlich einen Ruf als Mathematiker an die Universität Rom (1877–1903). Während aller dieser Jahre war er entscheidend am Ausbau der naturwissenschaftlich-mathematisch fundierten Ingenieurausbildung in Italien beteiligt [Greitzer 1971]. Darüberhinaus wurde er innerhalb der Mathematik zum wichtigsten Begründer der italienischen Schule der algebraischen Geometrie [Menghini 1986].

Cremonas gute Kenntnisse der Bauwissenschaften, seine Tätigkeit als projektiver und algebraischer Geometer und seine Erfahrungen als Lehrbuchautor bildeten einen denkbar günstigen Ausgangspunkt für die Aufnahme und Fortsetzung des Rankine-Maxwellschen Ansatzes. Cremona hielt darüberhinaus große Stücke auf W. Fiedler und dessen Versuch, die Lehre der darstellenden Geometrie mit projektiv-geometrischen Methoden zu untermauern[30] und verständlicherweise kannte und schätzte er ebenso Culmanns Arbeiten analoger Ausrichtung für die graphische Statik. So war es für ihn naheliegend, die Verbindung zwischen Maxwells Dualitätsbetrachtungen und Culmanns Programm herzustellen und in seiner Arbeit "Le figure reciproche nella statica grafica" (Cremona 1872) durch die Weiterentwicklung des Maxwellschen Ansatzes gleichzeitig einen Beitrag zu dem von Culmann formulierten Programm einer theoretischen Fundierung der graphischen Statik durch die projektive Geometrie zu leisten.

Über diese programmatische Zuordnung der Maxwellschen Theorie der dualen Diagramme zu Culmanns Programm hinaus führte Cremona die Entwicklung der Maxwellschen Theorie in dreierlei Hinsicht weiter

- durch Ableitung der Dualitätsrelation aus einem Nullsystem im Raum (anstatt aus einer polaren Korrelation wie bei Maxwell),
- durch den Nachweis, daß Kräfte- und Seilpolygon nach einer geeigneten Ergänzung als duale Diagramme im Sinne Maxwells (im Unterschied zur Culmann-Dualität) aufgefaßt werden können,
- und schließlich (in Verallgemeinerung gegenüber Maxwell) durch die Behandlung des Falls ebener Fachwerke mit äußeren Kräften, deren Aktionslinien keinen gemeinsamen Punkt besitzen.

Während Cremona insbesondere durch die beiden ersten Punkte eine ausdrückliche Verbindung zwischen Culmanns Auffassung und der der britischen Wissenschaftler herstellte (Cremona 1872, 112ff.), erreichte er durch den dritten Punkt eine prinzipielle Ausweitung des Anwendungsbereiches der dualen Diagramme auf das gesamte Gebiet der ebenen bestimmten Fachwerke.

Die Nullsystem-Dualität erschien Cremona möglicherweise in diesem Kontext als natürlicher als Maxwells Polarreziprozität, weil sie von Möbius im Kontext der Statik bei der Analyse räumlicher Kräftesysteme entdeckt und untersucht worden war (Cremona 1872, 103ff.) (vgl. §8.3). Cremona faßte die Eigenschaften dieser Korrelation, eines *Nullsystems* in der Möbius/Staudtschen Terminologie, zusammen im

Bericht (Möbius/Staudt/Cremona):
Ein Nullsystem ψ im Raum besitzt folgende Eigenschaften:

(i) $\psi(P)\top P$, $\psi(\boldsymbol{E})\top \boldsymbol{E}$, für alle Punkte P und alle Ebenen $\boldsymbol{E}$ des Raumes ($\top$ "inzidiert mit").

(ii) Einer Parallelschar von Ebenen, also einer Geraden im Unendlichen, korrespondiert mittels ψ eine Gerade aus der Parallelschar von Geraden durch $\psi(\boldsymbol{E}_\infty)$ (also dem in $\boldsymbol{E}_\infty$ liegenden dualen Punkt der unendlich fernen Ebene $\boldsymbol{E}_\infty$). Diese heißt *Zentralachse* und ist orthogonal zur korrespondierenden Parallelschar von Ebenen. Die Zentralachse schneidet jede Orthogonalebene in derem dualen Punkt.

(iii) Orthogonale Parallelprojektion eines Paares bezüglich ψ dualer Geraden in eine Orthogonalebene zur Zentralachse (im folgenden: "*Zentralachsenprojektion*") ergibt ein Paar paralleler Bildgeraden.

(iv) Nach Einführung eines cartesischen Koordinatensystems mit der Zentralachse als z-Achse ist (ξ, η, ζ) dualer Punkt der Ebene

$$x\eta - y\xi + k(z - \zeta) = 0$$ [31]

Maxwells Idee einer Gewinnung ebener dualer Diagramme (im Sinne der Definition 1) durch Projektion dualer Polyeder war offensichtlich bei beliebigen räumlichen Korrelationen der projektiven Geometrie anwendbar, wenn nur die ebene Projektion eines Paares dualer Geraden einen festen Winkel einschließt. Die Eigenschaft (iii) der Nullsysteme ließ diese nun als besonders gut geeignet für die Konstruktion dualer Diagramme erscheinen. Das schien die Vermutung einer besonderen Verbindung der Nullsysteme mit den Strukturen der Statik zu bestätigen.

Cremona betrachtete daher die von Culmann unter dem Gesichtspunkt der ebenen Dualität formalisierte Beziehung zwischen Seil- und Kräftepolygon der graphischen Statik erneut, nun aber unter dem Blickwinkel des durch Nullsysteme projektiv-geometrisch formulierten Maxwellschen-Dualitätskonzeptes. Dabei erhielt er ohne großen Aufwand als Ergebnis, daß in dem auch von Culmann betrachteten Fall mit äußeren Kraftlinien alle aus einem Strahlenbüschel Seil- und Kräftepolygon ebene Zentralachsenprojektionen nullsystem-dualer Polyeder im Raum und damit auch duale Diagramme im Maxwellschen Sinne sind (Cremona 1872, 115f.).

Lemma 3 (Cremona 1872, 115ff.):
Sei Γ Seilpolygondiagramm eines Systems äußerer Kräfte, deren Kraftlinien alle durch einen gemeinsamen Punkt laufen, Γ' das zugehörige Kräftediagramm der Seilpolygonmethode. Dann gibt es nullsystem-duale Polyeder Π, Π' im Raum, sodaß Γ, Γ' ebene Zentralachsenprojektionen von Π und Π' sind. Insbesondere sind Γ und Γ' Maxwell-dual.

Dabei ließ es Cremona nicht bewenden. Er bemerkte, daß der Übergang zur räumlichen Betrachtung den Vorteil von gewissermaßen mehr Freiheitsgraden der Konstruktion von Dualitäten (im Vergleich mit Culmanns Betrachtung in der Ebene) mit sich bringt. Im nächsten Schritt gelang ihm ohne großen Aufwand die Subsumtion des allgemeinen Falles von Seil- und Kräftepolygon unter die Maxwell-Dualität. Dazu mußte er lediglich eine leichte Modifikation vornehmen. Sie bestand darin, ein zusätzliches Seilpolygon in die vorgegebenen äußeren Kraftlinien einzuspannen und dem Kräftepolygon einen zugehörigen zweiten Pol hinzuzufügen.

Lemma 4 (Cremona 1872, §§16 ff.):
Sei Γ Seilpolygon zu äußeren Kraftlinien $p_1, \ldots, p_n$, Γ' das zugehörige Kräftediagramm mit Pol O'. Man ergänze Γ durch Konstruktion eines zusätzlichen Seilpolygons mit Ecken auf den Kraftlinien $p_1, \ldots, p_n$ zu $\tilde{\Gamma}$, entsprechend Γ' durch einen zusätzlichen Pol O'' und Verbindungslinien zu den Ecken des Kräftepolygons zu $\tilde{\Gamma}'$. Dann gibt es nullsystem-duale Polyeder $\tilde{\Pi}$ und $\tilde{\Pi}'$ im Raum, sodaß $\tilde{\Gamma}$, $\tilde{\Gamma}'$ ebene Zentralachsenprojektionen von $\tilde{\Pi}$, $\tilde{\Pi}'$ sind. Insbesondere sind $\tilde{\Gamma}$ und $\tilde{\Gamma}'$ Maxwell-dual (Figur 14).

Cremonas Idee war dabei, daß $\tilde{\Pi}$ eine (schiefe) Säule mit Deckflächen ist, die den beiden Seilpolygonen entsprechen und Kanten, die auf die äußeren Kraftlinien von $\tilde{\Gamma}$ projiziert werden. $\tilde{\Pi}'$ ist eine Doppelpyramide mit Spitzen, die O' und O'' korrespondieren. Umgekehrt ist Γ Projektion der Kanten und Ecken einer Säule, aus der eine Deckfläche (samt Rand) herausgenommen ist, und Γ' Projektion eines Polyeders, dem eine Ecke und alle inzidierenden Kanten und Flächen herausgenommen wurden.

Dieses Ergänzungsverfahren konnte Cremona ganz analog auf Stab- und Kräftediagramme der Fachwerktheorie anwenden und damit die Maxwellsche Dualität nach entsprechender Ergänzung eines zusätzlichen Seilpolygons zum System der äußeren Belastungskräfte eines Fachwerkes auf den allgemeinen Fall beliebig gerichteter Lasten ausdehen. Er erhielt so

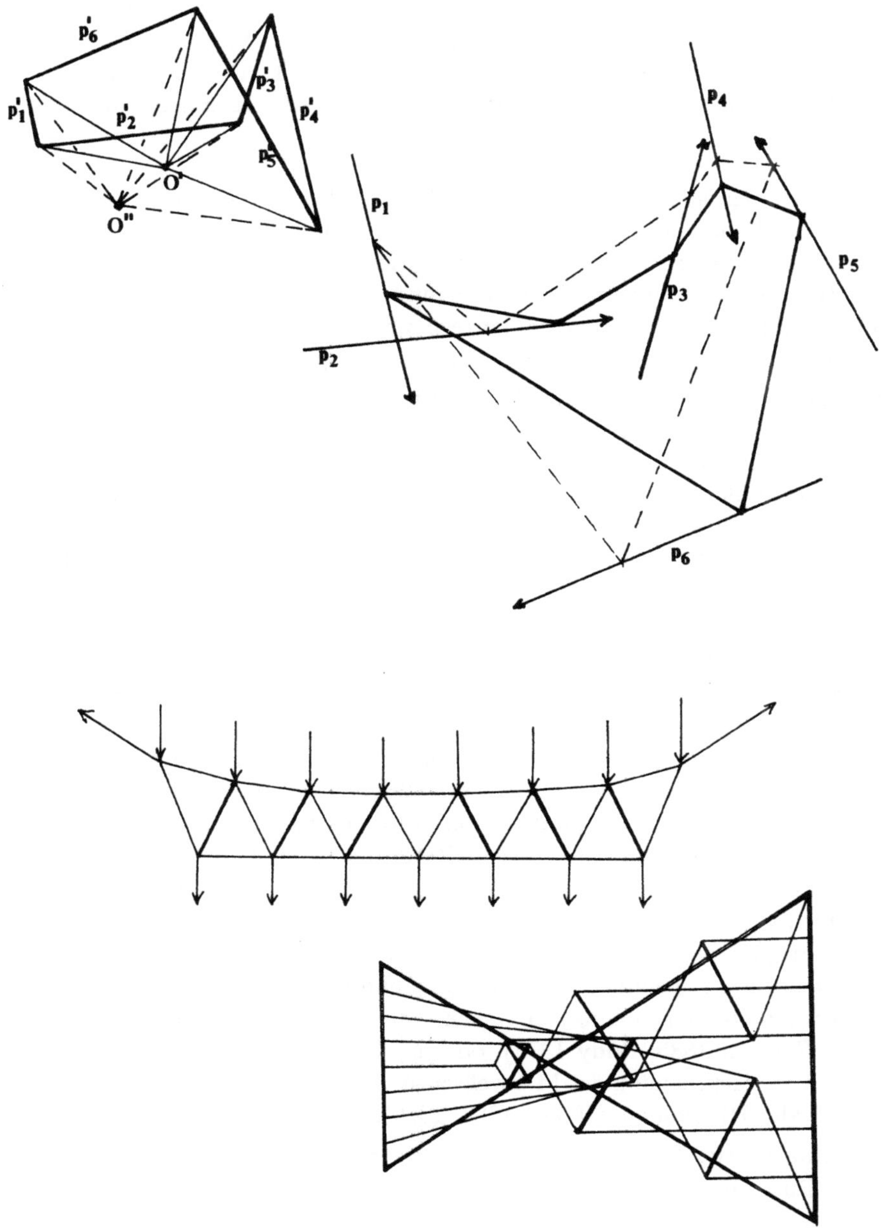

Fig. 14 Duale Diagramme nach Cremona

Satz 7 (Cremona 1872, 122ff.):
Ist Γ das Stabdiagramm eines ebenen Fachwerkes samt Wirkungslinien der äußeren Kräfte, die sämtlich in Knoten (Ecken) des Gurtes (Rand des Fachwerkes) angreifen, so ergänze man Γ zu $\tilde{\Gamma}$ durch Konstruktion eines Seilpolygons der äußeren Kräfte, also mit Ecken auf deren Wirkungslinien. Dann gibt es ein Maxwell-duales Kräftediagramm $\tilde{\Gamma}'$ zu $\tilde{\Gamma}$. $\tilde{\Gamma}$ und $\tilde{\Gamma}'$ sind dabei Zentralachsenprojektionen nullsystem-dualer Polyeder $\tilde{\Pi}$ und $\tilde{\Pi}'$ im Raum.

Auch hier ist Γ Projektion eines gekappten Polyeders, d.h. $\tilde{\Pi}$ vermindert um eine Seitenfläche sowie inzidierende Kanten und Ecken (dem zusätzlichen Seilpolygon entsprechend), und Γ' Projektion des dual gekappten Polyeders, d.h. $\tilde{\Pi}'$ vermindert um eine Ecke sowie inzidierende Seitenflächen und Kanten (dem zusätzlich eingefügten Pol korrespondierend).

Cremona erreichte auf diese Weise eine Begründung der Konstruktion dualer Kräftediagramme für die graphisch-statische Analyse bestimmter Fachwerke, die an Allgemeinheit nichts mehr zu wünschen übrig ließ. Er ergänzte seine Darstellung durch Diskussion von Beispielen (vgl. Fig. 14), von Grenzfällen (1872, §§25–27) und durch eine Beschreibung der sukzessiven Gewinnung des dualen Kräftediagramms eines Stabdiagramms durch Beachtung der Inzidenzrelationen, ohne die vermittelnden Polyeder $\tilde{\Pi}$, $\tilde{\Pi}'$ und die Nullsystemdualität realisieren zu müssen (1872, §§28ff.). *Seine Analyse ordnete also die Maxwell-Dualität schlüssig in das Culmannsche Theoretisierungsprogramm der graphischen Statik ein.* Culmanns Dualität von Seil- und Kräftepolygon wurde dadurch — vom Standpunkt konstruktiver Nützlichkeit aus betrachtet — weitgehend obsolet gemacht[32]

Mit dem Existenznachweis reziproker Diagramme für ebene bestimmte Fachwerke bei allgemeinen Gleichgewichtssystemen äußerer Kräfte und der Vereinfachung der Konfiguration durch Übergang zur Nullsystemdualität hatte Cremona auch die theoretische Problematik der reziproken Diagramme der Statik nahezu ausgeschöpft. Wohl erschienen bis in die 1890er Jahre hinein noch vereinzelt Arbeiten zu theoretischen Aspekten der Dualitätstheorie in der graphischen Statik. Soweit sie aber über die von Maxwell und Cremona vorgetragenen Ergebnisse hinausgingen, handelte es sich meist um detailliertere Darstellungen einzelner Aspekte der mit ihnen verbundenen Theorie (etwa Saviotti 1885, Eddy 1878), oder sie befaßten sich mit einer theoretischen Vereinheitlichung der Maxwellschen und der Cremonaschen Konstruktion dualer Diagramme (Hauck 1887, 1899).

Hauck etwa führte das Konzept der "*reziproken Projektion*" bezüglich einer Dualität ψ im Raum (mit unendlich ferner Ebene $\boldsymbol{E}_\infty$) ein. Dies ist eine inzidenzerhaltende Abbildung φ in eine Ebene $\boldsymbol{E}$ durch den Punkt $O = \psi(\boldsymbol{E}_\infty)$, die Geraden in Geraden und Flächen in Punkte überführt. Sie ist dadurch charakterisiert, daß eine Gerade g auf

$$\varphi(g) = \boldsymbol{E} \cap (O \cdot \psi(g))$$

abgebildet wird (Hauck 1887, 367).

Reziproke Projektion bezüglich einer Sphäre war von Franz Neumann zur Darstellung von Kristallgestalten eingeführt worden (Neumann 1823, 1826) und spielte für Hauck eine Schlüsselrolle beim Vergleich der von Maxwell und von Cremona angewandten Projektionsmethoden. Er konnte nämlich nicht nur zeigen, daß Maxwells und Cremonas Projektionsverfahren reziproke Projektionen am Rotationsparaboloid beziehungsweise am Nullsystem sind, sondern auch, daß die erstere mit einer reziproken Projektion an einer Sphäre direkt übereinstimmt, die von Cremona angewandte dagegen lediglich bis auf Rotation um $\pi/2$ (Hauck 1887, 371f.).

So erwies sich sein Konzept der reziproken Projektion tatsächlich als eine geeignete Generalisierung für die von ihm diskutierten Verfahren. Jedoch eröffnete es keine weiteren fruchtbaren theoretischen Fragestellungen in der Theorie der reziproken Diagramme und brachte ebensowenig neue Aspekte für die zugehörigen Konstruktionsmethoden. Es blieb gewissermaßen ein Nachklapp auf ein im wesentlichen abgeschlossenes kleines Theoriestück. Das erscheint als charakteristisch auch für die weitere theoretische Forschung zu diesem Thema (Eddy 1878, Padeletti 1879, Saviotti 1888 u.a.).

7.5 Aufnahme der Maxwell-Cremonaschen Dualität in der Ingenieurwissenschaft

Maxwells duale Kräftediagramme besaßen Vorzüge, die ihnen über die Theorie hinaus auch Bedeutung für die Ingenieurpraxis zukommen ließen. Schon in der zweiten Auflage des "Manual of Applied Mechanics" änderte Rankine bei den von ihm analysierten Beispielen der Kräfteverteilung an Fachwerken die Kräftediagramme zugunsten eines dualen Kräfteplans im Maxwellschen Sinne (Rankine 1858/^{2}1869, 143ff.). Im selben Jahr, zwei Jahre also nach der Veröffentlichung von Maxwells speziell auf Ingenieure zugeschnittenem Artikel (Maxwell 1867), diskutierte der Ingenieurwissenschaftler F. Jenkin die praktische Anwendbarkeit reziproker Figuren bei der Kräftebestimmung an Fachwerken (Jenkin 1869).

Jenkin wies auf eine erstaunliche Konvergenz von Theorie und Ingenieurpraxis hin. Im Ingenieurbüro Cochrane in Edinburgh hatte, wie Jenkin berichtete, ein technischer Zeichner eigenständig eine Methode aus praktischen Gesichtspunkten heraus entwickelt, die von den pragmatischen Konsequenzen her im wesentlichen mit der Maxwellschen übereinstimmte (Jenkin 1869, 441f.). Das führte Jenkin dazu, die Konstruktion reziproker Diagramme zu bestimmten Fachwerken unter rein pragmatischem Aspekt, zwar gestützt auf Maxwells Arbeiten als theoretischen Hintergrund, aber ohne dessen explizite Darstellung zu beschreiben. Jenkin forderte im wesentlichen eine Berücksichtigung dualer Inzidenzrelationen bei der Zeichnung des Kräftediagramms (jedem Knoten im Fachwerk korrespondiert also ein duales Polygon im Kräftediagramm) und demonstrierte das entsprechende Vorgehen an einzelnen Beispielen. Dies Verfahren erwies sich auch dann als einsetzbar, wenn die äußeren Kräfte nicht durch einen Punkt liefen, mithin auf Basis der Maxwellschen Theorie allein die Existenz eines vollständigen dualen Diagramms nicht gesichert war. In diesem Punkt griff die pragmatische Vorgehensweise also für kurze Zeit über die theoretischen Ergebnisse hinaus, bis Cremona seine verallgemeinerte Begründung der Maxwellschen Methode gab (Satz 7).

Die Verwendung reziproker Diagramme unter den britischen Ingenieuren wurde durch eine ausführliche Klassifikation der bekannten Fachwerktypen durch *Robert Bow* (1873) weit verbreitet, der 136 Typen bestimmter Fachwerke aufzählte[33] und dazugehörige duale Kräftediagramme angab — zum Teil unter unsymmetrischen äußeren Belastungskräften, deren Aktionslinien nicht in einem Geradenbüschel liegen. Bow schlug dabei vor, die Fachwerkpolygone einschließlich der äußeren Polygone (berandet von Gurtträgern und äußeren Kraftlinien), und die ihnen dualen Ecken des Kräftenetzes mit demselben Buchstaben zu bezeichnen. Das stellte sich als eine suggestive Notation heraus, die sich zur Operationalisierung dualer Inzidenzrelationen bei der Konstruktion der Kräftediagramme als hilfreich erwies. Dieser Vorschlag, zusammen mit Bows Liste, führte dazu, daß in einem Teil der Literatur, auch im deutschsprachigen Raum, das Verfahren reziproker Diagramme nach Bow bezeichnet wurde (Föppl 1900, 26ff.).[34]

Cremonas primär theoretisch ausgerichtete Arbeit über die reziproken Figuren der graphischen Statik (1872) wandte sich an Ingenieurwissenschaftler und Studenten des Bauingenieurwesens. Sie traf auf große Beachtung nicht allein in Italien, sondern auch in Deutschland und Frankreich. Das kann nur zu einem Teil der Bekanntheit Cremonas als Wissenschaftler und seiner wichtigen Stellung (ab Ende der 1860er Jahre) beim Ausbau des technischen Hochschulwesens in Italien zugerechnet werden;[35] der Stil seiner Darstellung selbst erfüllte die Anforderungen, die an Arbeiten der theoretischen Ingenieurwissenschaften in den 1870er Jahren gestellt wurden, in hervorragender Weise.[36] Cremona verband in seiner Arbeit große theoretische Stringenz der Argumentation — größer als bei Culmann etwa — mit guter wissenschaftsdidaktischer Darstellung und eingehender Konkretisierung der Resultate unter dem Gesichtspunkt der ingenieurmäßigen Nutzbarkeit.[37] Darin war sein Stil dem von Jenkin und Bow ähnlich, auch wenn er nicht mit der angepaßten Bowschen Notation arbeitete.

So schloß die Einführung der graphischen Statik in Frankreich stark an Cremona an (Lévy 1874; Cremona 1885). In der deutschsprachigen ingenieurwissenschaftlichen Literatur wurde teils die mathematische Klarheit der Cremonaschen Arbeit hervorgehoben (Culmann 1875, V; Weyrauch 1874, 375), teils die Einfachheit der aus ihr resultierenden Konstruktion der Kräftediagramme (Ritter 1890 (2), 8ff.). Selbst der Dresdener Ingenieurwissenschaftler Otto Mohr, der sonst der projektiven Theoretisierung der graphischen Statik sehr kritisch gegenüberstand (vgl. §8), kam nicht umhin, diese seltene Kombination anzuerkennen: Er sprach von der *Maxwell-Cremonaschen Dualität als dem "Paradepferd der graphischen Statik"*, das er nur dadurch glaubte kritisieren zu können, daß er dessen theoretisch-praktische Reichweite relativierte, ohne indes die Methode direkt anzugreifen (Mohr 1875, 236). Mohrs Kritik richtete sich also nicht unmittelbar auf den eigentlichen Inhalt der Cremonaschen Arbeit, sondern auf dessen Verwendung zur Rechtfertigung des Culmannschen Theoretisierungsprogramms, das dieser zwischenzeitlich weiterzuführen versucht hatte.

§ 8 Spätere Beiträge Culmanns zur Realisierung seines Programms

8.1 Einführung algebraischer Symbolik

Culmann war sich offenbar dessen bewußt, daß seine "Graphische Statik" (1866) die angestrebte Fundierung durch Konzepte und Methoden der projektiven Geometrie nicht wirklich erreicht hatte. Er versuchte daher in den folgenden Jahren, diesem Ziel ein Stück näher zu kommen. Vom Ende der 1860er Jahre etwa datiert ein unpubliziertes Manuskript mit dem Titel "Die Statik und die neuere Geometrie" (Hs 2997:10)[1]. Dessen Ergebnisse übernahm Culmann teilweise in einen späteren Aufsatz über die Kräftezerlegung (1870). Auch gingen sie in die Überarbeitung seines Hauptwerkes ein (Culmann 1875), bei dessen Neufassung Culmann sich alle Mühe gab, die tragende Rolle der projektiven Geometrie deutlicher hervortreten zu lassen. Hinzu traten einige Neuerungen, die er in die graphische Statik einarbeitete.

Neu war in (Hs 2997:10) etwa Culmanns Versuch, eine den Konstruktionen der graphischen Statik angepaßte algebraische Symbolik einzuführen, die an der zeitgenössischen projektiven Geometrie orientiert war. Culmann startete dabei von der Beobachtung, daß in der projektiven Geometrie

> "*... das Rechnen mit Symbolen, wobei man ganze Gleichungen unter einem Zeichen zusammenfasste, um mit diesem wie mit einem gewöhnlichen algebraischen Zeichen zu rechnen, ...*" (Hs 2997:10)

besonders wichtig war. Dieser Aspekt erschien ihm sogar als so charakteristisch für die "neuere Geometrie", daß er glaubte, hierin auch den Schlüssel für eine angepaßte Algebraisierung der Relationen der graphischen Statik gefunden zu haben.

> *"Nachdem mir bei der Ausarbeitung meiner graphischen Statik die Anwendung der Geometrie der Lage so ausgezeichnete Dienste geleistet hatte, dachte ich mir oft, es werde mir die Anwendung der neueren Geometrie bei der analytischen Behandlung der Aufgaben der graphischen Statik die gleichen Dienste leisten können, wie mit derselben (...) es möglich sei, alle Sätze der Statik zu beweisen, und erwartete jeden Tag in den mathematischen Journalen einen Aufsatz, der dieses mit ihrer Hülfe ausführe. Da aber dieser Aufsatz nicht erscheinen will, so gestatte man mir hier, bis ein Mathematiker vom Fach den Gegenstand seiner Aufmerksamkeit würdige,*

zu zeigen, auf welche Weise viele dieser Sätze mittels der neueren Geometrie bewiesen werden können, indem sie häufig nichts anderes als eine mechanische Interpretation ihrer Gleichungen sind." *(Hs 2997:10, 1)*

Der letzte Teil der Bemerkung bezog sich wesentlich auf eine *Anwendung der von Lamé und Plücker benutzten Symbolik* für Geraden in der Ebene, d.h. die Abkürzung der Gleichung

$$\alpha x + \beta y + \gamma = 0,$$

durch einen Term a, und für die Darstellung des Geradenbüschels durch den Schnittpunkt der Geraden a_i

$$\alpha_i x + \beta_i y + \gamma_i = 0, \quad i = 1, 2,$$

als Linearschar

$$ma_1 + na_2 \text{ mit variablen } m, n \in \mathbb{R}.$$

Culmanns Idee war, diese Symbolik zur Darstellung der ebenen Kräftekomposition zu verwenden — nicht nur vektoriell sondern unter Einbeziehung der Lage der Wirkungslinie — da ja die Wirkungslinie der Resultante zweier Kräfte längs der Geraden a_1, a_2 im Geradenbüschel $ma_1 + na_2$ enthalten ist. Dazu verwendete er die Hesse-Normalform der Geraden a_i, beziehungsweise bei beliebigen Koordinatensystemen die verallgemeinerte Normalform mit

$$\frac{\alpha^2 + \beta^2 + 2\alpha\beta\cos\omega}{\sin^2\omega} = 1, \quad \omega = \measuredangle(y\text{–Achse}, x\text{–Achse}).$$

Eine Kraft vom Betrag A in der Wirkungslinie a symbolisierte er durch den Term Aa und bewies[2]

Satz 1 (Culmann):
Für die Resultante Ss eines ebenen Systems von Kräften $A_i a_i$ $(1 \leq i \leq n)$ gilt

$$Ss = \sum_{i=1}^{n} A_i a_i$$

(Hs 2997:10, 2; 170, 10ff.; 1875, 170f.).

Die in dieser Form nur in der Ebene mögliche Darstellung sah der vektoriellen recht ähnlich; sie enthielt aber mehr als diese, weil die Wirkungslinien a_i hier direkt und nicht lediglich bis auf Parallelverschiebung in die Rechnung eingingen. *So brachte Culmanns Satz 1 die graphische Zusammensetzung ebener Kräfte nach der Seilpolygonmethode im algebraischen Symbolismus direkter zum Ausdruck, als das eine vektorielle Darstellung hätte leisten können.* Dementsprechend erlaubte sie ihm leicht den Beweis von Sätzen, die er in der "Graphischen Statik" (1866) mit synthetischen Methoden bewiesen hatte.

So betrachtete er etwa die Teilresultanten aufeinanderfolgender Kräfte der Nummer j $(i \leq j \leq k)$

$$S_{ik}s_{ik} = \sum_{j=i}^{k} A_j a_j$$

Speziell für $i = 1$ repräsentierte $S_k s_k := S_{1k}s_{1k}$ dann die Seite eines Seilpolygons, das durch Wahl des Pols des Kräftepolygons im Ansatzpunkt der ersten Kraft (im Kräftepolygon) zustande kommt. Aus der algebraisch selbstverständlichen Beziehung

$$S_k s_k = S_{i-1}s_{i-1} + S_{ik}s_{ik}$$

folgerte Culmann nun den geometrisch weniger offensichtlichen

Satz 2:
Die Wirkungslinie der Teilresultante $S_{ik}s_{ik}$ enthält den Schnittpunkt der Seilpolygonseiten s_{i-1} und s_k (Hs 2997:10, 7; 1866, §27; 1875, §45).[3]

Damit ließen sich aus dem Seil- und Kräftepolygon auch sehr leicht die Teilresultanten mehrerer aufeinanderfolgender Kräfte ablesen.

Weiter erhielt Culmann bei der Kräftezusammensetzung,

$$S_n s_n = \sum_{j=1}^{n} A_j a_j,$$

durch Änderung der i-ten Kraft $A_i a_i$ zu $\bar{A}_i \bar{a}_i = A_i a_i + A'_i a'_i$ die abgeänderte Teilresultante

$$S'_k s'_k = \begin{cases} S_k s_k & \text{für } k < i \\ S_k s_k + A'_i a'_i & \text{für } k \geq i, \end{cases}$$

und damit

Satz 3: Bei Abänderung genau einer Kraft $A_i a_i$ zu $\bar{A}_i \bar{a}_i = A_i a_i + A'_i a'_i$ schneiden sich die Seiten s_k des alten Seilpolygons und die des neuen s'_k für $k \geq i$ auf der Wirkungslinie a'_i der Änderungskraft $A'_i a'_i$ (Hs 2997:10, 8; 1866, §29; 1875 §46).

Dieser Satz war Culmann bei Konstruktionen nützlich, in denen eine einzige Kraft zu variieren war, etwa bei Bögen der Horizontalschub. Änderungen einzelner Seiten des Seil-/Druckpolygons ließen sich aus dem geänderten Kräftepolygon gewinnen, ohne das gesamte veränderte Seil-/Druckpolygon neu zu konstruieren (1875, 176).

Diese Beispiele zeigen, daß die von Culmann gewählte Symbolisierung der ebenen algebraischen Kräftezusammensetzung den von ihm behandelten Problemen gut angepaßt war. Die Beziehung zur projektiven Geometrie blieb allerdings oberflächlich. Daran änderte auch Culmanns Beobachtung nichts wesentliches, daß die von ihm in die Fachwerktheorie eingeführte Zerlegung einer beliebigen Kraft Ss in Richtung dreier nicht durch einen Punkt laufenden Geraden a_1, a_2, a_3 nichts anderes als die statische Formulierung des Satzes der "neueren" Geometrie sei, daß sich jede Gerade der Ebene als Linearkombination aus a_1, a_2, a_3 darstellen läßt (Hs 2997:10, 14). Culmanns Anwendung der neuen Symbolik auf die Balkentheorie im letzten Abschnitt seiner Handschrift entbehrte sogar jeder projektiven Idee; sie enthielt im wesentlichen Drehmomentberechnungen, die ohne die gerade eingeführte Symbolik auch nicht weniger umständlich durchzuführen gewesen wären.[4]

Der zu Anfang der Handschrift (2997:10) formulierte Anspruch, die analytischen Methoden der projektiven Geometrie für die Statik nutzbar zu machen, war also auch durch die in diesem Manuskript entwickelten neuen Ideen nicht wirklich erreicht worden. Die Symbolik war zwar der "neueren Geometrie" entnommen, aber projektive Konzepte wurden nicht wesentlich verwendet.

Culmann könnte das unter Umständen ähnlich gesehen haben. Jedenfalls gab er sich in der schließlich publizierten Arbeit (1870) und in den Ergänzungen zu den Kapiteln in (1875) nicht mit den Neuerungen der Handschrift (2997:10) zufrieden, sondern versuchte, seine Ausführungen gerade in dieser Hinsicht weiter zuzuspitzen. Insbesondere gelang ihm hier eine ***analytische Formulierung seiner Dualitätsidee unter Zuhilfenahme der Plückerkoordinaten in der Ebene.***

Dazu betrachtete er ein ebenes Kräftesystem, dessen Wirkungslinien einen Punkt gemeinsam haben (vgl. §6.4). Bei Koordinatenwahl mit Ursprung in diesem Punkt stellte er die i-te Kraft durch einen Term $A_i a_i$ mit einer Normalformgleichung a_i der Form

$$\alpha_i x + \beta_i y = 0, \quad 1 \leq i \leq n,$$

dar. Ein zugehöriges Seilpolygon mit der nullten (ersten äußeren) Seilpolygonseite a_0,

$$\alpha_0 x + \beta_0 y + \gamma_0 = 0,$$

und zugehöriger Kraftkomponente $A_0 a_0$ besitzt die k-te Seitenkraft[5]

$$A_0 a_0 + \sum_{i=1}^{k} A_i a_i = \sum_{i=0}^{k} A_i a_i.$$

Durch Wahl von a_0 mit speziell $\gamma_0 = 1$ erhielt Culmann für die k-te Seitenkraft des Seilpolygons also die Gleichung

$$x \sum_{i=0}^{k} A_i \alpha_i + y \sum_{i=0}^{k} A_i \beta_i + 1 = 0$$

bezüglich der Punktkoordinaten (x, y), also die Gerade mit homogenen Plükkerkoordinaten[6]

$$(\xi_1, \xi_2, \xi_0) = \left(\sum_{i=0}^{k} A_i \alpha_i, \sum_{i=0}^{k} A_i \beta_i, 1 \right)$$

Die k-te Ecke des Kräftepolygons beschrieb Culmann bezüglich inhomogener Geradenkoordinaten (ξ, η) durch die Gleichung

$$\xi \sum_{i=0}^{k} A_i \beta_i - \eta \sum_{i=0}^{k} A_i \alpha_i + 1 = 0.$$

Das war Culmanns Formulierung für die vektoriell leicht nachvollziehbare Bestimmung der Ecken in Punktkoordinaten[7]

$$(x, y) = \left(\sum_{i=0}^{k} A_i \beta_i, -\sum_{i=0}^{k} A_i \alpha_i \right)$$

Sie entsprach darüberhinaus einer Angabe von homogenen Punktkoordinaten (Culmann 1870, 17; 1875, 286)

$$(x_1, x_2, x_0) = \left(\sum_{i=0}^{k} A_i \beta_i, -\sum_{i=0}^{k} A_i \alpha_i, 1 \right)$$

Daraus entnahm Culmann die analytische Beschreibung der von ihm in (1866) eingeführten Dualität von Seil- und Kräftepolygon durch die Substitution

$$x := -\eta, \quad y := \xi$$

Das war seine Beschreibung der Korrelation

$$(x_1, x_2, x_0) \longmapsto (\xi_1, \xi_2, \xi_0) = (-x_2, x_1, x_0).$$

Diese Beschreibung erlaubte Culmann in seiner zweiten Auflage der "Graphischen Statik" die Dualitätsüberlegungen durch analytische Formulierungen zu ergänzen (1875, 287ff.). Wesentlich neue Ergebnisse erhielt er dadurch gegenüber (1866) jedoch nicht, und auch die Anwendungen blieben wie schon in der ersten Auflage auf Dualitätsüberlegungen an Kurven 2. Ordnung und der Belastungskurve an elliptischen Bögen beschränkt (1875, 304ff.).

Wohl war die von Culmann gewählte Algebraisierung den graphischen Konstruktionen gut angepaßt, einzelne Beweise waren in dieser Form einfacher zu geben, und die Dualitätsidee war durchsichtiger zu formulieren. Aber der von Culmann erhoffte durchschlagende Erfolg, der offensichtlich gemacht hätte, daß in der projektiven Geometrie die geeignete mathematische Struktur der graphischen Statik gefunden war, blieb immer noch aus.

8.2 Neuauflage der "Graphischen Statik" von 1875

Als sich Culmann an die Überarbeitung seiner "Graphischen Statik" für die zweite Auflage machte, konzipierte er sein Werk grundlegend um. Er begann mit einer stärker systematisierten und erweiterten Darlegung der theoretischen Grundlagen, die nun im Gegensatz zu (1866) einen ganzen Band füllten (Culmann 1875). Darauf sollte eigentlich ein zweiter Band mit Anwendungen auf Balken, Bogen, Fachwerk und Erddruck folgen;[8] das wurde jedoch durch die schwer zu bewältigende Materialfülle und Culmanns unerwartet frühen Tod verhindert. Culmanns Schüler Wilhelm Ritter (1847–1906) arbeitete statt seiner die nachgelassenen Materialien zu einem nun selber vierbändigen anwendungsnahen Werk der graphischen Statik aus, das mehrere Jahrzehnte lang als Standardwerk anerkannt wurde (Ritter 1888, 1890, 1900, 1906) (vgl. §9.1).

Neun Jahre nach Erscheinen der ersten Ausgabe seines Buches konnte Culmann bei der Neubearbeitung nun schon erste Reaktionen auf seine Bestrebungen beobachten und von seinem Standpunkt aus bewerten (1875, Vorrede). Unbefriedigend erschien ihm, daß unter den Ingenieuren insbesondere in Süddeutschland und Preußen lediglich die pragmatische Konstruktionslehre der graphischen Statik angenommen wurde, seine Theoretisierungsvorschläge dagegen keinen Anklang zu finden schienen (1875, VIf., IXf.). Demgegenüber hob sich seiner Ansicht nach die Aufnahme der graphischen Statik in Italien positiv ab:

> *"Dort hat sie Cremona am Mailänder Polytechnikum eingeführt, und zwar in einer hohen Auffassung; er betrachtete sie nicht blos*

als praktisches Hülfsmittel um in gewissen Fällen einige Rechnungen zu ersparen, sondern als den Abschluss der geometrisch statischen Bildung junger Ingenieure." (1875, V)

Unbefriedigend erschien ihm jedoch ganz allgemein, daß sich — wie schon zu Beginn der Handschrift (Hs 2997:10) beklagt — kein Mathematiker daran gemacht hatte, die graphische Statik

"... in derselben Weise zu bearbeiten, als wie Salmon und Fiedler z.B. die Geometrie behandeln" (1875, XI).

Um den beobachteten Defiziten entgegenzusteuern, nahm er Änderungen seines ursprünglichen Werkes in viererlei Hinsicht vor:

- durch systematische Ausweitung der in (Hs 2997:10) und (1870) begonnenen algebraisch-symbolischen Problemlösung, die er in nahezu sämtlichen Abschnitten von (1875) parallel neben der graphischen Darstellung formulierte;
- durch Aufnahme der Maxwell-Cremona Dualität (1875, 313ff.);
- durch Themenerweiterung, speziell mit der Stoßrichtung, weitere projektive Konzepte einzuführen;
- und schließlich durch Verschiebung der Darstellung schon in (1866) behandelter Themen zugunsten noch stärkerer Betonung projektiver Konzepte.

Die erste dieser vier Änderungen wurde schon bei der Diskussion des Manuskripts (Hs 2997:10) (§8.1) behandelt, das Thema der zweiten ausführlich in §7 dargestellt. Für die beiden letzten soll im folgenden *je ein charakteristisches Beispiel* dargestellt werden: die neu eingeführte Diskussion der *mechanischen Spannung in graphisch-statischer projektiver Terminologie* als in (1875) neu aufgenommenes Thema, und die Diskussion der *räumlichen Kräftezusammensetzung unter dem Gesichtspunkt der Möbius-Staudtschen Nullsysteme* als Versuch eines vertieften Einsatzes projektiver Konzepte im Vergleich zu (1866). Beide Punkte erschienen Culmann selber als von systematischer Bedeutung (1875, XIIIf.); umso besser können sie als exemplarisch für die jeweiligen Änderungen angesehen werden. Sie sollen nun mit der Fragestellung ausgewertet werden, ob Culmann durch sie tatsächlich entscheidend zur Realisierung seines Theoretisierungsprogramms beitragen konnte.

Zunächst also zum ersten Punkt, Culmanns Darstellung der elastischen Spannung in projektiver Terminologie. Schon in den 1820er Jahren hatte *Augustin Louis Cauchy* (1789–1857) die Beziehung zwischen Kräfteverteilung und Deformation in belasteten Körpern unter elastostatischen und -dynamischen Gesichtspunkten mit analytischen Methoden mathematisiert und damit entscheidend zur Herausbildung der modernen mathematischen

Elastizitätstheorie beigetragen (Cauchy 1823, 1827a, b, c, 1828, 1829 u.a.). Seine Analyse führte ihn zur Charakterisierung der auf eine Schnittfläche eines Körpers mit Einheitsnormale n wirkenden Kräfte, durch eine lineare Funktion $T(n)$ mit symmetrischer Matrix $T = {}^tT$, also in späterer Terminologie auf den Spannungstensor ("1. Cauchysche Fundamentalsatz der Elastizitätstheorie") (Cauchy 1827a, 67ff.). Dies war der Ausgangspunkt für die mathematische Beschreibung:

- der Beziehung zwischen der Verformung $y(x)$ eines Körpers, beziehungsweise der durch sie hervorgerufenen Verschiebung V, definiert als

$$V_{ij} = \frac{1}{2}\frac{\partial y_i}{\partial x_j} + \frac{\partial x_i}{\partial y_j}, \quad 1 \leq i, j \leq 3,$$

  der Gesamtdehnung Spur(dy) und der ihr entsprechenden Spannung T für isotrope Kräfte durch

$$T = k \cdot V + K \text{ Spur}(dy) \cdot Id, \quad k, K \text{ Materialkonstanten (1828);}$$

- der Spannung, die in einem Körper durch die Wirkung von Körperkräften mit Beschleunigung b (z.B. Gravitation) hervorgerufen werden, durch

$$\operatorname{div} T + \rho b = 0, \quad \rho \text{ Dichte (1827c);}$$

- und der Dynamik eines elastischen Mediums unter der Wirkung von Körperkräften zugehöriger Beschleunigung b durch

$$\operatorname{div} T + \rho b = \rho \frac{\partial^2 y}{\partial t^2}$$

  ("2. Cauchyscher Fundamentalsatz") (1829).[9]

Umstritten und unvollständig waren dagegen seine Ansätze einer molekulartheoretischen Begründung der Beziehung zwischen Verschiebung und Spannung und die verschiedensten Anwendungsversuche der Theorie auf Platten, Schalen und elastische Schwingungsvorgänge geblieben.[10]

Cauchy hatte seine Methoden zunächst für die Klärung mathematisch-physikalischer Fragen entwickelt (Mechanik kristalliner Körper, Wellenausbreitung u.a.). Um die Jahrhundertmitte wurden sie dann insbesondere von *Barré de Saint Venant* (1797–1886), dem vielleicht bedeutendsten französischen Technikwissenschaftler um die Jahrhundertmitte, in die ingenieurwissenschaftliche Behandlung von Problemen der Festigkeitslehre eingeführt [Timoshenko 1953, 229ff.]. Dies markierte den Beginn einer ersten internationalen Verbreitung der Cauchyschen Theorie innerhalb der ingenieurwissenschaftlichen Literatur; im englischsprachigen Raum war darüberhinaus insbesondere Rankine mit seinem Lehrbuch der angewandten Mechanik (1858) beteiligt und im deutschsprachigen Raum F. Grashof (1826–1893), sowie der durch Grashof nach Karlsruhe geholte Alfred Clebsch (1833–1872). Clebsch verfaßte in Karlsruhe seine einflußreiche, auch von Culmann zitierte "Theorie der Elasticität fester Körper" (1862).[11]

Die Bedeutung elastizitätstheoretischer Methoden für die Bauwissenschaften war zu Beginn des letzten Drittels des 19. Jahrhunderts nicht mehr von der Hand zu weisen. Von Culmanns Standpunkt aus stellte sich daher die Alternative, entweder einen wichtigen Teil der Baustatik einem "fremden" Programm (elastizitätstheoretische analytische Mechanik der Kontinua) zu überlassen, oder gewisse Elemente aus jenem Ansatz an seine geometrische Methode zu assimilieren und dem eigenen Programm einzuverleiben. Natürlich versuchte er, den zweiten Weg einzuschlagen, soweit es ihm möglich war. Die von ihm erzielten Ergebnisse stellte er in einem eigenen Abschnitt über "Elemente der Elasticitätstheorie" dar, die er seiner überarbeiteten "Graphischen Statik" hinzufügte (1875, 513ff.).

Dort charakterisierte er die Materialspannung im Punkt O im ebenen Fall durch eine Involution des Strahlenbüschels durch O und eine "Kräfteellipse", beziehungsweise ein Polarsystem des Strahlenbündels durch O und ein "Kräfteellipsoid" im räumlichen Fall.

Culmann betrachtete etwa im räumlichen Fall ein infinitesimales Tetraeder mit Schwerpunkt in O und Seitenflächen $\boldsymbol{E}_1$, $\boldsymbol{E}_2$, $\boldsymbol{E}_3$, $\boldsymbol{E}_4 = \boldsymbol{E}$ und zeigte zunächst, daß die Vorgabe der spezifischen Kräfte σ_1, σ_2, σ_3 (also der Kräfte normiert auf die jeweilige Einheitsfläche) auf drei Flächen $\boldsymbol{E}_1$, $\boldsymbol{E}_2$, $\boldsymbol{E}_3$ ausreicht, um die vierte, σ auf $\boldsymbol{E}$, zu bestimmen. Das folgt aus der Additivität der Kräfte und dem Gleichgewichtspostulat (insbesondere Drehmoment gleich Null) (Culmann 1875, 536).[12] Weitere charakteristische Beziehungen zwischen den Kräftekomponenten entlang der Kanten des Tetraeders bei variabler Ebene $\boldsymbol{E}$, die in Cauchys Methode zu einer Beschreibung der Spannung durch einen linearen, symmetrischen Term führte (den Spannungstensor), analysierte Culmann unter rein geometrischem Gesichtspunkt insbesondere Inzidenzbeziehungen und involutorischen Systemen.[13] Sein Ergebnis war

Satz 4 (Culmann 1875, 540):
Sei O Punkt eines gespannten elastischen 3-dimensionalen Mediums, $\boldsymbol{E}$ eine beliebige Ebene durch O und $\psi(\boldsymbol{E})$ die Wirkungslinie der auf eine Flächeneinheit in $\boldsymbol{E}$ wirkenden Kraft $\sigma(\boldsymbol{E})$. Dann definiert ψ ein Polarsystem des Geradenbündels in O. Der Endpunkt $P(\boldsymbol{E})$ der in O abgetragenen Kraft $\sigma(\boldsymbol{E})$ durchläuft bei Variation von $\boldsymbol{E}$ ein Ellipsoid (das "Kräfteellipsoid").

Dies war eine Umformulierung des 1. Cauchyschen Fundamentalsatzes der Elastizitätstheorie im Rahmen projektiver Terminologie. Die Beziehung der beiden Formulierungen läßt sich leicht nachvollziehen:

Sei nämlich T der Spannungstensor im Punkt O. Bei homogenen Koordinaten im Strahlenbündel durch O,

$$x = (x_1, x_2, x_3) \text{ für Geraden,}$$
$$\xi = (\xi_1, \xi_2, \xi_3) \text{ für Ebenen}$$

$$\text{mit } x \top \xi \iff \langle x, \xi \rangle = \sum_{i=1}^{3} x_i \xi_i = 0,$$

korrespondiert der Operation des Spannungstensors T auf der Einheitsnormalen $n = (n_1, n_2, n_3)$ einer Fläche im Strahlenbündel die Korrelation

$$\xi \longmapsto x = T\xi.$$

Wegen der Symmetrie von T ist diese involutorisch vom Typ Polarreziprozität. — Culmanns Beweis für diesen Sachverhalt erfolgte wohlgemerkt eigenständig und weitgehend synthetisch-geometrisch ohne direkten Bezug auf die Cauchysche analytische Beschreibung.

Dieses Ergebnis erhielt Culmann aufbauend auf und analog zur ebenen Spannungsbeschreibung. Für den ebenen Fall konnte er leicht zeigen, daß aus Kenntnis der Kräfte α, β auf Einheitsschnitten längs zweier Geraden a, b durch den Punkt O die Kraft γ auf einen Schnitt längs einer beliebigen Gerade c durch O zu bestimmen ist (1875, 514). Jedem Strahl g des ebenen Strahlenbüschels durch O ist so eindeutig der Richtungsstrahl der Kraft $h =: \varphi(g)$ auf einen Schnitt längs g zugeordnet. Die Konstruktion zeigte Culmann, daß für einen Schnitt längs $h = \varphi(g)$ die zugehörige Kraft längs g wirkt (1875, 5f.).[14] Da er φ als projektive Korrespondenz des Strahlenbündels durch O identifizieren konnte, erhielt er

Lemma 1 (Culmann 1875, 520):
Wird in einem Punkt O eines ebenen gespannten Mediums jedem Strahl g durch O derjenige Strahl $\varphi(g)$ zugeordnet, längs dem die Kraft auf einen Schnitt längs g wirkt, so ergibt sich eine Involution im Strahlenbüschel. Der Endpunkt der in O abgetragenen Kraft auf einem Einheitsschnitt durch O längs g durchläuft bei Variation von g eine Ellipse mit Zentrum O (die "Kräfteellipse").

Culmann konnte somit *ebene Spannungen* in einer der graphischen Statik angepaßten Weise durch *Systeme von Involutionen im Strahlenbüschel und Kräfteellipsen* (in jedem Punkt), sowie *entsprechend räumliche Spannungen durch Systeme aus Polarsystemen im Strahlenbündel und Kräfteellipsoide*[15]

charakterisieren. Damit hatte er ein Teil seines Ziels, Assimilation von Grundzügen der Elastizitätstheorie (den 1. Cauchyschen Fundamentalsatz) an seine Methode und sein Programm erreicht.

Neben diesen prinzipiellen Überlegungen enthielt der Abschnitt über Elastizitätstheorie auch Kapitel über den gebogenen und den geraden elastischen Balken, sowie den elastischen Bogen. *Doch ähnlich wie im Fall der Dualität von Kräfte- und Seilpolygon (vgl. §6.4) wirkten sich Culmanns Grundsatzüberlegungen auch hier höchstens am Rande aus.* So griff er etwa für die Analyse des gebogenen Balkens weitgehend auf Darstellung und Symbolik des Lehrbuchs von Clebsch zurück (Culmann 1875, 566ff.), anstatt mit den eingeführten projektiv-gometrischen Konzepten zu arbeiten. Ebensowenig kamen diese bei seiner Analyse des elastischen Bogens zur Geltung (1875, 576ff.), die sich insbesondere als von weitreichender praktischer Bedeutung erwies. Culmanns Analyse des elastischen Bogens wurde noch Jahrzehnte später beim Bau statisch unbestimmter, zwischen zwei Widerlager fest eingespannter Bogenfachwerke benutzt.[16] *Culmanns projektive Theoretisierung der Elastizitätstheorie blieb also allem Anschein nach weitgehend folgenlos, während die von ihm entwickelten, nicht darauf basierenden Berechnungsmethoden durchaus ihren Eingang in die Ingenieurpraxis fanden.*

Es bleibt zu prüfen, ob diese schwache Ergebnisbilanz auch für die letztgenannte der vier in der zweiten Auflage angebrachten Änderungen zutrifft oder ob sie dort besser ausfällt. Da Culmann dabei auf das von Möbius und von Staudt entwickelte Konzept eines Nullsystems zurückgriff, sei hier als Voraussetzung für die weitere Diskussion zunächst ein kleiner Exkurs eingeschoben.

8.3 Exkurs: Nullsysteme bei Möbius und von Staudt

In der projektiven Geometrie waren schon seit dem Neubeginn durch Poncelets "Traité des propriétés projectives des figures" (1822) Dualitätsbeziehungen als eines der Forschungsthemen hervorgetreten. Poncelet selber hatte schon in seinem "Traité" die Polarreziprozität in der Ebene untersucht und, anschließend an Brianchon (1806), als ein wichtiges methodisches Mittel für Beweise in der neuen Geometrie vorgestellt (1822, §§186ff.). Dieser Gesichtspunkt erschien ihm sogar so wichtig, daß er ihn wenig später in einer eigenen Schrift ausarbeitete und 1824 der Académie des Sciences vorlegte (Poncelet 1829). Etwa gleichzeitig abstrahierte Gergonne aus dem bei Brianchon angedeuteten Beweisverfahren das Prinzip der formalen Dualisierung von (Inzidenz-) Sätzen (Gergonne 1824/25, 1826/27). Dieses war allerdings von einer klaren Begründung noch weit entfernt und konnte daher je nach Geschmack als heuristisches Prinzip oder als methodisches Postulat verstanden werden, das bei der nun anstehenden Klärung der Grundstrukturen der projektiven Geometrie als Orientierung dienen sollte. Die daraus resultierenden

Unklarheiten waren — neben Prioritätsfragen — Gegenstand des bekannten lang andauernden Streits zwischen Poncelet und Gergonne.[17]

Parallel zu diesen Arbeiten entwickelte ***August Ferdinand Möbius*** (1790–1868) in seinem "Barycentrischen Calcul" (1827), ausgehend von seinen homogenen baryzentrischen Koordinaten [Pedoe 1975a] und ohne die französische Mathematik der 1820er Jahre zu kennen, durch Studium der Kollineationen und Polarreziprozitäten einen eigenen Zugang zur projektiven Geometrie (1827, §§117ff., §§272ff.). So kam er — unabhängig von Gergonne — zu einer allgemeinen Auffassung des formalen Dualitätsprinzips in der projektiven Ebene (1827, §§285ff.).[18] Das schärfte seinen Blick für die strukturelle Bedeutung von Inzidenz- und Dualitätsrelationen in der Geometrie.

Als sich Möbius wenige Jahre später, aufbauend auf Poinsot (1804), mit Fragen der Statik beschäftigte, entdeckte er, daß mit räumlichen Kräftesystemen ein eigenes Dualitätsphänomen verbunden ist, das sich in gewissem Sinne der räumlichen Polarreziprozität analog verhält, ohne jedoch auf diese reduzierbar zu sein. Diese aus der Statik abstrahierte Dualität der "Nullsysteme" — in der späteren Terminologie von Staudts (1847, 191)[19] — analysierte Möbius in einem kleinen Artikel im Crelle-Journal (1833) unter geometrisch-strukturellem Gesichtspunkt und später erneut im Rahmen seines "Lehrbuchs der Statik" (1837, §§84ff.).[20]

Die Beobachtung des Dualitätsphänomens schloß an die bekannte Tatsache an, daß sich ein räumliches Kräftesystem stets auf höchstens zwei Kräfte ρ, σ reduzieren läßt, die im generischen Fall windschiefe Wirkungslinien besitzen, und nur unter speziellen Bedingungen auf

- parallele Wirkungslinien (reines Drehmoment),
- sich schneidende Wirkungslinien (Reduktion auf eine einzige Kraft möglich),
- oder gar auf Gleichgewicht

führen (Möbius 1837, §57).[21]

Dabei sind die beiden resultierenden Kräfte ρ, σ nicht eindeutig bestimmt. Das ist erst der Fall nach

- entweder der Vorgabe einer beliebigen Geraden g als Wirkungslinie von ρ (dann ist die Wirkungslinie h von σ eindeutig bestimmt) (Möbius 1833, §20),
- oder der Vorgabe eines beliebigen Punktes P, mit dem g inzidieren, und einer Ebene E, in der h liegen soll, (dann sind die Richtung von g im Strahlenbündel von P und die Lage von h in E determiniert).[22]

Möbius' Beobachtung war nun

Satz 5 (Möbius 1833, 1837):
Ein generisches räumliches Kräftesystem werde auf zwei Kräfte ρ, σ in den Wirkungslinien g, h reduziert. Dann gilt:

(i) Die Vorgabe
- von g bestimmt $h =: \psi(g)$,
- eines Punktes P von g bestimmt eine Ebene $\boldsymbol{E} =: \psi(P)$, in der h liegt ("Nullebene von P"),
- einer Ebene $\boldsymbol{E}$, in der g liegt, bestimmt einen Punkt $P =: \psi(\boldsymbol{E})$, durch den h geht ("Nullpunkt von $\boldsymbol{E}$").

(ii) ψ ist eine involutorische Korrelation ($\psi^2 = id$) des projektiven Raumes.[23]

(iii) Für jeden Punkt P (jede Ebene $\boldsymbol{E}$) geht $\psi(P)$ durch P (beziehungsweise liegt $\psi(\boldsymbol{E})$ auf $\boldsymbol{E}$): die "Nullebene" des Punktes P trifft P, der "Nullpunkt" der Ebene $\boldsymbol{E}$ liegt in $\boldsymbol{E}$.

Zum Beweis verwendete Möbius im "Lehrbuch der Statik" eine implizite Vektor-Momenten-Argumentation. Ist das Kräftesystem durch die 6 Parameter A, B, C und M, L, N charakterisiert, von denen die erste Gruppe den vektoriellen Anteil darstellt, die zweite das Drehmoment bezüglich des Ursprungs des gewählten cartesischen Koordinatensystems, so hat die Reduktion des Systems auf zwei Kräfte (X_i, Y_i, Z_i) mit Angriffspunkten (x_i, y_i, z_i) ($i = 1, 2$) die Relation

$$\begin{aligned} &L(x_2 - x_1) + M(y_2 - y_1) + N(z_2 - z_1) \\ &= A(y_2 z_1 - y_1 z_2) + B(z_2 x_1 - z_1 x_2) + C(x_2 y_1 - x_1 y_2) \end{aligned}$$

zur Folge (Möbius 1837, 97).[24]

Modern gesprochen erfüllen also die beiden Angriffspunkte x, x' der Kräfte eine antisymmetrische Bedingung vom Grad 2

$$\Psi(x, x') + \lambda(x - x') = 0,$$

λ linear, Ψ antisymmetrische Bilinearform mit Matrix

$$\begin{pmatrix} 0 & -C & B \\ C & 0 & -A \\ -B & A & 0 \end{pmatrix}$$

Bei Homogenisierung geht diese über in

$$\bar{\psi}(\bar{x}, \bar{x}') = 0$$

mit nichtentarteter antisymmetrischer Bilinearform $\bar{\psi}$.

Bei Verwendung homogener Koordinaten $x = [x_0, \ldots, x_3]$ und dualer Ebenenkoordinaten $a = [a_0, \ldots, a_3]$ wird demnach die von Möbius betrachtete Korrelation durch den der Bilinearform korrespondierenden linearen Operator

$$A : x \longmapsto a = Ax \text{ mit } {}^tA = -A$$

ausgedrückt. Dies entspricht genau der späteren Charakterisierung eines Nullsystems.

Aus (∗) las Möbius leicht ab, daß bei Vorgabe eines der Angriffspunkte der Kräfte, etwa x, der andere eine Ebenengleichung erfüllt. Daher liegt die gesamte Wirkungslinie der zweiten Kraft in dieser Ebene. Wegen der Antisymmetrie erfüllt darüberhinaus x selber die Ebenengleichung (Möbius 1837, 97ff.).

In seiner ersten Arbeit (1833) ***hatte Möbius die in der Statik entdeckte Dualität von einem ganz allgemeinen geometrischen Standpunkt aus untersucht.*** Er betrachtete dort zunächst eine allgemeine Korrelation ψ im Raum, beschrieben durch eine (inhomogene) Gleichung 2. Grades. Die Forderung an ψ, daß jeder Punkt auf seiner reziproken Ebene liegt, führte ihn auf eine antisymmetrische inhomogene Gleichung der Form (∗) (Möbius 1833, 494). In beiden Arbeiten bewies er sukzessive die Inzidenzeigenschaften der Korrelation sowie deren involutorischen Charakter (Möbius 1833, 495ff.; 1837, 122ff.). Die Terminologie "*Nullebene*" des Punktes für $\psi(P)$ wählte Möbius, weil die Geraden durch P, bezüglich denen das Kräftesystem das Moment 0 besitzt, genau diejenigen des in $\psi(P)$ liegenden Büschels durch P sind; diese erzeugen also die Ebene $\psi(P)$. Analog treffen sich die Geraden der Ebene E mit Moment 0 im Punkt $\psi(E)$ — daher "*Nullpunkt*" von E (Möbius 1837, 118).

Die von Möbius entdeckte Korrelation von Nullpunkt-Nullebene bezüglich eines Kräftesystems beziehungsweise einer antisymmetrischen Bilinearform fügte den bis dahin bekannten Dualitätsphänomenen der projektiven Geometrie (Polarreziprozität/Polarsystem, formale Punkt-Ebenen Dualität bezüglich Inzidenzaussagen) ein weiteres hinzu, das methodisch mit den Polarreziprozitäten vergleichbar war, aber doch andere Eigenschaften besaß.[25]

Karl Christian von Staudt (1798–1868) zog daraus schon in seinem ersten Versuch einer systematischen Begründung der projektiven Geometrie in seiner "Geometrie der Lage" (1847) die Konsequenz einer schrittweisen Spezifizierung der Eigenschaften von Dualitäten des projektiven Raumes, ausgehend von einer ***allgemeinen Charakterisierung der Projektivitäten*** ("projectivische Verwandtschaften") als bijektive, inzidenz- und harmonizitätserhaltende Abbildungen zwischen projektiven Räumen (1847, §§8ff.),[26] der ***Unterscheidung von Kollineationen und Korrelationen*** ("collineare bzw. reciproke projectivische Verwandtschaften") und schließlich der ***Auszeichnung der involutorischen Korrelationen/Dualitäten*** ($\psi^2 = id$) (Staudt 1847, 118). Diese konnte er nach Möbius' Entdeckung in ***Nullsysteme*** und ***Polarsysteme*** unterteilen, je nachdem sie nur Punkte besaßen, die auf ihrer reziproken Ebene liegen, oder nicht (1847, 191).

In seinen späteren Untersuchungen stellte von Staudt eine weitere Beziehung zwischen Raumkurven 3. Ordnung und Nullsystemen her, die eine neue geometrische Charakterisierung lieferte.

Satz 6 (v. Staudt 1856, 311ff.):
Zu einem Nullsystem ψ im Raum gibt es eine Kurve dritter Ordnung C_3 ("Ordnungskurve des Nullsystems") mit den Eigenschaften:

(i) Aus jedem Punkt P des Raumes gibt es genau drei Schmiegeebenen an die C_3; die drei zugehörigen Schmiegepunkte erzeugen die Ebene $\psi(P)$.

(ii) Die drei Schmiegeebenen an die Schnittpunkte einer Ebene $\boldsymbol{E}$ mit der C_3 schneiden sich in einem Punkt von $\boldsymbol{E}$;[27] dieser Punkt ist gerade $\psi(\boldsymbol{E})$.

Umgekehrt definiert jede Raumkurve 3. Ordnung auf diese Weise ein Nullsystem.

Die Einführung der Ordnungskurve erlaubte eine Betrachtung der Nullsysteme analog der Pol-Polaren Korrelation in der Ebene bzw. der Charakterisierung einer räumlichen Polarreziprozität durch die zugehörige Quadrik. Diese konkreten Beschreibungen hatten bei den Studien der Polarsysteme eine große Bedeutung gehabt. Daraus erklärt sich wohl die Faszination, die die Staudtsche Beschreibung der Nullsysteme durch kubische Ordnungskurven zunächst ausübte und die auch auf Culmann nicht ohne Wirkung blieb.[28]

8.4 Räumliche Kräftekomposition in Culmanns Neuauflage der "Graphischen Statik"

In der ersten Fassung der "Graphischen Statik" hatte Culmann die räumliche Kräftezusammensetzung über die Streckenrechnung vektorieller Anteile und Drehmomente bezüglich eines beliebig gewählten Punktes O erklärt (1866, 113ff.). Diese von Poinsot übernommene implizit vektorielle Vorgehensweise (vgl. §6.3) lag jedoch "quer" zu seinem angestrebten Theoretisierungsprogramm. Er nahm das allerdings nicht in dieser Weise wahr, sondern versuchte stattdessen, die implizit vektoriellen Operationen bei der Umarbeitung seines Buches projektiv-geometrisch zu fassen.

Dazu symbolisierte er dazu bei vorliegenden Kräftekomponenten a_i, b_i, c_i ($1 \leq i \leq n$) jede Einzelkraft zunächst in naheliegender Weise als formale Linearkombination

$$\alpha_i = a_i\xi + b_i\eta + c_i\zeta$$

mit zunächst uninterpretierten Termen ξ, η, ζ, die Resultante entsprechend durch

$$\sigma = \sum_{i=1}^{n} \alpha_i = \xi \sum_{i=1}^{n} a_i + \eta \sum_{i=1}^{n} b_i + \zeta \sum_{i=1}^{n} c_i$$

Dann argumentierte er ganz erstaunlich weiter:

> *"Damit diese Formen einen praktischen Werth erhalten, müssen sie irgendeinem geometrischen Gebilde assimiliert werden können, das mit den treffenden Kräften im Zusammenhang steht, dann wird auch von diesen Summenformeln alles gelten, was von dem geometrischen Gebilde gilt."* (1875, 165)

Diese Formulierung macht deutlich, daß sich Culmann in seiner Suche nach projektiv-geometrischen Konzepten für die Statik nicht mit einer offenen heuristischen Orientierung zufriedengab, sondern ein methodisches Prinzip verfolgte, dem er nahezu den Charakter einer *Doktrin der Assimilierbarkeit statischer Operationen und Relationen an die projektive Geometrie* verlieh.

Im hier vorliegenden Fall "assimilierte" Culmann die formale Linearkombination $a_i\xi + b_i\eta + c_i\zeta$ (die implizit vektoriell-algebraische Repräsentation der i-ten Kraft) durch Übergang zur Gleichung

$$(*) \qquad a_i\xi + b_i\eta + c_i\zeta = 0$$

und Interpretation von ξ, η, ζ als Plückersche Ebenenkoordinaten im Raum. $(*)$ repräsentierte dann das Ebenenbüschel durch den Punkt $(a_i, b_i, c_i, 0)$, also den "unendlich fernen Punkt" der i-ten Kraft, ebenso wie jedes Vielfache von $(*)$ (1875, 165). Nach Einfügung eines Korrekturterms in $(*)$ ohne Änderung der Koeffizienten,

$$a_i\xi + b_i\eta + c_i\zeta + 1 = 0,$$

ergab sich das Ebenenbüschel durch den Endpunkt der Kraft. Culmann sprach von dieser Gleichung als "Normalform des unendlich fernen Punktes der Richtungslinie der Kraft"[29] und sah darin eine adäquate Symbolisierung der Kraft. *Tatsächlich eröffnete ihm dieses Vorgehen eine in projektivgeometrische Terminologie gehüllte Variante impliziter Vektorrechnung.*

Diese Hülle brachte zwar eine Einordnung der zunächst formal eingeführten Vektorrechnung in Culmanns geometrische Doktrin mit sich; sie lieferte aber keine wesentlich neuen Gesichtspunkte, die nicht schon aus der formalen Algebraisierung zu folgern gewesen wären. *Culmanns Versuch lieferte hier also nicht mehr als eine sprachliche Hülle, die den operativen Kern des Sachverhalts eher verkleidete, als ihn durchsichtig zu machen.* Insofern muß sein Programm auch in diesem Punkt als theoretisch unfruchtbar beurteilt werden.

Das hinderte Culmann nicht daran, die synthetisch-geometrische Diskussion der allgemeinen Kräftezusammensetzung im Raum in ähnlicher Weise stärker unter das projektive Paradigma als in (1866) zu stellen und den Aufbau dieses Abschnittes aus dem Blickwinkel einer Hinleitung zu den Möbius-Staudtschen Nullsystemen neu zu ordnen. Dazu reduzierte er in (1875) jede räumliche Kraft auf eine Komponente ρ_o durch einen fest vorgegebenen Punkt O und eine Komponente ρ_E in einer fest vorgegebenen Ebene $\boldsymbol{E}$ (1875, 210). Die Kräfteaddition wurde dadurch auf die im Büschel und in der Ebene zurückgeführt, die beide in Culmanns Sinne theoretisiert und algebraisiert waren — oder zumindest schienen. Darüberhinaus ließ sich aus dieser Darstellung bei einem gegebenen räumlichen Kräftesystem das Möbiussche Dualitätsphänomen, also das zugehörige Nullsystem, ohne großen Aufwand direkt ableiten: In jeder Ebene $\boldsymbol{E}$ ist ein Punkt $P(\boldsymbol{E})$ ausgezeichnet, durch den unabhängig von der Wahl von O stets die Wirkungslinie von ρ_o läuft; und zu jedem Punkt O ist eine Ebene $\boldsymbol{F}(O)$ ausgezeichnet, in der O und ρ_E bei beliebiger Wahl von $\boldsymbol{E}$ liegen (Culmann 1875, 215ff.). Durch die Korrespondenz

$$\psi : O \longmapsto \psi(O) := \boldsymbol{F}(O), \quad \boldsymbol{E} \longmapsto \psi(\boldsymbol{E}) := P(\boldsymbol{E})$$

kann das zum Kräftesystem gehörende Nullsystem ψ definiert werden (1875, 219ff.).[30]

Culmanns Diskussion des Nullsystems bei vorgegebenem System räumlicher Kräfte gipfelte in der Darstellung der Staudtschen Ordnungskurve (Culmann 1875, 227ff., 242ff.). Als Grund dafür gab er die theoretisch befriedigende Charakterisierung der Punkt-Ebenen Zuordnung durch die Kurve an, die in so schlagender Analogie zur Pol-Polarenbeziehung stand. Noch im selben Satz traf er jedoch auch die Einschränkung:

> *"Die Beziehung eines Kräftesystems auf eine solche Curve leistet in der Praxis gerade keine besonderen Dienste, weil die benöthigten Mittelkräfte selbst ebenso leicht direct, als mittels einer solchen Curve construiert werden können ..."* (1875, 227).

Wenn er jedoch meinte, es nicht "unterlassen" zu sollen, den durch Nullsystem und Ordnungskurve gegebenen "ungemein klaren Begriff vom Zusammenhang entsprechender Punkte, Ebenen, Linien" in seinem Lehrbuch herauszuarbeiten (ebda.), so macht das deutlich, daß der von Culmann in seiner Theoretisierung angezielte "klare Begriff" nicht unmittelbar auf operationale Konsequenzen und pragmatische Nutzbarkeit abgestellt war.

An dieser Stelle zeigt sich in bisher größter Schärfe, daß *Culmann eine projektive Begrifflichkeit mit reflektiv-abbildender, manchmal sogar nur terminologischer Bedeutung als mögliche Theoretisierungsform der Statik akzeptierte, solange sie nur* — wie er an anderer Stelle formulierte — *zur Abrundung "der geometrisch statischen Bildung" der Ingenieure*[31] *beitragen konnte.* Pragmatisch nutzbare Konsequenzen des entwickelten Theoriegerüstes erschienen Culmann hingegen offenbar nicht als notwendige Voraussetzung für die Legitimität der Theoriebildung. Darin setzte sich seine Haltung von der eines Teils seiner Zeitgenossen ab (etwa Rankines) und — mehr noch — vom methodischen Konsens, der sich während des letzten Drittels des 19. Jahrhunderts mehr und mehr unter den Technikwissenschaftlern auch im deutschsprachigen Raum herausschälte (vgl. §9).

Bilanzieren wir das Ergebnis der Änderungen, die Culmann bei der Neuherausgabe seiner "Graphischen Statik" (1875) anbrachte, so tritt deutlich hervor, daß sein Theoretisierungsversuch die Problemlösungskapazitäten der graphischen Statik nicht wesentlich erweiterte, obwohl ihm in (1875) ein breiterer und vielfältigerer Einsatz projektiver Konzepte als in (1866) gelang. Zum Teil führten seine Änderungen zu einem neuen Blick auf die studierten Probleme und Veränderungen im theoretischen Umfeld. Das gilt etwa — neben der schon in (1866) behandelten Culmann-Dualität — insbesondere für seine Symbolisierung der ebenen Kräftezusammensetzung, die Darstellung der elastischen Spannung, für das einem räumlichen Kräftesystem zugeordnete Nullsystem und die neu aufgenommene Maxwell-Cremona Dualität. Die geometrische Interpretation der formal vektoriellen Kräftezusammensetzung im Raum blieb dagegen rein terminologischer Natur. Aber selbst an den Stellen, an denen Culmann eine Interpretation statischer Beziehungen in projektiv-geometrischen Begriffen gelang, blieb die neue Sichtweise erstaunlich steril. Neben den sehr geringen pragmatischen Auswirkungen zeichneten sich auch auf der theoretischen Ebene bestenfalls Bruchstücke eines lebensfähigen Forschungsprogramms ab; nicht einmal die von Maxwell und Cremona erschlossene Dualität reichte von ihrer Reichweite und Verallgemeinerungsfähigkeit für mehr aus (vgl. §7.4).

So kamen Culmanns Bemühungen kaum über eine Übersetzung graphisch-statischer Beziehungen in die Sprache der projektiven Geometrie hinaus. Sein Ansatz blieb weiterhin nicht mehr als ein erster, überwiegend begrifflich abbildender Brückenschlag zwischen den anwendungsnahen graphischen Methoden der Statik und den theoretischen Konzepten der projektiven Geometrie und wurde auch von seinem Autor noch am ehesten durch den "geometrisch-statischen" Bildungsauftrag der Theorie gerechtfertigt.

§ 9 Die graphische Statik im Disziplinbildungsprozeß der Baustatik

9.1 Selektive Rezeption der graphischen Statik und Beginn eines Alternativprogramms

Die von Culmann geforderte und vorangetriebene Systematisierung der graphischen Methoden der Baustatik fand in den 1870er Jahren eine relativ schnelle Aufnahme und internationale Verbreitung. Das geschah durch die Einführung in die Lehre an den höheren technischen Lehranstalten und durch eine Vielzahl von Lehrbüchern und Artikeln im deutschsprachigen Raum einschließlich Böhmen (Prag), in Großbritannien, den USA, Frankreich, Italien und Skandinavien.[1] Doch zeichnete sich schon von Beginn an eine Tendenz zur Abspaltung des pragmatischen Gehalts der graphischen Statik von ihrer theoretischen Untermauerung ab.

Culmann hatte das ihm Mögliche versucht, eine solche Trennung zu verhindern. Insbesondere hatte er schon frühzeitig seinen Einfluß dahingehend geltend gemacht, daß am Eidgenössischen Polytechnikum in Zürich regelmäßig Kurse in projektiver Geometrie für die Ingenieurstudenten abgehalten wurden, zunächst von Theodor Reye, ab 1867 von dem aus Prag nach Zürich berufenen Wilhem Fiedler.[2]

So bildeten sich in Zürich ab den späten 1860er Jahren enge Verbindungen zwischen darstellender und projektiver Geometrie (Reye/Fiedler), sowie zwischen projektiver Geometrie und graphischer Statik (Culmann) heraus, die sich gegenseitig ergänzten und abstützten.

Breitenwirksame Ausstrahlung gewann dies Modell jedoch zunächst nur in Italien, wo im letzten Drittel des 19. Jahrhunderts die Ingenieurausbildung — nicht zuletzt unter dem Einfluß L. Cremonas — von einer starken theoretischen Komponente geprägt wurde. Durch Cremona selber wurden auch die Fundierungsbestrebungen der graphischen Statik und der darstellenden Geometrie durch die projektive unterstützt und vorangetrieben.[3] Im deutschsprachigen Raum stieß das Züricher Vorbild hingegen trotz aller Sympathien, die insbesondere dem Fiedlerschen Vorhaben von einer Reihe bedeutender Geometer entgegengebracht wurden, insgesamt auf eine vergleichsweise schlechte Aufnahme.[4] Eine Ausnahme bildete in dieser Hinsicht lediglich die Aachener Polytechnische Schule (ab 1878 Technische Hochschule), an der in den 1870er Jahren die Verbindung von projektiver Geometrie und graphischer Statik durch Theodor Reye und seinem Nachfolger Wilhelm Stahl (1846–1894) in die obligatorischen Lehrveranstaltungen für das Ingenieurstudum getragen wurde [Hensel 1987b, 4, 10, 16]. Culmanns Hoffnung auf eine baldige Durchsetzung des projektiv geometrischen Standpunkts innerhalb der graphischen Statik blieb aber ansonsten weitgehend unerfüllt.

Im Gegenteil ging mit der schnellen Verbreitung der graphischen Statik eine Trennung zwischen der mathematisch und der ingenieurwissenschaftlich orientierten Literatur in Hand. Während sich die erstere schwerpunktmäßig mit der Beziehung zur projektiven Geometrie, insbesondere mit Dualitätsfragen, beschäftigte (Padeletti 1879, Saviotti 1888, Eddy 1878, Zeuthen 1877a, Hauck 1887), machte sich in der spezifisch ingenieurwissenschaftlichen Literatur ein überwiegend pragmatisches Verständnis von den Vorzügen der graphischen Statik breit (Ott 1870, Bauschinger 1871, Winkler 1872, Du Bois 1875, Mohr 1875, Müller-Breslau 1881, Maurer 1882, Graham 1883, Hoskins 1892, Dobbs 1897).

Während der 1870er Jahre erschien diese getrennte Aufnahme als mehr oder weniger naturwüchsiger Prozeß. So konnte der bedeutende Ingenieurwissenschafter *Otto Mohr* (1835–1918) in der Mitte des Jahrzehnts, kurz nachdem er von Stuttgart nach Dresden gewechselt hatte, in einem von ihm diagnostizierten "gewissen passiven Widerstand" innerhalb der Ingenieurpraxis gegenüber der graphischen Statik nichts "Auffallendes" sehen (Mohr 1875, 230f.). Er führte diesen Widerstand auf eine natürliche Zeitverschiebung zwischen Entwicklung wissenschaftlicher Methoden und ihrer Einführung in die Praxis zurück. Auf der wissenschaftlichen Ebene glaubte er von einer breiten Einführung graphisch-statischer Methoden sowohl in Italien als auch in Frankreich und Deutschland sprechen zu können.

Die letzte Beobachtung konnte sich allerdings nur auf die pragmatische Seite der graphischen Statik beziehen. Bezüglich des Culmannnschen Theoretisierungsversuches formulierte Mohr nämlich selber eine tiefgreifende Kritik, die dessen Bedeutung für das allgemeine Bauingenieurwesen äußerst stark relativierte, eventuell ganz in Frage stellte. Mohr griff insbesondere den methodischen Eklektizismus Culmanns an, der aus der häufig etwas unklaren Mischung projektiver und metrischer Konzepte resultierte. Er spitzte diese Beobachtung zu der durchaus konsequenten Schlußfolgerung zu:

> *"Wenn man (...) die Geometrie der Lage als Fundament der graphischen Statik proclamiert, so ergiebt sich die etwas sonderbare Konsequenz — die freilich nicht immer in voller Schärfe gezogen wird — dass alle statischen Beziehungen, welche aus der Geometrie des Masses hervorgehen, nicht zur graphischen Statik sondern zum graphischen Rechnen gezählt werden müssen."* (Mohr 1875, 234)

Mohr wies damit zum erstenmal in aller Schärfe auf den bei Culmann auftretenden Widespruch hin, der aus der tendenziellen Ablösung der mathematischen Referenztheorie (projektive Geometrie) von den bei den graphischen Operationen wesentlichen metrischen Beziehungen lag. Eine auf diese

Weise durchgeführte Theoretisierung hätte nach Mohr zur Folge, daß die graphische Bestimmung metrischer Eigenschaften aus der (theoretisch durchgebildeten) graphischen Statik ausgelagert würde. Die Alternative dazu wäre, eine solche Theoretisierung erst gar nicht weiter zu verfolgen. Mohr selber neigte der letzten Alternative mit der Konsequenz einer engen Verbindung von graphischer Statik und graphischem Rechnen zu.

Damit wurde die graphische Statik weitgehend auf den Status eines pragmatischen Instrumentariums reduziert und mußte ihre Bedeutung auf der Ebene der Rechenhilfsmittel beweisen, im Vergleich etwa zur Anwendung von Rechenschieber, -scheibe, Logarithmentafel etc. In der Tat maß ihr Mohr nur in diesem eingeschränkten Rahmen eine gewisse Existenzberechtigung bei (ebda., 236). Der von Culmann betonte Bildungswert einer theoretisch fundierten graphischen Statik erschien Mohr hingegen nur für eine Minderheit theoretisch interessierter Studenten von Interesse (ebda., 233). Selbst die Maxwell-Cremonasche Methode der reziproken Diagramme wurde von Mohr als von äußerst eingegrenzter Anwendbarkeit abgetan (ebda., 236f.). Im Ergebnis enthielt Mohrs Artikel also eine Stellungnahme, die die graphische Statik von ihrer ansatzweise erreichten Theoretisierung durch die projektive Geometrie abtrennte und der letzteren bestenfalls einen marginalen Stellenwert im Wissen der Bauingenieure zubilligte.

Mohrs Kritik am Culmannschen Programm bekam dadurch besondere Wirksamkeit, daß er kurz vorher gewissermaßen als Gegenprogramm die *Grundzüge einer linear-algebraischen Theorie der bestimmten und unbestimmten Fachwerke* skizziert hatte (Mohr 1874).[5] Nach der Unterscheidung von bestimmten ("einfachen") und unbestimmten ("zusammengesetzten") Fachwerken zerlegte er ein unbestimmtes ebenes Fachwerk mit e Knoten, k Stäben, n festen und o beweglichen Auflagern ($k > k' := 2e - 2n - o$) ideell in ein bestimmtes Teilfachwerk aus k' "notwendigen" Stäben; die übrigen $k'' = k - k'$ bezeichnet er als "überzählige" Stäbe. Waren nun die Spannungen (Kräfte) in den k' "notwendigen" Stäben bei einem System äußerer Belastungen "auf statischem Wege vermittelst graphischer Methoden oder durch Rechnung" (1874, 516) bestimmt zu $\tilde{S} = (\tilde{S}_1, \ldots, \tilde{S}_{k'}) \in \mathbb{R}^{k'}$ und ergaben sich aus der Belastung in den "überzähligen" Stäben die Spannungen $S'' = (S''_1, \ldots, S''_{k''}) \in \mathbb{R}^{k''}$, so analysierte Mohr die Wirkung von S'' auf die "notwendigen" Stäbe als eine zusätzliche Wirkung bezüglich des bestimmten Teilfachwerks, die er durch ein lineares Gleichungssystem

$$S''' = U \cdot S'', \quad U \in M(k \cdot k', \mathbb{R}),$$

beschrieb.

Damit ergab sich die Gesamtkraft in den "notwendigen" Stäben zu

$$S' = \tilde{S} + S''' = \tilde{S} + U \cdot S''. \tag{1}$$

Mohr nahm nun an, daß das Fachwerk nach einer kleinen Formveränderung ("unendlich kleine Verrückung"), deren Wirkung linearisiert werden kann, ins Gleichgewicht kommt. Bei Bezeichnung des Gesamtsystems der Kräfte durch

$$S = {}^t({}^tS', {}^tS'') \in \mathbb{R}^{k'+k''}$$

und der Längenänderungen der Stäbe durch

$$\Delta l = (\Delta l_1, \ldots, \Delta l_{k'+k''})$$

gilt nach dem Hookeschen Gesetz

$$\Delta l = S \cdot r, \tag{2}$$

mit $r = (r_1, \ldots, r_{k'+k''})$ Materialkonstanten und $a \cdot b$ komponentenweise Multiplikation von Vektoren: $a \cdot b := (a_1 b_1, \ldots, a_n b_n)$.

Aus dem "Prinzip der virtuellen Verrückung" (der Parameter S''), gewann Mohr eine lineare Gleichung für einen Satz ausgezeichneter Kräfte S_0'' in den "überzähligen" Stäben, die *Grundgleichung der linearen Theorie der unbestimmten Fachwerke* (1874, 518)[6]:

$${}^tUUS_0'' \cdot r' + S_0'' \cdot r'' + {}^tU\tilde{S} \cdot r' = 0 \tag{3}$$

Hieraus sind mit (1) die Spannungen in den "notwendigen" Stäben S' zu bestimmen.

Mohr schloß in seinen Untersuchungen den Einsatz von Methoden der graphischen Statik keineswegs aus; ganz im Gegenteil leistete er sogar zu deren Weiterentwicklung eigene wichtige Beiträge.[7] Aber er maß ihnen in der Fachwerktheorie keine dominante, sondern eine lediglich untergeordnete Bedeutung bei (etwa zur Bestimmung von S' und/oder den Koeffizienten von U). Eine speziell auf die graphischen Methoden gerichtete Theoretisierung der Baustatik erschien in diesem Rahmen als nahezu bedeutungslos. Das von Mohr eingesetzte Instrumentarium verschob den primären Bezug zur Mathematik von der Geometrie weg zur Algebra und Analysis im $\mathbb{R}^n$, implizit also etwa in Richtung der linearen Algebra und Analysis in reellen (höherdimensionalen) Vektorräumen. Diese hatten in den letzten Jahrzehnten des 19. Jahrhunderts aber nicht einmal in der Mathematik deutliches Profil angenommen.

Mohrs Arbeiten leisteten einen wichtigen Beitrag zur Herausbildung einer Theorie der unbestimmten Fachwerke, die — viel stärker als bei den bestimmten Fachwerken — mit analytischen und algebraischen Methoden arbeitete. Die Erforschung und Konstruktion unbestimmter Fachwerke stellte in den letzten beiden Jahrzehnten des 19. Jahrhunderts für die Baustatik eine größere Herausforderung dar, als die weitere Verfeinerung der Analyse der bestimmten Fachwerke [Timoshenko 1953, 316ff.]. Lediglich im räumlichen Fall blieben die bestimmten Fachwerke weiterhin noch für einige Zeit Forschungsgegenstand (Föppl 1880, 1881; Müller-Breslau 1891/92). Alles in allem bedingte dies eine Interessenverschiebung innerhalb der Baustatik, die dem Culmannschen Programm nur abträglich sein konnte.

Wie weit die Interessenverschiebung bis gegen Ende der 1870er schon Jahre gediehen war, läßt sich daran ablesen, daß selbst Culmanns Schüler und Nachfolger auf seinem Lehrstuhl in Zürich, *Wilhelm Ritter*, der den Anspruch vertrat, Culmann in seinem Theorieprogramm zu folgen, die Verwendung projektiver Methoden im wesentlichen auf die geometrische Charakterisierung elastischer Spannungen reduzierte (Ritter 1888, 3ff.). Schon im ersten Band seiner "Anwendungen der graphischen Statik" nahm Ritter von Culmanns Versuch einer Algebraisierung der Konstruktionen und Relationen der graphischen Statik nach dem Vorbild der projektiven Geometrie Abstand. Seine Begründung war so formuliert, als entspränge dieser Schritt einer Neigung zur Methodenreinheit (Ritter 1888, Vf.). Eher lag darin jedoch ein uneingestandener Hinweis auf die mangelnde Adäquatheit projektiv algebraischer Methoden in diesem Kontext. Ritter benutzte nämlich in seinem Werk analytisch-algebraische Formalisierungen, etwa bei der Diskussion elastischer Formänderungen (ebda., 141ff.) oder der Kräfteverteilung im statisch unbestimmten Fachwerk, ohne Probleme mit der Methodenreinheit zu haben (Ritter 1890, 106ff.).

Im zweiten Band seines Werkes, in dem die Fachwerktheorie behandelt wurde, spitzte sich der Gegensatz zwischen programmatischem Bekenntnis und tatsächlichen Anwendungen weiter zu. Nach einer allgemein formulierten Klage über die geringe Anerkennung der projektiven Geometrie als "naturgemässeste(r) Hülfswissenschaft der graphischen Statik" und der Forderung sie schon in den Sekundarschulen einzuführen, um hier Abhilfe zu schaffen, fuhr Ritter mit der nur scheinbar beiläufigen Bemerkung fort:

> *"... In dem vorliegenden Bande nimmt übrigens die neuere Geometrie nur eine bescheidene Stellung ein."* (Ritter 1890, VI)

Und in der Tat *verzichtete Ritter in seiner Fachwerkanalyse auf jede theoretische Diskussion von Dualitätsfragen.* Selbst die von Ritter behandelte Maxwell-Cremona Dualität wurde nach dem Vorbild der britischen Literatur aus einem ganz pragmatischen Gesichtspunkt heraus abgehandelt (Ritter 1890, 8ff.). Der theoretische Hintergrund war völlig ausgeblendet.

So zeichnete sich eine Erosion der Wirksamkeit des Culmannschen Programms schon ab, bevor die Methodendebatte im Maschinenbauwesen ihren Höhepunkt erreicht hatte und ihre auch darüber hinausgehende Wirkung entfalten konnte. Die aus der Debatte hervorgehende Umorientierung der

Technikwissenschaften in Deutschland traf also Culmanns Programm in einer sowieso schon geschwächten Position. Das konnte kaum ohne Wirkung bleiben: So fehlte schließlich im letzten von Ritter selber verfaßten Band seines Werkes[8] über Balkentheorie, das nach einiger Verzögerung erst nach oder doch ganz zu Ende der Debatte erschien (Ritter 1900), jeder Hinweis auf die projektive Theoretisierung. Die Orientierung auf die Ingenieurpraxis trat schon im Vorwort an deren Stelle.

9.2 Culmanns Programm im Lichte des Methodenstreits der Technikwissenschaften

Die Ingenieurwissenschaften des 19. Jahrhunderts waren disziplinär und institutionell auf das engste mit den Ausbildungsanforderungen für zukünftige Ingenieure verbunden. Für den deutschsprachigen Raum bedeutete das eine untrennbare Einbindung in die Entwicklung der Gewerbeschulen bzw. polytechnischen Schulen zu den späteren Technischen Hochschulen [Manegold 1969, 1976]. Daraus ergab sich für die Entwicklung der älteren technikwissenschaftlichen Disziplinen[9] im deutschsprachigen Raum ein charakteristisches Muster, das sich grob durch folgende Phasen charakterisieren läßt:

- *Gründungsphase* (etwa 1810 bis etwa Jahrhundertmitte), gekennzeichnet durch Orientierung am (zeitlich etwas früher gestarteten) französischen Modell, jedoch unter dominanter Ausrichtung an den restriktiven Praxiserfordernissen und unentwickelten Bildungsvoraussetzungen in Deutschland. Konsequenz: großes Gewicht mathematisch-naturwissenschaftlichen Elementarunterrichts, technikwissenschaftliche Literatur mit sehr geringer mathematischer Theoriebildung,[10] letztere anfangs sogar noch gekennzeichnet — selbst in der Form der Distanzierung — durch die "Technologie" des 18. Jahrhunderts und des Jahrhundertanfangs[11] [Manegold 1969, 1970]. Im Bauwesen insbesondere durch die Arbeiten Naviers vergleichsweise frühe Herausbildung eigener disziplinärer Grundlagen, Studium unter anderem von Hängetragwerken [Wagner/Egermann 1987] und Gewölben [Kurrer 1981].
- *Theoretisierungsphase* (Jahrhundertmitte bis etwa 1870), Auslagerung eines Großteils der mathematisch-naturwissenschaftlichen Grundbildung an spezialisierte Sekundarschulen (Realschulen, Oberrealschulen, Oberrealgymnasien), faktischer Ausbau der polytechnischen Schulen zu Technischen Hochschulen und Forderung nach Gleichstellung mit den Universitäten, forcierter Ausbau der wissenschaftlichen Grundlagen der technischen Disziplinen nach dem Modell der mathematischen Naturwissenschaften (Maschinenbau: Redtenbacher, Reaulaux, Grashof; Wärmekraftmaschinen: Zeuner) [Mayr 1968, 1973; Mauersberger 1980]; besonders wirksam in dieser Hinsicht das 1855 gegründete Eidgenössische Po-

lytechnikum Zürich.[12] Im Bauwesen Herausbildung der graphischen Statik und Versuch einer Fundierung durch projektiv-geometrische Methoden; charakteristische Tragstruktur: bestimmte Fachwerke.

- *Selbstfindungsphase* mit einer Hinwendung zu einer spezifisch technikwissenschaftlichen Arbeitsweise (etwa 1870 bis Jahrhundertwende), gekennzeichnet durch den Aufbau technikwissenschaftlicher Laborforschung an den Hochschulen[13] und eine stärkere Betonung empirisch-materialorientierter Gesichtspunkte im Wissensbestand der technischen Fächer. Dies war in den einzelnen technischen Disziplinen mit Kritik an den jeweils vorliegenden Methoden und der Theoretisierungsform der vergangenen Phase verbunden, die sich während der 1890er Jahre ausgehend vom Maschinenbau schließlich mit dem Unterton einer "Antimathematikerbewegung" unter den Ingenieuren und Technikwissenschaftlern zuspitzte [Hensel 1987a, b]. Parallel dazu nahm der Anteil der für den privaten Sektor ausgebildeten Ingenieure rasch zu[14] und die Technischen Hochschulen erreichten ihre wissenschaftliche Aufwertung mit der Konsequenz der Zuerkennung des Promotionsrechtes (1899) [Braun 1977]. Im Bauwesen verlor in dieser Phase die projektiv-geometrische Theoretisierung der graphischen Statik an Bedeutung; dagegen wurden analytische und linear-algebraische Methoden dominant, verbunden mit einer Verlagerung des Untersuchungsschwerpunkts auf unbestimmte Fachwerke.
- Schließlich folgte in den Jahren um und nach der Jahrhundertwende eine *Konsolidierungsphase* mit einer Weiterentwicklung der technikwissenschaftlichen Disziplinen entlang vermittelnder Positionen im Methodenstreit der 1890er Jahre [Braun 1977]. Im Bauwesen entstand unter anderem aufgrund der neuen Technik des Eisenbetonbaus und aufbauend auf die Ergebnisse des Studiums unbestimmter Fachwerke die Theorie der Rahmen- und Schalentragwerke [Kurrer 1987c].

Natürlich vergröbert diese — wie jede — Phaseneinteilung die tatsächliche historische Entwicklung stark, weil sie Ungleichzeitigkeiten und Verschiebungen zwischen den einzelnen technikwissenschaftlichen Disziplinen nicht genügend berücksichtigen kann. So erfolgte etwa in den Bauwissenschaften sowohl die eigenständige wissenschaftliche Fundierung (Navier) als auch die Ablösung von der "Theoretisierungsphase" im Vergleich zum Maschinenbau besonders früh und mit weniger Polemik verbunden. Hinzu tritt, daß die Baustatik in den 1870/80er Jahren zu den am weitesten theoretisierten Disziplinen der Technikwissenschaften gehörte, ohne jedoch den Kontakt zur Ingenieurpraxis verloren zu haben. Dadurch spielte sich die methodische Umorientierung in diesem Bereich eher disziplinintern ab und richtete sich nicht so wie im Maschinenbau gegen die Grundlagen- und Nachbardisziplin Mathematik.[15] Trotz solcher Differenzen im einzelnen prägte der Methodenstreit, der sich in den 1890er Jahren im Maschinenbau lautstark zuspitzte, insgesamt das Selbstverständnis der technischen Wissenschaften und ihre Beziehung zu den Grundlagenfächern so stark, daß wir mögliche Auswirkungen auf die Bewertung des Culmannschen Programms auch von dieser Seite in Rechnung stellen müssen. Dies gilt umso mehr, als die graphische Statik und die projektiv-geometrischen Fundierungsbemühungen Carl Culmanns paradigmatischen Charakter für die oben genannte Theoretisierungsphase in der Disziplinbildung der Baustatik besaßen.

Während der 1870/80er Jahre etablierte sich die empirisch-materialorientierte Forschung und Lehre zunächst ohne größere methodische Polemik gegenüber den älteren Theoretisierungsbestrebungen, denen gewissermaßen noch eine Nische an den Technischen Hochschulen zugestanden wurde. Die entsprechende Haltung wurde von Müller-Breslau in seinem Lehrbuch der graphischen Statik folgendermaßen zum Ausdruck gebracht:

> *"Die Geometrie der Lage, welche dem ausführlichen, nach höheren Zielen gerichteten Studium der graphischen Statik zweckmäßig zu Grunde gelegt wird, wurde nicht angewendet, weil das Werk hauptsächlich dem Praktiker gewidmet ist und kein Grund vorliegt, diesem eine mit einfachen Hilfsmitteln lösbare Aufgabe in ein gelehrtes Gewand gekleidet vorzuführen."* (Müller-Breslau 1881, IIIf.)

Erst die Konfrontation mit der internationalen Konkurrenz, insbesondere der US-Technik,[16] ließ in den 1890er Jahren die verstärkte Orientierung der Ingenieurausbildung auf empirisches Wissen notwendig erscheinen. Im Verein Deutscher Ingenieure (VDI) bildete sich nun eine Koalition von in der Industrie beschäftigten Ingenieuren mit Hochschulprofessoren heraus, die eine tiefgehende Reform der Ingenieurausbildung forderten und eine grundlegende Debatte über die Ziele der Technischen Hochschulen führen wollten. In der "Aachener Erklärung" des Vorstandsrates des VDI vom 17./18. 8. 1895 — später von der Hauptversammlung gebilligt — wurde die Forderung nach einer systematischen Verankerung von Laborpraktika und einer stärker empirisch ausgerichteten Ausbildung der Ingenieurstudenten zur offiziellen Position des Vereins Deutscher Ingenieure (VDI 1895a, b).

Zwar war die Forderung nach dem Ausbau von Laboratorien für Forschung und Lehre Anlaß der Erklärung und die Neuordnung der Ausbildung im Maschinenbau deren Hauptziel (VDI 1895a, 1213), die Erklärung erhielt aber durch ihre grundsätzlichen Erwägungen eine weit darüber hinausgehende Bedeutung. So erforderte die obligatorische Einführung des Laborunterrichts die zeitliche Beschränkung anderer Fächer (ebda., 1214); das machte die Auflösung der theoretischen Nischen nötig, die in den 1880er Jahren noch zugebilligt worden waren. In Konsequenz griff die "Aachener Erklärung" die Theoretisierungsform der vorangegangenen Phase offen an.

> *"Die ältere Lehrweise, welche die reine Wissenschaft lehrte und spätere Anwendungen den Hörern mehr oder weniger überließ, genügt den heutigen Bedürfnissen längst nicht mehr; ihr verdanken wir zwar vieles Wissen, aber das Können hat sie wenig gefördert."* (ebda., 1212f.)

Insbesondere wurde die Mathematisierung in den Technikwissenschaften und die Mathematikausbildung der Ingenieure zu einem Streitpunkt innerhalb des VDI. Wohl verteidigten einige Bezirksvereinigungen des VDI den erreichten Stand der Mathematikausbildung; die meisten Bezirke sahen jedoch die Möglichkeit einer starken Stundenreduktion auf Kosten der "höheren Mathematik". Der Vorstandsrat einigte sich demgegenüber auf eine Kompromißformel:

> *"Der Ausschuss erkennt beide Anschauungen als berechtigt an, findet aber ihren Gegensatz weniger in dem Umfange des mathematischen Unterrichtes, als in der Art, wie derselbe erteilt wird."* (VDI 1895a, 1214)

Er forderte eine Lehre der Mathematik, die weniger auf theoretische Abrundung als auf heuristische Motivation der Begriffsbildung und auf die Demonstration exemplarischer Anwendungen in den Ingenieurfächern abzielte. Andererseits vermied die "Aachener Erklärung" einer im Verband erhobenen Forderung nachzugeben, die Hochschulausbildung allein darauf abzustellen, wessen "der tüchtige Ingenieur im Durchschnitt bedarf", und erklärte stattdessen als eine weitere wichtige Aufgabe der Technischen Hochschulen

> *"... auch denjenigen, welche eine weitere Vertiefung ihres Wissens und Könnens anstreben, die Gelegenheit hierzu zu bieten ..."* (ebda., 1213).

Die "Aachener Erklärung" stellte also insgesamt eine vermittelnde Position innerhalb des im VDI und an den Technischen Hochschulen entbrannten Streits um die Methoden und Inhalte der Ingenieurausbildung und — indirekt — der Technikwissenschaften dar.[17] Der Streit wurde jedoch durch sie nicht beendet, sondern setzte sich bis zur Jahrhundertwende fort.[18] Dabei blieb die Rolle der Mathematik in der Ingenieurausbildung weiterhin bezüglich folgender Punkte umstritten:

- Mathematik als "Hilfswissenschaft" versus "Grundlagenwissenschaft",
- Einschränkung der Lehre auf Elementarmathematik versus Einführung aller Ingenieure in Analysis und analytische sowie darstellende Geometrie

(darüberhinaus Spezialvorlesungen über ausgewählte Gebiete der Mathematik wie Funktionentheorie, Potentialtheorie, Flächentheorie, mathematische Elastizitätstheorie, Mechanik etc. als Wahlangebot für theoretisch interessierte Ingenieurstudenten)

– und schließlich der Frage, ob Mathematik für Ingenieure von Mathematikern oder Ingenieurwissenschaftlern gelehrt werden soll.[19]

Hier ist nicht der Ort für eine detaillierte Untersuchung der Debatte, die in anderen Arbeiten eingehend studiert worden ist.[20] In unserem Zusammenhang ist lediglich festzuhalten, daß sich etwa mit der Jahrhundertwende — also sicher nicht zufällig kurz nach der formalen Gleichstellung der Technischen Hochschulen mit den Universitäten durch die Zuerkennung des Promotionsrechts im Jahre 1899 — eine Beruhigung der Debatte und ein neuer Konsens entlang den vermittelnden Positionen von C. Bach, A. Stodola, A. Föppl und anderen herausbildete.[21]

Selbst vom Standpunkt der konsensbildenden vermittelnden Positionen aus beurteilt, setzte die Methodendebatte der 1890er Jahre für die technikwissenschaftliche Theoriebildung Normen, die von Culmanns Vorgehensweise nicht erfüllt wurden. *Culmanns projektive Theoretisierung könnte sogar als Paradebeispiel einer Theorie gelten, die, orientiert am Formalbildungsideal der deutschen Universitäten des 19. Jahrhunderts, eher auf einen Beitrag zur intellektuellen Bildung zielte, als auf die entwurfs- oder konstruktionsrelevante Lösung von Ingenieurproblemen.* Die methodische Klärung und Neuorientierung der Technikwissenschaften trug so dazu bei, daß sich die Waage bei einer konkurrierenden Bewertung des Culmannschen Theoretisierungsprogramms einerseits und einer Mathematisierung der grundlegenden Strukturen der Baustatik durch Vektorrechnung und n-dimensionale lineare Algebra andererseits weiter zu Gunsten der letzteren verschob.

Das Ergebnis des Einflusses eines sich umbildenden methodischen Selbstverständnisses der Technikwissenschaften war jedoch keine völlige "Säuberung" der graphischen Statik vom theoretischen Hintergrund im Sinne des Culmannschen Programms, sondern lediglich ein Zurückschneiden auf ein Maß, das die nunmehr weiterhin akzeptierten Forderungen an Theoriebildung in Rechnung stellte. So fand etwa Culmanns allgemeines Theoretisierungsprogramm in Hennebergs Artikel in der "Enzyklopädie der Mathematischen Wissenschaften" über graphische Statik keine Erwähnung mehr; jedoch wurde die Maxwell-Cremona Dualität von Kräfte- und Stabdiagrammen ausführlich dargestellt (Henneberg 1903, 361–364, 379–400).

Charakteristisch für ingenieurwissenschaftliche Literatur eines breit akzeptierten theoretischen Niveaus war *August Föppls Lehrbuch "Graphische Statik"*. Dessen erste Auflage erschien im Jahre 1900 als dritter Band der "Vorlesungen über technische Mechanik" und war für mehrere Jahrzehnte von großem Einfluß. In Föppls Buch tauchte Culmanns allgemeines Programm ebensowenig auf wie dessen Dualitätskonzept, die Algebraisierung der graphischen Statik oder die projektiv-geometrische Beschreibung der elastischen Spannung. Die Maxwell-Cremona Dualität von Kräfte- und Stabdiagrammen wurde zunächst rein pragmatisch in der britischen Tradition (unter dem Titel "Bowsche Pläne") abgehandelt (Föppl 1900, 21ff.). Jedoch baute Föppl seinen Zugang zur räumlichen Kräftezusammensetzung nach dem Vorbild von (Culmann 1875) auf (vgl. §8.4), wenn auch in völlig anderem Stil. Föppls Ausgangspunkt war das Problem der Nichteindeutigkeit der Reduktion eines generischen räumlichen Kräftesystems auf zwei Kräfte ("Kräftekreuz"). Durch Studium der Variationsmöglichkeiten bei der Wahl geometrischer Bedingungen an das darstellende "Kräftekreuz" (vgl. §8.3) *entwickelte er ganz im Kontext der Statik das Konzept des Nullsystems* (ebda., 124ff.). So gewann er ohne expliziten Verweis auf übergreifende strukturelle Theorien der projektiven Geometrie einen Begriff der mit einem räumlichen Kräftesystem verbundenen Dualitätsrelation und schärfte dadurch die geometrisch-statische Vorstellungskraft für mögliche äquivalente Darstellungen durch verschiedene "Kräftekreuze".[22] Anschließend diskutierte er kurz den Zusammenhang zu Cremonas Herleitung ebener dualer Diagramme durch Projektion räumlicher nullsystemdualer Polyeder in Achsenrichtung des Nullsystems (Föppl 1900, 131f.). *Föppl hielt sich also im Aufbau an den für technikwissenschaftliche Theoriebildung geforderten Anwendungsbezug, nützte den einmal erreichten Stand dann aber auch für einen exemplarischen Einblick in tiefer liegende strukturelle Beziehungen.*

Darüberhinaus orientierte Föppl seine Darstellung der graphischen Statik nicht allein an Konzepten aus dem Culmannschen Programm. Ähnlich wie er in gemäßigter, kontextreicher Form mit räumlichen Kräftesystemen verbundene Nullsysteme diskutierte, führte er Momenten- und Kräftedarstellung durch Vektoren unter expliziter Verwendung der entsprechenden Terminologie ein.[23] An anderen Stellen griff er je nach Kontext auf Mathematisierungen aus der linearen Algebra zurück, etwa bei den Bestimmtheitsbedingungen eines ebenen Fachwerks (Föppl 1900, 204ff.) oder der Berechnung von Stabkräften in statisch unbestimmten Fachwerken nach Mohr (ebda., 316ff.), wieder an anderen auf den Eulerschen Polyedersatz (Bestimmtheitsbedingungen räumlicher Fachwerke, ebda., 242ff.), Differentialrechnung (Seilkurve und Kettenlinie, ebda., 68ff.) oder Integration (Trägheitsmoment, ebda., 89ff.). *Wie im Fall der Nullsysteme wurde dabei von Föppl der Bezug auf mathematische Konzepte stets vom Kontext her entwickelt und in Ausmaß und Tiefe von den Erfordernissen der jeweiligen Aufgabenstellung her kontrolliert.*

Eine Reduktion auf instrumentelle Verwendung lediglich elementarmathematischer Methoden hatte sich somit auch gegen Ende des Methodenstreits nicht durchgesetzt. Föppls Buch entsprach den nun vorherrschenden Anforderungen an technikwissenschaftliche Literatur so gut, daß es in kurzen Abständen mehrfach neu aufgelegt wurde und noch im Jahre 1926, also nach

Föppls Tod, in die 7. Auflage ging. Mathematische Theoretisierung der graphischen Statik war in ihm nicht aufgegeben; sie hatte aber eine sichtlich andere Form angenommen als ein Dritteljahrhundert früher bei Culmann. Insbesondere spielte die projektive Geometrie keine ausgezeichnete Rolle mehr, sondern tauchte nur noch in Andeutungen auf. Andere mathematische Theorien hatten nunmehr eine mindestens ebenso große und teilweise sogar größere Bedeutung erlangt.

9.3 Theoretisierungsstil und Fruchtbarkeit von Forschungsprogrammen

Lassen wir noch einmal die Ansätze Revue passieren, die in unserer Fallstudie aufgetreten sind, so fallen merkliche Differenzen in der Vorgehensweise auf, die sich *zwei unterschiedlichen Theoretisierungsstilen* zuordnen lassen:

(i) Theoretisierung auf der Grundlage einer früh getroffenen programmatischen Entscheidung für eine ausgezeichnete mathematische Referenztheorie (Culmann, eingeschränkt Cremona).

(ii) Tastende "lokale" Theoretisierungsansätze, in denen Methoden aus verschiedenen mathematischen Disziplinen herangezogen (und eventuell abgewandelt bzw. weiterentwickelt) werden, um sie auf Fruchtbarkeit und Tragweite hin zu untersuchen (Maxwell, in etwas abgeänderter Form auch bei Föppl); damit verbunden schrittweise tiefer greifende Theoretisierung und langsames Ausreifen der Relationen, Strukturen und Konstruktionen des betreffenden Problemfeldes (in unserer Situation etwa bei den vektoriellen Strukturen — implizit bei Mohr, explizit bei Föppl).

Die bedingte Zuordnung Cremonas zum Theoretisierungsstil (i) ergibt sich aus seiner Zurückhaltung gegenüber Culmanns zuweilen "inflationär" gehandhabter Einführung projektiv-geometrischer Terminologie. Seine Offenheit für Fragen der Anwendbarkeit des Maxwellschen Dualitätsansatzes läßt seine Vorgehensweise als eine Stilkombination von (i) und (ii) erscheinen.

Die beiden genannten Stile waren in charakteristischer Weise mit *zwei Forschungsprogrammen* verbunden:

- dem projektiven Theoretisierungsprogramm der graphischen Statik, vom Objektbereich her vorwiegend auf bestimmte Fachwerke bezogen,
- und einer linear algebraischen und vektoriellen Theoretisierung, wesentlich verbunden mit dem Studium unbestimmter Fachwerke.

Da Theoretisierung im 19. Jahrhundert nicht bloß als Systematisierungsform schon vorliegenden Wissens (wie noch in der "Technologie" des 18. Jahrhunderts) sondern als Wechselspiel von begrifflicher Fundierung und neuartigen Problemlösungen auftrat, ist die Frage nach den Gründen der unterschiedlichen Entwicklung der Programme nicht allein aus den verschiedenen Anwendungsbezügen und deren Dynamik zu beantworten, sondern muß *auch* unter dem disziplinären Gesichtspunkt konkurrierender Forschungsprogramme analysiert werden [Lakatos 1981, Hallett 1979].

Hallett gibt in seinem [1979] als *Kriterium für die Fruchtbarkeit einer mathematischen Theorie* ***T*** die beiden Bedingungen an, daß durch diese Probleme lösbar werden,

(*) die nicht erst durch ***T*** überhaupt erzeugt werden

(**) und deren Lösungen nicht von vornherein in die Konstruktion von ***T*** eingebaut wurden.

Bedingung (*) formuliert die eigentliche (theorieexterne) Fruchtbarkeit, während (**) ad-hoc konstruierte "Theorien" ausschließen soll, durch die eine ausgewählte Klasse von Problemen lediglich gewissermaßen nominell gelöst werden. Unter Bezug auf einen Beitrag Hilberts zur Grundlagendiskussion der Mathematik, in dem dieser die Fruchtbarkeit einer mathematischen Theorie durch zwei ähnliche Forderungen charakterisierte,[24] bezeichnet Hallett die Kombination der Bedingungen (*) und (**) als *modifiziertes "Hilbert-Kriterium"*. Eine Fortsetzung dieses Argumentes kann gegebenenfalls zur Beurteilung der komparativen Fruchtbarkeit konkurrierender Forschungsprogramme führen, sofern das unterschiedliche Gewicht der in den Programmen gelösten Probleme mit einiger Sicherheit feststellbar ist. Historiographisch gewendet läßt sich daraus ein Kriterium zur Entscheidung der Frage gewinnen, ob der unterschiedliche Erfolg konkurrierender Forschungsprogramme allein aus disziplinären Gründen erklärt werden kann oder nicht.

Technikwissenschaftliche Theorien teilen mit mathematischen die Eigenschaft, weniger nach ihrer Wahrheit als nach ihrer Fruchtbarkeit im Sinne des Beitrages zur Lösung von vorher aufgeworfenen Problemen bewertet zu werden. Allerdings ist bei ihnen der Problembereich nicht in vergleichbarem Maße auf die Forschung beschränkbar. Entscheidungsrelevant sind hier auch — eventuell sogar vorwiegend — diejenigen Probleme der ingenieurpraktischen Entwicklung, des Entwurfs oder der Konstruktion, bei deren Lösung theoriegeleitete wissenschaftliche Methoden erfolgreich eingesetzt werden. Die Anwendungsbezüge der Theorie müssen hier also weiter als bei Hallett gefaßt werden. Das liefert gewissermaßen eine zweite Ebene der Fruchtbarkeit eines technikwissenschaftlichen Forschungsprogramms. Entsprechend ist das von Hallett formulierte "Hilbert-Kriterium" zu erweitern.

Die Frage nach der Fruchtbarkeit technikwissenschaftlicher Theorien stellt sich demnach auf zwei Ebenen: zunächst einmal als Frage nach der wissenschaftlichen Fruchtbarkeit, etwa im Sinne des Beitrages der vorgegebenen Theorie zur sinnvollen Eingrenzung und Lösung disziplinärer Probleme (d.h. als Forschungsprogramm), sowie als Frage nach dem Beitrag der Theorie oder ihrer Resultate (den Problemlösungen der ersten Ebene) zur Lösung ingenieurpraktischer Probleme.

Unter diesem Gesichtspunkt *erscheint Culmanns Programm* zwar nicht als völlig erfolglos, aber doch *als von äußerst eingeschränktem Erfolg.* Auf der ersten Ebene, der Forschung in der graphischen Statik, wurde im wesentlichen *ein* relevantes Problem gelöst, die Vereinfachung und selbstkontrollierende Konstruktion dualer Kräftediagramme bestimmter ebener Fachwerke. Die Grundidee der Lösung entstand darüberhinaus nicht einmal im Rahmen des Programms der projektiven Theoretisierung (Maxwell), sie wurde jedoch schlüssig in Culmanns Programm integriert (Cremona). Allerdings war das Ergebnis der wissenschaftlichen Problemlösung ohne Schwierigkeiten aus dem theoretischen Kontext herauslösbar und pragmatisch beschreibbar (Bow, Ritter). In die Lösung von Problemen der zweiten Ebene, das heißt der Ingenieurpraxis, gingen Ergebnisse des Theoretisierungsprogramms daher gar nicht mehr direkt, sondern bestenfalls noch indirekt ein — in der Form pragmatischer Resultate ohne Verwendung theoretischer Konzepte oder Methoden.

Nun muß dies dem auf die Technikwissenschaften übertragenen Hilbert-Kriterium nicht notwendigerweise widersprechen. Allerdings ist die weitgehende Einschränkung auf die Lösung *eines* Problems der ersten Ebene, beziehungsweise einer einzigen Problemklasse der zweiten Ebene, ein klarer Beleg dafür, daß die projektive Theoretisierung nur von beschränkter Fruchtbarkeit war. Culmanns eigene Beiträge zu seinem Programm erwiesen sich zum großen Teil als Assimilationsversuche extern generierter Konzepte, die in der graphischen Statik schon auf der Ebene der wissenschaftlichen Forschung keine entscheidenden Hilfen bei der Problemlösung mit sich brachten und auch in der Ingenieurpraxis nicht zum Tragen kommen konnten.

Dem stand bald die *linear algebraische und (zunächst implizit) vektorielle Theoretisierung* gegenüber. Sie bildete sich zwar nur schrittweise heraus und trat zunächst mit weniger deutlichem programmatischen Anspruch auf, konnte aber doch in der zweiten Hälfte der 1870er Jahre für kurze Zeit als *konkurrierendes Theoretisierungsprogramm* zu Culmanns Konzept erscheinen. Im folgenden Jahrzehnt (der "Selbstfindungsphase") setze es sich dann sehr schnell als das erfolgreichere durch,[25] sodaß es nicht zu einer längeren zeitlichen Überschneidung, verbunden mit eingehenderen Auseinandersetzungen um die komparativen Vor- und Nachteile der Programme kam.

Dabei muß hier offen bleiben, ob dies allein aus einer disziplinären Überlegenheit auf einer oder sogar beiden Ebenen technikwissenschaftlicher Theoriebildung im Sinne des genannten Kriteriums erklärt werden kann. Wenn das nicht der Fall ist, müßten andere Faktoren entscheidend zur Klärung herbeigezogen werden, insbesondere wohl der Einfluß der Methodendebatte. Sollte letzteres zutreffen, so wären die mit den Programmen verbundenen Theoretisierungsstile unter dem Einfluß der ideologisierten Debatte unmittelbar mit Erfolg beziehungsweise Mißerfolg der Programme verbunden.

Läßt sich aber schon auf den Wissensstand der 1880er Jahre bezogen eine disziplinäre Überlegenheit der linear algebraischen Theorie belegen,[26] so wäre immer noch ein *Zusammenhang zwischen Theoretisierungsstil und Erfolgschance der Programme* festzustellen, allerdings dann indirekter als in der ersten Variante. Schon a priori geht ja der Theoretisierungsstil (i) mit einem hohen Risiko einher, an wesentlichen Problemstrukturen des Bezugsfeldes vorbei zu arbeiten, die möglicherweise erst durch detailliertere Arbeit etwa im Sinne des flexiblen, explorativen Stiles (ii) herausgearbeitet werden könnten. Culmanns Arbeiten waren gerade in dieser Hinsicht von beträchtlichen Mängeln gekennzeichnet. Culmann reflektierte das mit seinem Vorgehen verbundene Risiko allem Anschein nach deswegen nicht, weil ihm dieses durch seinen festen Blick auf das Ziel einer durch die Theoretisierung zu erreichenden Formalbildung, also durch ein eher "ideologisches" Motiv, verdeckt wurde. Demgegenüber erscheint das mit dem Theoretisierungsstil (ii) verbundene Risiko insgesamt als geringer. Jedoch bringt eine langsame Programm- und Theoriebildung auch das umgekehrte Risiko mit sich, daß ein großer Teil der lösbaren Forschungsprobleme eines potentiellen Programms schon während der langen Ausreifungsphase gelöst werden, bevor die explizite Theoriebildung erfolgt, und so eine "zu spät" konstituierte Theorie auf der Ebene der Forschung keine entscheidenden neuen Ergebnisse mehr hervorzubringen vermag. Im Unterschied zur Mathematik wäre bei den Technikwissenschaften unter Umständen ein Erfolg auch in einem solchen Falle noch möglich; nämlich dann, wenn durch die Theoriebildung die Lösung von Anwendungsproblemen merklich erleichtert wird.

Der Theoretisierungsstil (ii) wird natürlich in einer ganzen Reihe von Fällen Ansätze hervorbringen, die wieder verworfen werden, bevor sie zur Ausbildung eines Forschungsprogramms führen (in unserem Fall etwa bei Maxwell). Bei einer solchen Vorgehensweise mag auch eine Rolle spielen, daß dem Problemfeld eine Komplexität unterstellt wird, die eine geschlossene Mathematisierung als unwahrscheinlich oder gar unmöglich erscheinen läßt. *Die Theoretisierung entstünde dann lediglich über die Verbindung einer Vielzahl verschiedenartiger mathematischer Methoden und Modelle, deren Integration durch die betreffende technikwissenschaftliche Disziplin zu leisten wäre.* Dies scheint etwa für die Vorgehensweise Föppls und einen Teil der "reifen" Technikwissenschaften nach dem Methodenstreit zuzutreffen.

Die in unserer Fallstudie angetroffene enge Verbindung von technikwissenschaftlichem Forschungsprogramm und Mathematisierung im Sinne des Stils (i) ist daher allem Anschein nach für die Theoriephase der Technikwissenschaften im 19. Jahrhundert charakteristisch und nach der Jahrhundertwende in dieser Art wohl kaum mehr anzutreffen. Wenn sich dieser Eindruck bestätigt, bleibt allerdings immer noch *die Frage, ob in der durch den Methodenstreit markierten Wende der Technikwissenschaften nicht auch ein tiefgreifender Anspruch verschüttet wurde, der sich etwa bei Culmann auf pragmatische Ziele überschreitende Bildung richtete* und dem sich die spezifisch mathematische Theoriebildung unterordnete.

Kapitel III

Mathematik und Mathematisierung von Natur- und Technikwissenschaften im 19. Jahrhundert

Vorbemerkungen

Die in den beiden ersten Kapiteln untersuchten Fälle natur- oder technikwissenschaftlicher Mathematisierungen unterscheiden sich nicht nur bezüglich Kontext und verwendeter Mathematik, sondern auch in ihrer jeweiligen methodischen Vorgehensweise und — nicht zuletzt — ihrer längerfristigen Wirksamkeit. Diese unter vielen Aspekten deutlich hervortretende Distanz kann bei einer Auswertung der Fallstudien vielleicht dazu beitragen, daß nicht einzelnen markanten Zügen der vorliegenden Fälle vorschnell allgemeine Bedeutung unterstellt wird. Bei Wahrung der notwendigen Zurückhaltung gegenüber einer raschen Fixierung scheinbar allgemeiner Aussagen in dem komplexen Feld der Beziehungen zwischen Mathematik als eigener Wissenschaft und sogenannten Anwendungsfeldern, erscheint ein vorsichtig generalisierender Kommentar hier aber wohl durchaus als angebracht.

Die Vorgehensweise wird dabei folgende sein: Zunächst werden noch einmal diejenigen Züge der ersten Fallstudie herausgestellt, die gerade im Kontrast zur zweiten besonders hervortreten (§10.1). Das wird den Anlaß für einige grundsätzliche Erwägungen zur Beziehung zwischen Mathematik im engeren Sinne und den sogenannten Anwendungen in anderen Wissensgebieten geben. Dabei wird die traditionelle Entgensetzung von "reiner" und "angewandter" Mathematik hinterfragt und an deren Stelle eine Auffächerung in zwei sich ergänzende Paare von Gesichtspunkten vorgeschlagen ("autonome — heteronome" und "selbstreferentielle — fremdreferentielle" Mathematik) (§10.2). Das führt uns noch einmal auf die Frage zurück, wie sich die Mathematisierungsprozesse der beiden untersuchten Fälle unter dem Gesichtspunkt dieser Kategorien darstellen, zunächst einmal im Sinne einer knappen, resümierenden Interpretation gewisser Züge des in den Kapiteln I und II dargestellten historischen Materials (§10.3). Ein solches Resümee enthält naturgemäß nichts grundsätzlich Neues; doch scheint die Einordnung sowohl des Culmannschen Theoretisierungsprogramms der Baustatik als auch die der Mathematisierung der Kristallographie in den Umbau des mathematischen Disziplinensystems im 19. und beginnenden 20. Jahrhundert mit den vorgeschlagenen Kategorien klarer zu werden als ohne sie. Der Versuch einer solchen Einordnung folgt in §11, in dem das traditionell als Beziehung von "reiner" und von "angewandter" Mathematik bezeichnete Terrain noch einmal aus einer übergreifenden Perspektive beleuchtet wird.

§ 10 Mathematisierung der Kristallographie und der graphischen Statik — vergleichende Beobachtungen und ein Vorschlag zur Terminologie

10.1 Vier Beobachtungen und eine Vermutung zur Beziehung zwischen Kristallographie und Gruppentheorie

Als Culmann seinen Theoretisierungsversuch der graphischen Statik eröffnete, fand er in der projektiven Geometrie einen theoretischen Zweig der zeitgenössischen Geometrie vor, der anfänglich aus der von Monge und seinen Schülern systematisierten, anwendungsnahen darstellenden Geometrie herausgewachsen war, sich aber mittlerweile weit von den Anwendungen entfernt hatte. Für Culmann lag daher die Vorstellung nahe, daß die projektive Geometrie, wie andere Teile der Mathematik, gegenüber ihren möglichen Anwendungen gewissermaßen lediglich ein Stück Vorlauf gewonnen hatte. Dabei glaubte er, schon durch einige wenige, zumeist an Dualitätsphänomene anschließende Ansatzpunkte innerhalb der Baustatik den Beweis für die Möglichkeit fruchtbarer Anwendungen der projektiven Geometrie antreten zu können.

Bei der Mathematisierung der kristallographischen Symmetriekonzepte war die Lage völlig anders. Dort entwickelte sich — wenn man denn in dieser Situation überhaupt vergleichen will — in der ersten Hälfte des 19. Jahrhunderts bei der Ausarbeitung von Symmetriekonzepten eher umgekehrt ein Vorlauf der mathematischen Kristallographie gegenüber der Mathematik im engeren Sinne, der von Fachmathematikern für lange Zeit nicht einmal zur Kenntnis genommen, geschweige denn disziplinär eingeholt wurde. Damit soll der mathematische Charakter eines großen Teils der Untersuchungen etwa von Frankenheim, Hessel, J.G. Graßmann oder Bravais nicht in Frage gestellt werden; aber es bleibt festzustellen, daß nicht allein deren Fragestellungen der Kristallographie entnommen waren, sondern die Arbeiten insgesamt durch Heuristik und bedeutungsstiftende Bezüge weiterhin ihrem Herkunftsgebiet verbunden blieben.

Innerhalb der Geometrie im engeren Sinne der von Fachmathematikern betriebenen Forschung und Lehre wurde "Symmetrie" wie bei Legendre als Spiegelsymmetrie verstanden. So konnten die geometrischen Kristallographen des frühen 19. Jahrhunderts zwar an die bis in die griechische Antike zurückreichende Tradition des Studiums der regulären und halbregulären Körper anschließen, die ja auch in der Renaissance und bei Kepler weitergeführt worden war; aber es gab innerhalb der zeitgenössischen Mathematik kein passendes Forschungsprogramm, geschweige denn eine geometrische Teildisziplin, auf die sie sich in ähnlicher Weise hätten berufen können wie Culmann auf die projektive Geometrie. Sie mußten ganz im Gegenteil die ihren kristallographischen Fragestellungen entsprechende geometrische Forschung erst einmal selber betreiben. So entstanden *innerhalb der Kristallographie* reichhaltige Studien endlicher Symmetriekonfigurationen des $\mathbb{E}^3$, beginnend mit Haüys morphologischem "Symmetriegesetz" bei der Blätteraufschichtung auf die "hypothetischen Kerne" seiner Kristallstrukturtheorie (vgl. §1.2). Wenig später nahm Weiß diese Idee auf und entwickelte sie unter dem Gesichtspunkt "gleichwerthiger Flächen" bezüglich eines Achsensystems weiter. Haüy und Weiß erhielten auf diese Weise zunächst — untereinander verschiedene — implizite Charakterisierungen der 7 holoedrischen Kristallklassen 0^*, D_{4h}, D_{2h}, C_{2h}, C_i, C_{6h}, D_{3h}, die von Weiß zunächst tastend, später weiter ausgearbeitet und durch Hinweis auf die hemiedrischen Kristallklassen T_d, T_h, O ergänzt wurden (vgl. §1.4).

Das von Weiß eröffnete kristallgeometrische Forschungsprogramm führte zur Aufstellung der 32 Kristallklassen durch Frankenheim (1826) — implizit also auf sämtliche Untergruppen der 7 Holoedrien (vgl. §1.5) — und zur Aufstellung einer kompletten Liste der endlichen Punktsymmetriesysteme durch Hessel (1830) — also auf eine implizite aber sehr deutliche Charakterisierung der endlichen orthogonalen Gruppen des $\mathbb{E}^3$. Hessels Liste wurde — mit einer kleinen Einschränkung — später von Bravais (1849) unabhängig noch einmal neu abgeleitet (vgl. §§2.3, 3.2). Bravais löste darüberhinaus im Rahmen seiner Modernisierung der atomistischen Theorie das Symmetriekonzept der Kristallographie von der Einschränkung auf bloße Punktsymmetriesysteme und betrachtete räumliche Symmetriekonfigurationen unendlich ausgedehnter 3-fach periodischer Molekülsysteme. Das entsprach implizit dem Übergang vom Studium endlicher orthogonaler Gruppen zu semidirekten Erweiterungen der Kristallklassen durch zugehörige verträgliche Translationsgitter (vgl. §3.4).

Fassen wir das zusammen in

Beobachtung (i):
Die geometrische Kristallographie leistete in der ersten Hälfte des 19. Jahrhunderts durch eigenständige Entwicklung von Symmetriekonzepten und das Studium endlicher Punktsymmetriekonfigurationen, einschließlich der zugehörigen symmetrischen Polyeder, einen bemerkenswerten Beitrag zur euklidischen Geometrie. Dieser war keinem von Fachmathematikern betriebenen zeitgenössischen Forschungsprogramm einzuordnen. Wohl nicht zuletzt aus diesem Grunde wurde er innerhalb der disziplinären Gemeinschaft der Mathematiker kaum beachtet.

Unter dem Gesichtspunkt des Symmetriebegriffs war daran besonders bedeutsam, daß nun neben der Spiegelsymmetrie *nicht bloß weitere einzelne geometrische Relationen* auch als "Symmetrien" bezeichnet wurden, sondern daß durch die morphologische Bindung an Theorien des Kristallaufbaus von vorneherein *ganze Symmetriesysteme* betrachtet wurden. Die geometrischen Kristallographen bildeten *in diesem Sinne ein "systemisches" Symmetriekonzept* heraus, das eher an Keplers Ideen anschloß als an Legendres.

Ein solches systemisch gefaßtes Symmetriekonzept wurde zuerst von Haüy in seiner atomistischen Theorie des Kristallaufbaus formuliert und erreichte den Höhepunkt seiner (gruppentheoretisch) impliziten Entwicklungsphase in Bravais' Arbeiten um die Jahrhundertmitte. Bemerkenswerterweise fand es aber in den Jahrzehnten um die Jahrhundertmitte zwischen Haüy und Bravais seine weiteste Entfaltung nicht in dem von Haüy begründeten atomistischen Forschungsprogramm sondern im dynamistischen Programm der Kristallographie. Die von der dynamistischen Hypothese nahegelegte Fragestellung nach Art und Aufbau strukturierter Kräftesysteme, aus der die vorgefundenen Kristallgestalten erklärt werden können, legte geometrische Modellierungen nahe (Achsen- und Kräftesysteme samt ihren Symmetrien), die allgemein genug waren, daß sie nicht durch Besonderheiten der postulierten Gestaltbildungsgesetze (wie etwa bei Haüy) behindert wurden, und dabei doch für den Zweck mathematischer Untersuchungen ausreichend klar fixiert waren (vgl. §2).

Beobachtung (ii):
Sowohl die atomistische als auch die dynamistische Philosophie hatten eine positive heuristische Bedeutung bei der Erarbeitung des systemischen Symmetriekonzept der geometrischen Kristallographie. Die dynamistische Auffassung legte durch die Suche nach strukturierten Kräftesystemen dabei eine für die Mathematisierung des Symmetriekonzepts besonders gut geeignete Modellierung nahe. Daraus ergab sich ein deutlich positiver, wenn auch indirekter Einfluß der idealistischen Naturphilosophie auf das mathematische Denken des frühen 19. Jahrhunderts.[1]

Die mathematische Explizierung der kristallographischen Symmetriekonzepte im Sinne des Gruppenbegriffs wurde durch Jordans "Mémoire sur les groupes des mouvements" (1869) eingeleitet und durch Sohncke, Minnigerode und Schoenflies (1889, 1891a) sehr erfolgreich fortgesetzt (vgl. §5). Eine ganz entscheidende Bedingung für diesen Erfolg lag darin, daß die Kristallographie vorher schon selber reiches Material an impliziten Gruppenstrukturen herausgebildet hatte, insbesondere hinsichtlich der Kristallklassen und der Bravaisschen Raumsymmetriesysteme. Das unterschied die Mathematisierung der Kristallographie im letzten Drittel des 19. Jahrhunderts einschneidend von Culmanns Theoretisierungsversuch der Statik, der durch den Versuch, eine weitgehend "fertige" Theorie gewissemaßen von außen in die Baustatik zu importieren, vielleicht ebenso behindert wie gefördert wurde. Dagegen kam Schoenflies' Ausarbeitung der Raumgruppentheorie, als der der zeitgenössischen theoretischen Mathematik am engsten verbundene Beitrag zur Mathematisierung der geometrischen Kristallographie, keineswegs als ein Versuch daher, das "Licht der Theorie von außen"[2] in die Kristallographie hineinzutragen. *Schoenflies' Erfolg lag somit viel weniger in einer "Anwendung der Gruppentheorie auf die Kristallographie" als vielmehr in der begrifflichen Ausarbeitung der in den kristallographischen Arbeiten schon recht weit getriebenen, aber immer noch implizit belassenen und keineswegs bis zu voller Konsequenz entwickelten, auf Gruppenprinzipien basierenden Ansätze.*

Beobachtung (iii):
Die Entdeckung der kristallographischen Raumgruppen war ebenso Explizierung der Symmetriekonzepte der geometrischen Kristallographie, wie deren Vertiefung und Erweiterung durch die Gruppentheorie. Der weit entwickelte Stand implizit gruppentheoretischer Ansätze in der Kristallographie war eine wichtige Bedingung für die Möglichkeit des erfolgreichen Einsatzes der Gruppentheorie bei der Theoretisierung der geometrischen Kristallographie.[3]

Der Phase eines intensiven Einflusses der jungen Gruppentheorie auf die Kristallstrukturtheorie im letzten Drittel des 19. Jahrhunderts ging ein kaum weniger *intensiver Einfluß in umgekehrte Richtung* voraus. Bravais' Kristallstrukturtheorie diente Ende der 1860er Jahre nachweislich als Anregung und Materialvorlage für die erste explizite Formulierung des Gruppenbegriffs innerhalb der Geometrie durch Jordan (1869) (vgl. §§4.1, 4.2). Natürlich war dies kein bloßer Anstoß von außen. Auch in anderen Teilen der Geometrie waren genügend viel Ansätze impliziten Gruppendenkens vorhanden, daß Bravais' Ausarbeitung der Symmetriesysteme unendlicher diskreter Molekülsysteme lediglich eine katalysatorische Rolle spielen mußte. Darüberhinaus erscheint es aufgrund inhaltlicher Affinitäten gut möglich, daß Bravais' Idee einer Charakterisierung der Struktur diskreter Molekülsysteme durch ihre Symmetriekonfigurationen bei der Herausbildung der programmatischen Idee des Kleinschen "Erlanger Programms" einen gewissen förderlichen Einfluß hatte (vgl. §4.3).

Insgesamt gelangen wir zu

Beobachtung (iv):
Dem Einfluß der geometrischen Gruppentheorie auf die Kristallographie des letzten Drittels des 19. Jahrhunderts ging kurz vorher ein Einfluß in umgekehrte Richtung voraus. Die bis um die Mitte des Jahrhunderts in der Kristallographie erarbeitete Charakterisierung von Symmetriekonfigurationen trug

nachweislich zur expliziten Formulierung des geometrischen Gruppenbegriffs bei. Darüberhinaus förderte sie möglicherweise die Herausbildung des Kleinschen Metaprogramms einer Charakterisierung der Struktur geometrischer Theorien durch zugrundeliegende Transformationsgruppen.

In den Beobachtungen (i) bis (iv) tritt immer wieder aus verschiedenen Blickwinkeln der hohe Eigenanteil der geometrischen Kristallographie an der Ausarbeitung geeigneter Mathematisierungen für ihren Objektbereich hervor. Das reichte bis zur Aufstellung und Bearbeitung kleinerer geometrischer Forschungsprogramme. Im Gegensatz zu den projektiv-geometrischen Methoden in der graphischen Statik *erscheint daher hier die Formulierung einer "Anwendung eines Stückes reiner Mathematik" als schief und unangebracht.* Wir werden darauf im nächsten Abschnitt zurückkommen (§10.2). Vorher soll aber noch eine weitere Spur aufgenommen werden, die noch einmal spezieller auf die gegenseitige Beeinflussung kristallographischen und mathematischen Denkens gegen Ende des 19. Jahrhunderts eingeht, auch wenn sie nicht zu einer ebenso klaren resümierenden Beobachtung führen wird wie die bisherigen.

Der Einfluß der Kristallographie bei der Aufnahme des Gruppenbegriffs in die Geometrie schlug sich in der Terminologie "holoedrischer" und "meriedrischer Isomorphismus" nieder, die gegen Ende des 19. Jahrhunderts und zu Anfang des 20. üblich war (vgl. §4.3). Es erscheint darüberhinaus durchaus als möglich, daß es weitergehende, wenn auch weniger leicht identifizierbare Einflüsse bei der Übernahme der Sprechweise von "Strukturen" in die Mathematik gegeben hat.

Unbestreitbar besaß die Orientierung der Kristallographie des 19. Jahrhunderts auf Ausarbeitung der den Erscheinungen zugrundeliegenden Strukturen eine deutliche methodische Parallele zur begrifflichen Orientierung, die sich in der reinen Mathematik des 19. Jahrhunderts durchzusetzen begann und die in unserem Jahrhundert ihre Fortsetzung fand. Die Herkunft der Strukturterminologie in der Mathematik liegt noch ziemlich im Dunkeln. Jedoch weist T. Hawkins schon darauf hin, daß dem (spätestens) seit Bourbaki verwendeten Gebrauch des Wortes eine Phase der *innermathematischen* technischen Verwendung vorausging, bei der nicht allgemein von "Strukturen der Mathematik" die Rede war sondern vergleichsweise speziell etwa von der "Struktur von Liealgebren" [Hawkins 1982]. Diese Terminologie wurde Anfang der 1890er Jahre geprägt, als französische Mathematiker begannen, sich die Lie-Killingsche Theorie "der Zusammensetzung" (Lie) bzw. "der Gestaltung/des Baus" (Killing) der Liealgebren aus halbeinfachen Unteralgebren und nilpotenten Idealen anzueignen und neu zu begründen [Hawkins 1982, 160f., 172ff.]. Auf Empfehlung von Darboux, Picard und J. Tannery verbrachten eine Reihe soeben graduierter Studenten der Ecole Normale Supérieure einen Studien- und Forschungsaufenthalt in Leipzig, um durch direkten Kontakt mit Lie und Engel Zugang zu diesem neuen schwierigen Gebiet zu finden. Die beiden ersten aus dieser Gruppe, Vessiot und Tannenberg, wählten in einer Besprechung von Lies "Theorie der Transformationsgruppen" (1888) beiläufig den französischen Ausdruck "structure de la groupe" für Lies "Zusammensetzung der Gruppe" (Vessiot/Tannenberg 1889, 137). Wenig später wurde diese Terminologie von Elie Cartan aufgenommen. So erschien dessen Dissertation, in der die Lie-Killingschen Ergebnisse neu begründet wurden, unter dem Titel "Sur la structure des groupes des transformations finis et continus" (Cartan 1894). Schon vorher hatte Cartan in einer Zusammenfassung der Arbeit in den Comptes Rendus (1893a, b) dieselbe Terminologie verwendet. Durch seine späteren Arbeiten trug er entscheidend zur weiteren Aufklärung dieser Struktur sowie zur Verankerung der Bezeichnung in der mathematischen Fachterminologie bei.

In diesem Zusammenhang ist nun auffällig, daß *in der Kristallographie die Sprechweise von "structure des cristaux/ Krystallstructur" weit vor der Einführung analoger Formulierungen innerhalb der Mathematik* verwendet wurde. Schon Haüy verwendete für die in seiner Theorie konstruierte, hinter den Phänomenen liegende, mathematisierbare Erklärungsebene die Bezeichnung "la structure du cristal" (Haüy 1801, 20ff.; 1822 53ff.; etc. — vgl. §1.2). Durch die Weißsche Übersetzung wurde diese Terminologie auch im deutschsprachigen Raum zugänglich. Möglicherweise wurde sie aber in die vom Dynamismus inspirierte Tradition erst durch Frankenheim eingeführt.[4] Im Französischen war sie in jedem Falle schon längst akzeptierte kristallographische Fachterminologie, als Bravais sie im Sinne der Gittertheorie zu verwenden begann ("structure interne des corps cristallisées" , Bravais 1851).

Schoenflies' Arbeiten (1888b, 1890, 1891a) verbanden Idee und Terminologie der Kristallstruktur mit neuesten mathematischen Konzepten und deuteten die methodische Parallele zu Kleins Metaprogramm der Geometrie an (vgl. §§5.3, 5.4). Schoenflies faßte die "Structur" als "räumliche Anordnung der constituierenden Molekeln" auf (1891a, 237), die durch eine kristallographische Raumgruppe beziehungsweise zugehörige charakteristische Orbits oder Pflasterungen mathematisch abgebildet wird (ebda., 609ff.). So verband sich für ihn die "reine Structurtheorie" mit der Theorie der kristallographischen Raumgruppen (vgl. auch §5.5). Durch sein Buch "Krystallsysteme und Krystallstructur" (1891a) wurde darüberhinaus die Strukturterminologie einem größeren mathematischen Publikum bekannt gemacht. Obwohl sie aus der Kristallographie stammte und noch immer fest in diese eingebunden blieb, gewann sie dabei starke mathematische Konnotationen.

Es ist mir nicht bekannt, ob sich Vessiot, Tannenberg oder Elie Cartan auf irgendeine Weise mit Arbeiten der zeitgenössischen Kristallographie beschäftigten. Unabhängig von der Beantwortung dieser Frage war in jedem

Fall seit der Publikation von Jordans Mémoire (1869) ein intensiverer Kontakt zwischen den Disziplinen und steigendes Interesse für die mathematischen Grundlagen der Kristallographie auch unter Mathematikern zu verzeichen. Hinzu trat die inhaltliche Nähe zwischen den begrifflich orientierten Bestrebungen innerhalb der Mathematik und der auf die "Struktur" gerichteten theoretischen Forschungen der Kristallographie. Beides zusammengenommen legt die Vermutung nahe, daß die Übertragung von Lie und Killings "Zusammensetzung/Bau" der Liealgebren in das Französische durch "structure de la groupe" von der analogen Formulierung der Kristallographie angeregt worden sein könnte oder doch zumindest daraus ihre Plausibilität bezog. Ähnliches wird man für ihre Verbreitung und Akzeptierung in der mathematischen Fachterminologie annehmen können.

So gesehen kann es durchaus mehr als Zufall gewesen sein, daß die Sprechweise von "Strukturen" innerhalb der Mathematik zuerst im Bereich der Gruppentheorie auftrat. Die Gruppentheorie stellte in den 1890er Jahren ja eine wesentliche Brücke zwischen Mathematik und Kristallographie her, die in Schoenflies' weitgehender Identifizierung von "reiner Structurtheorie" (des Kristallaufbaus) und Raumgruppen zum Ausdruck gebracht wurde. In diesem Kontext mag in Cartans "structure de la groupe" möglicherweise noch ein indirekter und leicht gebrochener terminologischer Reflex der "Struktur" der Kristallographie durchscheinen.

Zur Überprüfung dieser *Vermutung* wäre natürlich noch ein breites kultur- und sprachgeschichtliches Feld nach parallelen und alternativen Einflüssen zu untersuchen, wenn uns nicht einzelne Quellenfunde zu Hilfe kommen, in denen uns die Autoren der neuen Terminologie ihre Gründe und Motive direkt mitteilen. Als gesicherte Beobachtung können wir aber auch jetzt schon folgende ***methodische Übereinstimmung*** festhalten: Ähnlich wie die Kristallographie in den Raumgruppen, den regulären Punktmustern und den isoedrischen Pflasterungen ihrem Gegenstandsbereich angemessene "Strukturen" gefunden zu haben glaubte, begann die Mathematik des 19. Jahrhunderts einfache "Strukturen" in ihren Gegenständen und Konstruktionen herauszuarbeiten. Sie bemühte sich auf diese Weise, nicht nur ihr eigenes Objektfeld intelligibel zu organisieren, sondern gleichzeitig damit ihren Beitrag dazu zu leisten, daß — wie einer der Großen des 19. Jahrhunderts formulierte — die Arbeit an vertiefter Naturerkenntnis

> *"... nicht durch die Beschränktheit der Begriffe gehindert und der Fortschritt im Erkennen des Zusammenhangs der Dinge nicht durch überlieferte Vorurteile gehemmt wird"* (Riemann 1854/1867, 286).

Die "Strukturen" der Kristallographie hatten aufgrund ihrer inneren Klarheit durchaus die Chance, als Paradigma für die Erkenntnis von "Strukturen" in den Wissenschaften überhaupt zu erscheinen — dies umso mehr, als noch immer Reste der von der naturphilosophischen Sichtweise nahegelegten Faszination weiterwirkten, die die Kristallographie zu Jahrhundertbeginn auf andere Wissensgebiete ausgeübt hatte. Insofern sollte es nicht überraschen, wenn die in der Kristallographie schon lange bewährte Terminologie in andere Wissengebiete, wie etwa die Mathematik, ausgestrahlt hätte.

10.2 Autonome Mathematik und heteronome Mathematisierung

In der Mathematisierung der kristallographischen Symmetriekonzepte des 19. Jahrhunderts haben wir eine interaktive, beinahe dialogische Beziehung zwischen kontextgebundener Mathematisierung und innermathematischer Begriffsbildung vorgefunden, die durch die Formulierung einer Beziehung zwischen "reiner" und "angewandter" Mathematik nur sehr schlecht erfaßt wird. Verschiedene Gründe lassen diese Bezeichnungsweise als unglücklich, weil mit unzutreffenden Konnotationen belegt, erscheinen.

Zunächst einmal handelt es sich bei der Zusammenstellung "rein — angewandt" um ein schiefes komplementäres Begriffspaar, das vielfältigen Anlaß zu kalauernden Modifikationen in zwei Richtungen gegeben hat und weiterhin gibt ("rein — unrein", "abgewandt — angewandt"). Die erstgenannte Umwandlung, die in der Landauschen Variante ("Schmieröl-Mathematik")[5] eine relativ weit bekannte karikierende Zuspitzung erfahren hat, enthält neben ihrer bestechenden Sprachlogik und einer Portion Arroganz auch ein kleines Stück methodischer Wahrheit.[6] Um diese offenzulegen, ist zunächst das pejorative Element aus der Negation von "rein" zu entfernen; dadurch geht "unrein" in "gemischt" über. Nun ging der im 19. Jahrhundert üblichen Unterscheidung von "reiner" und "angewandter" Mathematik in den Wissenschaften der Aufklärungsperiode tatsächlich eine Unterscheidung von "reiner" und "gemischter" Mathematik ("mathématiques pures/mixtes") voraus. Ein solcher Gegensatz hatte insofern Sinn, als die "mathématiques mixtes" methodische Mischformen aus mathematischer Deduktion beziehungsweise symbolischem Kalkül und aus empirisch-beobachtenden Wissen waren.[7]

Gegen Ende des 18. und zu Beginn des 19. Jahrhunderts wurde beim Übergang zur bürgerlich-industriellen Gesellschaft das angewandte Wissen zusammen mit den damit verbundenen Praktiken in hohem Maße verändert und dynamisiert. Nun wurde der Versuch gemacht, die entstehende offene Situation einer nicht prognostizierbaren Entwicklung der Anforderungen im Anwendungsbereich durch ***Autonomsetzung der Wissenschaften, und dabei insbesondere der "reinen" Mathematik***, zu bewältigen. Durch deren stärkere Trennung von den Anwendungen sollten die Voraussetzungen für einen theoretischen "Vorlauf" geschaffen werden, der wiederum als für die Lösung zukünftiger, zur Zeit noch unbekannter Anwendungsprobleme für nötig erachtet wurde. Dieses Konzept bekam im deutschsprachigen Raum in Verbindung mit der Philosophie des Neuhumanismus besonderes Gewicht[8] und legte die *Vorstellung einer zumindest weitgehend unidirektionalen Beziehung zwischen vorab entwickelter "reiner" Mathematik und nachfolgenden mathematischen Problemlösungen in den Einzelwissenschaften nahe*; *die treffend durch die Formulierung "Anwendung" wiedergegeben werden konnte.*

Es zeigt sich jedoch bei näherem Hinsehen, insbesondere im Fall der Kristallographie und Gruppentheorie, daß ein solcher unidirektionaler Bezug selbst in der zweiten Hälfte des 19. Jahrhunderts nicht als typisch angenommen werden darf (vgl. auch §10.3). Zur Vermeidung unzutreffender Konnotationen erscheint es daher sinnvoll, auf andere Kategorien zurückgreifen zu können als auf die der "reinen" beziehungsweise "angewandten" Mathematik.

Gehen wir dabei zunächst einmal von der Wissenschaftsauffassung des 19. Jahrhunderts aus, so ist festzustellen, daß die Abgrenzung der "reinen Wissenschaft" von ihren "Anwendungen" - nicht nur im Falle der Mathematik — zunächst durch die Bestimmung einer *autonomen Wissensgewinnung* erfolgte, die lediglich indirekt gesellschaftlich vorgegebenen Zwecken zu folgen hatte. Die "Anwendungen" unterlagen dagegen in unmittelbarer Form vorgegebenen Zwecken und waren insofern *heteronom.*[9]

Zunächst unterscheidet sich ja die Mathematik als eigenständige Wissenschaft von den Mathematisierungsvorhaben und Ergebnissen in anderen Wissensgebieten oder gesellschaftlichen Praktiken dadurch, daß erstere aus dem jeweiligen Entwicklungsstand der Disziplin heraus *autonom gesetzte Ziele* verfolgt, die nur äußerst vermittelt äußeren Beeinflussungen unterliegen, während letztere notwendig *heteronome Zwecke* verfolgen, die dem gerade betrachteten Gebiet entstammen.

Vom Wissenstyp her macht sich — nicht notwendig in Deckung mit der ersten Unterscheidung — zumindest seit dem 19. Jahrhundert der Gegensatz geltend, daß die Mathematik als eigenständige Wissenschaft ihr Wissen grundsätzlich ohne Außenbezug, also strikt *selbstreferentiell* zu begründen versucht. "Anwendungen" der Mathematik werden dagegen nur durch expliziten oder impliziten Kontextbezug verständlich und handhabbar. Sie erhalten insbesondere erst auf diese Weise ihre Bedeutung und enthalten daher starke *fremdreferentielle* Elemente. Die Frage der Selbst- oder Fremdreferenz ist dabei nach den Gesichtspunkten der Begründung und des Kontextes, der dem Wissen seine Bedeutung verleiht, getrennt zu stellen und gegebenenfalls unterschiedlich zu beantworten.[10]

Ohne dies an dieser Stelle ausführen zu können, sei nur als Erläuterung hinzugefügt, daß ein Großteil der Fundierungsbemühungen der Mathematik seit Beginn des 19. Jahrhunderts als Versuch zu verstehen ist, den angestrebten selbstreferentiellen Charakter mathematischen Wissens zu realisieren.[11] Der fremdreferentielle Charakter "angewandter" Mathematik tritt auf der anderen Seite insbesondere dort deutlich hervor, wo Objekte oder Verfahren verwendet werden, die (noch) nicht Gegenstand ausgebildeter mathematischer Theorien sind, von professionellen Mathematikern häufig als konfus, unverständlich oder gar widersprüchlich angesehen werden, während sie vom "Anwender" aufgrund einer heuristischen Leitung durch die Kontextreferenz durchaus konsequent eingesetzt werden können. Die Symmetriekonzepte bei C.S. Weiß, zum Teil noch bei Hessel und Fedorov, sind Beispiele für diesen Typ in unserem ersten Fall. Weitere Beispiele liegen auf der Hand.[12] Der fremdreferentielle Charakter mathematischen Wissens ist allerdings nicht notwendig an solche intuitive, synkrete Konzepte gebunden; auch Modellierungen, die in einer der autonomen Mathematik entlehnten Sprache formuliert werden, aber ihre *Bedeutung* erst durch den Kontextbezug im "angewandten" Wissensgebiet erhalten, sind als weitere Variante (schwach) fremdreferentieller Mathematik anzusehen.

Unter Bezug auf diese doppelte Differenzierung autonom — heteronomer sowie selbstreferentiell — fremdreferentiell läßt sich nun feststellen:

(i) Was traditionell als "angewandte" Mathematik bezeichnet wird, setzt sich grundsätzlich durch ihren *heteronomen* Charakter gegenüber der *autonomen* ("reinen") Mathematik ab.

(ii) Die *autonome ("reine") Mathematik* ist seit dem ausgehenden 19. Jahrhundert weitgehend *selbstreferentiell* begründet. Das war sie aber nicht schon immer. Von der frühen Neuzeit bis in das 18. Jahrhundert hinein waren große Teile der damaligen "reinen" Mathematik aufgrund der ontologischen Bindung der Geometrie, der undefinierten, auf Geometrie, Physik und/oder philosophische Spekulationen bezogenen Verwendung reeller oder gar infinitesimaler Größen etc. schon von ihrer Begründung her auf *Fremdreferenz* angewiesen. Die kritische Strömung des ausgehenden 18. und beginnenden 19. Jahrhunderts machte darauf aufmerksam und begann mit einer schrittweisen Annäherung an das Ideal einer selbstreferentiellen Wissensbegründung. In dem Maße, wie eine Annäherung an dieses Ziel erreicht wurde, traten Fragen nach der Bedeutung des Wissens und der Rechtfertigung mathematischer Wissensproduktion stärker hervor.

(iii) *Heteronome ("angewandte") Mathematik ist zum Teil sowohl von ihrer Begründung als auch von ihrer Bedeutung her fremdreferentiell* (z.B. bei Weiß, Hessel und anderen). Zum Teil nimmt sie durch Modellierung nach dem Vorbild der autonomen Mathematik *von ihrer Begründung her einen selbstreferentiellen Charakter* an, bleibt aber *von ihrer Bedeutung her fremdreferentiell* und behält in diesem Sinne einen *schwach fremdreferentiellen Charakter*. Nach der Institutionalisierung der "angewandten Mathematik" in eigenständigen Lehrstühlen, später Instituten, innerhalb des disziplinären Rahmens der Mathematik hat ein bedeutender Teil der heteronomen Mathematik das Ideal der selbstreferentiellen Begründung übernommen. Fremdreferenz tritt dort dann nur noch über die Kontexte auf, aus der die betrachteten mathematischen Konstruktionen, Modelle oder Problemlösungen ihre Bedeutung beziehen. Fremdreferentielle Mathematik im starken Sinne wurde seitdem weitgehend in die anderen (mathematisierenden) Disziplinen abgedrängt.

(iv) *Die Grenzen zwischen "reiner" und "angewandter" Mathematik verfließen* im wesentlichen aus zwei Gründen:

a) Die innerhalb der eigenen Disziplin (Mathematik) betriebene "angewandte" (heteronome) Mathematik hat seit längerem von ihrer Begründung her überwiegend selbstreferentiellen Charakter angenommen, unterscheidet sich daher *aus dieser Sicht* nicht mehr wesentlich von der "reinen" (autonomen).

b) Vom Resultat her beurteilt, das heißt unter dem Kriterium der tatsächlichen Anwendbarkeit, ist eine prinzipielle Unterscheidung nicht möglich. Teilergebnisse autonomer mathematischer Forschung finden Anwendungsbezüge, während sich nicht alle Resultate der heteronomen Forschung als anwendbar erweisen. Es bleibt also in dieser Hinsicht lediglich ein gradueller Unterschied.

(v) Die Verlagerung der grundlegenden Unterscheidungslinie von "rein–angewandt" zu "autonom–heteronom" bedeutet keine Verlagerung auf die individuell-subjektive Ebene, ein offensichtlich sehr flüchtiges Medium. Durch die Institutionen der Forschung auf den verschiedensten Ebenen (Forschungsprojekte, -programme, Teildisziplinen, Forschungsgruppen, Institute, Finanzierungs- und Förderungspolitik usw.) gewinnen die Forschungsziele eine gesellschaftliche und disziplinäre — freilich nicht von Zielsetzungen der beteiligten Personen unabhängige — Realität. Zwar bleiben die Grenzen auch unter diesem Gesichtspunkt fließend; dennoch ist die Unterscheidung vorhanden und auch grundsätzlich erkenn- und nachvollziehbar.

Bevor wir zur Diskussion einige allgemeinerer Fragen der Beziehung zwischen autonomer Mathematik und heteronomer Mathematisierung übergehen, soll vorher noch einmal auf dem Hintergrund der skizzierten Kategorien der Theoretisierungsversuch der graphischen Statik durch Culmann betrachtet und in aller Kürze der erfolgreichen Mathematisierung des Symmetriebegriffs der Kristallographie gegenübergestellt werden.

10.3 Zum Vergleich der Ergebnisse der Fallstudien

Culmanns Vorgehen bei seinem Theoretisierungsversuch der graphischen Statik entsprach einer heteronomen mathematischen Theoriebildung, die sich so stark an den Ergebnissen der projektiven Geometrie orientierte, daß Culmann das für heteronome Mathematik naheliegende Primat der fremdreferentiellen Bedeutsamkeit streckenweise aus den Augen verlor und seine Arbeiten selber zum Teil mathematisch selbstreferentielle Züge annahmen. Culmanns Umgang mit räumlichen Kräftesystemen, insbesondere die Charakterisierung der Nullsysteme durch die Staudtschen Ordnungskurven, steht exemplarisch dafür (vgl. §8.4). Das Gewicht fremdreferentieller Mathematisierung in dem von ihm vertretenen Programm blieb dagegen relativ gering. Das war bei der schottischen Gruppe von Wissenschaftlern, die sich auch mit Dualitätsfragen der graphischen Statik befaßte (Rankine, Maxwell, Jenkin und andere), ganz anders (vgl. §§7.1, 7.2). Die unter dem Gesichtspunkt fremdreferentieller Bedeutung wichtigste Methode, die der Maxwell-Cremonaschen dualen Kräftepläne, stammte aus dieser Tradition und wurde erst von Cremona in Culmanns Programm integriert (vgl. §§7.3, 7.4).

Culmanns Vorgehen krankte also — allein unter dem Gesichtspunkt des Theoretisierungsprogramms betrachtet — ***an einem Mangel weiter- und tiefergehender fremdreferentieller Mathematisierungen, die es hätte einbeziehen, aufklären oder in Gang setzen können.*** Das Muster des in diesem Rahmen abgelaufenen Austauschs von Wissen, Konzepten und Problemen entsprach weitgehend dem Bild einer unidirektionalen "Anwendung" der projektiven Geometrie auf die Statik. Der wissenschaftlich und praktisch geringe Erfolg des Culmannschen Programms resultierte weitgehend aus der mangelnden Breite und Tiefe von Mathematisierungen mit fremdreferentieller Bedeutung.

Ganz anders war die Situation im Fall der geometrischen Kristallographie. In ihr entstanden eine Vielzahl fremdreferentieller, das heißt hier kristallographisch relevanter, Mathematisierungsschritte von Haüy und Weiß bis zu Hessel und Frankenheim (vgl. §1). Bevor noch ein Bezug zur zeitgenössischen autonomen Mathematik entstand, wurden aus der Kristallographie heraus deutliche Schritte zu einer tendenziell selbstreferentiellen Fundierung der involvierten Mathematik unternommen. Dabei entstanden gewissermaßen "Inseln" mathematisch autonomer Forschung in einem insgesamt heteronom bestimmten Rahmen. Die Beiträge J.F. Hessels ("Strahlensysteme"), J.G. Graßmanns ("geometrische Combinationslehre") und A. Bravais' ("räumliche Symmetrien von Molekülgittern") ragen in dieser Hinsicht deutlich hervor (vgl. §§2, 3).

Als Jordan, Lie und Klein den Gruppenbegriff in die Geometrie einführten (vgl. §4) — der erste durch einen direkten Kontakt mit den Bravaisschen Ergebnissen angeregt — war dies ein bedeutender Schritt für die zeitgenössische autonome Mathematik. Daran knüpften nun in der 1880er Jahren *Schoenflies* und *Fedorov* in durchaus unterschiedlicher Weise an und ***schufen durch ihre Klassifikation der kristallographischen Raumgruppen/Raumsymmetriesysteme eine Vertiefung, Erweiterung und Fundierung der in der Kristallographie verwendeten Symmetriekonzepte.*** Sie folgten dabei weitgehend selbständig gewordenen, sich überschneidenden Programmen, ohne deren fremdreferentielle Bedeutung aus den Augen zu verlieren. So gesehen handelte es sich dabei also um eine autonome Vertiefung eines Stückes fremdreferentieller Mathematik. Fedorov, der vom zeitgenössischen mathematischen Leben weitgehend isoliert arbeiten mußte, konnte und wollte dabei aus naheliegenden Gründen in der Richtung mathematisch autonomer Begründung der Forschungsziele nicht so weit gehen wie Schoenflies.[13]

Die globale Figur der Beziehung zwischen Mathematik und Kristallographie läßt sich also kurz wie folgt zusammenfassen: Aus ersten heteronomen Mathematisierungsschritten der Kristallographie entwickelten sich zu autonomer Begründung drängende mathematische Ansätze, die erst nach einer Verzögerung von fast einem halben Jahrhundert im disziplinären Kernbereich der autonomen Mathematik zur Kenntnis genommen wurden und dort ihre Wirkung entwickelten. Umgekehrt gab die autonome, disziplinäre Mathematik nach Herausbildung der Grundzüge des geometrischen Gruppenkonzeptes den Impuls an die heteronome Mathematik zurück. In den aus autonomem Geist geschriebenen, aber fremdreferentiell bedeutsamen Arbeiten Schoenflies' wurde dieser Impuls weitgehend gebündelt. *Insgesamt trat hier also, um einen großen Autor des vergangenen Jahrhunderts zu paraphrasieren, die Situation ein, daß nicht nur der Gedanke zur Wirklichkeit drängte, sondern auch die Wirklichkeit zum Gedanken.* Das war beim Theoretisierungsversuch der graphischen Statik durch die projektive Geometrie ganz anders; dort war nämlich nur die erste der beiden Bedingungen erfüllt.

Ohne vorschnell verallgemeinern zu wollen, darf dieser Unterschied doch allem Anschein nach als charakteristisch angesehen werden. Das führt auf folgende

These:
Fruchtbare Beziehungen zwischen autonomer ("reiner") Mathematik und heteronom mathematisierenden Einzelwissenschaften sind in der Regel nicht unidirektional, sondern tragen eher dialogischen Charakter. Etwas paradoxer formuliert: *Fruchtbare Anwendungen der Mathematik sind in der Regel gar keine* — bei näherem Hinsehen entpuppen sie sich als komplexe Neuschöpfungen.

Zur Untersuchung und Darstellung von Fällen, die dieser These widersprechen, ist hiermit aufgefordert. — Vor Abschluß dieser Arbeit sollen hier aber noch einige allgemeinere Fragen der Konstellation von autonomer und heteronomer Mathematik im 19. Jahrhundert angesprochen werden.

§ 11 Bemerkungen zur autonomen und heteronomen Mathematik im 19. Jahrhundert

11.1 Entdeckung der Autonomie der Mathematik zu Beginn des 19. Jahrhunderts

Die neuzeitliche Mathematik war bis in die ersten Jahrzehnte des 19. Jahrhunderts durch das starke Gewicht der heteronomen mathematischen Wissensgebiete ("gemischte Mathematik": Astronomie, Mechanik, Kartographie, Geodäsie, Navigation, Chancenkalkül, Architektur usw.) geprägt. Trotz aller rhetorischen und tatsächlichen Orientierung an der griechischen Mathematik hatten auch die Gebiete der "reinen" Mathematik (insbesondere Geometrie, Algebra, Analysis) keineswegs den Stand einer ähnlich selbstgestützten Fundierung erreicht, wie das für das antike Vorbild gegolten hatte. Am deutlichsten war dies vielleicht für die Infinitesimalrechnung, die bekanntlich im 18. Jahrhundert trotz aller Begründungsschwächen mit reellen Größen und — anschließend an Leibniz — auf eine nie ganz geklärte, aber auch nie endgültig verbannte Ontologie der infinitesimalen Größen gestützt arbeitete und sich in letzter Instanz durch ihre fremdreferentiell bedeutsamen Ergebnisse legitimierte. Die Algebra arbeitete mit den durch geometrische Anschauung und Konstruktion gestützten reellen und den von Status und Logik noch weniger geklärten imaginären Größen. Selbst die Geometrie, die in der Antike eine für die damalige Situation sehr weit gehende selbstreferentielle Begründung erhalten hatte, war durch die Einflüsse der Scholastik und der Renaissance so stark ontologisiert worden, daß sie in der frühneuzeitlichen Mathematik in einen fremdreferentiellen Rahmen eingebunden war [Toth 1979a, 56ff.]. Einzige Ausnahme bildete in dieser Hinsicht die Zahlentheorie. Sie wurde allerdings bis zum Ende des 18. Jahrhunderts nur sporadisch betrieben und gewann erst etwa zu dieser Zeit den Rang einer eigenen Teildisziplin der Mathematik [Weil 1983].

Mit der Wende zum 19. Jahrhundert änderte sich das einschneidend; etwa ab dieser Zeit entwickelten sich (europäisch) international starke Strömungen, die die Autonomie mathematischer Wissensbildung betonten. Damit war die Fremdreferenz in der begrifflichen Begründung wichtiger mathematischer Theorien nicht mehr zu vereinbaren und der Verweis auf die Fremdreferenz zum Nachweis der Bedeutung mathematischer Theorien nicht mehr notwendig. Es entstanden neuartige Forschungsprogramme und neue Teildisziplinen, deren gemeinsamer Nenner die Orientierung auf die Durchsetzung einer selbstreferentiellen theoretischen Vertiefung und Begründung ihres jeweiligen Wissensgebietes war.[1] Darüberhinaus bildete sich mit dem neuen Selbstverständnis der Disziplin eine neue Gewichtung der Teilgebiete untereinander heraus.

In der Analysis wird ein solcher Einschnitt etwa durch die Vorlesungsausarbeitungen Cauchys an der Ecole Polytechnique und die Arbeiten Bolzanos zur rein analytischen Grundlegung der reellen Analysis, sowie Cauchys und Gauß' Grundlegung der komplexen Analysis markiert [Grabiner 1981; Verlay 1978], in der Algebra durch die Bemühungen um Fundierung der komplexen Zahlen, die Beweisversuche des Fundamentalsatzes der Algebra [Bašmakova 1960; Novy 1973; Schneider 1981] und das beginnende Studium allgemeinerer mathematischer Strukturen, die in verschiedenen Kontexten implizit vorher schon aufgetreten waren, wie etwa im Falle der Diagonalisierbarkeit symmetrischer Matrizen [Hawkins 1974], der Substitutionsgruppen von Wurzeln [Dahan 1980/81] etc. In der Geometrie ergab sich gleich ein mehrfacher Einschnitt: durch den Umschlag der Bemühungen um die Widerlegung der antieuklidischen Hypothese des Parallelenaxioms in die positive Setzung nichteuklidischer Geometrien, die Etablierung der projektiven Geometrie als einer neuen Teildisziplin und die Gaußschen Ansätze zur Ausarbeitung des eigenständigen Charakters der differentialgeometrischen Flächentheorie.[2]

Bemerkenswerterweise entstanden die genannten Ansätze mit wenigen Ausnahmen in den 1820/30er Jahren. In diese zwei Jahrzehnten fallen eine Reihe markanter Einschnitte für die weitere Entwicklung der Mathematik. Sie wurden jedoch - mit Ausnahme von Cauchys Beginn einer Neubegründung der Analysis und Poncelets Etablierung der projektiven Geometrie — noch für längere Zeit in der mathematischen Öffentlichkeit kaum beachtet und teilweise sogar völlig ignoriert. Erst ungefähr ein Dritteljahrhundert später, also kurz nach der Jahrhundertmitte, wurde die durch sie begonnene Neuorientierung mathematischer Forschung in voller Breite aufgenommen. Das führte dann mit entsprechender zeitlicher Verzögerung im letzten Drittel des vergangenen und ersten Drittel des 20. Jahrhunderts zu einer fundamentalen Umstrukturierung des gesamten Disziplinensystems der Mathematik und der Herausbildung der "modernen" strukturorientierten Mathematik.

Es bedarf ohne Zweifel einer Reihe weiterer historischer Einzelstudien, bevor eine generalisierende Zusammenfassung des Szenarios der disziplinären Transformation von der "klassisch-neuzeitlichen" zur "modernen" Mathematik einschließlich einer Bestimmung der kausalen und finalen Gründe, die diesen Übergang herbeiführten, geleistet werden kann. Gleichwohl zeichnet sich schon beim jetzigen historiographischen Forschungsstand zumindest ein Teil des Hintergrundes der abgelaufenen disziplinären Transformation ab. Hier soll, dem Thema dieser Arbeit entsprechend, das Verhältnis zwischen "reiner" (autonomer) und "angewandter" (heteronomer) Mathematik unter diesem Gesichtspunkt kurz und ohne jeden Anspruch auf Vollständigkeit diskutiert werden.

Die Heranreifung fachimmanenter Voraussetzungen im Inneren der "klassisch-neuzeitlichen" Mathematik, auf die häufig als vorwiegender oder gar alleiniger Grund für die Durchsetzung der autonomen und selbstreferentiellen Forschungsorientierung im 19. Jahrhundert hingewiesen wird, bildete ohne Zweifel eine *notwendige* Bedingung für diese Entwicklung. Hinreichend war sie jedoch keinesfalls. Einen unübersehbaren Hinweis darauf bildet die vielzitierte, gegen Ende des 18. Jahrhunderts geäußerte Einschätzung Lagranges über die in Kürze zu erwartende Stagnation der theoretisch-mathematischen Forschung, dergegenüber er eine verstärkte Entwicklung von Anwendungsdisziplinen erwartete (Lagrange 1781, 368). Offenbar bedurfte es zur Realisierung des Übergangs zur neuen Entwicklungsdynamik des 19. Jahrhunderts zusätzlicher Bedingungen. Dazu gehörte ein Wandel im Selbstbild der Mathematik, in dem ihre Autonomie in den Vordergrund gerückt wurde, und die Herausbildung einer professionellen Basis, die die Verbreitung und Erneuerung der neuartigen, auf selbstreferentielle Vertiefung zielenden Forschungsprogramme erst möglich machte.

Dabei gab es bekanntlich zunächst beträchtliche nationale Unterschiede, die sich erst in der zweiten Jahrhunderthälfte nivellierten. Das zeigt schon ein grober Vergleich Frankreich — Preußen/Deutschland. So war in Frankreich die Professionalisierung mathematischer Forschung im ersten Jahrhundertdrittel stark an die Rolle der Ecole Polytechnique innerhalb der französischen Mathematik gebunden. Das brachte starke Impulse für die Entwicklung der heteronomen Mathematik mit sich und setzte den Bestrebungen nach einer stärker selbstreferentiellen Ausrichtung vergleichsweise enge Schranken. Die Schwierigkeiten, auf die Cauchy in den Jahren vor 1830 stieß, sind ein Beispiel dafür.[3]

Etwas später als in Frankreich setzte in Preußen und Deutschland eine Umformung der professionellen Basis der Mathematik und der anderen Wissenschaften ein, engstens verbunden mit einer tiefgreifenden Reform des Bildungswesens einschließlich der Universitäten, die in ihrer wissenschaftstheoretischen Konzeption stark vom Neuhumanismus und dem gesamten Spektrum der zeitgenössischen Philosophie des deutschen Idealismus beeinflußt war [Bekemeier, Jahnke e.a. 1982]. Bedingt durch die wichtige Stellung, die die Lehrerausbildung an den Universitäten einzunehmen begann [Schubring 1983], und gestützt auf das neuhumanistische Konzept einer wissenschaftlichen Allgemeinbildung für höhere Staatsbeamte, die nicht unmittelbar berufsbezogen gedacht war [Schminnes 1982], wurde autonomem wissenschaftlichen Denken eine zentrale Rolle für die universitätsgestützte Forschung und Lehre zugemessen. Für die Mathematik hatte das zur Folge, daß die Mathematiker der jungen Generation, die ab den 1820er Jahren zu arbeiten begannen, der autonomen mathematischen Forschung eine zentrale Stellung innerhalb ihrer Disziplin einräumten. Das unterschied sie von der älteren Professorengeneration, die noch unter dem Einfluß der Spätaufklärung stand,[4] und auch vom Hauptstrom der zeitgenössischen französischen Mathematik.

Das von F. Klein [1926, 114] berühmt gemachte Diktum C.G.J. Jacobis, in dem — gegen Fourier gerichtet — die "Ehre des menschlichen Geistes" als höchster neuer Bewertungsmaßstab innerhalb der zeitgenössischen Mathematik eingesetzt wurde (Jacobi 1830, 454f.), beleuchtet schlaglichtartig diese Strömung. Die Theorie der elliptischen Funktionen (Abel, Jacobi), die analytische Zahlentheorie (Dirichlet) und projektive Geometrie (Möbius, Steiner, Plücker) entwickelten sich in diesem Kontext zu den Gebieten, in denen die unter den neuen Bedingungen meistversprechenden Forschungsprogramme angesiedelt waren [Klein 1926, 96ff.]. *Die Aufrechterhaltung einer engen Bindung an fremdreferentielle Bedeutung innerhalb der autonomen Mathematik, wie sie etwa in der französischen Mathematik der ersten Jahrhunderthälfte noch weitgehend anstrebte wurde, wurde insgesamt zu einem Entwicklungshemmnis, das schon ab der Jahrhundertmitte nur noch von einzelnen überragenden Mathematikern übersprungen werden konnte.*[5]

Insgesamt gesehen hatte die starke Betonung der Autonomie innerhalb der "reinen" Mathematik zur Folge, daß bei der Abgrenzung der Fächer untereinander die *heteronome mathematische Forschung tendenziell aus der Disziplin herausgedrängt* wurde. Verbunden mit den seit Beginn des 19. Jahrhunderts neu mathematisierten Wissensgebieten der Natur- und Technikwissenschaften (siehe unten) hatte das eine noch ein Jahrhundert vorher unvorstellbare Aufspaltung des mathematischen Disziplinenspektrums zur Folge: auf der einen Seite die weitgehend autonom betriebene und selbstreferentiell orientierte Mathematik als eigene Wissenschaft, auf der anderen das heteronome und selbstverständlich fremdreferentiell orientierte mathematische Wissen der anderen (insbesondere natur- und technikwissenschaftlichen) Disziplinen.

Es mangelt bisher noch immer an ausreichend breit angelegten, aber zugleich detaillierten Studien über die damit verbundenen Verschiebungen im disziplinären Gefüge der Mathematik selber, sowie im weiteren Gefüge der mathematisierenden Disziplinen. Bei aller Vorsicht können wir aber trotz aller Unterschiede zwischen den nationalen Wissenschaftssystemen von einer Tendenz zur (europäisch) internationalen Vereinheitlichung der inneren Gliederung der Mathematik, ihrer Stellung im Gefüge der Wissenschaften und ihres Selbstbildes während der zweiten Hälfte des Jahrhunderts ausgehen, die schließlich in eine Umbildung der disziplinären Struktur der Mathematik im letzten Drittel des 19. und ersten Drittel des 20. Jahrhunderts mündete.

Bevor wir auf die mit dieser Neustrukturierung verbundene Problematik der Beziehung zwischen autonomer und heteronomer Mathematik eingehen können (§11.2), ist hier zur Skizze des Aufbruchs gegen Jahrhundertbeginn noch hinzuzufügen, *daß die stärkere Betonung der autonomen und selbstreferentiellen Mathematik von den neuhumanistischen Reformern und Wissenschaftlern keineswegs als strikter Gegensatz zur Anwendungsbedeutung (zur "potentiellen Fremdreferenz") gesehen wurde.* Wo ein solcher Gegensatz auftauchte, entsprang er wohl zumeist einem Abgrenzungsbedürfnis gegen die Fesselung der Autonomie der Mathematik durch die starke Forderung der Fremdreferenz im Sinne der Spätaufklärung.[6] Wohl lehnte die Bildungsphilosophie des deutschen Idealismus und die von ihr beeinflußten Mathematiker eine enge Zuordnung der autonomen Mathematik zur heteronomen ab, insbesondere wenn diese in dienender Stellung gedacht war; sie gingen jedoch nicht von einer Bedeutungslosigkeit der ersteren für die letztere aus. Sie waren ganz im Gegenteil davon überzeugt, daß eine volle Entfaltung des autonomen wissenschaftlichen Wissens wichtigste Voraussetzung für eine adäquate Lösung der Probleme war, die in der heteronomen Mathematik auftreten würden. Dieses Konzept der Notwendigkeit eines theoretischen Vorlaufes der autonomen Mathematik wurde auch von dem für die Entwicklung der Mathematik im Preußen der ersten Jahrhunderthälfte wichtigsten Wissenschaftsorganisator August Leopold Crelle (1780 – 1855) dezidiert vertreten.[7]

Nahegelegt wurde diese Haltung insbesondere dadurch, daß die traditionellen mathematischen Anwendungsgebiete aus der Zeit des Merkantilismus und der Aufklärungsperiode gegen Ende des 18. und zu Beginn des 19. Jahrhunderts durch die Auswirkungen der anlaufenden Industrialisierung einem tiefgreifenden Umwälzungsprozeß unterworfen wurden, als dessen Resultat zusammen mit dem Berufswissen der alten mathematischen Praktiker auch die mathematische Komponente der Kameralistikausbildung zukünftiger höherer Staatsbeamter an den deutschen Universitäten obsolet wurde [Schminnes 1982]. Der in Frankreich gemachte Versuch einer Etablierung neuer technischer Wissenschaften auf relativ hohem theoretischen Niveau als Grundlage der Ausbildung der Staatsbeamten konnte zunächst nicht viel mehr als ein Vorgriff auf eine noch nicht realisierte Verwissenschaftlichung der technischen Praxis sein.[8] Der Offenheit zukünftiger, sich schnell ändernder praktischer Anforderungen, bei denen sich noch kein klares Profil abzeichnete, wurde im neuhumanistischen Konzept durch die Idee Rechnung getragen, daß die wissenschaftliche Bildung der zukünftigen Staatsbeamten durch autonome Wissenschaft eine geeignete — genauer sogar: die beste — Voraussetzung dafür liefern würde, daß diese später in geeigneter Weise an der Lösung derzeit noch nicht definierbarer Anwendungsprobleme teilnehmen können. Vermittelt über das neuhumanistische Konzept der (formalen) Allgemeinbildung erschien autonome Theoriebildung in dieser Weise per se als Träger späterer "indirekter Anwendung" (Jahnke).[9]

Dadurch wurde eine Dynamik autonomer Theoriebildung begründet, die sich nicht per se in einen grundsätzlichen Gegensatz zur Lösung heteronom-mathematischer Probleme setzte. *Auch in der Mathematik wurde so im neuhumanistischen Konzept die wissenschaftliche Bildung als das vermittelnde Glied zwischen autonomer Forschung und heteronomer Anwendung gedacht*; die Lehrerbildung spielte dabei für mehrere Jahrzehnte eine Schlüsselrolle.

Parallel zur dynamisierten autonomen, selbstreferentiell orientierten mathematischen Forschung durchliefen die traditionellen Gebiete der Naturlehre ("baconische" Wissenschaften und "Naturgeschichte") eine Theoretisierung, die zum Teil mit starker Mathematisierung verbunden war (Kristallographie, Elektrizitätslehre, Magnetismus, Wärmelehre). Ungefähr gleichzeitig entstanden die ersten Bausteine der modernen Technikwissenschaften, die ebenso mit mathematischen Methoden arbeiteten. Im letzten Drittel des 19. Jahrhunderts hatten sich die neuen mathematisierenden oder mathematisierten Wissensgebiete schließlich erheblich verbreitert und gefestigt, und die Verwissenschaftlichung der technisch-industriellen Praxis begann zu greifen. Auf der anderen Seite hatte die autonome Mathematik genügend große Theoretisierungstiefe und — zumindest im Vergleich zum Stand ein Jahrhundert vorher — eine merkliche Annäherung an das Ideal selbstreferentieller Begründung erreicht. *Das Ergebnis war eine gewaltige Kluft im auseinanderdriftenden Spektrum der autonomen Mathematik und den heteronom mathematisierenden Gebieten.*

Das stellte an die Bildung, über die die Vermittlung dem neuhumanistischen Konzept gemäß ja organisiert werden sollte, extreme und kaum mehr zu realisierende Ansprüche. Letztlich stellte sich nun die Frage, inwieweit der durch das Konzept der "indirekten Anwendung" ausgestellte Wechsel auf die Zukunft überhaupt einlösbar war. Die Gefahr, daß die neuhumanistische Idee der "indirekten Anwendung" zur bloßen ideologischen Hülle einer sich vertiefenden Kluft zwischen autonomer und heteronomer Wissensbildung wurde, war immer weniger von der Hand zu weisen. Es zeigten sich Risse im ursprünglichen Konzept, die Korrekturen dringend erforderlich machten.

11.2 Neustrukturierung der Anwendungsbezüge der autonomen Mathematik ab letztem Drittel des 19. Jahrhunderts

In der Tat hatte die Orientierung auf autonome und selbstreferentielle Forschungsprogramme der Mathematik im letzten Drittel des 19. Jahrhunderts eine Verschiebung des disziplinären Schwerpunktes zur Folge. In der zweiten Hälfte der 1860er Jahre begann die breite Aufnahme der nichteuklidischen Geometrie innerhalb der mathematischen und wissenschaftlichen Öffentlichkeit;[10] auf der anderen Seite wuchsen die algebraischen Methoden der projektiven Geometrie in erste Ansätze der birational-algebraischen Geometrie hinüber, und aus den Geometrisierungsbestrebungen von Teilen der

Analysis entstanden in diesem Zeitraum die höherdimensionale Differentialgeometrie und erste Schritte zur Differentialtopologie.[11] Innerhalb der Algebra setzte sich — ähnlich wie bei der nichteuklidischen Geometrie — mit etwa 30 Jahren Verzögerung die Galoistheorie als höchst fruchtbares Forschungsprogramm durch. Und mit den Begriffen "Gruppe" und "Körper" bildeten sich die ersten expliziten Strukturbegriffe der Mathematik im modernen Sinne heraus und kamen ohne große Zeitverschiebung auch in der Zahlentheorie zur Geltung — dort erweitert durch die Idealtheorie.[12]

Nicht zuletzt durchlief die Analysis ab den 1860/70er Jahren ihre zweite Fundierungswelle. Ab 1863 entwickelte Weierstraß in seinen Berliner Vorlesungen seine Begründung der reellen Zahlen und den darauf fußenden Aufbau der reellen und komplexen Analysis [Dugac 1973]. Im Zeitraum von nur drei Jahren (1869–1872) publizierten unabhängig voneinander Méray, Cantor und Dedekind ihre jeweilige Theorie der reellen Zahlen, die ersten beiden durch Cauchy-Folgen, der letztere durch Schnitte in den rationalen Zahlen [Dugac 1978]. Darauf bauten die Studien irregulärer Funktionen und Cantors Studium der zulässigen Ausnahmepunktmengen für eindeutige Darstellung von Funktionen durch trigonometrische Reihen auf, das ihn zur Entwicklung der Mengenlehre führte [Dauben 1980]. Schon vorher hatte Riemanns Habilitationsschrift zu eingehenden Analysen der Integrierbarkeitsbedingungen einer Funktion Anlaß gegeben. Nach Verbindung der von Riemann eingeschlagenen Untersuchungsrichtung mit Cantors Mengengesichtspunkt wurde gegen Ende des Jahrhunderts durch Arbeiten Jordans und Borels der Weg zur maßtheoretischen Fundierung des Integralbegriffs frei [Hawkins 1970, 1980].

Ingesamt zeichnete sich also ab den 1860/70er Jahren eine zweite Phase des Einschnittes für die Entwicklung der Mathematik des 19. Jahrhunderts ab, in der die zu Jahrhundertbeginn aufgenommene Neuorientierung der Forschung in bemerkenswerter zeitlicher Kohärenz quer über das gesamte Spektrum der Teildisziplinen der Mathematik in eine völlig neue innere Organisation der wichtigsten mathematischen Teildisziplinen und der Gesamtdisziplin umgesetzt wurde. *Diese Umstrukturierungsphase erstreckte sich bis in die 20/30er Jahre unseres Jahrhunderts und mündete in den strukturorientierten Aufbau der Disziplin, wie er für die "moderne Mathematik" heute als üblich angesehen wird.*

Dem scheint zunächst entgegenzustehen, daß einzelne große Beiträge zu dieser Bewegung aus der genannten zeitlichen Markierung herausfallen, wie etwa die schon um die Jahrhundertwende geleisteten Beiträge Gauß' zur ersten Phase oder die Riemanns zur zweiten um die Jahrhundertmitte. Jedoch erscheinen beide bei genauerem Hinsehen als weitgreifende, teilweise zur zeitgenössischen Ausrichtung der mathematischen Forschung quer stehende Antizipationen, die eine selektive disziplinäre Wirksamkeit erst jeweils nach Ablauf von Jahrzehnten zu entfalten begannen. Sie stehen der skizzierten

Beobachtung über die phasenweise Einleitung und Umsetzung der Neuorientierung nicht entgegen, sondern bestätigen diese gerade durch die Trennung von individueller Antizipation und zeitlich wie teilweise sachlich verschobener Entfaltung breiterer Wirkung auf die Disziplin.

Die Neustrukturierung der Mathematik vom autonomen, selbstreferentiellen Standpunkt aus wurde von der skizzierten Verbreiterung, Diversifizierung und Vertiefung heteronomer mathematischer Wissensgebiete ("Anwendungsfelder") begleitet. Dadurch wurde die Trennung von autonomer und heteronomer Mathematik gegen Ende des Jahrhunderts derart hervorgehoben, daß die lose geknüpften Vermittlungen von einem Teil der beteiligten Personengruppen nicht mehr in der herkömmlichen Weise akzeptiert wurden. Die Vermittlungsproblematik zwischen autonomer und heteronomer Mathematik trat kurz vor dem Ende des Jahrhunderts im deutschsprachigen Raum in besonders pointierter Weise hervor. Dabei spielten die spezifischen kulturellen Traditionen, die hier zu einer relativ schroffen Entgegensetzung der neuhumanistischen Orientierung der Universitätswissenschaften und der realistischen Ausrichtung des technischen Ausbildungssystems führten, eine unübersehbare Rolle. Jedoch handelte es sich im wesentlichen um ein Anpassungsproblem der sich um einen Kernbereich autonomer Teildisziplinen neugruppierenden Disziplin an die Anforderungen, die ihr gleichzeitig aus der quantitativen und qualitativen Verbreiterung und Vertiefung heteronomer Mathematisierung in anderen Wissenschaften neu erwuchsen.[13]

Fast gleichzeitig zur Methodendebatte in den Technikwissenschaften (vgl. §9.2) entstand unter der Lehrerschaft weiterführender Schulen Deutschlands eine Bewegung, die um die Aufwertung der "Realien" gegenüber den "formalbildenden" Fächern bemüht war und von einzelnen Naturwissenschaftlern (Kekulé, Mach und anderen) unterstützt wurde [Pyenson 1983]. In den 1870er Jahren organisierten sich die Realschullehrer. In den 1880ern gab es erste partielle Öffnungsschritte der Universitäten gegenüber Realschulabgängern. Im Jahre 1889 wurde von Holzmüller und anderen der "Verein zur Förderung des lateinlosen höheren Unterrichts" gegründet, im Jahre 1890 der "Verein zur Förderung des Unterrichts der Mathematik und den Naturwissenschaften". Die durch die Vereinsgründungen geförderten Bewegungen sahen die Mathematik in enger Anbindung an die naturwissenschaftlichen und technischen Fächer und stellten sich damit gegen die neuhumanistische Tradition und die nunmehr in der Disziplin zur Geltung gekommenen Hauptströmung. Umgekehrt resultierten daraus neue Anforderungen an die Fachmathematiker, die, kombiniert mit der Herausforderung durch die Technikerbewegung der 1880/90er Jahre, einen Teil der in der Deutschen Mathematiker-Vereinigung (DMV) geführten Debatte prägte. Es stellte sich die Frage, wie gewissermaßen quer zur Hauptströmung der Disziplin eine Ausbildung von Lehrern in den für die heteronom mathematisierenden Fächer entscheidenden mathematische Methoden und Theorien gewährleistet werden konnte. Allein schon die

Fragestellung macht dabei deutlich, daß die "der Bildung" zu Beginn der neuhumanistischen Reform zugeschriebene Klammerfunktion zwischen autonomer Wissenschaft und heteronomer "Anwendung" nicht mehr in der ursprünglich konzipierten Weise wahrzunehmen war. Dadurch wurde die im Rahmen des Methodenstreits der Technikwissenschaften zunächst fast ausschließlich an den Technischen Hochschulen geführte Auseinandersetzung um das gewünschte Verhältnis von autonomer und heteronomer Mathematik in einen Bereich transportiert, der die spezifische Domäne der Universitäten war und eine wichtige Aufgabenbestimmung gerade auch der universitären Mathematik ausmachte. Diese Auseinandersetzungen waren prägend für die Bemühungen um die Definition dessen, was gegen Ende des 19. und mit Beginn des 20. Jahrhunderts als Bestandteil der "angewandten Mathematik" angesehen und unter diesem Namen institutionalisiert wurde. *Die "Bildung" selber war also gegen Ende des Jahrhunderts zum Terrain der Auseinandersetzung zwischen autonomer Wissenschaft und heteronomer "Anwendung" geworden.*

Felix Klein, der aus den bekannten Gründen ab Mitte der 1880er Jahre einen Schwerpunkt seiner Aktivitäten in die Wissenschaftsorganisation der Mathematik verlegte, spielte hier wie in der Verbindung der autonomen Mathematik zu den Technikwissenschaften eine Schlüsselrolle [Pyenson 1983; Manegold 1970]. So war es weitgehend Kleins Bemühungen zu verdanken, daß im Jahre 1892 in Göttingen ein Extraordinariat für angewandte Mathematik eingerichtet und mit A. Schoenflies besetzt wurde. Über ein Jahrzehnt später war Klein wiederum entscheidend an der Umwandlung des freigewordenen Extraordinariats in eine ordentliche Professur für angewandte Mathematik beteiligt. Sie wurde mit Carl Runge besetzt, der sie in hervorragender Weise durch Aktivitäten in numerischer Mathematik ausfüllte [Richenhagen 1985].

Im Jahre 1898 wurde eine neue Prüfungsordnung für Oberlehrer erlassen, die ausdrücklich bis zu drei Semester Studium der Mathematik an einer Technischen Hochschule und die angewandte Mathematik als eigenes Ausbildungsfach anerkannte [Pyenson 1983, 71]. Darunter wurden die Teilgebiete darstellende Geometrie (einschließlich Zentralprojektion), Geodäsie ("niedere" und "höhere", einschließlich Fehlerausgleichsrechnung) und technische Mechanik (insbesondere graphische Statik und Kinematik) verstanden (Stäckel 1902, 1904). *So wurden um die Jahrhundertwende die ersten Schritte dahingehend gemacht, die seit den 1860/70er Jahren angelaufene, zunächst von der autonomen Mathematik unter selbstreferentiellen Gesichtspunkten betriebene Umgliederung der Disziplin um Komponenten zu ergänzen, die unter dem Titel "angewandte Mathematik" den Brückenschlag zu ausgewählten Feldern heteronomer Mathematisierung herstellen sollten.* Da die "angewandte Mathematik" durch ihre starke Orientierung an den mathematischen Ansprüchen der Ingenieurwissenschaften deutlich heteronome Züge in die Fachmathematik aufnehm, trug ihre Institutionalisierung notwendig zu einer Heterogenisierung der Disziplin bei. Auf diese Weise bildete sich ein Gegenpol zur autonomen Hauptströmung, der in der weiteren Entwicklung der Mathematik in unserem Jahrhundert zu einem wichtigen Faktor wurde.

Die naheliegende Frage nach inhaltlichen Beziehungen zwischen den in unserer Arbeit eingehender untersuchten Fällen und gegen Ende des Jahrhunderts erneut in das disziplinäre Gefüge aufgenommenen und institutionell "anerkannten" Komponenten angewandter Mathematik ist in aller Kürze wie folgt zu beantworten:

(i) Die Übernahme des Göttinger Extraordinats für angewandte Mathematik durch A. Schoenflies ein Jahr nach Fertigstellung seines Buches "Krystallsysteme und Krystallstructur" bedeutete nicht etwa, daß Schoenflies das Thema "angewandte Mathematik" unter dem Gesichtspunkt seiner eigenen Forschungen im Interaktionsfeld Gruppentheorie — Kristallographie hätte ausfüllen können. Seine Lehre spielte sich hingegen weitgehend in dem sechs Jahre später in der Prüfungsordnung festgeschriebenen Rahmen für die Ausbildung in angewandter Mathematik ab (insbesondere darstellende Geometrie und graphische Statik).

(ii) Die Lehre der graphischen Statik innerhalb der angewandten Mathematik der Jahrhundertwende verschaffte dem Culmannschen Programm eine gewisse Akzeptanz unter Mathematikern, nachdem es in der Bautechnik schon weitgehend an Boden verloren hatte. So war G. Hauck, Mathematiker an der Technischen Hochschule Berlin und an der Debatte um die "angewandte Mathematik" intensiv beteiligt [Pyenson 1983, 72ff.], einer der "späten" Autoren, die zu diesem Programm beitrugen (vgl. §9.1). Auch mag dies der Grund dafür sein, daß dem Culmannschen Programm ein relativ großer Stellenwert im Artikel der "Enzyklopädie der Mathematischen Wissenschaften" zur graphischen Statik eingeräumt wurde (Henneberg 1903).

(iii) Insgesamt orientierte sich die um die Jahrhundertwende in Deutschland institutionalisierte angewandte Mathematik deutlich an den Teilen der heteronomen Mathematik, die in gesellschaftliche Berufspraktiken eingingen (Geodäsie, technische Berufe). So wurde die Mathematisierung der Kristallographie nicht, die umstrittene mathematische Theoretisierung der graphischen Statik durch Konzepte der projektiven Geometrie dagegen immerhin ein kleines Stück weit aufgenommen.

Wäre das Auswahlkriterium erfolgreiche mathematische Theoretisierung gewesen, angewendet auf das gesamte Spektrum der Wissensgebiete, in denen heteronome Mathematisierungen verwendet wurden, so wäre ein größerer Anteil aus der theoretischen Physik einschließlich der Kristallstrukturtheorie aufzunehmen gewesen. Es erfolgte jedoch offenbar aus pragmatischen Gesichtspunkten heraus eine starke Einengung und einseitige Betonung bei der

Auswahl der Kerngebiete der neu institutionalisierten angewandten Mathematik. An Schoenflies selber wird die darin liegende Beschränkung exemplarisch erhellt: Schoenflies' schöpferischer Beitrag zur Überwindung der Spaltung von autonomer und heteronomer Mathematik durch seine in autonomem Geist verfaßte, für einen Ausschnitt der heteronomen Mathematik aufgrund ihrer fremdreferentiellen Bedeutung wichtige Studie über die kristallographischen Raumgruppen (1892a) spielte innerhalb seiner Lehre der "angewandten Mathematik" bestenfalls eine völlig untergeordnete Rolle. Ihr Inhalt stand außerhalb des heteronom definierten Kanons der damaligen "angewandten Mathematik".

Der in dieser Einschränkung liegende Mangel hatte zur Folge, daß ein nicht unbeträchtlicher Teil der Interaktion der als Fach organisierten Mathematik mit anderen mathematisierenden Wissensgebieten nicht über die Kanäle der neu institutionalisierten "angewandten Mathematik" verlaufen konnte. Dem korrespondierten in den folgenden Jahrzehnten Bestrebungen, die zunächst erfolgte Einengung der "angewandten Mathematik" wieder zu überwinden. Die Entwicklung der Mathematik in und um Göttingen etwa — dazu sei hier der Einfachheit halber das mathematische Werk Hermann Weyls einmal insgesamt mit einbezogen — enthielt zentrale Beiträge zu selbstreferentiell begründeter und gleichzeitig fremdreferentiell bedeutsamer, autonomer Mathematik der ersten Hälfte des 20. Jahrhunderts. Die historische Aufarbeitung der Beziehung zwischen autonomer und heteronomer Mathematik wird hieran nicht vorbeigehen können.

Anmerkungen

Anmerkungen zur Einleitung

1 Die Fragestellung der Disziplingenese und der Entwicklung der Technikwissenschaften ist in jüngeren technikgeschichtlichen Arbeiten aus der DDR zu einem entsprechenden historiographischen Forschungsprogramm verdichtet worden [Buchheim 1978, 1980a, b; Buchheim/Mauersberger 1982, 1983; Buchheim/Sonnemann 1985; Hänseroth 1985; Mauersberger 1980; Krug 1982; Richter 1984; Schreier 1977 u.a.]. Die für unsere Fallstudie wichtige Entwicklung der Bauwissenschaften ist bisher m.W. von dieser Stelle außer in Einzelstudien wie etwa [Hänseroth 1985], noch nicht dargestellt worden. In der westdeutschen Technikgeschichtsschreibung gehen in jüngerer Zeit verschiedene Arbeiten in eine ähnliche Richtung [Braun 1976; Zweckbronner 1979, 1981] und insbesondere für die Baustatik die Arbeiten K.-E. Kurrers [1981, 1985a, b, 1987a, b, c], in denen ausdrücklich auch der Gesichtspunkt der Disziplingenese eingenommen wird.

2 Vgl. [Struik 1980, 8ff.] zum Beginn dieser Periode der Mathematikhistoriographie, die (etwa von Chasles, Libri und Nesselmann bis M. Cantor, Eneström, Tannery, Zeuthen und Heiberg) etwa zeitgleich zur Herausbildung der "modernen Mathematik" während des 19. und zu Beginn des 20. Jahrhunderts entstand.

3 Die ***historisch treue ("alte") Terminologie***, die von ihren Konnotationen her anachronistische Methoden- oder Theoriebeziehungen weitgehend ausblenden hilft, und dagegen die ***heutige ("aktuelle") Terminologie***, durch deren Verwendung mathematische Zusammenhänge in der Regel knapper, stringenter und für den heutigen Leser meist wesentlich leichter verständlich formuliert werden können, die aber den Nachteil anachronistischer Konnotationen mit sich zieht.

Anmerkungen zu §1

1 Über die Modellierung regulär-dodekaedrischer Kultgegenstände bei den Etruskern und Kelten und einen möglichen Einfluß auf die Herausbildung des Begriffs der regulären Körper in der griechischen Mathematik siehe [Lindemann 1896]. Zur naturphilosophischen Auseinandersetzung mit dem Bergkristall siehe etwa [Krafft 1971, 111, 263].

2 Bergkristall/Quarz, reine Kieselsäure SiO_2, kristallisiert im trigonalen System (oberhalb 575°C hexagonal), Kristallklasse D_3. Typische Formen: Rhomboeder, ditrigonales Prisma, trigonale Dipyramide, hexagonale Pyramide, trigonales Trapezoeder etc.

3 Kalkspat/Kalcit, $CaCO_3$, kristallisiert trigonal holoedrisch, d.h. in der Kristallklasse D_{3d}. Typische Formen: Rhomboeder, Skalenoeder. Die Doppelbrechung erfolgt am Kalkspat mit so stark verschiedenen Brechungsindizes, daß sie ohne Polarisationsinstrumente nachweisbar ist.

4 Nach [Marx 1825, 73f.] findet sich die erste generalisierende Verwendung der Terminologie bei Cappeler (1723). Dort wurden die regelmäßigen Kristallformen als "cristalles impropries (uneigentliche Kristalle)" bezeichnet.

5 Siehe dazu die mineralogiehistorischen Arbeiten [Burke 1966, Fabian 1986, Groth 1926, Hoykaas 1952, Marx 1825, Šafranovskij 1980].

6 Etwa bei der hexagonalen Pyramide des Quarzes durch Angabe der Kantenwinkel der gleichschenkligen Seitendreiecke mit Basiswinkel "etwa 70°–75°", Spitzenwinkel "etwa 30°–40°" (Romé de l'Isle 1772, 115 - 176, Pl. X) — Angabe nach [Burke 1966].

7 "Weiche" Theoretisierung bedeutet hier: keine strikte Deduktion zulässiger Kristallformen aus einem Satz theoretisch fixierter Prinzipien, sondern ideelle Erzeugungsregeln, die so formuliert sind, daß sie in Hinsicht auf das zu beschreibende Material ausformbar sind. Nach dem Popperschen wissenschaftstheoretischen Dogma wäre dies also eine "unwissenschaftliche" Theorieform, weil prinzipiell nicht "falsifizierbar". Dagegen erscheint sie im Rahmen der Lakatosschen Methodologie der Forschungsprogramme [Lakatos 1980] durchaus als "rational" und damit "wissenschaftlich" — was vom wissenschaftshistorischen Standpunkt eher als

Argument für Lakatos' Methodologie (im Vergleich zu anderen) denn als Rechtfertigung Romé de l'Isles zu lesen ist.

8 Pyrit, FeS_2, kristallisiert in der Kristallklasse T_h. Im Elbapyrit tritt häufig das nichtreguläre Pentagondodekaeder $T_h(210)$ auf.

9 Da Romé nicht mit weiteren Modifikationen am Dodekaeder arbeitete, läßt sich das Auftreten des regulären Dodekaeders und Ikosaeders mit der Erzeugung von "Scheinsymmetrien" in der gruppentheoretischen Gestaltenlehre bei spezieller Lage der Flächenparameter vergleichen. So wird etwa bei der Operation von T_h auf der Fläche $\left(1/2(\sqrt{5}+1), 1, 0\right)$ das reguläre Dodekaeder erzeugt. Aus den kristallographischen Formen wird es also nur durch das Rationalitätsprinzip ausgeschlossen, das erst von Weiß (indirekt schon ansatzweise von Haüy) eingeführt wurde.

10 Den Hinweis darauf, daß bei Romé de l'Isles Einteilung der Polyeder in Modifikationsreihen Symmetriegesichtspunkte implizit beteiligt sind, verdanke ich, wie auch die Beobachtung von Anm. 9, Herrn E. Brieskorn.

11 Insofern wäre es auch anachronistisch (und sogar logisch schief) die de l'Islesche Modifikationsreihe des Würfels als eine frühe Form des isometrischen Kristallsystems anzusehen.

12 Genauer lagen Haüys Publikationen zur Kristallographie im Zeitraum zwischen 1781 und 1822; vgl. zum gesamten §1.2 [Wiederkehr 1974].

13 In (1793) und (1801, 28) listete Haüy zusätzlich als sechste Grundform die hexagonale Dipyramide auf, die er später fallen ließ. Dafür ergänzte er die Liste der 5 Grundformen von (1822) auf insgesamt 18 "hypothetische Kerne", die zwar zum Teil von den eigentlichen Grundformen abgeleitet waren, aber theoretisch eine gleichwertige Funktion besaßen und später als Haüys Grundformen betrachtet wurden.

14 Im folgenden steht "Prisma" ohne weitere Spezifizierung stets für "gerades Prisma".

15 Frankenheim sortierte zunächst aus Symmetrieerwägungen an Raumgittern Haüys Grundform 1 (Tetraeder) und 14 (schiefes Rechteckprisma) aus (Frankenheim 1842, 403). Bravais wies dann noch auf die Identität von 15 (schiefes Rhombenprisma) und 9 (parallelogrammatische Dipyramide) unter dem Gesichtspunkt des zugehörigen Raumgitters hin (modern: Raumgittertyp $2I$) (Bravais 1850, 97, Anm.) — vgl. §3.3.

16 Wegen

$$\tan\alpha = \frac{1}{2}(\sqrt{5}-1)$$

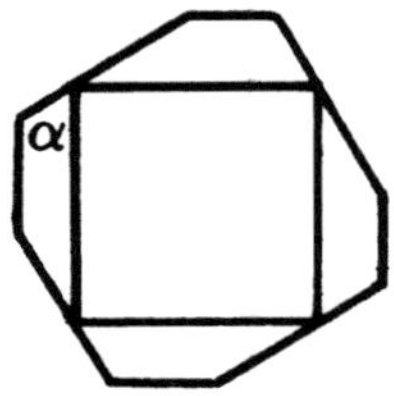

bei Aufschichtung eines Dodekaeders auf einen Würfel mit Flächenwinkel α würde dies auf ein irrationales Breiten-Höhenverhältnis der hypothetischen subtraktiven Moleküle führen [Marx 1825, 146f.].

17 Also fast gleichzeitig mit Weiß' erstem größeren — und wichtigsten — Beitrag (Weiß 1815) — vgl. §1.4.

18 In (1801) diskutierte Haüy etwa, daß beim Übergang vom generischen Parallelepiped als Grundform zu einem Parallelepiped "d'une forme plus régulière, ... dont la forme a varié de manière à devenir plus symétrique" gewisse Kanten und Raum- oder beziehungsweise Flächenwinkel gleich werden, die vorher verschieden waren. Das Ergebnis ist dann: "Tout ce qui a lieu sur l'un se répète sur l'autre, et ils doivent etre par conséquent marqués de la même lettre" (1801, 121). Bei allen Grundformen zeichnete er "gleiche" Kanten, Raum- und Flächenwinkel aus und arbeitete dort jeweils mit gleichen Dekreszenzen.

19 Etwa wären beim schiefen Dreiecksprisma die beiden Dreiecke nach Haüys Definition "identisch", ohne daß jedoch eine zugehörige Deckisometrie des Prismas existierte. Bei den von Haüy verwendeten "Kernen" fallen hingegen die lokale metrische Definition von "Identität" und die aus Kongruenzoperationen gewonnene nicht auseinander.

20 Keplers Definitionen waren folgende:

- Regularität eines Polygons: Kanten und "nach außen gerichtete" Winkel gleich;
- Halbregularität eines Polygons: Kanten gleich (Winkel nicht);
- Regularität eines Polyeders: Seitenflächen regulär, Ecken auf einer Kugel und unter sich "gleich" (lokale Kongruenz);
- Halbregularität eines Polyeders: Seitenflächen halbregulär, Ecken von zwei Arten, die auf zwei konzentrischen Sphären liegen

(Kepler 1619, Buch 2, Def. 1, 2, 7, 8).

21 In der griechischen Mathematik bedeutete "συμμετρια (symmetria)" die Kommensurabilität zweier Größen. In der Spätantike und der Neuzeit erhielt "Symmetrie" die Bedeutung der Proportionenregeln, die beim Entwurf eines "schönen Ganzen" zu berücksichtigen sind — so auch in Diderots "Encyclopédie ou Dictionnnaire Raisonnées des Sciences, des Arts et des Métiers", 15, Neufchatel 1765, Neudruck Stuttgart 1967, 735f. Vgl dazu auch [Krümmel 1986]

22 Gutes Beispielmaterial für die Diskussion solcher Unterscheidungen hätte Haüy genug gehabt, etwa beim Aufbau folgender Gestalten aus dem Würfel: dem Rhombendodekaeder unter Wahrung der vollen Symmetrie 0*(110) und dem Pyritoeder unter hemiedrischer Symmetriereduktion $T_h(210)$, die für seine Sicht darin zum Ausdruck kam, daß zwar alle Kanten des Würfels "identisch" waren, aber nur jedes zweite Paar aus Kante und inzidierender Seitenfläche (Fig. 2).

23 Dieser philosophische (ontologische) "Atomismus" ist nicht mit dem — daraus hervorgegangenen — Atomismus der neuzeitlichen Chemie im Gefolge Daltons zu verwechseln.

24 Laplace selber ging davon aus, daß die Intermolekularkräfte nicht dem Gesetz der quadratischen Abnahme, wie etwa die Gravitation, folgten, sondern als Nahwirkungskräfte schneller mit steigenden Entfernungen abnehmen. Das konnte mit Haüys Kristallaufbau der "molécules intégrantes" in Einklang gebracht werden, wenn man nur die auf kürzeste Entfernung wirkenden Berührkräfte zuließ. Haüy und auch keiner der engeren Schüler Laplaces machten m.W. jedoch einen Versuch der "offiziellen" Integration der Haüyschen Kristallographie in das Laplacesche Programm.

25 Schelling war 1796–1798 als Privatlehrer im Dienste einer adligen Familie in Leipzig und machte in dieser Zeit die Bekanntschaft von Fichte und Goethe. Von 1798 bis 1803 war er Extraordinarius in Jena.

26 Briefe von C.S. Weiß an seinen Bruder Christian vom 24.10.1798, 1.1.1799, 12.2.1799, 2.3.1799 (Weiß Ms La 1810, 38r–47v), ausgewertet und ohne Standortangabe zitiert in [Fischer 1963]. Auf diese Briefe wird auch in [Holser 1976] hingewiesen, jedoch mit falscher Standortangabe (Marburg!).

27 Die Analogie Kristall-Zelle der zugrundeliegenden formbildenden Kräftesysteme spielte im übrigen bei der Herausbildung der biologischen Zelltheorie im 19. Jahrhundert von Schleiden bis Weismann keine unbedeutende Rolle. Wie weit dies direkt oder indirekt durch Schelling beeinflußt

war, entzieht sich meiner Kenntnis — eine Auswirkung der dynamistischen Naturphilosophie allgemein liegt jedoch ohne Zweifel vor [Lorch 1974; Jahn e.a. 1985, 351ff.].

28 C.S. Weiß kritisierte etwa 1805 in Briefen an seinen Bruder nach einem Gespräch mit Fichte dessen Mangel an empirisch gesättigter Naturanschauung (Weiß 24.6.1805, Ms La 1810, 52r–55v) und vertrat gegenüber Schelling die Auffassung, daß "... die Idee nicht wirklich eher da sey, als bis sie auch in das ganz spezielle hineingehe, (und) (...) erst den Dingen gegenüber geweckt werde ..." (C.S. Weiß 5. und 8.8.1806, Ms La 1810, 58r–63v, zitiert nach Schuster 1922a, 91).

29 "Die Form, die Figur soll dynamisch erklärt werden. Damit habe ich das große Werk angefangen, in dessen allmählicher Ausführung ich wohl zeit Lebens begriffen bleiben werde" (Weiß an Oken, 3.5.1809, Ms La 1810 7r–11v, hier 9r). Siehe dazu auch Weiß' Briefwechsel mit Oerstedt (Weiß 1920) und Schusters Publikation des Oken-Briefes in [Schuster 1922b].

30 *"Non scilicet istas lineas, in quibus characteres formarum crystallinarum principales cernuntur, non pure geometricas, i.e. physice mortuas, et ignaves, agendi vi nulla praeditas, sed utique actuosas esse contendimus, h.e. in his lineis directiones videmus, in quibus praequique agant vires, quae formam nasci jubant."* (Es ist nicht selbstverständlich, wenn wir behaupten, daß jene Geraden, in denen die Hauptmerkmale der Kristallformen wahrnehmbar sind, nicht rein geometrischer Natur, d.h. physikalisch tot und mit keiner wirkenden Kraft versehen, sondern in gewisser Weise tätig sind, d.h. wenn wir in diesen Geraden Richtungen sehen, in denen jene Kräfte vorwiegend wirken, die die Form entstehen lassen. Weiß 1809, zitiert nach Fischer 1962, 251 — eigene Übersetzung)

31 Die Achse als Symmetrieelement scheint bei Weiß — wie später ausdrücklich bei Hessel — schon mehr als bloße Rotationssymmetrie anzudeuten; sie kann als Träger von Drehspiegelungen, Spiegelungen (an einer Orthogonalebene) oder sogar Punktinversion aufgefaßt werden. Spätestens in (1815) wies Weiß bei der Charakterisierung des "ein- und eingliedrigen" (triklinen) Systems in seiner Sprache auf das Vorliegen einer Punktinversion hin (s.u.).

32 Weiß verwendete die Terminologie "Krystallisationssystem" für die Gesamtheit der an einem Mineral vorkommenden Formen (einschließlich Spaltkernen). Die übergeordnete Klassifikation bezeichnete er als "Abtheilung" bzw. "Unterabtheilung", sprach aber hin und wieder von "System" in unserem Sinne ("Reguläres System" usw.); vgl. [Fischer 1962, 251f.].

33 *"Alle anderen Körper (als Würfel, Oktaeder, ..., Trisoktaeder, E.S.), welche in dem sphäroedrischen Systeme möglich sind und von lauter gleichen und ähnlichen Flächen begränzt werden, sind — vorausgesetzt, dass die Flächen einerlei Art, so viele ihrer in dem Systeme möglich, auch alle gleichen Anteil an der Bildung des Körpers nehmen — ohne Ausnahme Acht-und-vierzig-Flächner"* (1815, 294).

34 Interessanterweise spielten die kristallbildenden Kräftesysteme im Theorieaufbau die Rolle "verborgener Parameter", die auf der einen Seite in der erscheinenden Kristallgestalt ihren Ausdruck, auf der anderen Seite ihre theoretische Konzentration im Konzept des Achsensystems fanden. Die Beziehung zwischen "Achsensystem" und Kristallgestalt war wiederum präzisierbar. Insofern hatte das Konstrukt der "verborgenen Parameter" hier ohne Zweifel eine fruchtbare (heuristische) Funktion bei der Entfaltung des dynamistischen Forschungsprogramms der Kristallographie durch C.S. Weiß.

35 Das galt noch bis vor kurzem. Noch nach Buerger [1963, 164] gibt es keinen zweifelsfreien Nachweis des tatsächlichen Auftretens der Kristallklasse 0 (432 in internationaler Notation). Nach Auskunft der Kristalldatenbank des Chemischen Instituts Bonn gelten mittlerweile jedoch nicht nur alle Kristallklassen sondern sogar sämtliche Raumgruppentypen als empirisch realisiert (Mitteilung von Herrn E. Brieskorn).

36 Die Orthoklas-Variante des Feldspat ($KAlSi_3O_8$) kristallisiert monoklin holoedrisch, d.h. in der Kristallklasse C_{2h}.

37 *"Wer sich mit dem geometrischen Studium der Krystalle beschäftigt, der wird gleichsam a posteriori, d.i. durch den Erfolg überführt, dass die Verhältnisse in den Dimensionen schwerlich anders als in Quadratwurzelgrössen ausdrückbar anzunehmen seyn dürften, und er wird Haüy Dank wissen, dass er für diese Art von Annahmen die Bahn gewiesen hat"* (Weiß 1816, 253). Es folgt dann ein Verweis auf die "stärksten Bürgschaften für die ächte Naturgemäßheit" dieser Annahme durch die "abgeleiteten Dimensions- und Längenverhältnisse" im kubischen System, die auch in Quadratwurzeln auszudrücken seien.

38 Zum Beispiel seien am Rhombendodekaeder ("Granatoeder") O das Symmetriezentrum, A und B Ecken "verschiedener Art" ("scharf" resp. "stumpf"), C Fußpunkt des Lotes von O auf eine Kante und D Mitte der Seitenfläche. Dann gilt

$$OA : OB : OC : OD = 1 : \sqrt{\frac{3}{4}} : \sqrt{\frac{2}{3}} : \sqrt{\frac{1}{2}},$$

mit der Umkehrproportion $\sqrt{6} : \sqrt{8} : \sqrt{9} : \sqrt{12}$. Weiß sah hierin — nach Weglassung der Quadratwurzel — die Realisierung eines Akkordes aus Oktave (6 : 12), zweier Quinten (2 : 3 = 6 : 9 = 8 : 12) und zweier Quarten (3 : 4 = 6 : 8 = 9 : 12) (Weiß 1819, 229). Diese Arbeit (Weiß 1819) wird auch sehr ausführlich in der sonst nicht sonderlich sorgfältigen Dissertation [Kißler 1974, 9ff.] diskutiert.

39 *"Vergleicht man nun die Entwicklung aller dieser Verhältnisse der räumlichen Dimensionen unserer Krystallgestalten mit der der harmonischen Verhältnisse der Töne in der Musik, so ist die Analogie auffallend gross; nur findet man die nämlichen Verhältnisse bei unseren räumlichen Dimensionen in Quadratwurzelgrössen ausgedrückt, welche bei den einfachen Verhältnissen der Töne in ganzen Zahlen relativer Schwingungen angenommen worden (sic!)"* (Weiß 1819, 233).

40 Dieser Aspekt wird in der Arbeit [Kißler 1974] ziemlich einseitig hervorgehoben.

41 Vgl. [Groth 1926, 73].

42 *"Die Richtung der Fläche eines Krystallisationssystems aber wird sich jederzeit in einem einfachen Zahlenverhältnis der drei Dimensionen oder Koordinaten a, b, c ausdrücken lassen"* (Weiß 1817, 309). Diese Formulierung legt die weitere Generalisierung natürlich mehr als nahe.

43 Drei oder mehr Flächen gehören einer "Zone" (einem "Zonenverband") an, g.d. wenn sie einer Geraden (der "Zonenachse") parallel sind. Die Flächen einer Kristallart lassen sich in der Regel einer gut überschaubaren endlichen Menge von "Zonenverbänden" zuordnen. Weiß entwickelte diese Beobachtung zunächst wieder am Beispiel des Feldspats (Weiß 1820). Mehr dazu in der sehr präzisen Arbeit [Fischer 1962].

44 Bei Abkürzung der Weißschen Parameter in diesem System durch (m_1, m_2, m_3; n) repräsentierte Weiß den Orbit von D_{6h} durch

$$\{(\pm(m_{\sigma 1}, m_{\sigma 2}, m_{\sigma 3}); \pm n) \mid \sigma \in \mathcal{S}_3 \text{ zyklisch}\}$$
$$\cup \{(\pm(m_{\tau 1}, m_{\tau 2}, m_{\tau 3}); \pm n) \mid \tau \in \mathcal{S}_3 \text{ Transposition}\}.$$

Analog konnte er im Fall der beiden anderen "Abtheilungen" arbeiten (implizite Charakterisierung von D_{4h}, D_{2h}).

45 *"Wir haben bisher eigentlich die einzelne Fläche bezeichnet. Sollen die mehreren unter sich gleichartigen Flächen oder ganze von ihnen begrenzte Körper ausgedrückt werden, so bedarf es, wenn die Anzahl der Flächen, deren jede für sich durch das Zeichen ausgedrückt ist, vollständig vorhanden ist, keiner besonderen Bezeichnung; es sind die Flächen* $[a : b : c]$ *u.s.f. oder der Körper mit den Flächen* $[a : b : c]$. *Sind sie aber unvollzählig vorhanden, und soll dies im Zeichen ausgedrückt werden, so kann auch dies sehr leicht geschehen ..."* (Weiß 1817, 313f.). Die letzte Andeutung wird im folgenden durch Verweis auf die dann immer vorhandene — aber nicht spezifizierte — "Regel für das Ausfallen einer Hälfte der Flächen" ergänzt.

46 Alle drei Situationen — auch die von C_{2h} im "zwei- und eingliedrigen" System — waren ja vom Standpunkt der Weißschen Achsensymmetrien Fälle der "Halbflächigkeit".

47 Beim "zwei- und eingliedrigen" System durch die Angabe: Mit $[1, 1, \infty]$ tritt stets auch $[-1, -1, \infty]$, nicht jedoch $[-1, 1, \infty]$ oder $[1, -1, \infty]$ auf (Weiß 1817, 315). Das war eine nicht ganz vollständige Charakterisierung der Einschränkung der Achsensymmetrie des "zwei- und zweigliedrigen" (orthogonalen) Systems mit der impliziten Darstellung von D_{2h} durch $\{(\pm m_1, \pm m_2, \pm m_3)\}$ auf C_{2h}, repräsentiert durch $\{(\pm[m_1, m_2], \pm m_3)\}$. Das Pyritoeder charakterisierte er durch die Angabe der Symbole $[a : 2b : \infty c]$, $[2a : c : \infty b]$, $[b : 2c : \infty a]$ — wohlwollend interpretierbar als Gesamtheit der Flächen mit Weißschen Parametern $[\pm 1, \pm 2, \infty]$, $[\pm 2, \infty, \pm 1]$, $[\infty, \pm 1, \pm 2]$ — und "das Gesetz des Weglassens ..., dass, wenn $[a : 2b : \infty c]$ vorhanden ist, nicht umgekehrt auch das $[2a : b : \infty c]$ mitgebildet wird u.s.f., obgleich $a = b$" (Weiß 1817, 317). Die Flächen mit Weißschen Parametern, die durch nichtzyklische Permutationen von $[1, 2, \infty]$ und beliebige Spiegelungen entstehen, sind also auszunehmen.

48 "Halbalgebraisch", weil noch der operative Gesichtspunkt in der Interpretation in der Symbolik fehlt — vgl. den Übergang von Frankenheim zu J.G. Graßmann und Möbius.

49 Frankenheims Arbeit (1826) erschien in Okens naturphilosophisch ausgerichtetem Organ "Isis" und wurde wenig beachtet; sie blieb selbst gegen Jahrhundertende unbekannt, als Hessels ebenso recht wenig gelesene Arbeit (Hessel 1830) von Sohncke wieder "ausgegraben" wurde [Sohncke 1891]. Damit war sie etwa eineinhalb Jahrhunderte praktisch vergessen, bis J.J. Burckhardt [1984] sie wiederentdeckte und darauf hinwies, daß Frankenheim schon 1826 die 32 Kristallklassen angegeben hat. Seit dem ausgehenden 19. Jahrhundert war Hessel die Priorität zugesprochen worden. Auch ich verdanke natürlich Herrn Burckhardt den Hinweis auf die Bedeutung der 1826er Arbeit Frankenheims.

50 Diese Notation ist nicht konsequent durchgehalten; an entscheidenden Stellen der Liste der teilflächigen Systeme steht stattdessen $[\pm\alpha a+\beta a+a]$ usw. Der Kontext macht aber völlig klar, was gemeint ist. Sehr wahrscheinlich handelt es sich um unkorrigierte Satzfehler. Wie aus Bemerkungen des Korrektors aus dem ersten Teil des Artikels am Ende deutlich hervorgeht, war dieser bei dem vorliegenden Manuskript überfordert: "Das Manuscript unterscheidet nicht gehörig zwischen a und 0." und "Wir bitten künftig um ein besseres Manuscript. Corr." (Frankenheim 1826, 515, 565)

51 Von Frankenheim natürlich durch Auflistung aller Elemente angegeben (1826, 544).

52 Frankenheims Angabe war in seiner Notation äquivalent zu folgender: Viergliedrige Abteilung (tetragonales System)

$$
\begin{aligned}
D_{4h} &= \{(\pm m_{\sigma 1}, \pm m_{\sigma 2}, \pm m_3) && \sigma \in \mathcal{S}_2\} \\
D_{2d} &= \{(\pm m_{\sigma 1}, \pm m_{\sigma 2}, \operatorname{sgn}\sigma\, m_3) && \sigma \in \mathcal{S}_2\} \\
C_{4h} &= \{(\pm(m_{\sigma 1}, \operatorname{sgn}\sigma m_{\sigma 2}), \pm m_3) && \sigma \in \mathcal{S}_2\} \\
D_4 &= \{(\pm(m_{\sigma 1}, \epsilon m_{\sigma 2}), \epsilon \operatorname{sgn}\sigma\, m_3) && \sigma \in \mathcal{S}_2,\ \epsilon = \pm 1\} \\
S_4 = \bar{C}_4 &= \{(\pm(m_{\sigma 1}, \operatorname{sgn}\sigma m_{\sigma 2}), \operatorname{sgn}\sigma\, m_3) && \sigma \in \mathcal{S}_2\}
\end{aligned}
$$

Zweigliedrige Abteilung (orthorhombisches, monoklines, triklines System):

$$
\begin{aligned}
D_{2h} &= \{(\pm m_1, \pm m_2, \pm m_3)\} \\
C_{2h} &= \{\pm(m_1, m_2), \pm m_3)\} \\
D_2 &= \{(\epsilon m_1, \epsilon' m_2, \epsilon\epsilon' m_3) && \mid \epsilon, \epsilon' = \pm 1\} \\
C_{2v} &= \{(\pm m_1, \pm m_2, m_3)\} \\
C_i &= \{\pm(m_1, m_2, m_3)\} \\
C_2 &= \{(\pm(m_1, m_2), m_3)\} \\
C_s &= \{(m_1, m_2, \pm m_3)\} \\
C_1 &= \{(m_1, m_2, m_3)\} && \text{Frankenheim: "Achttheil"}
\end{aligned}
$$

Sechsgliedrige Abteilung (hexagonales/trigonales System):

$$
\begin{aligned}
D_{6h} &= \{(\pm(m_{\sigma_1}, m_{\sigma_2}, m_{\sigma_3}); \pm n) && \mid \sigma \in \mathcal{S}_3\} \\
D_{3d} &= \{(\pm(m_{\sigma_1}, m_{\sigma_2}, m_{\sigma_3}); n) && \mid \sigma \in \mathcal{S}_3\} \\
C_{6h} &= \{(\pm(m_{\sigma_1}, m_{\sigma_2}, m_{\sigma_3}); \pm n) && \mid \sigma \in \mathcal{S}_3 \text{ zyklisch}\} \\
D_6 &= \{(\pm(m_{\sigma_1}, m_{\sigma_2}, m_{\sigma_3}); \operatorname{sgn}\sigma n) && \mid \sigma \in \mathcal{S}_3\} \\
D_{3h} &= \{((m_{\sigma_1}, m_{\sigma_2}, m_{\sigma_3}); \pm n) && \mid \sigma \in \mathcal{S}_3\}
\end{aligned}
$$

$$
\begin{aligned}
C_{6v} &= \{(\pm(m_{\sigma_1}, m_{\sigma_2}, m_{\sigma_3}); n) && \mid \sigma \in \mathcal{S}_3\} \\
C_{3i} &= \{(\pm(m_{\sigma_1}, m_{\sigma_2}, m_{\sigma_3}); n) && \mid \sigma \in \mathcal{S}_3 \text{ zyklisch}\} \\
C_{3h} &= \{((m_{\sigma_1}, m_{\sigma_2}, m_{\sigma_3}); \pm n) && \mid \sigma \in \mathcal{S}_3 \text{ zyklisch}\} \\
D_3 &= \{((m_{\sigma_1}, m_{\sigma_2}, m_{\sigma_3}); \operatorname{sgn} \sigma n) && \mid \sigma \in \mathcal{S}_3\} \\
C_{3v} &= \{((m_{\sigma_1}, m_{\sigma_2}, m_{\sigma_3}); n) && \mid \sigma \in \mathcal{S}_3\} \\
C_6 &= \{(\pm(m_{\sigma_1}, m_{\sigma_2}, m_{\sigma_3}); n) && \mid \sigma \in \mathcal{S}_3 \text{ zyklisch}\} \\
C_3 &= \{((m_{\sigma_1}, m_{\sigma_2}, m_{\sigma_3}); n) && \mid \sigma \in \mathcal{S}_3 \text{ zyklisch}\}
\end{aligned}
$$

53 Vgl. Anm. 49.

Anmerkungen zu §2

1 Justus G. Graßmann studierte 1799–1801 vornehmlich Theologie in Halle, hörte jedoch auch Mathematik bei Klügel und Physik bei Gilbert. Er wechselte im Jahr 1806 vom Prediger- zum Lehrerberuf. Für weitere biographische Information vgl. [Engel 1911, 2–6]. Da praktisch keine unpublizierten Quellen zu J.G. Graßmann überliefert sind — der einzige mir bekannte Brief von ihm (Graßmann Ms H 1811 (3)) ist für unseren Zusammenhang belanglos — sind wir auf diese Darstellung und Graßmanns publizierte Arbeiten angewiesen.

2 Vgl. G. Schubrings höchst aufschlußreiche Studie [1983].

3 Graßmann stand nach eigenen Angaben mit der damals gerade herausgekommenen Geschiche von Marx [1825] eine hervorragende Übersicht über die Kristallographie bis hin zu Weiß zur Verfügung; darüberhinaus waren ihm die Arbeiten von Haüy und Mohs zugänglich. Naumann zitierte er bis in die Notationsweise. Aber was Weiß angeht, hatte er mitzuteilen: "Dagegen muß ich es schmerzlich bedauern, dass ich mir die Abhandlungen der Königl. Preuss. Akademie, in welchen die Arbeiten des Prof. Weiss enthalten sind, nicht habe verschaffen können" (Graßmann 1829, XI).

4 Implizit hatten vor ihm schon Frankenheim (1826), Whewell (1825) und F. Neumann (1823) diese Art der Charakterisierung (bis auf Normierung) verwendet.

5 Permutationen $\mathcal{S}_3$ repräsentieren geometrisch die erweiterte zyklische Gruppe C_{3v}. Durch Vorzeichenwechsel wird noch die Inversion am Zentrum des Achsensystems adjungiert. Da Spiegelung und Inversion zu einer 2-zähligen Drehung um eine orthogonale Achse zur Spiegelungsebene kombinieren, ist das Resultat D_{3d}.

6 Miller wies später noch einmal in einer Notiz auf die weitgehend vergessenen Arbeiten Graßmanns hin (Miller 1868), die schon etwa 30 Jahre früher auf die Darstellung seines eigenen "Treatise on Crystallography" einen gewissen Einfluß genommen hatten (Miller 1839, iii).

7 Das ist um so bemerkenswerter, als in Hermann Graßmanns Staatsarbeit (1840) zum ersten Mal ein dreidimensionaler Vektorraumkalkül über $\mathbb{R}$ auftrat. In den 1830er Jahren hatte Möbius in seinem "Barycentrischen Calcul" (1827) indirekt auch vektorielle Operationen entwickelt. Bellavitis, der als erster Vertreter (1835) einer vektoriellen Streckenrechnung angesehen wird, hatte sich im wesentlichen auf den ebenen Fall beschränkt; seine Versuche einer Erweiterung auf den räumlichen Fall waren erfolglos geblieben [Crowe 1967, 52ff.; Favaro 1881].

8 Daher stammt auch die Terminologie: "Ger" — Wurfspieß (aus dem Althochdeutschen).

9 Das war — wie unter sich induktionistisch gebenden Naturwissenschaftlern ja recht verbreitet — Hessels Formulierung für eine durch Abstraktion aus einigen empirischen Phänomenen gewonnene Gesetzesaussage. Es handelte sich also streng genommen um eine bisher mit der Erfahrung in Einklang stehende Hypothese, keineswegs einen Erfahrungs*satz*.

10 Eigentlich Kongruenz im naiven Sinne durch "Ineinandersetzen" beschrieben und uneigentliche Kongruenz durch eigentliche Kongruenz im "Gegenbild von B", d.h. einer durch Punktspiegelung aus B gewonnenen Figur B' (Hessel 1830, *1*, 20, 32).

11
$$\begin{array}{llcl} A \cong B, & B \cong C & \Rightarrow & A \cong C, \\ A \mid = \mid B, & B \mid = \mid C & \Rightarrow & A \cong C, \\ A \cong B, & B \mid = \mid C & \Rightarrow & A \mid = \mid C, \\ A \mid = \mid B, & B \cong C & \Rightarrow & A \mid = \mid C \end{array}$$
(Hessel 1830, 1, 21ff.).

12 Die Ebene des Spiegelungsanteils m_1 der Drehspiegelung (der "gerenstelligen Axe") steht orthogonal zur Achse g; diese wiederum liegt in einer zweiten Spiegelungsebene m_2 ("2-fach"). $h := m_1 \cap m_2$ ist daher eine zu g orthogonale 2-zählige Achse, g also "ebenbildlich": Es handelt sich um die Konstellation der erweiterten Diedergruppe D_{pd}.

13 Es werden gelegentlich auch die Bezeichnungen verwendet: $\bar{C}_{2p} = C_{pi}$ für ungerade p, d.h. C_p erweitert um die Inversion, $\bar{C}_{4m} = S_{4m}$ "sphenoidische" Gruppe in Anlehnung an die sphenoidische Kristallklasse $\bar{C}_4 =: S_4$.

14 Im Fall diedrischer Gruppen bei $p = 2$ schlug Hessel vor, eine der 2-gliedrigen Achsen beliebig als "Hauptaxe" auszuzeichnen.

15 Hessel wies darauf hin, daß der "Mittelpunkt des Gleichwerths" nur bei Vorliegen einer "gleichendigen Axe" eindeutig bestimmt ist, sonst ist er auf einer Geraden (der Achse im Falle C_{pv} mit $p > 1$), einer Ebene (C_{1v}) oder im Raum (C_1) frei wählbar (Hessel 1830, *1*, 46f.).

16 Beispielsweise gab Hessel das Strahlensystem zu D_{kh} ("gleichstellig 2-endiger, 2-fach k-gliedriger Hauptaxe") durch folgende Informationen an: 2 k-gliedrige Hauptstrahlen in der Hauptachse selber, k 2-fach 2-gliedrige "Querstrahlen 1. Art", k 2-fach 2-gliedrige "Querstrahlen 2. Art" (die beiden Konjugationsklassen der Diederrotation der Ordnung 2), ∞ 2-fach 1-gliedrige "Querstrahlen" (in der horizontalen Spiegelungsebene), ∞ 2-fach 1-gliedrige "Strebestrahlen" in den "Hauptflügelflächen" 1. und 2. Art, davon je $2k$ von "derselben Art" (das sind die Strahlen in den vertikalen Spiegelungsebenen über den "Querstrahlen 1. bzw. 2. Art"), ∞ 1-fach 1-gliedrige "Strebestrahlen" (alle übrigen Strahlen, also die mit trivialem Stabilisator). Für k gerade sind die letzteren "gerenstellig" (gehen durch Inversion in den gegenüberliegen Strahl über), während die 2-gliedrigen Achsen "gleichstellig" sind (orthogonal zu einer Spiegelungsebene stehen) (Hessel 1830, 1, 50ff.).

17 Etwa in den Arbeiten von Minnigerode (1887) und Schoenflies (1888, 1890).

18 Hessel führte zunächst in seiner Tabelle 36 Systeme an: 5 hauptachsenlose, jeweils 7 mit 3-, 2-, 1-gliedriger Hauptachse, aber nur jeweils 5 mit 6- und 4-gliedriger Hauptachse, weil $\bar{C}_{2p}$ und D_{pd} für $p = 4, 6$ die Bedingung $m \leq 3$ nicht erfüllen. Er selbst wies aber auf 4 Doppelzählungen hin, die darin enthalten waren: $D_{1d} = C_{2h}$, $D_1 = C_2$, $D_{1v} = C_{2v}$, $C_{1v} = C_{1h}$ (1830, *2*, 97f.).

19 Hessel war von der Aufnahme seiner Arbeit sichtlich enttäuscht. So glaubte er sich etwa in einem undatierten, wahrscheinlich aber noch in den 1830er Jahren (in jedem Fall nach 1830) geschriebenen Brief an Schubert in Erlangen verteidigen zu müssen:

"Das wichtigste meiner literarischen Producte ist (...) meine Krystallometrie, welche ich — beiläufig gesagt — nicht geschrieben habe, um von Leuten, die sie nicht gehörig verstanden haben, scharfsinnig gescholten zu werden, sondern weil ich die von mir erkannten mathematischen Wahrheiten als solche von jedem, der Lust und Belieben dazu hat, sie zu studieren, anerkannt wissen wollte" (Hessel Ms 2640).

Die anderen mir bekannten Briefe (Hessel Ms K 35) enthalten keine Informationen über die Zusammenarbeit mit anderen Mineralogen oder der Aufnahme seiner Arbeit (1830).

20 Die Neigung Frankenheims zur naturphilosophisch ausgerichteten Naturforschung wird durch solche Umstände wie die Publikation seiner ersten bedeutenden kristallographischen Arbeit (1826) in dem Journal "Isis" und einer engen persönlichen Bekanntschaft mit dem naturphilosophisch orientierten Botaniker Nees van Esenbeck weiter bestätigt. Leider enthalten die überlieferten Briefe Frankenheims an N. v. Esenbeck (4 Briefe aus den 1830er bis 1850er Jahren, Frankenheim Ms G1 1827(5)) lediglich persönliche Informationen.

21 Bei Isolierung des trigonalen vom hexagonalen System mit Holoedrien D_{3d} bzw. D_{6h}. Frankenheim faßte dagegen im Anschluß an Mohs das trigonal/hexagonale System zu einem zusammen.

22 In (1835, 296, 312 u.a.) sprach Frankenheim hier von "Krystallfamilien", änderte diese Terminologie später (1842) in "Ordnungen" ab. Auch in anderer Hinsicht veränderte sich seine Terminologie im Laufe der Jahre:

Frankenheim 1826/1835	Frankenheim 1842	modern
"System"	"Classe/System"	System
"Familie/Grundform"	"Ordnung/Grundform"	Gittertyp
"Unterabtheilung	"Familie"	Kristallklasse

23 "Es scheint mir nicht passend, die Hypothese selber hier vollständig zu entwickeln. Ich betrete das schlüpfrige Gebiet solcher Hypothesen nur ungern und bin überdies von der Wahrheit des ersten Satzes (der atomistischen Hypothese, E.S.) keineswegs überzeugt. Ein großer Theil der Naturforscher hält ihn jedoch für evident, und diese werden, wenn sie consequent verfahren, die Resultate erlangen, die ich kurz angedeutet habe." (Frankenheim 1835, 312)

24 Vom wissenschaftstheoretischen Gesichtspunkt aus liegt hier eine forschungsorientierende Vermutung vor, die funktionell mit einem Heuristikelement des "Gürtels" eines Forschungsprogramms im Lakatosschen Sinne vergleichbar ist. Interessanterweise lag Frankenheims Vermutung aber nicht im "Gürtel" des von ihm favorisierten dynamistischen Programms; das hätte den Versuch einer strikteren Assimilation des aus dem atomistischen Programm entnommenen Gedankens erfordert — einen Versuch, den Frankenheim zwar für wünschenswert hielt, ohne ihn aber realisieren zu können (1835, 312f.). Seine Vorgehensweise stellte stattdessen einen Ansatz für eine heuristische Verbindung der beiden Forschungsprogramme dar, die nun nicht mehr allein in einem Konkurrenzverhältnis zueinander standen.

25 Zu Werners und insbesondere Haüys Auffassung zu dieser bijektiven Korrespondenz zwischen Kristallform und chemischer Substanz vgl. [Schütt 1984, 50ff.].

26 "Wir behalten die sechs, wie wir glauben, zuerst von Bernhardi und Weiss aufgestellten Systeme bei und nennen sie:

I. Tesseral	$A = B = C,$	$\alpha = \beta = \gamma = 90°.$
II. Tetragonal	$B = C,$	$\alpha = \beta = \gamma = 90°.$
III. Hexagonal	$B = C,$	$\alpha = 120°,\ \beta = \gamma = 90°.$
IV. Isoklinisch		$\alpha = \beta = \gamma = 90°.$
V. Monoklinisch		$\beta = \gamma = 90°.$
VI. Triklinisch"		(Frankenheim 1842, 480).

Und: *"Eine Classe bilden alle Krystalle, deren Krystallform einem Systeme angehört* (ebda., 484)."

27 [v.Engelhardt 1978, Caneva 1978, Williams 1974].

28 [Crowe 1967, 225ff.; Scholz 1983, 1984b].

Anmerkungen zu §3

1 Die Ablehnung der dynamistischen Auffassungen begann mit der Auseinandersetzung um Weiß' Kommentar zu Haüys "Traité de Minéralogie" (Chevenix 1804) und fand noch nach der Jahrhundertmitte in einem biographischen Artikel über Haüy ihren Niederschlag (Delafosse/Duraziers 1854) — vgl. auch [Burke 1966, 153f., 165f.].

2 Im englischsprachigen Raum wurden dagegen neue Ideen der "deutschen Schule", die sich in die eigene, empirisch orientierte Forschung integrieren ließen, zügig aufgenommen und weiterverarbeitet. Dabei spielten zunächst von deutscher Seite Mohs und Haidinger, etwas später von englischer Seite Miller eine wichtige verbindende Rolle [Groth 1926, 249ff.; Burke 1974; Deas 1959]. Die über etwa drei Jahrzehnte weiterhin sehr starke Dominanz Haüys in Frankreich erscheint in diesem Lichte als eine gewisse Sonderentwicklung.

3 Vgl. dazu auch [Schütt 1985].

4 Delafosse zitierte insbesondere Weiß, Naumann, Neumann, Rose, Mohs (1832), Frankenheim (1835) (Delafosse 1843, 644, 657f., 669f., 673).

5 Vgl. dazu auch [Burke 1966, 165f.].

6 Im Falle des Borazit ergibt etwa die Auswertung der Kristallgestalten die "Molekülsymmetrie" (Kristallklasse) T_d. Die Moleküle, "... *qui dans le boracite peuvent etre regardées comme des tétraèdres réguliers* ...", sind nach Delafosse alle in gleicher Ausrichtung von Basis und Spitze angeordnet. Damit erklärte er die Polarität, die beim Phänomen der Pyroelektrizität auftritt (Delafosse 1840, 400).

Das Phänomen der Pyroelektrizität war schon Mitte des 18. Jahrhunderts von Aepinus (1724–1802) am Turmalin ($NaMg_3B_3Al_6Si_6O_{27}$ $(OH)_4$, Kristallklasse $C_{3v} = 3m$) entdeckt worden. Die Bezeichnung "Pyroelektrizität" geht auf Brewster zurück (1824), der weitere Vertreter dieser Eigenschaft entdeckte.

7 So gab Bravais etwa explizite Hinweise auf Weiß in (1849b, 53; 1851, 237), auf Miller in (1851, 13ff.) und Frankenheim in (1850, 94).

8 Während Bravais auf eine Reihe von Arbeiten anderer Kristallographen, auf die er aufbaute, explizit hinwies (vgl. Anm. 7), gab er keinen Hinweis auf Hessel. Außerdem war seine Liste der endlichen Punktsymmetriesysteme nicht ganz vollständig, weil er keine Drehspiegelungen als eigenständige Symmetrieelemente betrachtete. Nach einer mehr als nur oberflächlichen Lektüre Hessels wäre das kaum denkbar gewesen.

9 Ist ρ eine Drehspiegelung geradzahliger Ordnung $2q$ und m die zugehörige Spiegelung, ρ' eine Rotation um π bezüglich derselben Achse, i die Punktinversion bezüglich dem Schnittpunkt der Achse mit der zugehörigen Spiegelungsebene, so ist

$$\text{für } 2q \equiv 2 (\operatorname{mod} 4), \quad q \equiv 1 (\operatorname{mod} 2), \quad \text{also } \rho^q = \rho' m = i,$$

$$\text{für } 2q \equiv 0 (\operatorname{mod} 4) \quad q \equiv 2 (\operatorname{mod} 2), \quad \text{also } \rho^q = \rho'.$$

Im ersten Falle ist ρ offenbar durch Bravais' Symmetrieelemente darstellbar. Ist nämlich ρ'' eine reine Rotation der Ordnung $2q+1$ um dieselbe Achse wie ρ (Ordnung $4q+2$), so ist

$$\rho = \rho i^2 = \rho(m\rho')i = (\rho m)^{2q+2} i = \rho''^{(q+1)} i.$$

Auf den "Verlust" von $\bar{C}_{4q}$ bei Bravais wies im übrigen schon Schoenflies (1891, 79, 104f.) hin.

10 Bravais legte das "Mémoire" (Bravais 1850) am 11.12.1848 der Académie des Sciences vor. Ein sehr positiver Bericht einer aus Biot, Beudant, Dufrénoy, Regnault, Lamé und Cauchy bestehenden Kommission wurde am 6.8.1849 vorgetragen (Cauchy 1849).

11 Ausgehend von einem Punkt P_0 des Gitters wird ein Punkt P_1 minimalen Abstands gewählt, zur Gerade $g_{P_0P_1} = P_0 \cdot P_1$ wiederum ein Punkt P_2 minimalen Abstandes und analog P_3 mit Minimalabstand zur Ebene $E_{P_0P_1P_2} = g_{P_0P_1} \cdot P_3$. $P_0P_1P_2P_3$ definiert ein "tétraèdre principal" (Bravais 1850, 22, 54).

12 Dabei ist Θ die quadratische Form der euklidischen Metrik bezogen auf Koordinaten im System "konjugierter Achsen" der zugrundegelegten Elementarzelle $P_0P_1P_2P_3$; also in vektorieller Symbolik mit $\overline{P_0P_i} =: a_i$

$$\langle a_i, a_j \rangle =: g_{ij}, \quad 1 \leq i,j \leq 3$$

$$\Phi(x_1, x_2, x_3) := \sum_{i,j=1}^{3} g_{ij} x_i x_j$$

13 "Netzebene (plan réticulaire)" ist eine Ebene, die mindestens drei nicht kolineare Gitterpunkte enthält und damit ein ganzes Netz (Bravais 1850, 7).

14 Bravais konnte dabei auf ein Studium der von Punktinversionen erzeugten Symmetriesysteme von Gittern durch Bréton (1845) aufbauen, auf dessen Arbeit er ausdrücklich verwies (Bravais 1850, 94).

15 Die moderne Definition der Bravaissysteme arbeitet bekanntlich mit Raumgruppentypen und entsteht durch Vergröberung der Einteilung in arithmetische Kristallklassen [Neubüser e.a. 1981]. Die Einteilung beruht aber bei geometrischer Interpretation auf der generischen Symmetrie des zugehörigen Gitters. Insofern steht die moderne Einteilung (der ebenen oder räumlichen Gruppen) in Bravaissysteme in unmittelbarer Parallele zu Bravais' Einteilung der Punktgitter in Symmetrietypen. Letztere wird daher i.f. als "Gittersysteme" bezeichnet (vgl.auch Anhang).

16 Entsprechend für die 14 semidirekten Erweiterungen der Raumgitter mit ihren jeweiligen Minimalsymmetrien.

17 Dieses Generizitätsprinzip bestimmt nicht in allen Fällen das Gittersystem eines hypothetischen Moleküls in eindeutiger Weise. Die offen bleibenden Fälle stehen im Zusammenhang mit der Nichteindeutigkeit der Einteilung von Raumgruppen in das trigonale bzw. hexagonale System, je nachdem der Weißsche Standpunkt (Klassifikation nach dem orthogonalen Anteil der Raumgruppe) oder der Bravaissche Standpunkt (Symmetrietyp des Gitters) eingenommen wird (s.u.).

18 Die hochgestellte "4" im Symbol $[\Lambda^2, 0C, 0P]^4$ repräsentiert diese in Bravais' Notationen fixierbare Paradoxie: eine Achse mit reinem Rotationsanteil der Ordnung 2, dennoch im tetragonalen ("quarternären") System.

"J'ai exclu les polyèdres qui offriraient ce singulier genre de symétrie de l'étude générale que j'ai faite des polyèdres symétriques, avec d'autant moins de scrupules qu'il ne parait pas que ce cas singulier se rencontre dans la nature." (Bravais 1851, 229)

19 In Anlehnung an Miller (1839) verwendete Bravais für eine Fläche mit Normale (g, h, k) im Punktgitter die Notation $(g\ h\ k)$, für die zugehörige holoedrische einfache Gestalt $\{g\ h\ k\}$ und für meriedrische Gestalten $\mu\{g\ h\ k\}$ (Bravais 1851, 218).

20 Einschließlich der Gestalten der sonst nicht berücksichtigten Kristallklasse $\bar{C}_4$; vgl. Anm. 19.

21 Unter der Voraussetzung, daß Bravais eine einigermaßen vollständige Übersicht für seine Zeit geben konnte, scheint die sichere Identifizierung von 18 empirisch auftretenden Kristallklassen, 7 holoedrische und 11 meriedrische (O^*, T_d, T_h; D_{6h}, C_{6h}; D_{3d}, D_3, C_{3v}; D_{4h}, C_{4h}, D_{2d}, D_4; D_{2h}, C_4; D_2; C_{2h}, C_2; $\bar{C}_2 = C_i$) keine wesentliche Erweiterung in dieser Hinsicht seit Hessel zu signalisieren, der schon 17 Kristallklassen als sicher identifiziert ansah: zwei weniger (D_4 und C_2), dafür aber eine andere mehr ($\bar{C}_6 = C_{3i}$, identifiziert als "Apotomes Eisen" — Ilmenit $FeTiO_3$). Es waren also nicht neue empirische Erkenntnisse, die Bravais Theorie erforderlich machten.

22 Insgesamt sind 73 der 230 Raumgruppentypen in natürlicher Weise als semidirektes Produkt ihres Translationsgitters mit ihrem orthogonalen Anteil darstellbar (vgl. Anhang). Zwei davon konnte Bravais nicht erhalten, weil er die zugehörige Kristallklasse als "Anomalie" behandelte: $\mathbb{Z}(4P) * \bar{C}_4$ und $\mathbb{Z}(4I) * \bar{C}_4$ (int. Not. $P\bar{4}$, $I\bar{4}$). Natürlich läßt sich die Bravaissche Tabelle auch so lesen, daß darin die Klassen möglicher Erweiterungen von 31 Kristallklassen mit den 14 Gittertypen angedeutet sind; das entspräche einem impliziten Hinweis auf 71 (der 73) arithmetischen Kristallklassen. Jedoch wäre diese Interpretation weiter vom Bravaisschen Text entfernt, da Bravais lediglich Deckisometriesysteme einfacher Punktgitter, evtl. reduziert durch die "Molekülsymmetrien" diskutierte. Die Möglichkeit verschränkter Erweiterungen tauchte bei ihm dagegen (verständlicherweise) nicht auf.

23 Das entspricht zunächst der Beobachtung, daß allein für die Kristallklassen $K = C_3$, D_3, C_{3i}, C_{3v}, D_{3d} Raumgruppen durch semidirekte Produktbildungen mit Gittern aus verschiedenen Gittersystemen gebildet werden können, nämlich jeweils $G = \mathbb{Z}(3P) * K$ und $G' = \mathbb{Z}(3R) * K$. Während G' unter beiden Gesichtspunkten dem trigonalen System zugehört, ist G dem hexagonalen Bravaissystem, aber natürlich dem trigonalen Kristallsystem zuzuordnen. Vom Standpunkt des entwickelten Raumgruppenkonzepts sind insgesamt diejenigen 18 Raumgruppentypen betroffen (d.h. werden je nach Klassifikation gemäß Kristallsystem bzw. Bravaissystem verschiedenen Systemen zugeordnet), die durch Erweiterung eines Gitters Γ mit Elementarzelle vom Typ $3P$ (Holoedrie D_{6h}) durch eine orthogonale Gruppe aus dem trigonalen Kristallsystem (Holoedrie D_{3d}) entsteht (vgl. etwa [Brown e.a. 1978, 19f.]).

Anmerkungen zu §4

1 H. Wußing beschreibt diesen Sachverhalt durch eine zu große Antizipation in der "Intension" des Begriffes gegenüber dem historisch erreichen Stand von dessen "Extension" [Wußing 1967].

2 Erst 1873 wurde Jordan Dozent und Examinator der Ecole Polytechnique, 1876 Professor der Analysis. 1885 trat er von seiner Funktion als Ingenieur zurück [Lesbesgue 1923, Dieudonné 1973]. Für seine früheren Arbeiten zur Galoistheorie siehe [Wußing 1969, 100ff.], zur Flächentopologie [Scholz 1980, 154ff.].

3 Die explizite Forderung der Existenz von Inversen und damit die formelle Trennung der (unendlichen) Gruppen von den Halbgruppen erfolgte erst ein bis zwei Jahrzehnte später. In den frühen Arbeiten der 1870er Jahre verwendeten Lie und Klein als explizite Forderung an Transformationsgruppen lediglich die Abgeschlossenheit unter Komposition; stillschweigend gingen sie aber immer von der Existenz von Inversen und Neutralem aus. Das gilt insbesondere für Lies erste Arbeiten zu seinem Klassifikationsprogramm kontinuierlicher Transformationsgruppen (1874; 1876a,b; 1878 a,b usw.). Erst in der zweiten Hälfte der 1870er Jahre entdeckte er, daß in der Deduktion der Existenz von Inversen im Fall unendlicher Gruppen ein größeres Problem lag als vorhergesehen (Lie 1880, 5). Aber selbst dann glaubte er zunächst noch für einige Zeit daran, daß zumindest bei einer geeigneten Explizierung des Attributs "kontinuierlich" die Existenz von Inversen beweisbar sein könnte. Sein Schüler F. Engel erschütterte diese Annahme durch ein einfaches Gegenbeispiel, das Lies Bedingungen an kontinuierliche Transformationsgruppen genügte (Lie 1884, 500). In der Konsequenz deuteten Lies spätere Bemerkungen zur axiomatischen Charakterisierung des Gruppenbegriffs eine Unterscheidung zwischen dem Konzept einer allgemeinen "Gruppe von Operationen", von denen er bewußt lediglich Halbgruppeneigenschaften forderte (Lie 1895, 597), und den spezielleren Transformationsgruppen an, die in seinen Arbeiten behandelt wurden und (in unserem Sinne) die vollen Gruppeneigenschaften besaßen (Lie 1891). Auf diesen bisher wenig studierten Sachverhalt, daß Lie und auch andere Mathematiker des ausgehenden 19. Jahrhunderts zum Teil auch noch nach der Klärung der Unterscheidung der Eigenschaften von Halbgruppen und Gruppen bewußt von "Gruppe" sprachen, wenn sie lediglich Halbgruppeneigenschaften

forderten, weist dankenswerterweise K.H. Hoffmann hin [1983, 1985]. Zur Ausformulierung der vollen Gruppeneigenschaften bei Lie siehe auch [Wußing 1969, 166–171].

4 Seien B_r und $B'_{r'}$ Rotationsanteile der Schraubenbewegungen $A_{r,t}$ und $A'_{r',t'}$ um Achsen $B \parallel A$ und $B' \parallel A'$ durch einen vorgegebenen festen Punkt. Dann rechnete Jordan wie folgt (bis auf kleine Abweichungen in der Notationsweise):

$$A_{r,t} = t \cdot A_{r,0} = (t + t_1) \cdot B_r = (\tilde{t}, B_r) \quad \text{im semidirekten Produkt}$$

mit Notation der Translationen durch t, t_1, $\tilde{t}$ usw., t_1 orthogonal zu A und $\tilde{t} = t + t_1$,

$$\begin{aligned} A'_{r',t'} &= t' \cdot A'_{r',0} = (t' + t'_1) \cdot B'_{r'} = (\tilde{t}', B'_{r'}) \\ A'_{r',t'} \cdot A_{r,t} &= (\tilde{t}' + B'_{r'}\tilde{t}, B'_{r'}B_r) = (\tilde{t}'', B''_{r''}) \\ &= (t'' + t''_1, B''_{r''}) = A''_{r'',t''} \\ \text{mit } B''_{r''} &= B'_r B_r \quad \text{in} \quad O(3, \mathbb{R}) \quad \text{und} \quad t'' \parallel B'' \end{aligned}$$

(Jordan 1869, 234).

5 *“Cette proposition présente une analogie remarquable avec un théorème fort utile dans la théorie des substitutions, qui a été donnée par Cauchy et par M. Betti, et que j'ai retrouvé depuis au début de mes recherches sur le même sujet.”* (Jordan 1869, 235)

6 Jordan klassifizierte in 6 Kategorien, je nachdem der rotative Anteil G_o einer Bewegungsgruppe

(i) von einer endlichen oder unendlich kleinen Rotation erzeugt wird: $G_o \cong C_n, S^1$,

(ii) dito, zusätzlich noch eine orthogonale binäre Rotation $G_o \cong D_n, S^1 \oplus C_2$,

(iii)–(v) eine Deckbewegungsgruppe der platonischen Körper bildet: $G_o \cong T, O, I$,

(iv) $G_o \cong SO(3, \mathbb{R})$.

7 Reine Translationsgruppen also isomorph zu $\mathbb{Z}$, $\mathbb{Z}^2$, $\mathbb{Z}^3$, $\mathbb{R}$, $\mathbb{R} \oplus \mathbb{Z}$, $\mathbb{R} \oplus \mathbb{Z}^2$, $\mathbb{R}^2$, $\mathbb{R}^2 \oplus \mathbb{Z}$, $\mathbb{R}^3$.

8 C_n, S^1, D_n, $S^1 \oplus C_2$, T, O, I, $SO(3, \mathbb{R})$ — vgl. Anm. 6.

9 Bei einer Darstellung von G_o durch Terme $P_i(\rho_1, \ldots, \rho_k)$, $1 \leq i \leq |G_o|$, stellen dann die Translationen, die sich aus den Relationen der Gruppentafel ergeben, also etwa für $h = P_i$, $h' = P_j$, $hh' = P_l \in G_o$

$$f_{h,h'} = P_i(\tilde{\rho}_1, \ldots, \tilde{\rho}_k)P_j(\tilde{\rho}_1, \ldots, \tilde{\rho}_k)P_l(\tilde{\rho}_1, \ldots, \tilde{\rho}_k)^{-1} \in \Gamma$$

die Werte des Faktorensystems der Erweiterung von Γ durch G_o dar. Die Assoziativitätsbedingung

$$\varphi(h) f_{h',h''} f^{-1}_{hh',h''} f_{h,h'h''} f^{-1}_{h,h'} = 1$$

ist durch die Realisierung als Operationensystem (zunächst Halbgruppe) in $\mathrm{Isom}^+(\mathbb{E}^3)$ gewährleistet. Die Gruppeneigenschaft folgt aus der Erweiterungstheorie von Gruppen — vgl. z.B. [Suzuki 1982, 192ff.] oder auch Anhang, Theorem 8. Für Jordan war die Gruppeneigenschaft natürlich durch die Definition qua geometrischer Erzeugung evident.

10 Beispiele (Zusammenfassung des Resultats) in (Jordan 1869): "93. Art" kristallographischer Raumgruppentyp internationale Notation $P2_12_12$ erzeugt aus $\Gamma = \langle a_1, a_2, a_3 \rangle$ mit 3 paarweise orthogonalen Translationen a_1, a_2, a_3 durch Erweiterung mit D_2 (= 222); Erzeugende ρ_1, ρ_2, von D_2, wobei

$$\tilde{\rho}_1 = \left(\frac{a_1}{2}, X_\pi\right), \quad \tilde{\rho}_2 = \left(\frac{a_2}{2}, Y_\pi\right), \quad \mathrm{Isom}^+(E^3) \cong R^3 * SO(3, R)$$

Dabei seien in Anlehnung an Jordan X_α, Y_β, Z_γ Rotationen vom Winkel α, β, γ um die $x/y/z$-Achsen respektive, parallel a_1, a_2, a_3. Die Relationen reduzieren sich hier im wesentlichen auf

$$\rho_1^2 = \rho_2^2 = (\rho_1\rho_2)^2 = 1.$$

$$\text{Mit} \quad \rho_3 := \rho_1\rho_2, \quad \tilde{\rho}_3 := \tilde{\rho}_1\tilde{\rho}_2 = \left(\frac{a_1}{2} - \frac{a_2}{2}, Z_\pi\right)$$

Mit $\rho_3 := \rho_1\rho_2$, $\tilde{\rho}_3 := \tilde{\rho}_1\tilde{\rho}_2 = \left(\frac{a_1}{2} - \frac{a_2}{2}, \mathbb{Z}_\pi\right)$ ist dann die o.a. Bedingung evident:

$$\begin{array}{lll} f_{\rho_1\rho_2} = a_1, & f_{\rho_1\rho_2} = 0, & f_{\rho_1\rho_3} = a_1, \\ f_{\rho_2\rho_1} = -a_1 + a_2, & f_{\rho_2\rho_2} = a_2, & f_{\rho_2\rho_3} = -a_1, \\ f_{\rho_3\rho_1} = -a_2, & f_{\rho_3\rho_2} = -a_2, & f_{\rho_3\rho_3} = 0. \end{array}$$

Analog in den anderen Fällen, von denen etwa ein verwickelterer Fall bei Jordans "124. Art" (1869,268f.) — internationale Notation $P4_32_12$ — auftrat. Diese wird durch Erweiterung von $\Gamma = \langle a_1, a_2, a_3 \rangle$ mit paarweise orthogonalen Translationen und $|a_1| = |a_2|$ mittels D_4 (= 422) erzeugt, wobei die Erzeugenden ρ_3 (Rotation der Ordnung 4) und ρ_1 (Ordnung 2) von D_4 bei der Raumgruppe zu Schraubenbewegungen

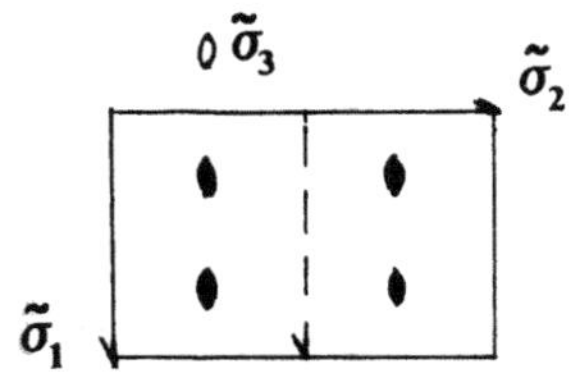

$P2_12_12$

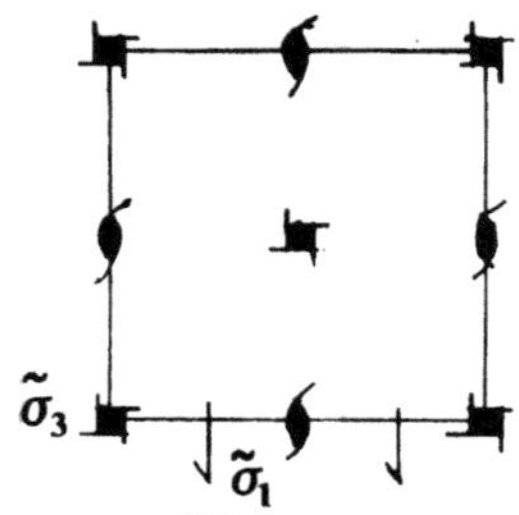

$P4_32_1$

$$\tilde{\rho}_3 = \left(\frac{4}{3}a_3, Z_{\frac{\pi}{2}}\right)$$

$$\tilde{\rho}_1 = \left(\frac{a_1}{2} + \frac{a_2}{2}, X_{\frac{\pi}{2}}\right)$$

führen. (Zur geometrischen Konstellation erzeugender Symmetrieelemente siehe Skizze mit Symbolik wie in der Kristallographie üblich; vgl. etwa [Buerger 1963]).

11 Vgl. Anm. 8.

12 So gab Jordan bei den kristallographischen Raumgruppen mit Schraubenbewegungen verschiedene Darstellungen derselben Gruppe in verschiedenen "Arten" an. Er zählte etwa in der 3. Kategorie (rotativer Anteil Tetraedergruppe T) 15 (eigentlich) diskontinuierliche Gruppen mit dreidimensionalem Translationsgitter (also relativ kompakten Fundamentalbereich) auf. Es gibt aber nur 5 kristallographische Raumgruppentypen in dieser "Kategorie" ($P23$, $F23$, $I23$, $I2_13$, $P2_13$). Die Liste enthält also 10 "Arten", die durch Doppelzählung zustande kommen.

13 Es fehlen im regulären System $I4_132$ im trigonalen (Kristallsystem) $P312$, $P3_112$, $P3_212$ und im orthorhombischen $P2_12_12_1$ und $C222_1$. Darauf wurde schon von Sohncke und Schoenflies (1887) hingewiesen. Schoenflies behauptete dabei, daß $P222_1$ (Schoenflies' V_7, später D_2^2) bei Jordan auch fehlt. Das stimmt jedoch nicht: sie ist Jordans Nr. 95.

14 Von den 24 kristallographischen Raumgruppentypen aus eigentlichen Bewegungen fehlte eine in Jordans Liste, nämlich $P321 = \mathbb{Z}(3P) *_k D_3$. Dagegen ist $P312 = \mathbb{Z}(3P) *_d D_3$ die "130" Art. Dabei ist $P321$ als semidirekte Erweiterung durch die Operation von D_3 auf $\mathbb{Z}(3P)$ definiert, bei der die binären Achsen von D_3 längs der Kanten des (60°/120°–) Basisrhombus von $\mathbb{Z}(3P)$ liegen; bei $P312$ liegen sie dagegen zu dessen Diagonalen parallel.

15 Dieses Manuskript (Klein Ms XXII G) wird demnächst von D. Rowe publiziert und ausführlich ausgewertet. Zur Problematik der Beziehung zwischen Klein und Lie — insbesondere deren rapide Verschlechterung nach 1889 — siehe [Rowe o.D.]. Zu Lies und Kleins Beiträgen zur Herausbildung des Transformationsgruppenkonzepts siehe auch [Yaglom 1988], das mir erst während der Fahnenkorrektur zugänglich wurde.

16 Klein war als Schüler Plückers (während 1865 bis 1868) und nach einer ersten kurzen, aber intensiven Beeinflussung durch Clebsch (während Kleins Göttingen Aufenthalt vom Januar bis August 1869) in dieser Hinsicht von großer Bedeutung für die mathematische Entwicklung des bis dahin weitgehend autodidaktisch gebildeten, aber um 7 Jahre älteren Lie; vgl. [Noether 1900, Freudenthal 1973, Rowe o.D.], sowie (Klein 1921, 50–52) und (Klein Ms XXII G).

17 "Es war durchaus naturgemäss, dass Lie in unserem wissenschaftlichen Verkehr die führende Rolle zufiel, während ich mehr für die klare Durcharbeitung und geeignete Darstellung seiner nur theilweise fertigen Gedanken sorgte" (Klein Ms XXII G).

18 So Klein in (Ms XXII G).

19 Wir verwenden hier die von Klein in (1872a) eingeführte Notation $M_n^{(m_1,\ldots,m_k)}$ für eine n-dimensionale projektive Varietät in $P(n+k,\mathbb{C})$, die als simultane Nullstellenmenge von k Gleichungen des Grades m_1, ..., m_k ausgezeichnet ist.

20 Vgl. (Klein XXII G)

21 (Klein 1871) wurde am 19.8.1871 fertiggestellt, (Klein 1872a) im Oktober 1871.

22 Dabei ist anzumerken, daß der erste Teil der Dissertation (Lie 1871a) ursprünglich norwegisch verfaßt und publiziert worden ist und erst bei der Aufnahme in die Gesammelten Abhandlungen Lies von Engel/Heegard ins Deutsche übertragen wurde. Das wurde dadurch möglich und nahegelegt, daß der zweite Teil (Lie 1871b) von Lie selbst für die Erstpublikation auf deutsch verfaßt wurde. Lie sprach hier von einer "Klasse von Transformationen (Classe geometriske Transformationer)" — so auch noch in der Selbstanzeige (Lie 1871c) der Dissertation — und verwendete "Gruppe" rein umgangssprachlich etwa für n-Tupeln von Variablen (1871a, 146), Geradenkonfigurationen (1871b, 207) usw. Über Gesamtheiten von Transformationen sprach er als "allgemeine Transformation, die n Konstanten enthält" (1871a, 146ff.).

23 Auf den historischen Stellenwert dieser Andeutung weist auch Wußing [1969, 159] hin. Jedoch scheint ihm die Tatsache und die Bedeutung des terminologischen Bruchs bei Lie entgangen zu sein, der deutlich auf das Gewicht der Jordanschen Arbeit (1869) für die Formulierung dieser Programmidee verweist.

24 So soll die relativ ausführliche Terminologiediskussion an dieser Stelle verstanden werden. Die Terminologie ist ja "an sich" nicht von solcher Bedeutung, sondern eher formelle Hülle des mathematischen Gedankens. Erst als sichtbarer sprachlicher Ausdruck von Einflüssen und kontextuellen Bedeutungen bekommt sie hier Gewicht für die Historiographie.

25 Klein selber schilderte den Unterschied von Lies und seiner Arbeitsweise folgendermaßen:

"Lie hat immer nur seine eigenen Probleme gekannt und mit Ausschliesslichkeit verfolgt. Eben hierin liegt die Stärke und die Grösse seines Erfolgs. Meine Art ist umgekehrt, fortzuschreiten, indem ich die Untersuchungen Anderer von meinem Standpuncte aus auffasse, zu producieren, indem ich recipiere. Mein Plan muß sein, wechselnd die verschiedenen Gebiete der neueren Mathematik zu durchwandern, um schliesslich, soweit das gelingen mag, eine Gesamtübersicht zu erreichen, von der aus sich eine allseitige Wirkung ermöglicht." (Klein Ms XXII G) — Vgl. Anm. 15.

26 Vgl. dazu [Russo 1968].

27 Insbesondere die Thesen (ii) und (iii) lassen sich natürlich im Lichte der weiteren Entwicklung nicht ganz ohne Einschränkungen teilen.

28 Siehe dazu die ausführliche Diskussion in [Hawkins 1984].

29 Seine Sprechweise war hier noch die von "Zyklus der wirklichen Bewegungen" für die Gruppe der eigentlichen Bewegungen, von "dreifach unendlicher Schar linearer Transformationen", "Zyklus linearer Transformationen im Raume" usw. (Klein 1871, 282, 302).

30 Möglicherweise spielte bei Lies Reaktion zusätzlich eine Rolle, daß Lie kaum zur Formulierung gewissermaßen metageometrischer Ideen neigte, wie sie Kleins "Erlanger Programm" nun einmal enthielt. Lie sah möglicherweise keine Notwendigkeit für die Explizierung von Überlegungen oberhalb der Ebene von forschungsprogrammatischen Zielen. Zum Vergleich des Lieschen Klassifikationsprogramms kontinuierlicher Transformationsgruppen mit dem "Erlanger Programm" siehe [Hawkins 1984].

31 Das "Erlanger Programm" besaß selber nicht die Eigenschaften eines Forschungsprogramms (darauf weist etwa auch Hawkins in [1984] hin). Klein versuchte in ihm jedoch, eine Ordnung in die verschiedenartigen geometrischen Forschungsprogramme seiner Zeit zu bringen und eine übergeordnete gemeinsame Orientierung zu formulieren. In diesem Sinne war es ein Stück "Metamathematik" in einem anderen Sinne als später bei Hilbert: nicht zur formellen Grundlagensicherung, sondern zur Verständigung auf gemeinsame Forschungsorientierungen in einem komplexer werdenden, arbeitsteiligen Wissenschaftssystem. In diesem Sinne war es ab den 1890er Jahren für einige Jahrzehnte auch durchaus effizient. Das scheint Hawkins in [1984] zu übersehen, wo das "Erlanger Programm" ohne weiteres mit Lies oder Killings Programm der Klassifizierung der kontinuierlichen Transformationsgruppen verglichen wird und dabei natürlich schlecht abschneidet.

32 Das schließt natürlich nicht aus, daß Klein die Arbeit eventuell schon vorher sah, ohne daß dies sichtliche Konsequenzen für seine eigene Arbeit gehabt hätte.

33 Jordan übertrug die aus der Kristallographie adaptierte Bezeichnung für Untergruppen als "groupes mériédriques" (1869, 302) auch in geändertem Zusammenhang auf Isomorphismen/Homomorphismen (mit nichttrivialem Kern), als er im "Traité des Substitutions" von "isomorphisme holédrique" und "isomorphisme mériédrique" sprach (Jordan 1870, 56). Diese zunächst für Substitutionsgruppen verwendeten Konzepte wurden später von F. Klein (1884, 8) auf strukturgleiche Gruppen verschiedenartiger Realisierungen übertragen ("holoedrischer/meriedrischer Isomorphismus") und ging in die Fachterminologie des ausgehenden 19. Jahrhunderts ein [Wußing 1969, 151].

34 Vgl. Anm. 31.

Anmerkungen zu §5

1 Vgl. [Burke 1976].

2 Gadolin verwendete zwar die Terminologie "groupes cristallographiques" für die Kristallklassen; diese Terminologie bezeichnete aber lediglich die Gesamtheiten gleichberechtigter Richtungen bzw. Flächen in einem Kristall. Das entspricht dem Orbit einer Gruppe; dieser wurde von Gadolin ohne explizite operative Struktur verwendet — und damit die Bezeichnung "Gruppe" im umgangssprachlichen Sinne.

3 Gadolin identifizierte drei von F. Naumann im tetragonalen System aufgezählte Symmetrietypen als schon bekannte Kristallklassen des orthorhombischen Systems, nämlich Naumanns "rhombotypische Hemiedrie" des tetragonalen Systems als D_{2h} (Holoedrie des orthorhombischen Systems), die "rhombotypische Tetartoedrie" als D_2 (in Gadolins Terminologie: "sphenoidale Hemiedrie des rhombischen Systems") und die "Hemimorphie der sphenoidalen Hemiedrie des tetragonalen Systems" als C_{2v} (Gadolin: "Hemimorphie des rhombischen Systems"). Unter den von G. Rose angegebenen Symmetrietypen identifizierte er sowohl die "Meroedrie des tetragonalen Systems" als auch die "Meroedrie des monoklinen Systems" als C_{2h} (Holodrie des monoklinen Systems). Darüberhinaus verwarf er, wie andere vor ihm, die Existenz eines in der Mohs-Tradition zunächst angenommenen "diklinen Systems" und analysierte die zugehörigen Kristallgestalten und Klassen als solche des monoklinen Systems mit speziellen Winkelparametern der Achsen (Gadolin 1871, 60ff.).

4 Zur Bedeutung der Dyckschen Arbeiten als Ausgangspunkt für die kombinatorische Gruppentheorie endlich präsentierbarer Gruppen siehe [Chandler/Magnus 1982].

5 Darauf weist schon Engel in [1984, 210] hin.

6 Diskontinuierliche Bewegungsgruppen ohne relativ kompakten Fundamentalbereich charakterisierte Sohncke entsprechend durch die Bedingung "... welche Punktsystemen entsprechen, die nicht nach allen 3 Dimensionen unendlich ausgedehnt sind" (Sohncke 1879, 25).

7 Vgl. §4.2, insbesondere Anm. 13.

8 Raumgruppe $C222_1$ trat bei Sohncke als "zusammengesetztes rhombisches 2-Punktschraubensystem" (Nr. 9) und als "System der Rhombensäule 2. Art" (Nr. 13) auf.

9 Eine entsprechende Idee hatte vor ihm schon C. Wiener (1869, 82ff.) formuliert.

10 Zur Biographie vgl. [Šafranovskij 1980, 273ff.; Spangenberg 1933; Meniailov 1972] und die mir nicht zugängliche Arbeit [Šafranovskij 1963].

11 Berichtet in (Fedorov 1900, 468ff.) — vgl. auch [Šafranovskij 1980, 277].

12 Fedorov griff dabei die Innovationsfeindlichkeit an, die er im unmittelbaren Einfluß der zaristischen Bürokratie auf die Akademie begründet sah [Šafranovskij 1980, 274]. Er stand über diese fachpolitische Haltung hinausgehend in einer grundsätzlichen politischen Opposition zum zaristischen Absolutismus, die sich auf populistische Grundüberzeugungen gründete [Šafranovskij 1980, 274f.; Meniailov 1972].

13 Siehe dazu die Diskussion von (Fedorov 1885) in [Galiulin/Senechal 1984].

14 Fedorov ging also anscheinend davon aus, daß jede monoedrische Pflasterung im $\mathbb{E}^2$ bzw. $\mathbb{E}^3$ isoedrisch ist, d.h. ziegeltransitive Symmetriegruppe besitzt. Das ist für eine Anfang der 1880er Jahre geschriebene Arbeit, fast zwei Jahrzehnte vor der Formulierung von Hilberts 18. Problem (vgl. §5.6), mehr als verständlich.

15 Siehe [Galuilin/Senechal 1984, 13ff.] für eine Übersetzung der zentralen Passage des Beweises im ebenen Fall und deren Diskussion.

16 Die von Fedorov gewählte Bezeichnung "Triparallelogramm" verweist auf die affin invarianten 3 Paare paralleler Kanten des Hexagons.

17 Die Fedorovsche Terminologie des "n-Paralleloeders" ($n = 3, 4, 5, 6$) verweist auf die jeweilige (affin invariante) Anzahl von Paaren paralleler Seitenflächen. Siehe für eine erneute Herleitung auch (Fedorov 1896, 124ff.) und — in etwas anderer Vorgehensweise — (Schoenflies 1923, 505ff.); vgl. auch [Aleksandrov 1958; Tòth 1965, 114-119, 121-123].

18 Minkowski klassifizierte vor seiner Fragestellung herkommend die "Parallelloeder" unabhängig von Fedorov. Er glaubte dabei kurzzeitig an die Existenz eines Dodekaparalleloeders. Schoenflies, der Minkowskis und Fedorovs Arbeiten kannte, stellte eine Verbindung zwischen beiden Ansätzen her (Schoenflies an Fedorov 15.5.1892, 3.6.1892, 9.6.1892). Vgl. auch Minkowskis Sicht in seinem Brief an Hilbert vom 11.6.1892 (Minkowski 1973, 47) und [Burckhardt 1969].

19 In (1892, 29) schrieb Fedorov, daß er "erst vor kurzem seine (Hessels; E.S.) Arbeiten kennen zu lernen und zu studieren das Vergnügen gehabt" habe.

20 Fedorovs Darstellung läßt sich als eine effiziente symbolische Zusammenfassung der Darstellungen von Symmetriebeziehungen auffassen, die Frankenheim und J. G. Graßmann verwendeten. Fedorov kannte deren Arbeiten allerdings zu diesem Zeitpunkt sicherlich nicht.

21 Der erste erhaltene Brief Schoenflies' an Klein stammt vom 5.5.1885 (Codex Ms. Klein, Göttingen, 11:728).

22 Zur Beziehung Schoenflies-Fedorov vgl. auch Burckhardts Darstellung [1967/68], die jedoch noch ohne Kenntnis des von ihm selber wenige Jahre später deutsch herausgegebenen Briefwechsels (Fedorov/Schoenflies 1970) entstanden ist und dementsprechend an einigen Stellen offen bzw. unklar blieb.

23 Zweite überarbeitete Auflage (Schoenflies 1923) und Reprint der 1891er Ausgabe im Jahre 1984.

24 Siehe dazu [Johnson 1979, 174ff.].

25 Da $\mathbb{R}^3 \cong \mathrm{Isom}(\mathbb{E}^3)/0(3,\mathbb{R})$ homogener Raum mit lokalkompakter Gruppe $\mathrm{Isom}(\mathbb{E}^3)$ und kompakter Untergruppe ist, sind für $G < \mathrm{Isom}(\mathbb{E}^3)$ äquivalent:

(i) G diskrete Untergruppe von $\mathrm{Isom}(\mathbb{E}^3)$,

(ii) G diskontinuierlich,

(iii) G eigentlich diskontinuierlich.

Für Schoenflies erschienen diese Unterscheidungen daher zurecht bestenfalls als verschiedene Aspekte desselben grundlegenden Sachverhaltes.

26 Wie eine Korrektur am ursprünglichen Manuskript zeigt, reichte Schoenflies diese Arbeit (1887a, b) über Felix Klein im Sommer 1886 ein (Schoenflies an Klein 1.9.1886; Codex Ms. Klein 11:729).

27 Reduzierte Operation einer Achse ist die Erzeugende der Stabilisators der Achse in der Raumgruppe; analog für Ebenen — vgl Definition 6.

28 Die Bedingung (i) sichert den für die Erweiterung von G durch $\langle\beta\rangle <$ $\mathrm{Isom}^+(\mathbb{E}^3)$ notwendigen Homorphismus $\langle\beta\rangle \to \mathrm{Aut}(G)$, Bedingung (ii) die Existenz eines Faktorensystems mit Werten in Γ und damit eine Erweiterung von G ohne Änderung des Translationsgitters (vgl. Anhang Lemma 7, Thm. 8).

29 So Schoenflies in (1890, 239) und im Brief an Fedorov am 4.7.1890 (Fedorov/Schoenflies 1970, Brief #540). Ein geeigneter Anlaß bot sich etwa anläßlich des Erscheinens von (Schoenflies 1887).

30 "*Die Krystallelemente erfüllen entweder den Raum stetig, oder wenn dies nicht der Fall ist, so sind sie als punktuelle resp. körperliche discrete Atome zu betrachten, die sich in irgendwelcher Weise bewegen. Die Gleichwerthigkeit aller Punkte bietet den Vorzug, daß die vorstehend auseinandergesetzte Theorie (die mit kristallographischen Raumgruppen und zugehörigen Pflasterungen arbeitet; E.S.) mit jeder hierüber möglichen Hypothese ohne jede Modifikation vereinbar ist.*" (Schoenflies 1888b, 499)

31 Pa und Ia repräsentieren die Erweiterungen von $\mathbb{Z}(2P)$ bzw. $\mathbb{Z}(2I)$ durch die Gleitspiegelung $S(a/2)$ [Buerger 1963, 298ff.]. Im übrigen sind etwas andere Darstellungen (und damit auch Symbolisierungen) dieser Raumgruppen im Gebrauch: $Im = Am = Bm$, $Ia = Aa = Bb$.

32 Diese Erzeugung von $I\bar{4}3d$ gab Schoenflies in seinem Brief an Fedorov vom 17.3.1891 an (Schoenflies/Fedorov 1970, 112), in dem er nach anfänglichen Einwänden die Existenz dieser von Fedorov im November 1890 entdeckten Raumgruppe anerkannte (vgl. §5.4). In (1891) wählte er dann eine andere Erzeugungsweise.

33 $P\bar{4}2_1c$ (in (Schoenflies 1891a) V_d^4 bzw. D_{2d}^4) erschien in (1889) in der Version " V_8^d " und " V_8^q " als Erweiterung von " V_8 " ($P2_12_12$) durch eine Diagonalspiegelung (V_8^q) bzw. eine Drehspiegelung S_q, deren Achse mit der der reinen Drehungsachse von $P2_12_12$ übereinstimmt (V_8^d) (1889, 196f.). Darauf wurde Schoenflies von Fedorov (1890, 118) und Brief vom 21.10. 1890 (alten Stils) (Schoenflies/Fedorov 1970, 97) hingewiesen (vgl. §5.4).

34 Schoenflies wies auf eine solche "im Prinzip" genannte Gruppe in seinem Brief an Fedorov vom 29. 10.1890 hin. Die Angabe der Raumgruppen mit zyklischer Kristallklasse in (Schoenflies 1889) war völlig unübersichtlich. Es gibt deren 63, Schoenflies zählte am Ende des Absatzes 62. Diese Zählung erweist sich als praktisch unüberprüfbar, weil die gebildeten Gruppen und die dabei auftretenden Äquivalenzen zum Teil nur angedeutet und nicht einzeln aufgelistet sind. Schoenflies durchschaute in seinem Briefwechsel mit Fedorov die eigene Zählung nicht mehr (Schoenflies an Fedorov 17.11.1890 und 28.11. 1890; in: Fedorov/Schoenflies 1970, 96, 100, 106ff.). Nachdem er die Zahl der zyklischen Gruppen zunächst korrekt auf 63 erhöht hatte, ging er weiter auf 64 hoch und glaubte, damit eine endgültige Übereinstimmung mit Fedorovs Ergebnissen erzielt zu haben. Dieser entdeckte kurz darauf jedoch eine Doppelzählung unter seinen eigenen Symmetriesystemen in der Kristallklasse C_{2v} (vgl. §5.4). Das zeigt, wie "anpassbar" die Lesweise des Abschnittes über Erweiterung Sohnckescher Gruppen mit zyklischer Kristallklasse in (Schoenflies 1889) war.

35 "Alter Stil" bezieht sich auf die Angabe vor der Kalenderreform von 1918. Im uns interessierenden Zeitraum ergibt sich das reformierte Datum durch "Datum neuen Stils" ="Datum alten Stils" +12 Tage. Im folgenden sind Datumsangaben bezüglich Fedorov entweder stets im alten Stil oder als Doppelangaben zur besseren Vergleichbarkeit vermerkt. Zitate vom Typ (Fedorov an Schoenflies, "Datum") bzw. (Schoenflies an Fedorov, "Datum") beziehen sich im folgenden stets auf (Fedorov/Schoenflies 1970).

36 *"Pod prabilnuju sistemoju figur ja podrazumĕvaju takuju beskonečnuju vo vcĕch naprablenijach sovokupnost' konečnych figur, što esli my privedem po zakonam simmetrii v sovmečenie dve is figur, vchodščich v sostav sistemy, to sovmestjatsja i sami sistemy."* (Fedorov 1890/91a, 10)

37 Zum Beispiel in [Grünbaum/Shephard 1987, 34], wo als "reguläre Pflasterung" eine Pflasterung mit ziegel- und fahnentransitiver Symmetriegruppe bezeichnet wird ("Fahne" im Sinne eines 4-tupels aus paarweise inzidierenden Ziegeln, Seitenflächen, Kanten und Ecken von Ziegeln).

38 *"Predstaviv sebĕ, što my proizveli vcĕ vozmoznyja dvizenija sovmĕščenija, my vmĕstĕ s tĕm polučaem sovokupnost' vsĕch ėtich ėlementov simmetrii, opredĕlenno raspoloživsichsja v prostranstvĕ i vpolnĕ točno obuslovlivajuščich* zakon simmetrii sistemy. *Zakon ėtot budet soveršenno toždestven kak dlja simmetrii nĕkotoroj pravil'noy sistemy figur, tak i dlja simmetrii vyvedennoj iz neja pravil'noj sistemy toček. Po ėtomu zakonu my možem raspolagat' v prostranstvĕ netol'ko točki, gruppy toček,*

proizvol'nyja figury, no daže voobšče proizvol'nye geometričeskije obrazy" (Fedorov 1890/91a, 11; Hervorhebung im Original) — Im Text angegebene Übersetzung V. Scholz. Dieses Zitat, wie auch das von Anm. 37, in englischer Übersetzung in (Fedorov 1890/91/1971, 53).

39 In der heutigen kristallographischen Literatur werden diese Gruppen in Anlehnung an Fedorovs Terminologie als "symmorphe Gruppen" bezeichnet [Wondratschek 1983] — vgl. Anhang 1.4.

40 "Konjugierte Netzebene" einer Translation $\tau_1 \in \Gamma < G$ ist eine Ebenenrichtung, die zwei Translationen, $\tau_1, \tau_2 \in \Gamma$ enthält, sodaß $\Gamma = \langle \tau_1, \tau_2, \tau_3 \rangle$. Eine solche existiert immer. Fedorovs Beobachtung war: Hat eine p-zählige Drehachse A mit elementarer Translation τ keine *orthogonale* konjugierte Netzebene und ist τ' eine konjugierte Translation, dann ist die Komponente von τ' längs A gerade $\tau/2$ bzw. $\tau/3$, je nachdem p gerade ist oder $p = 3$ (Fedorov 1890/91a, Thm. 7; 1971, 61).

41 Fedorov gab direkt mit der Einführung des Systems an, welchem Schoenfliesschen es entsprach (Fedorov 1890/91b, 1891b). In der Symbolik von (Schoenflies 1889) handelte es sich um " V_2^i", später (Schoenflies 1891a) als " V_h^{27} " bzw. " D_h^{27} " bezeichnet.

42 So gab Fedorov dem neuen System zunächst die Bezeichnung "55h" (hemimorph) (Fedorov 1890b, 1891b) und änderte sie später nach einer Neustrukturierung seiner Bezeichnung zu "21a" (asymmorph) ab [Šafranovskij 1980, 286ff.].

43 Vgl. Anm. 36.

44 Am 15./27.12.1890 schrieb er an Schoenflies in einem nichterhaltenen Brief von dieser Entdeckung. Schoenflies nahm später ausdrücklich darauf Bezug (Schoenflies an Fedorov 17.3.1891).

45 Die Übersetzung (Fedorov 1971) ist leider schlecht ediert. Das Original (1890/91a) wurde in mehrfacher Hinsicht ohne Hinweis geändert ("aktualisiert"): Im Vorwort (Fedorov 1890/91/1971, 51) ist von 230 Systemen die Rede, dagegen in der Originalversion von (1890/91a, 4) von 229. Die Doppelzählungen und Lücken wurden bei der Übersetzung eliminiert und die späteren Fedorovschen Bezeichnungen für die Gruppen eingesetzt. So ist nach all den im Text angebrachten Änderungen unklar, was durch die am Ende des Textes (Fedorov 1971, 119) angefügte Korrekturnote (Fedorov 1890/91b) überhaupt noch korrigiert werden soll!

46 (Fedorov 1890/91a, 4, Anm. 2), in der Übersetzung (Fedorov 1971) ungeändert als Anmerkung 9 angegeben. Daß diese schon im Vorabdruck von 1890 enthalten war, geht aus Schoenflies' Brief an Fedorov vom 29.10.1890 hervor.

47 Fedorovs Briefe #235 und #242 an Schoenflies sind undatiert. Sie sind der Numerierung entsprechend in (Schoenflies/Fedorov 1970/71) hinter #234 vom 25.11./6.12.1890 eingeordnet. Beide lassen sich aber grob datieren und sind eindeutig *vor* #234 geschrieben. #242 wurde unmittelbar nach #235 verfaßt; das geht aus dem ersten Satz zweifelsfrei hervor. #242 ist eine direkte Antwort auf Schoenflies' Brief #543 vom 10.11.1890. Die Brieflaufzeiten Göttingen–St. Petersburg waren etwa 3 bis 4 Tage (Fedorov antwortete etwa am 21.10./2.11.1890 auf einen Brief Schoenflies' vom 29.10.1890); frühestes Datum für #242 ist also der 14.11.1890, für #235 demnach etwa der 11.11.1890 (neuen Stils). Schoenflies antwortete am 17.11. auf #235, ohne #242 zu erwähnen, den er wiederum am 18.11. — anscheinend nicht unverzüglich nach Eintreffen — beantwortete. Die Laufzeiten in umgekehrter Richtung waren höchstens einen Tag länger (Schoenflies' Antwort #548 vom 22.1.1891 auf Fedorovs Anfrage vom 5./17.1.1891). #235 ist also zwischen dem 12.11. und 14.11.1890 (neuen Stils) geschrieben, #242 demgemäß zwischen dem 14.11. und 17.11.1890 (neuen Stils). Die Reihenfolge der Briefe ist also abweichend von der publizierten folgende:

> Sch. an F. #543 (10.11.1890) — F. an Sch. #235 — Sch. an F. #544 (17.11.1890) — F. an Sch. #242 (evtl. Überschneidung mit #544) — Sch. an F. #545 (28.11.1890) — F. an Sch. #234 (25.11./6.12.1890).

48 Vgl. (Schoenflies an Fedorov 14.12.1889, 4.7.1890 usw.).

49 Das geschah zunächst mit dem Schreiben vom 17.11.1890 vor Ankunft des Antwortbriefs Fedorovs, auf den Schoenflies am 28.11. erneut reagierte

50 Die "Zapiski" geben im Inhaltsverzeichnis als Datum dieser Sitzung den 16./28.11.1890 an; dagegen wird im Text über dem Protokoll der 13./25.11.1890 angegeben.

51 Insofern ergibt sich aus den Quellen für Ende November 1890 ein etwas widersprüchliches Bild von Fedorovs aktueller Position. Es lohnt sich jedoch nicht, die möglichen Erklärungsvarianten davon zu diskutieren. Die Lage klärte sich wenig später endgültig durch Fedorovs nicht erhaltenen Brief an Schoenflies vom 15./27.12.1890 (Anm. 45) und Schoenflies' Reaktion darauf. Fedorov hatte seiner Notiz (1890/91b) dem mathematischen Sachverhalt nach so bald nichts mehr hinzuzufügen. Auf der Sitzung der Petersburger Mineralogischen Gesellschaft vom 11./23.12.1890

trug er über die Einordnung mineralogischer Beobachtungen in sein neues Raumsymmetriekonzept vor; die 230er Liste wurde nun von ihm vorausgesetzt (Fedorov 1889/90c).

52 Fedorov hatte schon im Tafelanhang an sein (1890/91a) zur Charakterisierung der "Symmetriearten" (Kristallklassen) die graphische Darstellung von Symmetrieelementen verwendet, die sich später in der kristallographischen Literatur international durchgesetzt hat.

53

Int. Not.	P1	P2	Pm	Cm	Pg		
Fedorov	1ps	4ps	2ps	3ps	1pa		
Jordan	2	27	28	32	30		
Sohncke	–	XI	–	–	–		
Int. Not.	Pmm	Cmm	Pgm	Pgg	P4	P4mm	P4gm
Fedorov	5ps	6ps	2pa	3pa	7ps	8ps	4pa
Jordan	86	87	90	88	53	115	123
Sohncke	X	VI	XIII	XII	IV	VII	V
Int. Not.	P3	P31m	P3m1	P6	P6mm		
Fedorov	9ps	10ps	11ps	12ps	13ps		
Jordan	60	129	-	46	107		
Sohncke	III	IX	II	I	VIII		

(Fedorov 1891a, 387)

54 Bekannter wurden die erneuten Ableitungen der ebenen Ornamentgruppen durch Pólya (1924). Dabei wies schon Speiser (1956, 86) darauf hin, daß sie von Fricke schon fast 30 Jahre früher angegeben worden waren (Fricke/Klein 1897, 222–234). Die Fricke/Kleinsche Darstellung geht von der Kleinschen Ableitung der hyperbolischen, parabolischen (euklidischen) und elliptischen Geometrie aus der projektiven Geometrie aus und gibt in der Tat im euklidischen Fall eine vollständige Liste der ebenen Ornamentgruppen. Dazu werden noch drei Friesgruppen hinzugefügt (in der Ebene also mit unbeschränktem Fundamentalbereich); das erklärt die zusammenfassende Bemerkung, daß die vorgestellte Liste 20 Gruppen enthält (Fricke/Klein 1897, 234). — Burckhardt [1967/68] und Delone [1976] verwiesen auf die noch frühere vollständige Angabe der ebenen Ornamentgruppen durch Fedorov.

55 Schoenflies nahm an dieser Stelle die Einteilung der Kristallklassen nach dem "Symmetrietypus" der orthogonalen Gruppen vor, zunächst *ohne Bezug zur Symmetrie von Raumgittern*, also etwa vom Weißschen Standpunkt aus. Er gab dabei 6 Systeme an:

- reguläres System: vier 3-zählige Achsen,
- hexagonales System: 6-zählige oder 3-zählige *Haupt*achse,

– tetragonales System: 4-zählige ***Haupt***achse

und falls höchstens 2-zählige Achsen auftreten:

– orthorhombisches System: mehrere Achsen bzw. Spiegelebenen,

– monoklines System: eine Achse bzw. Spiegelebene,

– triklines System: keine Achse oder Spiegelebene (1891a, 128).

Das "hexagonale System" unterteilte er allein unter dem Aspekt der Punktsymmetrie in "hexagonalen Typus" (D_{6h}, D_6, C_{6v}, C_{6h}, C_6, D_{3d}, C_{3i}) und "trigonalen Typus" (D_{3h}, D_3, C_{3h}, C_3, C_{3v}).

Im zweiten Abschnitt seines Buches ergänzte er dies durch die für die Raumgruppen wesentliche Diskussion der Symmetrie von Raumgittern und leitete die 7 Bravaissysteme ab (1891a, 290ff.). Das führte ihn auf die zugehörige Unterteilung der Kristallklassen (und Raumgruppen) in die 7 Kristallsysteme (siehe auch Anhang 1.2) mit der Unterteilung "trigonal" (D_{3d}, D_3, C_{3i}, C_{3v}, C_3) und "hexagonal" (D_{6h}, D_6, C_{6h}, C_{6v}, C_6, D_{3h}, C_{3h}) (1891a, 519ff.).

56 *"Unter einer endlichen Gruppe von Operationen verstehen wir eine endliche Reihe nicht äquivalenter Operationen von der besonderen Beschaffenheit, dass das Product von irgend zweien derselben stets einer Operation der Reihe äquivalent ist."* (Schoenflies 1891a, 54)

57 Siehe §4, Anm. 3.

58 Die von Schoenflies bis Bieberbach verwendete Definition war: $G < \mathrm{Isom}(\mathbb{E}^n) \cong \mathbb{R}^n * O(n, \mathbb{R})$ "enthält unendlich kleine Operationen", genau dann wenn

$$\forall_{\epsilon>0} \; \exists_{g\in G} \quad g = (t, a) \quad \text{mit} \quad t \in \mathbb{R}, \quad \alpha \in O(n, \mathbb{R})$$
$$\text{und} \quad |t| < \epsilon, \quad |\alpha - 1|_{\sup} < \epsilon$$

(Schoenflies 1891a, 628, n=3; Bieberbach 1910b, 313).

59 Die Irrationalität des Drehwinkels verletzt nämlich die Diskretheitsbedingung von G (führt auf "unendlich kleine Operationen") (Schoenflies 1891a, 631–636).

60 Rohn bewies, daß eine kristallographische Gruppe keine Schraubungen mit Winkel $< (2\pi/6)$ (1899, 454ff.) und genauer nur mit Winkeln $\alpha = (2\pi/k)$ ($p = 1, 2, 3, 4, 6$; $k \in \mathbb{Z}$) enthält (1899, 454f.; 1900). Schoenflies rechnete daraufhin in seinem Bericht für die "Enzyklopädie der Mathematischen Wissenschaften" den gesamten Existenzbeweis für

das Translationsgitter Rohn zu (Schoenflies 1905, 463) — eine freundliche Untertreibung seines eigenen Beitrages. Der Spezialfall des Satzes von Bieberbach für $n = 3$ könnte also als "Satz von Schoenflies-Rohn" bezeichnet werden.

61 Schoenflies formulierte die Bedingung in geometrischer Form als:

> λ läßt das Achsensystem und das System der Symmetrieebenen von G invariant.

Damit ist $\lambda^{-1}g\lambda \in G$ für $g \in G\backslash\Gamma$ gesichert. Bei Berücksichtigung der stillschweigend als selbstverständlich vorausgesetzten Annahme, daß der rotative Anteil $\rho(\lambda) =: \rho_\lambda$ das Punktgitter von Γ invariant läßt, $\rho_\lambda\Gamma = \Gamma$, gilt auch $\lambda^{-1}\Gamma\lambda = \Gamma < G$.

62 Schoenflies formulierte lediglich die Bedingung $l' \in G$. Das reicht jedoch offensichtlich nicht aus, wie etwa das Beispiel mit $G = \mathbb{Z}(4P)$, $\tilde{G} = P4_1$ und $\tilde{G}' = P4_2$ zeigt.

63 Zum Vergleich der verschiedenen Bezeichnungsweisen von Raumgruppen siehe [Šafranovskij 1980, 286ff.; Henry/Lonsdale 1969, 545-553].

64 Für $G(T)$, die zu erweiternde Raumgruppe der Kristallklasse T, können nur 4 Gruppen auftreten, von denen bei Erweiterung durch die Diagonalspiegelung $S(d)$ bzw. die zugehörige Schubspiegelung $S_d(\tau)$ mit $\tau = (1/2)(t_1 + t_2 + t_3)$ jeweils nur drei in Frage kommen.

$G(T)$	$P23$	$F23$	$I23$	$I2_13$
$G(D_2)$	$P222$	$F222$	$I222$	$I2_12_12_1$

Erweiterung durch S_d

$G(D_{2d})$	$P\bar{4}2m$	$I\bar{4}2m2$	$I\bar{4}22m$	–
$G(T_d)$	$P\bar{4}23m$	$F\bar{4}23m$	$I\bar{4}23m$	–
	$=: T_d^1$	$=: T_d^2$	$=: T_d^3$	–

Erweiterung durch $S_d(\tau)$

$G(D_{2d})$	$P\bar{4}22c$	$I\bar{4}2c2$	–	$I\bar{4}22d$
$G(T_d)$	$P\bar{4}23n$	$F\bar{4}23c$	–	$I\bar{4}23d$
	$=: T_d^4$	$=: T_d^5$		$=: T_d^6$

(Schoenflies 1891a, 540f.).

65 Wie weit er dabei Erfolg hatte, ist schwer zu entscheiden, weil seine Klassifikationskriterien implizit blieben und seine Klassifikationsmethoden stark auf geometrischer Intuition beruhten. Es tritt hinzu, daß seine spezifische Restriktion durch die Fedorovschen Strukturarten nach Entdeckung der Rötgenstrahlbeugungsmethoden als kristallphysikalische Hypothese ihre Bedeutung verlor und auch mathematisch meines Wissens nicht weiter verfolgt wurde.

66 Fedorov trug anscheinend durch eine kleine Stilisierung des Sachverhalt ungewollt zur Mythenbildung einer völlig getrennten Entdeckung bei (Fedorov 1892, 25f.). Er erwähnte zwar, daß er Schoenflies' Artikel über Raumteilungen (1888a) gelesen hatte und davon angeregt wurde, setzte dann aber in etwas einseitiger Pointierung fort:

"Damals kannte Schoenflies noch nichts über meine russisch geschriebenen Werke, deren eines (Fedorov 1885; E.S.) den Inhalt jenes Artikels schon lange vorher bekannt gemacht hatte. Wir setzten unsere wissenschaftliche Thätigkeit fast unabhängig (weder hier noch an anderer publizierter Stelle weiter ausgeführt; E.S.) fort und nun, nachdem wir Beide die ersten Resultate dieser Thätigkeiten publiziert hatten, tritt eine höchst wundersame Thatsache zu Tage: eine solche Uebereinstimmung in der Arbeit zweier Forscher, wie vielleicht die Geschichte der Wissenschaft kein anderes Beispiel aufzustellen vermöchte." (Fedorov 1892, 26)

Der letzte Satz ist angesichts der in der Wissenschaftsgeschichte relativ häufig auftretenden Doppelentdeckungen und der Probleme, die Fedorov und Schoenflies hatten, bevor die Übereinstimmung der Resultate wirklich erzielt war, als Legende anzusehen. Darauf wies schon Schwarzenberger [1980, 132f.] hin.

67 Barlow verwies in (1894) sowohl auf (Schoenflies 1891a) als auch auf (Fedorov 1892), erklärte allerdings bei der Ausarbeitung der Ideen, die in seinem Artikel dargestellt wurden, lediglich Fedorovs kurze Zusammenfassung (1892) zur Hand gehabt zu haben, nicht dagegen Schoenflies' ausführliche Darstellung in Buchform [Holser 1970, 762].

68 Die Entdeckung wurde von Max Laue und Mitarbeitern (W. Friedrich, P. Knipping) gemacht. Die Namensänderung in "Max von Laue" erfolgte erst im Jahre 1914. Sie hatte im übrigen nichts mit Max' wissenschaftlichen Verdiensten zu tun, sondern ergab sich als Folge einer seinem Vater zugedachten Ehrung, der sich in der Militärgerichtsbarkeit um den Wilhelminischen Staat verdient gemacht hatte [Hermann 1973, 51].

69 Bis 1912 — und tatsächlich noch einige Jahre später — war eine Bestimmung des Raumgruppentyps eines Kristalls unmöglich. Volle Ausnutzung morphologischer und kristallphysikalischer Daten gestatteten bestenfalls eine Bestimmung von Raumgittertyp und Kristallklasse. Bei der naheliegenden Annahme,daß der Gittertyp keine Scheinsymmetrie (vom Standpunkt der aufzustellenden Raumgruppe aus betrachtet; vgl. Anhang 1.2) aufweist, war dadurch — außer für die Kristallklassen D_{3d}, D_{3h}, D_3, C_{3v}, D_{2d}, C_{2v} — die arithmetische Kristallklasse bestimmbar. Bei den genannten Kristallklassen sogar weniger, weil sie in jeweils zwei wesentlich verschiedenen Weisen auf zugehörigen Gittern operieren können und damit auf jeweils zwei arithmetische Kristallklassen führen. Das war also im Prinzip nicht mehr, als schon Frankenheim (1842) versucht hatte (vgl. §2.5); allerdings durch Verbesserung der Meßmethoden verläßlicher.

70 William Henry Bragg teilte dabei anfangs noch eine korpuskulare Auffassung der Röntgenstrahlung und ging erst nach der erfolgreichen Erklärung der Laue-Diagramme durch Reflexion von Teilwellen und Interferenz durch seinen Sohn William Lawrence (1913) zum elektromagnetischen Standpunkt über. Nach erster Nutzung des neuentdeckten Phänomens zur spektrometrischen Untersuchung von Emission und Absorption von Röntgenstrahlen (W.H. und W.L. Bragg 1913a, W.H. Bragg 1913) kehrten die beiden die Zielrichtung der Nutzung um und bestimmten nun mit Röntgenstrahlen bekannten Spektrums die Gitterstruktur von Diamant (Raumgruppe $Fd3m = O_h^7$) einschließlich der metrischen Parameter (W.H. und W.L. Bragg 1913b) [Ewald 1962b; Forman 1969].

71 Implizit wies Bieberbach also nach, daß

$$|H^2(G_u, \mathbb{Z}^n)| < \infty.$$

Er arbeitete aber natürlich noch nicht mit einer gruppenhomologischen Charakterisierung der Faktorensysteme, sondern entwickelte sie analog der Schoenfliesschen Vorgehensweise durch die jedem $g \in G_u$ in natürlicher Weise zugeordnete reduzierte Bewegung

$$\tilde{g} \in G_a; \text{ mit } \tilde{g} = (t_g, g), \quad |t_g|_{\text{sup}} < 1$$
$$f_{g,g'} = t_g - t_{g''} + g t_{g'} g^{-1} \text{ mit } g'' = gg'$$

72 Burckhardt war der Pionier in der Verwendung arithmetischer Methoden für den klassischen dreidimensionalen Fall (1930, 1934). Das gipfelte in seinem — wegen des Krieges und anderer äußerer Umstände erst verzögert publizierten — bekannten Buch (Burckhardt 1947). Bei

der Einführung arithmetischer Konzepte (insbesondere der arithmetischen Kristallklassen) in die Kristallographie kam Nigglis Einsatz besondere Bedeutung zu (Niggli/Nowacki 1935). Zur von Niggli begründeten Züricher Schule der Kristallographie siehe [Burckhardt 1988]; vgl. auch [Burckhardt 1985]. Die Berechnung der kristallographischen Raumgruppentypen für $n > 3$ wurde durch Arbeiten von Burckhardt (1936/37) und Zassenhaus (1948) vorbereitet. Nach ersten Studien der Punktsymmetrien und der Gitter maximaler Symmetrie im vierdimensionalen Fall von Hermann (1949, 1952) sowie verschiedene Teiluntersuchungen wurde die Klassifikation für $n = 4$ mit einem auf Zassenhaus (1948) zurückgehenden Algorithmus gelöst (Bülow e.a. 1971, Brown e.a. 1978). Teilschritte für eine Klassifikation bei $n = 5, 6, 7$ wurden seit den 1970er Jahren gemacht [Brown e.a. 1978, 1–4; Schwarzenberger 1980, 132–135].

73 Schon die Klassifikation isoedrischer Pflasterungen der euklidischen Ebene erwies sich als relativ verwickelt. In (1931) zeigte Laves, daß es 11 topologisch unterschiedliche Typen von Randnetzen ebener isoedrischer Pflasterungen gibt. Auf eine sinnvolle feinere Unterteilung durch Berücksichtigung der "Adjazenz" wies Delone hin; das bedeutet die Berücksichtigung der Zuordnungsstruktur der (evtl. orientierten) Kanten aneinanderliegender (verallgemeinerter) Polygone. Implizit wurde eine solche Unterscheidung ebener Pflasterungen schon in (Sinogowitz 1938) vorgenommen. In (1968) gab Heesch eine Klassifikation in 93 Typen isoedrischer Pflasterungen der Ebene an, die von Grünbaum und Shepard (1977) im wesentlichen als Adjazenzklassifikation rekonstruiert wurde. Während Delone in (1961) die Endlichkeit der Anzahl topologischer Typen isoedrischer Pflasterungen im Raum nachwies, steigt die Komplexität der zu bewältigenden Probleme bei Adjazenzklassifikation schon für $n = 3$ so beträchtlich an, daß eine Durchführung bestenfalls auf der Grundlage besserer Formalisierungen möglich erscheint (Dress/Scharlau 1984). Siehe dazu auch die mit detaillierten historischen Anmerkungen versehene Monographie [Grünbaum/Shephard 1986].

Anmerkungen zu §6

1 Vgl. [Grattan-Guinness 1984; Hänseroth 1985; Kurrer 1987b; Mauersberger 1980, 1985; Straub 1949/1964; Wagner/Egermann 1987].

2 Vgl. zu Poncelet etwa [Zweckbronner 1981].

3 Oder sogar noch zu Beginn des 19. Jahrhunderts, etwa bei Eytelwein [Kurrer 1987b].

4 Herr K.-E. Kurrer wies mich darauf hin, daß dieser Entwicklung umgekehrt auch große Bedeutung aus der Sicht der Disziplinbildung der Baustatik zukommt. Eine unter diesem Gesichtspunkt verfaßte komparative Studie der von Mathematikern (etwa A. Clebsch (1862)) und Physikern vorgetragenen Auffassungen der Elastizitätstheorie und denen von Technikwissenschaftlern wie Winkler, Mohr, Müller-Breslau im deutschsprachigen Raum, Saint-Venant in Frankreich, Rankine in Großbritannien, Castigliano in Italien u.a. wäre daher sicherlich sehr aufschlußreich für diese Frage.

5 Am ehesten noch — ansatzweise und indirekt — in theoretisch orientierten technikhistorischen Studien wie [Klemm 1966, Timoshenko 1956] und jüngeren wie K.-E. Kurrers und [Wagner/Egermann 1987]. I. Grattan-Guinness hat in seinen jüngeren Arbeiten von seiten der Mathematikgeschichte begonnen, dieses sonst fast unerforschte Terrain zu betreten.

6 Eine hoch interessante Debatte über die Nützlichkeit der mathematisch-statischen Analyse entzündete sich etwa anläßlich der Erstellung von Gutachten über die Sanierung der Peterskuppel, nachdem dort größere Risse aufgetreten waren [Straub 1964, 146ff.].

7 So blieben etwa auch Coulombs Untersuchungen über Gewölbetheorie, Erddruck und Biegung von Balken, in denen Elastizität, Reibung und Kohäsion berücksichtigt wurden, zunächst ohne praktische Wirkung [Straub 1964, 186ff.].

8 Hinweis von K.-E. Kurrer.

9 Hier ist also die Rede vom Fachwerk als ***statischem System***, das als gedankliches und damit idealisiertes Modell der realen ***Tragstruktur*** Fachwerk fungiert. Bei Culmann findet sich diese Unterscheidung nicht; H.-E. Kurrer wies mich aber darauf hin, daß sie von dem zu Culmann etwa zeitgleich arbeitenden J.W. Schwedler (1823–1894) und allgemein etwa ab den 1880er Jahren beachtet wurde.

10 Bei Wahl kartesischer Koordinaten mit Ursprung auf einer Ecke und x-Achse längs eines davon ausgehenden Stabes seien die Ecken des Fachwerks gegeben durch (x_i, y_i) $(0 \leq i \leq e-1)$. Bei Normierung $(x_0, y_0) = (0,0)$, $x_1 = 1$ verbleiben $2e-3$ freie Parameter: $x_2, \ldots, x_{e-1}$, $y_1, \ldots, y_{e-1}$. Die durch die Stablängen definierten Bedingungen sind von der Form

$$f_j(x_2, \ldots, x_{e-3}, y_1, \ldots, y_{e-1}) = (x_i - x_k)^2 + (y_i - y_k)^2 = l_{j^2},$$

wobei die Ecken i und k mit dem Stab j der Länge l_j inzidieren $(1 \leq j \leq 2e-3)$. Zusammengefaßt:

$$f(z) = l^2 \quad \text{mit} \quad f = (f_1, \ldots, f_{2e-3}), \quad l = (l_1, \ldots, l_{2e-3})$$
$$z = (z_1, \ldots, z_{2e-3}) := (x_2, \ldots, x_{e-3}, y_1, \ldots, y_{e-1}).$$

Das Fachwerk mit den Parametern $z, l, f(z) = l^2$ ist also bei $\det f'(z) \neq 0$ bestimmt. Anderenfalls sind "infinitesimale Bewegungen" des Fachwerks ohne Längenänderungen der Stäbe möglich. Vgl. etwa (Föppl 1900, 204ff.).

11 Hinweis von K-E. Kurrer, der dieser Entwicklung eine relativ große Bedeutung im Disziplinbildungsprozeß der Baustatik zubilligt.

12 Theoretische Analysen der Bestimmtheitsbedingungen von Fachwerken gab Möbius in seinem "Lehrbuch der Statik" (1837, 2, Kap. 4/5) später Maxwell (1864a, 516; 1864b, 598f.). In die ingenieurwissenschaftliche Literatur wurde das "Fachwerk" als Konzept und Bezeichnung durch Culmann eingeführt (1851, 1852); er verstand darunter — auch später noch (1866, 360ff.) — ausdrücklich lediglich statisch bestimmte Dreiecksfachwerke. Entscheidend war seine Betrachtung der Knoten von Fachwerken als — idealisiert — gelenkige Stabverbindungen; das schaffte erst die Voraussetzung für eine Theorie der bestimmten Fachwerke [Werner 1980, 121], vgl. auch [Henneberg 1903, 385ff.].
In die deutschsprachige Ingenieurliteratur wurde die Unterscheidung von bestimmten und unbestimmten Fachwerken in ausgearbeiteter Form

durch Mohr (1874, 511; 1885, 295f.) eingeführt (seine Terminologie: "einfaches" bzw. "zusammengesetztes" Fachwerk). Mohr war auch entscheidend in der Entwicklung elastizitätstheoretischer Methoden für die Analyse der Kräfteverteilung im unbestimmten Fachwerk beteiligt (vgl. §9.1). Natürlich war den Ingenieuren auch vorher schon die Bedeutung der statischen Bestimmtheit in weniger formalisierter Weise geläufig; vgl. etwa (Culmann 1866, 360). In der englischsprachigen Literatur legte Bow (1873) die Unterscheidung von bestimmten und unbestimmten Fachwerken seiner Klassifikation der Fachwerktypen zu Grunde. Er verwendete dabei für bestimmte Fachwerke die Charakterisierung $k = 2f + 1$ die sich aus der Eulercharakteristik $e - k + f = 1$ ergibt und die er vermutlich von Maxwell übernommen hatte (Bow 1873, 15). Eine frühere, weniger stark formalisierte Charakterisierung findet sich etwa schon bei Jenkin (1869, 441, 444f.).

13 Ein Onkel C. Culmanns war Professor an der Artillerieschule in Metz. Carl Culmann hatte im Alter von 16 Jahren begonnen, sich dort unter dessen Rat und Anleitung auf eine Aufnahmeprüfung für die Ecole Polytechnique vorzubereiten. Eine schwere Krankheit hinderte ihn jedoch daran. Nach seiner Erholung trat er mit 17 Jahren (1838) in die Ingenieurschule des Karlsruher Polytechnikums ein, unter Umgehung der sonst üblichen beiden mathematisch-naturwissenschaftlichen Eingangsklassen [Tetmajer 1882, 4f.].

14 (de la Gournery 1859, 1860/1862; Fiedler 1860, 1863; Schlesinger 1870 u.a.)

15 Namentlich von A. Clebsch, L. Cremona und F. Klein (Clebsch an Fiedler 9.2.1864, 9.11.1871, Hs 87:154, 170; Cremona an Fiedler 9.6. und 29.6.1871, Hs 87:183, 187; Klein an Fiedler 4.2.1872, 2.2.1873, 10.6.1881, Hs 87:574, 576, 585, u.a.).

Zwei Zitate aus Briefen von Clebsch und Cremona mögen hier als Beleg ausreichen:

"*Ihre Beschäftigung mit der darstellenden Geometrie wird gewiss sehr fruchtbar werden. Der Fehler, der immer gemacht wird, indem man spezielle Projectionsarten ausschliesslich behandelt und die wahre Quelle nicht angibt, aus der alles zusammenfliesst, muss sich in vielem empfindlich rächen ...*" (Clebsch an Fiedler, 9.2.1864; Hs 87:154)

Cremona hob an Fiedlers (1871) nach einer ersten Sichtung die

"*Eleganz, die Präzision und didaktische Effektivität (l'eleganza, la precisione e l'efficacia didattica)*" hervor und fuhr fort: "*... Dieses Buch wird eine wahre Revolution in den technischen höheren Lehranstalten* *bewirken, an denen die darstellende Geometrie gelehrt wird. (Questo libro opererà una vera rivoluzione nelle scuole tecniche superiori, anche dovunque esiste un insegnamento di geometria descrittiva.)*" (Cremona an Fiedler, 9.6.1871; Hs 87:183)

16 Das Manuskript (Hs 2997:10) ist wahrscheinlich Ende der 1860er Jahre geschrieben; vgl. [Scholz 1984].

17 Zur Biographie Culmanns siehe u.a. [Hartenberg 1971, Stüssi 1971, Tetmajer 1882].

18 Liegen die Stäbe in den Kanten a_1, a_2, a_3 sei $A := a_1 \cdot a_2$ der Schnittpunkt von a_1, a_2 (vgl. Konventionen/Notationen) und p' die zu zerlegende Kraft längs der Geraden p so zerlege man p' im Schnittpunkt $B := p \cdot a_3$ längs a_3 und in Richtung $B \cdot A$ (Komponenten $p'_3, \tilde{p}$). $\tilde{p}$ zerlegt sich dann in natürlicher Weise in Komponenten p'_1, p'_2 längs a_1, a_2.

19 Kommutativität explizit, Assoziativität implizit.

20 Drehmomente hatte Poinsot (1804) als Kräftepaare ("couples") analysiert und durch Klassen orientierter Parallelogrammflächen repräsentiert.

21 Das wird von Reye bezeugt, der in der Zeit 1862–1867 enger mit Culmann zusammenarbeitete (Reye 1868, V). In der zweiten Auflage seines Werkes bezog sich Culmann selber ausdrücklich auf v. Staudt, hier jedoch auf sein neues Werk (Staudt 1856–60) sowie auf Salmon/Fiedler (Culmann 1875, XIVf., 227).

22 Korrespondierende Seiten in Kräfte- und Seilpolygon sind parallel (n-Polygone). Eine evtl. in Frage kommende projektive Abbildung φ der Ebene hätte für $n \geq 3$ die unendlich ferne Gerade als Fixgerade, wäre also affin und bildete Geraden auf parallele Geraden ab. φ wäre also Ähnlichkeitsabbildung; das ist im allgemeinen aber nicht der Fall.

23 Dabei bedeutet "perspektivische Korrespondenz" einer Geraden g und eines Punktes $P' = \psi(g)$ daß ein Punkt Q von g auf die Gerade g' des Büschels durch P' mit $g \cdot g' = Q$ abgebildet wird.

24 Speziell ergibt sich die Fortsetzung wie folgt: Die p_i seien alle aus einem Büschel, etwa durch O. Für eine beliebige Gerade a aus einem Büschel $G \neq O$ liegt $\psi(a)$ auf $\psi(a \cdot g_\infty)$ also (wegen $\psi : g_\infty \to O'$ perspektivisch) auf der Parallelen zu a durch O'. Wähle A' auf dieser Parallelen beliebig, dann ist ψ durch $(***)$ und $\psi(a) = A'$ bestimmt. Für eine Gerade g durch O ist $\psi(g) = g \cdot g_\infty$. Für $Q \in a$ ist $\psi(Q)$ als Verbindungsgerade von $\Psi(O \cdot Q)$ und A' bestimmt, also $\psi(Q)$ die Parallele zu $O \cdot Q$ durch A'. Für eine beliebige Gerade g nicht aus G und nicht aus O sowie $g \nparallel a$ ist $\psi(g)$ durch $\psi(g \cdot a)$ und $\psi(g \cdot g_\infty)$ bestimmt, also der Schnittpunkt von $\psi(g \cdot a)$ und der Parallelen zu g durch O'. Damit ist nun auch $\psi(P)$ für einen beliebigen Punkt P der Ebene zu bestimmen und dann auch das Bild der noch nicht diskutierten Geraden (Culmann 1875, §7.4).

25 Ist nämlich Q ein beliebiger Punkt im Urbild, etwa auf der Geraden $q := Q \cdot O'$ so ist $\alpha(Q)$ bis auf Variation auf der Geraden $\alpha(q)$ bestimmt; nach der Fixierung des Bildes $\alpha(Q)$ eines Punktes $Q \neq O'$ ist α als projektive Kollineation also vollständig determiniert.

26 Das "Fugenbüschel" f_i entsteht dadurch, daß das Gewölbe interpolierend zu den wirklichen Fugenrichtungen in unendlich dünne Schichten zerlegt wird. Das "Druckbüschel" t_i entsteht als Tangentialbüschel an die "Drucklinie" d des Gewölbes, dem kontinuierlichen Analogon zum Seil- bzw. Stabpolygon eines diskreten Kräftesystems. Jede Schicht des Gewölbes trägt durch Eigengewicht eine äußere Kraft längs der Vertikalen p_i durch den Schwerpunkt der Schicht bei. Die Tangente t_i an d in $p_i \cdot d$ ist die Wirkungslinie des Resultierenden aus p_i und den direkten angrenzenden Kräften im Gewölbe. Der Schnitt $s_i = t_i \cdot f_i$ gibt daher den Angriffspunkt der im Gewölbe wirkenden Stützkräfte in der Schicht f_i an. Die Stützlinie ist die Gesamtheit dieser Punkte.

Anmerkungen zu §7

1 Rankines Beschäftigung mit klassischer Philosophie blieb, wie Channell [1982] ausführt, nicht ohne Bedeutung für seine spätere Arbeitsweise. Insbesondere scheinen seine Aristoteles-Studien einen kategorialen Rahmen geliefert zu haben, in dem er später die besondere Aufgabe technikwissenschaftlichen Wissens verorten konnte. — Zur allgemeinen biographischen Information siehe auch [Parkinson 1975].

2 Bezeichnung nach Maxwell (1864a).

3 Das sichert das globale Gleichgewicht und das lokale in den Ecken E_i $(1 \leq i \leq \mu)$. Gleichgewicht in jedem Stab k_j (inzident E_{j-1}, E_j) ist gewährleistet, weil zu k'_j zwei Teilpyramiden Π'_{j_1}, Π'_{j_2} mit gemeinsamer Seitenfläche korrespondieren, also zwei gleich große entgegengesetzt gerichtete Kräfte $(1 \leq j \leq \nu)$.

4 Vgl. zur Maxwell-Biographie etwa [Everitt 1974].

5 Rankines Arbeit (1864) erschien im Februarheft des Philosophical Magazin 27 (1864) und Maxwells (1864a) in der Aprilauslieferung desselben Bandes.

6 *"Reciprocal figures are such that the properties of the first to the second are the same as those of the second relative to the first."* (Maxwell 1864a, 514)

7 Maxwell führte darüberhinaus in Anlehnung an Rankines Stabilitätssatz an räumlichen Fachwerken auch die Reziprozität räumlicher Figuren ("figures in three dimensions", modern dreidimensionaler endlicher linearer Zellenkomplexe) ein. Nämlich bei zwei "räumlichen Figuren" mit

$$\begin{array}{rcl}
\text{Ecken } A_i\ (1 \leq i \leq \mu) & \text{bzw.} & A'_i\ (1 \leq i \leq \mu'), \\
\text{Kanten } a_i\ (1 \leq i \leq \nu) & \text{bzw.} & a'_i\ (1 \leq i \leq \nu'), \\
\text{Seitenflächen } \alpha_i (1 \leq i \leq \lambda) & \text{bzw.} & \alpha'_i\ (1 \leq i \leq \lambda'), \\
\text{3-Zellen } \boldsymbol{A}_i\ (1 \leq i \leq \chi) & \text{bzw.} & \boldsymbol{A}'_i\ (1 \leq i \leq \chi')
\end{array}$$

durch die Bedingungen

(i) $\mu = \chi'$, $\chi = \mu'$, $\nu = \lambda'$, $\lambda = \nu'$;

(ii) $a_i \perp \alpha'_i$, $\alpha_i \perp a'_i$;

(iii) A_j inzidiert genau mit $a_{i_1}, \ldots, a_{i_m}$ $\Leftrightarrow$
A'_j wird genau von $\alpha'_{i_1}, \ldots, \alpha'_{i_m}$ berandet;
A_j wird genau von $\alpha_{i_1}, \ldots, \alpha_{i_n}$ berandet $\Leftrightarrow$
A'_j inzidiert genau mit $a_{i_1}, \ldots, a_{i_n}$

(Maxwell 1964a, 523).

Diese strukturelle Pointierung der von Rankine betrachteten Relation trug anscheinend zur Klärung von Maxwells Ideen über die Dualität in den Diagrammen der Statik bei; sie hatte in unserem Rahmen aber keine weiteren Konsequenzen.

8 Um hier keine falsche Betonung entstehen zu lassen, ist anzumerken, daß Maxwell sich ebensowenig wie Rankine auf die statische Analyse bestimmter Fachwerke beschränkte, sondern sich auch um eine Auswertung der Elastizitätstheorie Lamés in einer für die Theorie statisch unbestimmter Fachwerke geeigneten Form bemühte (Maxwell 1864b). Vgl. dazu [Timoshenko 1953, 202ff.; Niles 1950].

9 Maxwells Arbeitsweise zeichnete sich auch in anderen Gebieten durch sich schubweise vertiefende, durch andere Themen unterbrochene, mehrfache Arbeitsphasen zu einem Thema aus [Everitt 1974, 199].

10 Die Orientierung auf die Anwendungspraxis und Publikation in einem Ingenieurorgan ist wohl auch der Grund, obgleich keine Rechtfertigung dafür, daß dieser Artikel bei der Zusammenstellung von Maxwells "Scientific Papers" durch W. P. Niven (Maxwell 1890) nicht mit aufgenommen wurde.

11 Er eröffnete die Arbeit sogar durch eine Darstellung des Rankineschen Satzes über das Gleichgewicht an räumlichen Fachwerken (Satz 1). Gemeint als Grundlage und Motivation für die Dualität ebener Fachwerke, die Maxwell als Grenzfall hieraus ableitete, dürfte diese Einführung wohl wenig zur Motivation für Ingenieure gewirkt haben. Sie blieb ein bloß theoretischer Aufhänger, der in die Behandlung der ebenen Situation dann nicht weiter hineinwirkte.

12 Damit waren natürlich Schubkräfte etwa an Eisenbahnbrücken oder aus Winddruck resultierende Seitenkräfte in diesem Rahmen zunächst einmal nicht zu behandeln (siehe aber §7.3).

13 In der Parallelebene zur Basis durch die Spitze und auf einer Parallelen zu den äußeren Kraftlinien.

14 Maxwell verwies bei diesem Argument ausdrücklich auf die in (1864a) aufgestellte These über die Äquivalenz der Zulässigkeit einer Figur mit der Eigenschaft, Bild eines Eulerpolyeders ($\chi = 2$) unter Zentralprojektion zu sein, brauchte hier aber lediglich den trivialen aber richtigen Teil der These: Das ebene zentralprojektive Bild eines Eulerpolyeders ist eine zulässige Figur.

15 Die Eindeutigkeit der Zerlegung folgt im Prinzip aus der Bestimmtheit des zugrundegelegten Fachwerks, ist aber bei der zeichnerischen Lösung von der geschickten Wahl der Reihenfolge der Konstruktionsschritte abhängig und nicht immer möglich. Dagegen ist die prinzipielle Aussage von Lemma 1 nicht an bestimmte Fachwerke gebunden.

16 *"The construction of such diagrams is easy, and affords a security against errors, since if any mistake is made the diagram cannot be completed."* (Maxwell 1869, 402)

17 (Jenkin 1869), vgl. §7.4.

18 Siehe den Verweis auf eine diesbezügliche Mitteilung an die British Association for the Advancement of Science im September 1867 in (Maxwell 1870, 164). Unklar ist, ob Maxwell zu diesem Zeitpunkt direkt oder indirekt von Culmanns Programm erfahren hatte.

19 Zum Stand der topologischen Flächentheorie in den 1860/70er Jahren vgl. [Scholz, 1980, Kap. 4].

20 An einem Beispiel dargestellt von Maxwell in (1870, 165f.).

21 Die von Maxwell angegebene Dualität ist in homogenen Koordinaten offenbar $\boldsymbol{E} = (a_1, a_2, a_3, a_0) \to$ Punkt $\xi = (\xi_1, \xi_2, \xi_3, \xi_0) = (ca_1, ca_2, -a_0, -a_3)$

$$\xi = T\boldsymbol{E} \quad \text{mit} \quad T = \begin{pmatrix} C & 0 & 0 & 0 \\ 0 & C & 0 & 0 \\ 0 & 0 & 0 & -1 \\ 0 & 0 & -1 & 0 \end{pmatrix}$$

Die von Maxwell zur Charakterisierung der Dualität zunächst angegebene bilineare Gleichung hat nun für einen Punkt $x = (x_1, x_2, x_3, x_0)$ der Ebene $\boldsymbol{E}$ zur Folge:

$$x^\top \boldsymbol{E} \Leftrightarrow x^\top T^{-1}\xi \Leftrightarrow x_1\xi_1 + x_2\xi_2 - c(x_3\xi_0 + x_0\xi_3) = 0.$$

Und x liegt auf der ihm dualen Ebene, falls

$$x \top T^{-1} x \Leftrightarrow x_1^2 + x_2^2 = 2cx_3x_0;$$

also genau dann, wenn x auf einem Rotationsparaboloid liegt.

22 Elementare Konstruktion von $\varphi(\boldsymbol{E})$ zur Ebene $\boldsymbol{E}$ nach Einführung cartesischer Koordinaten x, y, z und Wahl von $\tilde{O} = (0, 0, c)$ durch Betrachtung der Normalen n_E von $\tilde{O}$ auf $\boldsymbol{E}$. Der Schnitt von n_E mit der (x, y)-Ebene sei (ξ, η). Dann ist

$$\varphi(\boldsymbol{E}) = (\xi, \eta, -c).$$

23 Abbildung einer Geraden g etwa durch Betrachtung zweier Ebenen $\boldsymbol{E}, \boldsymbol{E}'$ mit $g = \boldsymbol{E} \cdot \boldsymbol{E}'$ und Verbindung der Bildpunkte $\varphi(g) = \varphi(\boldsymbol{E}) \cdot \varphi(\boldsymbol{E}')$. Die Orthogonalprojektion von $\varphi(\boldsymbol{E})$ in die (x, y)-Ebene liegt in der Normalen von $\tilde{O}$ auf $\boldsymbol{E}$; entsprechend für $\boldsymbol{E}'$. Die Orthogonalprojektion des Bildes $\varphi(g)$ der Geraden liegt daher in der Orthogonalebene von $\tilde{O}$ auf g. Demnach ist sie orthogonal zur Orthogonalprojektion von g in die (x, y)-Ebene (Maxwell 1870, 168f.).

24 Diese Eigenschaft nützte Föppl später für die Theorie der statisch bestimmten räumlichen Fachwerke ("Flechtwerke") (Föppl 1880; 1900, 241ff.).

25 Maxwell diskutierte kurz die Konsequenz einer Annahme von n Löchern im Inneren des Dreiecksnetzes. Das lieferte wegen $\chi = 1 - n$ jedoch $\nu = -e_2 - 3n$, "verschlimmert" also die Unbestimmtheit der untersuchten Fachwerkstruktur (Maxwell 1870, 175).

26 Vgl. Anm. 33.

27 Die Behauptung folgt unmittelbar aus

$$mf = 2k, \quad \chi = e - f + k = 4 - 2n, \quad \nu = 2e - k - 3.$$

28 Natürlich ließe sich die Relation weiter auswerten

$$\nu = 0 \Leftrightarrow 4n = 5 + (m - 4)\frac{k}{m}.$$

Also ist die Bestimmtheitsrelation gegebenenfalls doch erfüllbar, wenn $4 | (5 + (m - 4)(k/m))$, also schon bei

$$m = 5, \quad k = 5k', \quad k' \equiv 3\ (mod 4), \quad n = \frac{1}{4}(5 + k')$$

usw.

Dies ließe mögliche geometrische Konfigurationen durchspielen (z.B. 14 nichtplane Fünfecke auf einem Torus usw.). Die durch Projektion erzeugbaren zulässigen ebenen Netze wären jedoch wohl für Ingenieurzwecke ungeeignet. Maxwell verfolgte diese Idee dementsprechend auch nicht weiter.

29 Die sonstige Aufnahme dieser Maxwellschen Idee kann im Rahmen dieser Arbeit nicht weiter verfolgt werden, wäre aber sicherlich weiterer Untersuchung wert.

30 Vergleiche §6.3, Anm. 15, und §9.1.

31 Das war Cremonas Formulierung für eine Koordinatenwahl im projektiven Raum derart, daß die schiefsymmetrische Korrelation T

$$\boldsymbol{E} = (a_1,\ a_2,\ a_3,\ a_0) \rightarrow \text{Punkt } \xi = (\xi_1, \ldots, \xi_0)$$

die Normalform

$$T = \begin{pmatrix} 0 & k & 0 & 0 \\ -k & 0 & 0 & 0 \\ 0 & 0 & 0 & 1 \\ 0 & 0 & -1 & 0 \end{pmatrix}$$

annimmt.

32 Eine Ausnahme bildete lediglich die - periphere Konstruktion der Belastungskurve am elliptischen Bogen (vgl. §6.4).

33 Bow klassifizierte die Fachwerke nach den Gesichtspunkten bestimmt ("class I"), kinematisch unbestimmt ("class II"), kinematisch über-, statisch unbestimmt ("class III") und sonstige, d.h. teils über-, teils unterbestimmte etc. ("class IV"). Von den 137 in "class I" angegebenen Typen ist jedoch eine, Nr. 125, nach dem Maxwellschen Kriterium über bestimmte Dreiecksfachwerke, (§7.3, Satz 6) sofort als statisch unbestimmt zu identifizieren.

34 Ein größerer Teil der deutschsprachigen Literatur sprach jedoch von "Cremona-Plänen" (Ritter 1890, 8ff.), eine auch heute noch in der Literatur der Bauingenieure verwendete Bezeichnung.

35 Maxwell etwa war als Wissenschaftler eher bekannter als Cremona, Culmanns Stellung für die Herausbildung des technischen Hochschulwesens in der Schweiz, Österreich und Süddeutschland war in etwa, wenn auch nicht völlig, vergleichbar mit der Cremonas in Italien. Maxwells Arbeiten zur graphischen Statik bekamen ihre Wirksamkeit jedoch erst indirekt durch spätere Darstellungen anderer Wissenschaftler-Ingenieure (Jenkin 1869, Bow 1873, Cremona 1872 usw.); Culmanns wurden gespalten aufgenommen (vgl. §9.1).

36 Vgl. etwa die Literaturdiskussion "Die graphische Statik" von J. Weyrauch (1874), der an Cremonas Darstellung die "... Allgemeinheit und Eleganz, wie man es von dem gefeierten italienischen Mathematiker erwarten konnte ..." und deren Bedeutung für die "theoretische Entwickelung der graphischen Statik" hervorhob (Weyrauch 1874, 375).

37 Cremona betonte die praktische Nutzbarkeit der Ergebnisse seiner Analyse durch ein längeres Zitat aus (Jenkin 1869), das auf die Entwicklung der analogen Idee in Cochranes Ingenieurbüro verwies (Cremona 1872, §11, pp. 111f.).

Anmerkungen zu §8

1 (Hs 2997:10) ist wahrscheinlich gegen Ende der 1860er Jahre geschrieben. Das ergibt sich aus einem Vergleich mit (Culmann 1866, 1870, 1875). Siehe dazu [Scholz 1984]. Die folgende Darstellung stützt sich in weiten Teilen auf diese Auswertung.

2 Mit Orientierung durch Auswahl der Halbgeraden a_+, sodaß das geordnete Paar $(a_+, \mathrm{grad}(\alpha x + \beta y))$ mit der Orientierung der Ebene übereinstimmt.

3 In (1866) rein synthetischer Beweis, in (1875) ergänzt um die entsprechende analytische Betrachtung.

4 Vgl. (Culmann 1875, §§85ff.).

5 Das heißt, Kraft in der k-ten Kante des Seilpolygons.

6 Die Plückerschen Geradenkoordinaten sind bekanntlich so definiert, daß in der projektiven Ebene ein Punkt $[x_0, x_1, x_2]$ genau dann auf der Geraden $[\xi_0, \xi_1, \xi_2]$ liegt, wenn

$$\sum_{i=0}^{2} \xi_i x_i = 0$$

Also in inhomogener Schreibweise mit Koordinaten (x, y) beziehungsweise (ξ, η) im Endlichen:

$$x\xi + y\eta + 1 = 0.$$

Entsprechend für Plückersche Ebenenkoordinaten $[\xi_0, \dots, \xi_3]$: Ein Punkt $[x_0, \dots, x_3]$ liegt genau dann auf der Ebene, wenn

$$\sum_{i=0}^{3} \xi_i x_i = 0$$

gilt, beziehungsweise im Endlichen ($x_0 \neq \xi_0, \neq 0$; Koordinaten (x, y, z) beziehungsweise (ξ, η, ζ))

$$x\xi + y\eta + z\zeta + 1 = 0.$$

Für einen im Unendlichen ($x_0 = 0$) gelegenen Punkt ($0, x_1, x_2, x_3$) ist die Inzidenz über den zugehörigen Punkt im Endlichen $(x, y, z) := (x_1, x_2, x_3)$ auszudrücken:

$$x\xi_1 + y\eta_2 + z\zeta_3 = 0.$$

7 Bis auf den konstanten Faktor $\sin\omega$.

8 Zu Culmanns Plan für Band 2 der Neuauflage der "Graphischen Statik" vgl. (Ritter 1888, IIff.).

9 Natürlich bei Cauchy komponentenweise geschrieben mit

$$\operatorname{Spur} dy = \sum_{i=1}^{3} \frac{\partial y_i}{\partial x_i}, \quad (\operatorname{div} T)_i = \sum_{j=1}^{3} \frac{\partial T_{ij}}{\partial x_j} \text{ usw.}$$

10 Siehe dazu etwa [Todhunter/Pearson 1886, 319ff.; Timoshenko 1953, 108ff.; Truesdell 1968; Szabó 1976, 393ff. und die in Kürze erscheinende genauere Auswertung von A. Dahan-Dalmedico, von der ihr [1985] nur eine erste Vorankündigung ist.

11 Die erste theorieorientierte Aufnahme der Elastizitätstheorie in die Ingenieurwissenschaften scheint gegen Ende des Jahrhunderts einer ähnlichen "Bereinigung" unterworfen worden zu sein wie das Culmannsche theoretische Programm (vgl. §9.2) [Timoshenko 1953, 238].

12 Auch Cauchy hatte wesentlich ein Drehmomentargument verwendet, jedoch durch Betrachtung des Oberflächenintegrals über eine geschlossene infinitesimale Fläche (Cauchy 1827a). Bei Clebsch findet sich schon die Elementarisierung des Arguments durch Diskussion der Oberflächenkräfte an einem Parallelepiped (Clebsch 1862, §3), das Culmann dann am Tetraeder entwickelte.

13 Genauer: Culmann zeigte, daß die Korrespondenz, die einer Ebene E die Gerade $\psi(E)$ zuordnet, längs der die Kraft auf E wirkt, inzidenzerhaltend ist (1875, 538f.). Weiter betrachtete er zu jedem ebenen Strahlenbüschel durch O das zugehörige Ebenenbüschel aus den Ebenen durch die Normale zur Ebene des Strahlenbüschels. Die Zuordnung der Kraft zu jeder dieser Ebenen und nachfolgende Projektion in die Ebene des Strahlenbüschels liefert nach Culmann eine involutorische Korrespondenz im Strahlenbüschel (Culmann 1875, 540).

14 Da der Spannungstensor T auf der Normalen des Schnittes operiert, ist im ebenen Fall die von Culmann betrachtete Korrespondenz darstellbar durch $\varphi = T\rho$ mit

$$\rho = \begin{pmatrix} 0 & 1 \\ -1 & 0 \end{pmatrix}$$

Daß φ eine Involution ist, $\varphi^2 = \lambda Id$, folgt nun aus der Symmetrie von T.

15 Culmanns Kräfteellipsoid (bzw. Kräfteellipse) war mit keiner der beiden von Cauchy mit dem Spannungstensor T verbundenen Quadriken identisch. Cauchy verwendete die Spannungsquadrik $\langle Tx, x\rangle = 1$ und das Spannungsellipsoid mit $|Tx| = 1$. Culmanns Kräfteellipsoid war dagegen $\{Tx|\ |x| = 1\}$.

16 Etwa bei der statischen Berechnung des mittleren Fachwerkbogens der Müngstener Brücke (Rieppel 1897, 1327f.).

17 Zu diesem Streit siehe etwa [Kötter 1901, 160ff; Pedoe 1975b; Gray 1987, 28ff.].

18 Möbius verwies in der Vorrede zum "Barycentrischen Calcul" darauf, daß er erst bei Drucklegung seines Werkes von der Existenz analoger Studien in der französischen Mathematik erfahren hatte (1827, 11); dagegen war ihm die ältere Pol-Polaren Theorie einschließlich Brianchons Ergebnis natürlich bekannt (1827, 367).

19 Möbius sprach in (1833) von einer "besonderen Art dualer Verhältnisse zwischen Figuren im Raum", bei der jedem Punkt eine "Gegenebene" und jeder Ebene ein "Gegenpunkt" zugeordnet wird. In (1837) führte er die Formulierung "Nullebene" und "Nullpunkt" ein; die betrachtete Reziprozität wurde durch von Staudt dann zur Abgrenzung von "gewöhnlichen Polarsystemen" als "Nullsysteme" bezeichnet (Staudt 1847, 191).

20 Vgl. dazu auch [Ziegler 1985, 32ff.].

21 Dies entspricht in vektorieller Auffassung der bekannten Reduktion auf einen resultierenden Kraftvektor x und ein Drehmoment m, ohne Möglichkeit den Drehmomentanteil durch Translation wegzutransformieren. Möbius verwendete in (1837) eine analoge implizit vektorielle Charakterisierung durch Streckenrechnung in cartesischen Koordinaten. Sind

etwa die Kräfte P_i mit Angriffspunkten (x_i, y_i, z_i) und deren "Endpunkte" $(x_i + X_i, y_i + Y_i, z_i + Z_i)$ gegeben $(1 \leq i \leq n)$, dann wird das Kräftesystem durch die 6 Parameter

$$A := \sum_{i=1}^{n} X_i, \quad B := \sum_{i=1}^{n} Y_i, \quad C := \sum_{i=1}^{n} Z_i,$$

$$L := \sum_{i=1}^{n} (y_i Z_i - z_i Y_i), \quad M := \sum_{i=1}^{n} (z_i X_i - x_i Z_i),$$

$$N := \sum_{i=1}^{n} (x_i Y_i - y_i X_i)$$

charakterisiert. Gleichgewichtsbedingung ist:

$$A = B = C = L = M = N = O$$

(Möbius 1837, 91f.).

22 Dies erlaubt ein graphisches Verfahren zur räumlichen Kräftezusammensetzung: Jede Kraft eines Systems wird in eine Komponente durch den fest vorgegebenen Punkt P und eine in der fest vorgegebenen Ebene $\boldsymbol{E}$ zerlegt; dann erfolgt die Zusammensetzung durch das Kräfteparallelogramm bezüglich P und ein Seilpolygon in $\boldsymbol{E}$. So verfuhren etwa Culmann in (1875, §57) und in seiner Nachfolge Föppl (1900, 113ff.). Siehe §8.4.

23 Dies ist eine zusammenfassende Formulierung für die von Möbius einzeln aufgeführten Inzidenz- und Involutionsaussagen (Möbius 1833, §§5, 11, 12, 15; 1837, §§85ff.).

24 Möbius' Analyse erfolgte durch eine Rechnung, die sich in Vektorschreibweise folgendermaßen zusammenfassen läßt (vgl. auch Anm. 21). Sei $a = (A, B, C)$ der Vektoranteil des Kräftesystems, $m = j(L, M, N)$ das Drehmoment mit der bei Orthonormalkoordinaten im euklidischen Raum natürlich gegebenen Abbildung

$$j : \mathbb{R}^3 \longrightarrow \mathbb{R}^3 \wedge \mathbb{R}^3$$

Die beiden Kräfte, durch die das Kräftesystem dargestellt wird, seien $p = (X, Y, Z)$, $p' = (X', Y', Z')$ mit den jeweiligen Angriffspunkten x, x'. Dann sind die Bedingungen

$$p + p' = a, \quad x \wedge p + x' \wedge p' = m$$

zu erfüllen. Daher gilt auch

$$m \wedge (x' - x) = x \wedge p \wedge x' - x' \wedge p' \wedge x = (p + p') \wedge x' \wedge x = a \wedge x' \wedge x$$

Das entspricht Bedingung (*). Möbius' Rechnung folgte — in anderer Notation — genau diesem Aufbau (Möbius 1837, 97).

25 Insbesondere die Inzidenz $P \top \psi(P)$, $\boldsymbol{E} \top \psi(\boldsymbol{E})$ für jeden Punkt P und jede Ebene $\boldsymbol{E}$ des Raumes.

26 Vgl. [Freudenthal 1974], auch bezüglich der späteren feineren Unterscheidung durch Berücksichtigung von Automorphismen und Antiautomorphismen des Grundkörpers zusätzlich zu den linearen Abbildungen.

27 Von den 3 Schnittpunkten können zwei imaginär sein.

28 Plücker entwickelte darüberhinaus in seiner "Neuen Geometrie des Raumes" (1868, 25ff.) in seinem Konzept des "linearen Komplexes" einen weiteren geometrischen Gesichtspunkt der Nullsystem-Korrelationen. Dabei charakterisierte er eine solche Korrelation durch die Gesamtheit der sich selbst dualen Geraden ("Nullgeraden"). Deren Plücker-Koordinaten erfüllen eine lineare Bedingung, bilden also einen "linearen Strahlenkomplex". Siehe dazu [Ziegler 1985, 66ff.]. Obwohl Plückers "linearer Komplex" für eine statische Interpretation eher geeignet ist als die Staudtsche "Ordnungskurve", nahm Culmann keinen Bezug darauf. Ihm scheint Plückers Spätwerk unbekannt geblieben zu sein.

29 Vergleiche Anm. 6.

30 Umgekehrt gilt nämlich, wenn ψ bekannt ist, bei Reduktion des Kräftesystems auf eine Komponente ρ_P durch einen vorgegebenen Punkt P und eine Kraft ρ_E in einer vorgegebenen Ebene $\boldsymbol{E}$:

a) Wird P variiert (das entspricht einer Variation der Richtungslinie ρ_E in $\boldsymbol{E}$), so schneidet die Wirkungslinie von ρ_P die Ebene $\boldsymbol{E}$ stets im Punkt $\psi(\boldsymbol{E})$.

b) Wird $\boldsymbol{E}$ variiert (das entspricht einer Variation der Richtungslinie von ρ_P bei festem P), dann ist ρ_E offenbar immer der Schnitt von $\boldsymbol{E}$ und $\psi(P)$.

31 Culmann über Cremona (1875, V), siehe §8.2.

Anmerkungen zu §9

1 Im deutschsprachigen Raum (einschließlich Böhmen/Prag, deutschsprachiger Schweiz und Österreich) etwa (Ott 1870, 1884/85; Bauschinger 1871; Winkler 1872; Weyrauch 1874; Mohr 1875; Culmann 1875; Müller-Breslau 1881; Hauck 1887; Ritter 1888–1906; Föppl 1900), in Großbritannien (Jenkin 1869; Bow 1873; Graham 1883; Hoskins 1892; Dobbs 1897), in Frankreich (Lévy 1874; Maurer 1882; Koechlin 1889) und die Übersetzung (Cremona 1885), in Italien (Cremona 1872; Favaro 1877; Padeletti 1879; Saviotti 1885, 1888), in den USA (Du Bois 1875; Eddy 1877, 1878) und in Skandinavien neben anderen (Zeuthen 1877). Es handelt sich hier natürlich nicht um eine vollständige Publikationsliste zur graphischen Statik; sie reicht aber vielleicht dazu, die internationale Breite der Beschäftigung mit diesem Problenfeld zu dokumentieren. (Nicht alle Publikationen von mir eingesehen.)

2 Beide schrieben auf der Grundlage ihrer Vorlesungen später vielbeachtete Lehrbücher (Reye 1868, Fiedler 1871, 1875).

3 Vgl. §6.3, Anm. 15.

4 Der Einfluß nach Deutschland wirkte insbesondere über F. Klein, der sich in seiner Erlanger Zeit (1872–1875) und später in München (1875–1880), Leipzig (1880–1886) und Göttingen (1886–1913) für die Einführung von Kursen in darstellender Geometrie für Mathematikstudenten sowie in graphischer Statik und allgemein angewandter Mathematik für Lehramtsstudenten einsetzte. Klein stand zwischen 1872 und 1893 in Briefwechsel mit Fiedler, erhalten im Fiedler-Nachlaß (19 Briefe, eine Karte, Codex Ms Fiedler Hs 87:574–593). Eine Zusammenfassung der Briefe findet sich in [Wild 1958, 68, 126–129]. Vgl. auch §6, Anm. 15.

5 Frühere Überlegungen in diese Richtung finden sich schon bei Clebsch (1862) und bei Maxwell (1864b), dessen Arbeit jedoch weitgehend unbeachtet blieb [Timoshenko 1953, 204ff.; Niles 1950].

6 Mohrs Ergebnis folgt etwa aus der Bedingung stationärer Formänderungsarbeit E wie folgt:

$$\begin{aligned} E &= (S, \Delta l) = (S', \Delta l') + (S'', \Delta l'') \\ &= (S', S' \cdot r') + (S'', S'' \cdot r'') \\ &= (\tilde{S} + US'', (\tilde{S} + US'') \cdot r') + (S'', S'' \cdot r''). \end{aligned}$$

Ableitung der Energie nach S'' ergibt:

$$dE_{|S_0''}(Z) = 2(Z, {}^tU\tilde{S}r') + 2(Z, {}^tUUS_0'' \cdot r') + 2(Z, S_0'' \cdot r')$$

E wird also stationär für S mit

$${}^tU\tilde{S} \cdot r' + {}^tUUS_0'' \cdot r' + S_0'' \cdot r'' = 0.$$

Mohr stand natürlich die Matrixschreibweise nicht zur Verfügung; er rechnete komponentenweise. Darüberhinaus ist dies auch methodisch eine Umformulierung. K.-E. Kurrer wies mich darauf hin, daß die Variationsprinzipien der elastizitätstheoretischen Baustatik aus zwei — auch historisch - unterschiedlichen und komplementären Gesichtspunkten entwickelt werden können, dem "Prinzip der virtuellen Kräfte" oder dem "Prinzip der virtuellen Verschiebungen" (siehe auch [Kurrer 1987a]). Mohrs Argument basierte auf dem letzteren, während Argumente stationärer Energiezustände unter das erstere subsumiert worden wären ("Kräfte" noch im Sinne "lebendiger Kräfte" alias Energiebilanzänderungen). Weitere Untersuchungen zu diesem Thema wären sehr wünschenswert (vgl. §6, Anm. 2).

7 Mohr machte durch die Behandlung der Elastika als Seilkurve die Analyse elastischer Verformungen durch graphisch-statische Methoden erst möglich (Hinweis von K.-E. Kurrer). Darüberhinaus verbesserte er die von Culmann begonnene graphische Repräsentation des ebenen Spannungszustandes elastischer Baumaterialien (Mohr 1882; Culmann 1866, 224ff.). Sie diente ihm zur graphischen Darstellung von Scherkräften in Querschnitten eines gebogenen Balkens und bekam ab den 1880er Jahren in der empirischen und konstruktiven Festigkeitslehre große Bedeutung [Timoshenko 1953, 285ff.]. Projektiv-geometrische Konzepte spielten dabei aber keine Rolle mehr.

8 Wilhelm Ritter erkrankte 1902 schwer. Der letzte Band seines Werkes (Ritter 1906) wurde nach seinen Aufzeichnungen von seinem Sohn H. Ritter ediert, während er an sein Krankenbett gefesselt war.

9 "Ältere technikwissenschaftliche Disziplinen" heißt hier aufbauend auf wissenschaftliche Kenntnisse und industrielle Praktiken, die zu Jahrhundertbeginn schon in wesentlichen Zügen vorlagen. Das Muster gilt also etwa nicht für die Elektrotechnik.

10 Etwa (Weisbach 1846).

11 Etwa (Karmarsch 1837). Zu Karmarschs (1803–1879) Bedeutung für die Entwicklung der Polytechnischen Schule Hannover siehe [Manegold 1970]. Vgl. auch [Kurrer 1987b].

12 Dem theoretisch-wissenschaftlichen Gründungskonzept des Eidgenössischen Polytechnikums entsprach eine Konzentration theorieorientierter Technikwissenschaftler in den ersten Jahrzehnten nach dessen Gründung: Culmann (1855–1880), Reaulaux (1855–1863), Zeuner (1855–1871). Dazu kam eine entsprechende Berufungspraxis in den Grundlagenfächern, insbesondere der Mathematik: Dedekind (1858–1862), Christoffel (1862–1869), H.A. Schwarz (1869–1875), Frobenius (1875–1892), Schottky (1882–1892) und Fiedler (1867–1908) — in der Physik nicht zu vergessen R. Clausius (1855–1867) [Urner 1980].

13 Das erste Materialprüfungslabor einer Hochschule wurde 1871 von J. Bauschinger an der Technischen Hochschule München in Zusammenarbeit mit der Maschinenfabrik Nürnberg eröffnet [Timoshenko 1953, 276ff.]. Es folgten Berlin (1871), Wien (1873), Zürich (1879 - Tetmajer) und Stuttgart (1879 - Bach). Ab dieser Zeit entwickelte sich auch eine enge Verbindung zwischen den entstehenden Industrie- und Hochschullaboratorien [Manegold 1969].

14 Im deutschen System wie international dominierte bis in die 1870er Jahre die Technikerausbildung für den Staatsektor (einschließlich Eisenbahnbau), während erst in den 1880er Jahren der Übergang zur primären Ausrichtung auf die Ausbildung von Ingenieuren für den privaten Sektor erfolgte. Diese von P. Lundgreen in seinen Diskussionsbeiträgen auf dem 17. Internationalen Kongreß für Wissenschaftsgeschichte 1985 vertretene Einschätzung korrespondiert gut mit Manegolds Beobachtung der engen Verbindung zwischen Technischen Hochschulen und privater Industrie beim Aufbau der technischen Laborforschung ab den 1870/80er Jahren. Vgl. Anm. 13.

15 Mohrs Beitrag (1875) markiert etwa den Beginn einer offenen kritischen Auseinandersetzung mit Culmanns Theoretisierungsprogramm. Hinzu trat in den 1880er Jahren ein Streit zwischen Mohr und Müller-Breslau

um die Grundlegung der klassischen Baustatik [Kurrer 1987a]. — Hinweise auf die zeitliche und sachliche Distanz zwischen der Umorientierung der Bauwissenschaften und des Maschinenbaus verdanke ich T. Hänseroth und K.-E. Kurrer.

16 Die Konfrontation wurde unter anderem durch die Weltausstellung 1893 in Chicago vermittelt und schlug sich im Eindruck nieder, den insbesondere die US-Exponate auf deutsche Ingenieure machten. Das Konkurrenzmotiv fand direkten Eingang in die "Aachener Erklärung" des VDI:

"*... Es handelt sich also jetzt nicht um sogenannte akademische Erörterungen über die Ausbildung der Ingenieure, sondern wir stehen einer drückenden Notwendigkeit gegenüber, welche uns der Wettbewerb des Auslandes in Verbindung mit unseren vielfach schwierigen Verhältnissen auferlegt. Es heisst jetzt einfach, sich der eigenen Haut zu wehren ...*" (VDI 1895a, 1212)

17 Über die Rolle Felix Kleins im Hintergrund der Meinungsbildung im VDI vgl. [Manegold 1970, 136ff.].

18 Neben den Artikeln von A. Riedler (1895, 1896), der sich zum — häufig polemischen und etwas konfusen — Sprecher der "Ingenieurbewegung" machte, ohne jedoch die instrumentalistische Verkürzung von Theorie und Mathematik in den Technikwissenschaften inhaltlich voll mitzutragen, siehe etwa die in Anm. 19 angegebenen Diskussionsbeiträge.

19 Die instrumentalistische Position findet sich in verschiedenen Varianten bei (Brückmann 1895, Mohr 1897). Dagegen steht die Position von Mathematikdozenten an den Technischen Hochschulen (Dyck/Henneberg/Krause 1897, Henneberg 1897), die von 7 Ingenieurwissenschaftlern in einem gemeinsamen Schreiben mit gewissen Einschränkungen unterstützt (Dietz u.a. 1897), jedoch in einer weiteren Erklärung von 44 Ingenieurwissenschaftlern etwa so radikal wie von Mohr angegriffen wurde (Arnold u.a. 1897).

20 Siehe unter institutionellem beziehungsweise methodischen Gesichtspunkt [Manegold 1969, 1970; Braun 1977], unter dem der Mathematik [Hensel/Purkert 1986/87] und insbesondere die materialreiche und sorgfältige Studie [Hensel 1987a, b]. W. Purkerts Vortrag über das Thema in Bielefeld im Juni 1985 sowie Gesprächen mit ihm verdanke ich viele wertvolle Hinweise.

21 Vgl. dazu etwa A. Stodolas Vortrag auf dem 1. Internationalen Mathematikerkongreß in Zürich (Stodola 1897).

22 Die Akzentverschiebung in Föppls Darstellung gegenüber Culmann könnte u.U. ein indirekter Niederschlag des von Plückers Auffassung des "linearen Strahlenkomplexes" geprägten "geometrischen Mechanik" der zweiten Hälfte des 19. Jahrhunderts sein. — Vgl. dazu [Ziegler 1985].

23 Momente als "freie Vektoren", Kräfte als "linienflüchtige Vektoren", d.h. an die Wirkungslinie gebunden. Analytische Darstellung komponentenweise, ähnlich wie schon bei Möbius (vgl. §8.3) (Föppl 1900, 120ff., 140ff.).

24 Hilbert verteidigte an dieser Stelle die Cantorsche Mengentheorie gegen Angriffe aus dem intuitionistischen Lager durch Hinweis auf deren *Fruchtbarkeit*. Er charakterisierte dabei "Fruchtbarkeit" einer Theorie durch die Fähigkeit, vor Entwurf der Theorie schon gestellte Probleme zu lösen (gewissermaßen die historisierte Variante von (∗)) und ein inhaltliches Äquivalent zur Bedingung (∗∗) (Hilbert 1926).

25 Das ging wiederum ein bis zwei Jahrzehnte später (also in der "Konsolidierungsphase") bis zu einer gezielten Ausarbeitung geeigneter mathematischer Grundlagen aus dem baustatischen Kontext heraus, insbesondere mit dem Ziel der Gewinnung praktikabler Lösungsmethoden linearer Gleichungssysteme (Hertwig 1912, Pirlet 1909 u.a.) — Hinweis von K.-E. Kurrer.

26 Das erscheint mir als die wahrscheinlichere Variante. Die Entscheidung darüber, welche der Varianten historiographisch korrekter ist, muß allerdings anderen Untersuchungen überlassen bleiben.

Anmerkungen zu §10

1 Ähnliches gilt darüberhinaus für die Ausbildung vektorieller Systeme (vgl. §§2.1, 2.2).

2 Diese Formulierung ist einer Passage entliehen, in der Herbart die Beziehung von Philosophie und Einzelwissenschaften diskutierte (Herbart 1807, 230).

3 Natürlich war der weiterreichende Erfolg in der modernen Kristallographie des 20. Jahrhunderts ganz wesentlich von der Entwicklung röntgenometrischer Methoden und den neuen Möglichkeiten empirischer Beobachtung abhängig. Er ist also durch die theoretische Fruchtbarkeit der Mathematisierung allein nicht zu erklären (vgl. §5.6).

4 "Regelmässige Ungleichförmigkeit im Innern eines Körpers nennen wir Structur." (Frankenheim 1826, 498)

5 Berichtet etwa von Courant in (1981, 164).

6 Die zweitgenannte Abänderung ("abgewandt–angewandt") verweist stattdessen eher auf ein Stück wissenssoziologischer Wahrheit.

7 In der Diderot-d'Alembertschen "Encyclopédie" wurden die Gebiete der "Mathématiques mixtes" auch als "Physico-Mathématiques" klassifiziert (Statik, Dynamik, Optik, Astronomie, Geographie, Harmonielehre, Akkustik, sowie "Mutmaßungskunst" als Vorläufer der Wahrscheinlichkeitstheorie) und auf die Probleme hingewiesen, die aus der notwendigen Kombination empirisch-phänomenologischen Wissens mit mathematisch-ableitender Argumentation entspringen (Encylopédie 1751ff.). Haüys Gewinnung der 18 elementaren Kristallformen (die den "hypothetischen Kernen" entsprachen) kann als ein schönes und typisches Beispiel der "mathématiques mixtes" in unserem Kontext angesehen werden — vgl. §1.2.

8 Vgl. dazu auch §11.1.

9 Vom Standpunkt der Mathematik als eigenständiger Wissenschaft ist dabei auch schon die Verfolgung der Erkenntnisziele einer anderen Wissenschaft als heteronome Anbindung an einen vorgegebenen Zweck zu verstehen. Dies ist frei von einer a-priori Wertung zu verstehen.

10 Es ließe sich also zwischen "*stark fremdreferentiellem*" mathematischen Wissen, das von Begründung *und* Bedeutung des Außenbezuges bedarf, und "*schwach fremdreferentiellem*", das selbstreferentiell begründet ist, aber seine Bedeutung erst aus der Fremdreferenz bezieht, unterscheiden. Dies ist nicht mit der Situation zu verwechseln, daß eine mathematische Theorie sowohl innerhalb der Mathematik als auch im Außenbezug Bedeutung besitzt oder gewinnt (das ließe sich vielleicht einmal provisorisch als "*bireferentiell*" bezeichnen).

11 Nicht ganz zutreffend Ende des 19. und Anfang unseres Jahrhunderts als "Arithmetisierungstendenz" bezeichnet. Vgl. auch die weiteren Bemerkungen dazu in §11.

12 Um nur einige der jüngeren Zeit zu nennen: Heaviside-Diracsche δ-Funktion [Lützen 1982, Kap. 4.20], die weiterverwendeten Leibnizschen Differentiale in technikwissenschaftlichen oder heuristisch-physikalischen Arbeiten, divergente Reihen der Quantenfeldtheorie usw.

13 So machte Fedorov bei der Verwendung des Gruppenbegriffs nicht mit und gab eine heteronom begründete Einschränkung der von ihm als wesentlich angesehenen Pflasterungen durch seine Parallelitätshypothese (§5.4).

Anmerkungen zu §11

1 Das wurde anfangs keineswegs als im strikten Gegensatz zur fremdreferentiellen Bedeutsamkeit der mathematischen Theorien angesehen, sondern als eine notwendige Ergänzung.

2 [Gray 1979, Toth 1980, Kötter 1901, Reich 1979]

3 Vgl. etwa die scharfe Kritik an Cauchys Konzept für die Fundierung der Analysis, die dieser in den Kursen der Ecole Polytechnique zu entwickeln begann [Belhoste 1985, 107f.], oder auch die Neigung, selbstreferentiell ausgerichteten Arbeiten einen "angewandten" Titel voranzustellen, wie es etwa Cauchy bei seiner Untersuchung über die Diagonalisierbarkeit symmetrischer Matrizen tat [Hawkins 1975, 21].

4 Gauß bildete in dieser, wie in nahezu jeder anderer Hinsicht, eine monumentale Ausnahme.

5 Der herausragendste unter ihnen war zweifelsfrei B. Riemann (1826–1866).

6 Etwa bei der oben angeführten Polemik Jacobis gegen Fourier.

7 Vgl. dazu [Jahnke 1982; Eccarius 1976, 1977 u.a.].

8 Der Vergleich zwischen der Kameralistik-Ausbildung und einem Studium an der Ecole Polytechnique sowie nachfolgender Spezialschule ist keineswegs schief, wie es auf den ersten Bilck erscheinen mag, da auch die letztere neben der Selbstrekrutierung von Naturwissenschaften, Mathematik und technischen Fächern im wesentlichen der Ausbildung höherer Staatsbeamter diente.

9 Jahnke in Anlehnung an eine Beobachtung Gillispies über die Bedeutung naturwissenschaftlichen W.issens für die industrielle Revolution [Jahnke 1982, 99ff.; Gillispie 1957].

10 [Brock 1975; Richards 1979; Todt 1979b; Scholz 1980, 100ff.]

11 [Dieudonné 1974, 42ff., Reich 1979; Struik 1934; Vincensini 1972; Pont 1974; Scholz 1980]

12 [Wußing 1969; Purkert 1971, 1972, 1973; Edwards 1980]

13 Es scheint unwahrscheinlich, daß in anderen europäischen Ländern überhaupt keine entsprechende Anpassungsprobleme auftraten; jedoch wurden sie allem Anschein nach weniger lautstark und konfliktreich bewältigt. Die im folgenden mehrfach zitierte Studie L. Pyensons [1983] ist insgesamt sehr stark, meines Erachtens zu stark, auf die kulturelle und soziale Seite des entstehenden Konflikts im deutschsprachigen Raum ausgerichtet und vernachlässigt die kognitiv-disziplinäre Seite zu sehr.

Anhang

Anhang 1: Überblick Kristallographische Raumgruppen

Dieser Anhang enthält einen knappen Abriß der Klassifikation und der erweiterungstheoretischen Konstruktion kristallographischer Gruppen. In Hinsicht auf die historischen Arbeiten des 19. Jahrhunderts wird auf die Konzepte der geometrischen Theorie besonderer Wert gelegt. Vieles läßt sich natürlich heute leichter verstehen, wenn Grundideen der arithmetischen Theorie und der Gruppenerweiterungen hinzugezogen werden. Da andererseits aus den modernen Darstellungen in der Regel die klassische Theorie mit ihrem geometrischen Zugang zu den zentralen Konzepten verschwunden ist, wird man in diesem Anhang eine sonst wohl selten anzutreffende Kombination der geometrischen und der arithmetischen Aspekte der kristallographischen Raumgruppen finden. Dazu gehört auch die Verwendung einer an einigen Stellen von der Literatur etwas abweichenden Terminologie. Die betreffenden Stellen sind entsprechend gekennzeichnet. Ich hoffe, daß diese Abweichungen nicht zur terminologischen Konfusion führen, sondern dazu beitragen, daß die *Beziehungen und Unterschiede* zwischen modernen (arithmetischen) und historischen (geometrischen) Klassifikationskonzepten der kristallographischen Symmetrien klarer hervortreten.

Aufbau von Anhang 1:

1.1 Grundlegende Begriffe

Im folgenden sei G stets eine *diskrete Untergruppe* der Isometriegruppe $\mathrm{Isom}(\mathbb{E}^3) \cong \mathbb{R}^n * O(n,\mathbb{R})$ und $\Gamma < G$ der *Normalteiler der Translationen* in G, $\Gamma = G \cap \mathbb{R}^n$. G operiert also diskontinuierlich und sogar eigentlich kontinuierlich mit Fundamentalbereich auf $\mathbb{E}^n$. Dabei können wir ausgehen von

Definition 1:

a) $G < \mathrm{Isom}(\mathbb{E}^n)$ heißt genau dann *diskontinuierlich* (genauer: operiert diskontinuierlich auf $\mathbb{E}^n$), wenn alle Punktorbits $G(x)$ für $x \in \mathbb{E}^n$ ohne Häufungspunkt sind.

b) G heißt genau dann *eigentlich diskontinuierlich*, wenn für x, y aus verschiedenen G-Orbits stets Umgebungen U von x, U' von y existieren, sodaß $G(U) \cap U' = \emptyset$.

In unserem Fall können wir auf die sprachliche Unterscheidung zwischen diskret, diskontinuierlich und eigentlich diskontinuierlich weitgehend verzichten, weil $\mathbb{E}^n \cong \mathrm{Isom}(\mathbb{E}^n)/O(n,\mathbb{R})$ homogener Raum zur lokalkompakten Gruppe $\mathrm{Isom}(\mathbb{E}^n)$ und der kompakten Untergruppe $O(n,\mathbb{R})$ ist, und *daher* hier diese drei Attribute äquivalent sind.

Offensichtlich kann es in einer diskontinuierlichen Gruppe keine beliebig kleine Translationen geben; das heißt, es gibt stets ein $\epsilon > 0$, sodaß $|t| > \epsilon$ für alle Translationen $t \in \Gamma$. Darüberhinaus gilt sogar

Lemma 1:
Eine diskontinuierliche Translationsgruppe $\Gamma < \mathrm{Isom}(E^n)$ ist endlich erzeugte, freie abelsche Gruppe mit $\mathrm{rang}(\Gamma) \leq n$.

In der Kristallographie spielen nun aufgrund der 3-fachen Periodizität des Aufbaus der kristallinen Materie (bei $n = 3$) diejenigen diskontinuierlichen Gruppen eine ausgezeichnete Rolle, deren Translationsuntergruppen ein Gitter im $\mathbb{E}^n$ (im strikten Sinne) bilden, d.h. von maximalem Rang sind. Das ist der Grund für

Definition 2:

a) Eine diskontinuierliche Gruppe $G < \mathrm{Isom}(\mathbb{E}^n)$ heißt genau dann *kristallographische Raumgruppe* (kurz: n-dimensionale Raumgruppe), wenn ihre Translationsuntergruppe Γ von maximalem Rang ist, also $\mathrm{rang}(\Gamma) = n$.

b) Eine diskrete Translationsgruppe maximalen Rangs im $\mathbb{E}^n$ oder $\mathbb{R}^n$ heißt (Translations-) *Gitter*.

Es gibt verschiedene andere Möglichkeiten, kristallographische Raumgruppen unter den diskontinuierlichen Isometriegruppen auszuzeichnen. Die wichtigsten davon ergeben sich aus

Lemma 2 (Bieberbach):
Folgende Bedingungen sind für eine diskontinuierliche Gruppe G von Isometrien im $\mathbb{E}^n$ mit Translationsuntergruppe Γ äquivalent:

(i) Γ bildet ein Gitter.

(ii) Γ ist maximal abelsch.

(iii) $\mathbb{E}^n$ ist als G-Modul unzerlegbar.

(iv) Der Fundamentalbereich von G ist relativ kompakt.

Nun gibt es natürlich sehr viele kristallographische Gruppen, die sich "nicht wesentlich" unterscheiden, zum Beispiel wenn es eine Gitterisomorphie gibt, deren affine Fortsetzung auf $\mathbb{E}^n$ einen Isomorphismus der Raumgruppen induziert. Diese Überlegung führt auf den Anfang von

Definition 3:
Zwei kristallographische Raumgruppen G, G' heißen genau dann

a) *vom selben Raumgruppentyp*, wenn sie in der affinen Gruppe Aff($\mathbb{E}^n$) konjugiert sind;

b) *vom selben eigentlichen Raumgruppentyp*, wenn sie in $\text{Aff}^+(E^n)$, also orientierungserhaltend affin, konjugiert sind;

c) *enantiomorph*, wenn sie affin, aber nicht orientierungserhaltend affin konjugiert sind.

Enantiomorphe Gruppen repräsentieren die Symmetrien von Kristallstrukturen, die sich zueinander in gewissem Sinne spiegelbildlich verhalten. Raumgruppen ein- und desselben Typs können sich außer durch die Lage insbesondere auch durch *metrische Parameter des Gitters* unterscheiden. Jeder Raumgittertyp enthält also unendlich viele einzelne Raumgruppen (sogar eine "mehrfach unendliche", stetig parametrisierbare Schar).

Von metrischen Parameter zu reden, hat nur unter Bezug auf Gitterbasen Sinn, die in spezifischem Sinne normiert sind. Dabei ist zu beachten, daß in der kristallographischen Literatur schon eine Basis $\{a_1, \ldots, a_n\}$ des $\mathbb{R}^n$, deren additive Hülle im Gitter Γ liegt, als *kristallographische Gitterbasis* bezeichnet wird. Wird Γ davon erzeugt, handelt es sich also im mathematischen Sinne um eine *Basis des Gitters*, so ist von einer *primitiven Basis* die Rede

[Wondratschek 1983, 715]. Die konvexe Hülle einer kristallographischen Basis $a_1, \ldots, a_n$ im $\mathbb{R}^n$ wird als *Einheitszelle* (bezüglich der Basis) bezeichnet. Zur Beschreibung eines *kristallographischen Musters*, das heißt eines geometrischen Objektes, das unter der Operation einer Raumgruppe G invariant ist, reicht es offensichtlich aus, das Muster innerhalb einer Einheitszelle zu kennen. Daraus entsteht das gesamte Muster durch n-fach periodische Fortsetzung.

Im mathematischen Sinne gibt es natürlich unendliche viele Möglichkeiten zur Basiswahl im Gitter (Koordinatenwechsel durch $GL(n, \mathbb{Z})$). Die genannte Normierung der Gitterbasis (im mathematischen Sinne) erfolgt am einfachsten über die Bestimmung einer Minimalbasis im Sinne von

Definition 4:
Eine *Minimalbasis* $a_1, \ldots, a_n$ des Gitters Γ im $\mathbb{R}^n$ entsteht rekursiv durch n Schritte folgender Art:

- Auswahl eines Elementes a_1 von $\Gamma < \mathbb{R}^n$ minimaler Länge (bezüglich der euklidischen Metrik),
- sind $a_1, \ldots, a_k$ als Elemente der Minimalbasis bestimmt, so wird a_{k+1} aus den Gitterelementen minimalen Abstandes zur linearen Hülle $\langle a_1, \ldots, a_k \rangle$ ausgewählt.

Eine *reduzierte Basis* kann nun wie in der arithmetischen Reduktionstheorie positiv definiter quadratischer Formen durch weitere Normierung unter den nun noch vorhandenen Auswahlmöglichkeiten der Minimalbasen ausgezeichnet werden [Engel 1986, 46ff.; Burckhardt 1947, 94ff; Bachmann 1923, 180ff; Klemm 1982, 161]. Damit ist ein Gitter in unserem Kontext durch einen von der Gittersymmetrie abhängigen Satz reeller metrischer Parameter determiniert. Ist ein Raumgruppentyp vorgegeben, so sind Kristallklasse und die Erweiterungsdaten (s.u.) festgelegt. Die Variation der Raumgruppen innerhalb desselben Raumgruppentyps wird also im wesentlichen durch die Gitterparameter und zusätzlich noch die Lage des Gitters (Konjugation in Isom(E^n)) erfaßt.

Der Übergang zum Standpunkt der Raumgruppentypen reduziert den Spielraum der verschiedenartigen Objekte beträchtlich. Das zeigt

Theorem 1 (Bieberbach; Fedorov/Schoenflies; Brown/Köhler):

a) In jeder Dimension n gibt es nur endlich viele kristallographische Raumgruppentypen.
b) Für $n = 2$ gibt es 17 eigentliche Raumgruppentypen; für $n = 3$ gibt es 219 Raumgruppentypen und 230 eigentliche Raumgruppentypen.
c) Für $n = 4$ gibt es 4783 Raumgruppentypen und 4895 eigentliche Raumgruppentypen.

Interessanter als die bloßen Anzahlen sind natürlich Informationen über Eigenschaften und Beschreibungsmöglichkeiten von Raumgruppen, die neben anderem auch deren Konstruktion ermöglichen. Dabei sind zwei grundsätzlich verschiedene Zugänge möglich, ein geometrisch-algebraischer, der für die Fälle $n = 2, 3$ entwickelt und angewendet wurde (Schoenflies 1891a) und ein arithmetisch-algebraischer, der für $n = 3$ gewisse formale Vorteile hat (allerdings ohne den geometrischen Aspekt etwas kahl bleibt)[Burckhardt 1947; Klemm 1982], leichter auf den n-dimensionalen Fall übertragbar ist und für $n = 4$ auch den technischen Rahmen zur konstruktiven Klassifikation geliefert hat.

Im folgenden können nur kurz einige Grundbegriffe der beiden Zugänge resümiert werden. Der geometrische Zugang ist im Kontext der hier vorliegenden Studie von ausschlaggebender Bedeutung; der arithmetisch-algebraische ist hingegen in der heutigen mathematisch-kristallographischen Literatur aus guten Gründen dominant, sodaß er in diesem Kurzresümee ein größeres Gewicht bekommen muß als in der historischen Darstellung. Für genauere Information siehe die entsprechende Fachliteratur [Burckhardt 1947; Klemm 1982; Schwarzenberger 1980; Brown e.a. 1978 und andere].

1.2 Geometrische Klassifikation der kristallographischen Raumgruppen

1.2.1 Geometrische Kristallklassen

Aufgrund der Inklusionen einer Raumgruppe G und ihres Gitters Γ in $\mathrm{Isom}(\mathbb{E}^n)$ ist die Faktorgruppe G/Γ in natürlicher Weise einer orthogonalen Gruppe isomorph:

$$\begin{array}{ccccccccc}
0 & \longrightarrow & \mathbb{R}^n & \longrightarrow & \mathrm{Isom}(\mathbb{E}^n) & \xrightarrow{\rho} & \mathrm{Isom}(\mathbb{E}^n)/\mathbb{R}^n \cong O(n,\mathbb{R}) & \longrightarrow & 0 \\
 & & \uparrow & & \uparrow & & \uparrow & & \\
0 & \longrightarrow & \Gamma & \longrightarrow & G & \longrightarrow & G/\Gamma & \longrightarrow & 0 \\
 & & \uparrow & & \uparrow & & \uparrow & & \\
 & & 0 & & 0 & & 0 & &
\end{array}$$

Definition 5a:
Der ***orthogonale Anteil*** der Raumgruppe G wird gegeben durch $\rho(G) \cong G/\Gamma$ mit $\rho(G) < O(n, \mathbb{R})$ wie oben.

Affine Konjugation der Raumgruppen zieht für die orthogonalen Anteile Konjugation in $O(n, \mathbb{R})$ nach sich. Man wird also zu entsprechenden Äquivalenzklassen übergehen. Andererseits sind in unserem Kontext nicht alle Konjugationsklassen orthogonaler Gruppen relevant, da $\rho(G)$ bei Konjugation stets ein Gitter invariant läßt und dies nicht für alle orthogonalen Gruppen der Fall ist. Wir können uns also im folgenden so einschränken, wie in

Definition 6a:
Eine Konjugationsklasse $\bar{K}$ von Untergruppen K in $O(n, \mathbb{R})$ heißt genau dann *geometrische Kristallklasse*$_I$ (der Dimension n), wenn K ein Gitter Γ invariant läßt, das heißt: Zu jedem K aus $\bar{K}$ gibt es ein Gitter Γ mit

$$\alpha\Gamma\alpha^{-1} = \Gamma \qquad \text{für alle } \alpha \in K.$$

Die hier gegebene Definition ist ein wenig "altmodisch". In der neueren Literatur ist es üblicher statt der Konjugationsklassen orthogonaler Gruppen die zugehörigen Raumgruppentypen als "Kristallklassen" zu bezeichnen. Das entspricht dann der

Definition 6b:
Ist $\bar{K}$ Konjugationsklasse von Untergruppen K von $O(n, \mathbb{R})$, die ein Gitter Γ invariant lassen, so wird als *geometrische Kristallklasse*$_{II}$ von $\bar{K}$ die Menge aller Raumgruppentypen $\bar{G}$ mit $\rho(G) = K$ bezeichnet.

Andererseits läßt sich damit die Zuordnung eines "orthogonalen Anteils" konsistent auf Raumgruppentypen übertragen.

Definition 5b: Der *orthogonale Anteil* eines Raumgruppentyps $\bar{G}$ ist die (geometrische) Kristallklasse$_I$ des orthogonalen Anteils $\rho(G)$ eines Repräsentanten G von $\bar{G}$.

Die beiden Sprachverwendungen der Definitionen 6a, 6b ergänzen sich gegenseitig. *Die Angabe einer Kristallklasse durch die orthogonale Gruppe K erlaubt es, je nach Kontext darin einen Bezeichner für Kristallklassen$_I$ oder für Kristallklassen$_{II}$ zu lesen.* Das reduziert den sprachlichen Aufwand und macht Bezüge leichter formulierbar. *In unserer historischen Darstellung sind in der Regel geometrische Kristallklassen$_I$ gemeint, wenn einfach von "Kristallklassen" die Rede ist.* Der Leser kann mit der Assoziation K_I–K_{II} spielen, sollte aber den historischen Kontext im Auge behalten. In ähnlicher Weise werden im folgenden häufig Doppel- (oder sogar Vierfach-)Erklärungen angegeben.

Erfreulicherweise gelten für die geometrischen Kristallklassen zwei starke Endlichkeitsaussagen.

Theorem 2:

(i) Die geometrischen Kristallklassen werden durch endliche Untergruppen von $O(n, \mathbb{R})$ repräsentiert.

(ii) Die Anzahl der geometrischen Kristallklassen der Dimension n ist endlich.

(iii) Speziell für $n = 2$ gibt es 10 Kristallklassen, für $n = 3$ sind es 32 (vgl. auch Anhang 2, Tab. 9).

Die Endlichkeitsaussage (i) folgt aus der Diskontinuitätsbedingung von G, die auch Diskontinuität von $K < O(n, \mathbb{R})$ zur Folge hat. (ii) folgt aus der Endlichkeit der Anzahl endlicher Untergruppen von $GL(n, \mathbb{Z})$ und der Erweiterungstheorie (s.u.). Die Begründung von (iii) erfordert die detaillierte Auswertung der Gitterinvarianz für die zulässigen Rotationen in $O(2, \mathbb{R})$ bzw. $O(3, \mathbb{R})$.

1.2.2 Holoedriegruppen und Kristallsysteme

Ein Gitter Γ einer Raumgruppe G gegebenen Raumgruppentyps $\bar{G}$ kann selber auf seine maximale orthogonale Symmetrie H_Γ unter Konjugation in $\mathrm{Isom}(\mathbb{E}^n)$ untersucht werden. Es zeigt sich, daß innerhalb eines Raumgruppentyps die dabei auftretenden H_Γ im allgemeinen repräsentantenabhängig sind. Um diesen Mangel zu beheben, verwenden wir zunächst

Definition 7a:
Die *geometrische Holoedrie eines Gitters* $\Gamma < \mathbb{E}^n$ sei definiert durch

$$H_\Gamma := \{g | g \in O(n, \mathbb{R}), g\Gamma g^{-1} = \Gamma\}.$$

Die (geometrischen) Holoedrien sind per definitionem spezielle (geometrische) Kristallklassen$_I$.Innerhalb der halbgeordneten Menge der Kristallklassen$_I$ markieren sie gewisse Elemente (eben als Holoedrien). Das gestattet die Einteilung der Kristallklassen in "Kristallsysteme" gemäß

Definition 8a:

(i) Zwei geometrische Kristallklassen$_I$ K, K' gehören genau dann demselben *Kristallsystem$_I$* an, wenn jede K enthaltende (geometrische) Gitterholoedrie auch K' enthält und vice versa.

(ii) Als *Holoedrie eines Kristallsystems$_I$* werde nun die Gesamtheit der nach (i) zu bildenden kleinsten Gitterholoedrien (zu K, K' aus dem betreffenden Kristallsystem$_I$) bezeichnet.

(iii) Unter *Holoedrie einer (geometrischen) Kristallklasse$_I$* K wird entsprechend die Holoedrie des zugehörigen Kristallsystems$_I$ verstanden, geschrieben H_K.

Bemerkungen: Zunächst ist nur die Gitterholoedrie als Gruppe definiert, die Holoedrie eines Kristallsystems oder einer Kristallklasse dagegen als Menge von Gitterholoedrien. Für $n = 2, 3$ gibt es aber immer ein eindeutig bestimmtes kleinstes Element in der Menge der Holoedrien größer als eine Kristallklasse K. Dort ist H_K tatsächlich als Holoedriegruppe (bzw. die Konjugationsklasse) zu lesen, nicht als 1-elementige Menge von ... Für höhere n ist das jedoch nicht mehr immer der Fall ($n = 7$, vgl. [Neubüser, Plesken, Wondratschek 1981]).

Falls das auch für höhere n gilt; würde das die Sprache vereinfachen.

Die hier gewählte Definition ist in der aktuellen Literatur nicht üblich, sie entspricht aber einer modernisierten Fassung der Terminologie des 19. Jahrhunderts, die sich statt auf Gitter für lange Zeit auf "Achsensysteme" bezog (und damit auf endliche Punktsymmetriekonstellationen). Ganz ähnlich wie im Fall der Kristallklassen läßt sich die Einteilung von den orthogonalen Gruppen via orthogonalen Anteil auf die Raumgruppen übertragen. Das führt auf

Definition 8b:

(i) Zwei Raumgruppentypen $\bar{G}$, $\bar{G}'$ gehören genau dann *demselben Kristallsystem*$_{II}$ an, wenn die orthogonalen Anteile $\rho(\bar{G})$ und $\rho(\bar{G}')$ demselben Kristallsystem$_I$ angehören.

(ii) Als *Holoedrie eines Kristallsystems*$_{II}$ bzw. eines Raumgruppentyps $\bar{G}$ des Systems wird die Holoedrie des zugehörigen Kristallsystems$_I$ $H_{\rho(\bar{G})}$ bezeichnet.

(iii) Die *orthogonale Holoedrie einer Raumgruppe* G (bzw. eines Raumgruppentyps $\bar{G}$) ist die Holoedrie des zugehörigen orthogonalen Anteils $H_{\rho(\bar{G})}$.

Die Kristallsysteme des zwei- und dreidimensionalen Falls sind gut bekannt.

Theorem 3:

(i) In der Dimension $n = 2$ gibt es 4 Kristallsysteme, ausgezeichnet durch die Holoedrien D_6, D_4, D_2, C_2 die in dieser Reihenfolge als ebenes hexagonales, tetragonales, orthogonales und monoklines System bezeichnet werden.

(ii) Für $n = 3$ gibt es 7 Kristallsysteme, ausgezeichnet durch die Holoedrien O^*, D_{6h}, D_{3d}, D_{4h}, D_{2h}, C_{2h}, C_i, in dieser Reihenfolge als kubisches (auch isometrisches oder reguläres), hexagonales, trigonales, tetragonales, orthorhombisches, monoklines und triklines System bezeichnet.

1.2.3 Gittersysteme, Bravaissysteme, Kristallfamilien

Die Holoedriegruppen wurden als orthogonale Symmetriegruppen von Gittern eingeführt. Dadurch wird eine Klassifikation der Gitter nach ihrem Symmetrietyp nahegelegt.

Definition 9a:
Zwei Gitter Γ, Γ' gehören genau dann demselben *Gittersystem$_I$* (bzw. *Bravaissystem$_I$*) an, wenn ihre geometrischen Holoedrien (Def. 7a) übereinstimmen:

$$H_\Gamma = H_{\Gamma'}.$$

Bei dem Versuch der Übertragung dieser Klassifikation auf die Raumgruppentypen analog der Vorgehensweise bei Kristallklassen und Kristallsystemen ergibt sich zunächst das Problem, daß die Gitter der Repräsentanten eines Raumgruppentyps $\bar{G}$ je nach Wahl der Gitterparameter verschiedene Holoedrien besitzen können. Allerdings entstehen diese Unterschiede lediglich dadurch, daß zusätzlich zur Gittersymmetrie, die von der Raumgruppenstruktur erzwungen wird, bei spezieller Parameterwahl weitere Symmetrien der Gitter hinzugefügt werden, die für die Raumgruppenstruktur ohne Bedeutung sind. Die Erhöhung stellt sich also unter dem Blickwinkel der Raumgruppenstruktur als *Scheinsymmetrie* des Gitters dar.

Es zeigt sich, daß die bei den unterschiedlichen Gruppen eines Raumgruppentyps auftretenden Holoedrien der zugehörigen Gitter zumindest in den Dimensionen 2 und 3 ein eindeutig bestimmtes kleinstes Element $H_\Gamma(\bar{G})$ haben (bezüglich der von der Inklusion auf Konjugationsklassen von Untergruppen in $O(n, \mathbb{R})$ induzierten Ordnungsrelation). Dies wird im Sinne der Gitterparameter sogar generisch angenommen, d.h. lediglich für spezielle Gitterparameter (Bedingungen der Kodimension ≥ 1 im Parameterraum) erhöht sich die Gitterholoedrie. Wir halten daher fest

Definition 7b $(n = 2, 3)$:
Die (geometrische) *generische Gitterholoedrie eines Raumgruppentyps* $\bar{G}$ sei für $n = 2, 3$ das eindeutig bestimmte kleinste Element $H_\Gamma(\bar{G})$ der durch die Inklusion halbgeordneten Menge

$$\{H_\Gamma | \Gamma \text{ Gitter von } G, G \in \bar{G}\}.$$

Um es noch einmal deutlicher zu sagen, die Möglichkeit dieser Definition beruht auf

Lemma 3:
Die geometrischen Holoedrien der Gitter von Raumgruppen eines Raumgruppentyps $\bar{G}$ besitzen für $n = 2, 3$ ein eindeutig bestimmtes kleinstes Element

$$H_\Gamma(\bar{G}) = \bigcap_{G \in \bar{G}} H_{\Gamma(G)}.$$

Dieses wird generisch angenommen, d.h. lediglich für spezielle Werte der Gitterparameter (Bedingungen der Kodimension ≥ 1) erhöht sich die Gitterholoedrie.

Damit wird nun die gewünschte Übertragung der Einteilung der Raumgruppentypen analog der Einteilung der Gitter in Gittersysteme möglich.

Definition 9b ($n = 2, 3$):
Zwei Raumgruppentypen $\bar{G}$, $\bar{G}'$ gehören genau dann demselben *Bravaissystem*$_{II}$ (bzw. *Gittersystem*$_{II}$) an, wenn die generischen (geometrischen) Gitterholoedrien nach Definition 7b) gleich sind:

$$H_\Gamma(\bar{G}) = H_\Gamma(\bar{G}').$$

Es gibt also ebensoviele Kristallsysteme wie Gitter/Bravaissysteme, und beide werden durch dieselben Holoedriegruppen charakterisiert. Aber *das Zuordnungsverfahren der Holoedriegruppe zu einem Raumgruppentyp ist je nach dem zugrunde gelegten Aspekt verschieden.* Beim ersten erfolgt die Klassifikation nach dem Gesichtspunkt des orthogonalen Anteils (geometrische Kristallklasse) eines Raumgruppentyps, beim zweiten wird die zugehörige strukturelle Gittersymmetrie klassifiziert. Und darüberhinaus sind nicht nur die Zuordnungsverfahren verschieden, sondern zuweilen auch die Resultate. Daher die

Warnung: Es gilt nicht allgemein

$$H_{\rho(\bar{G})} = H_\Gamma(\bar{G})\,!$$

Beispiele sind in der Dimension $n = 3$ alle Raumgruppentypen, die durch Erweiterung eines Gitters vom Typ $\mathbb{Z}(3P)$ (also der Holoedrie $H_{\mathbb{Z}(3P)} = D_{6h}$ — vgl. Anhang 2, Tab. 10) durch eine Kristallklasse K des trigonalen Systems (also der Holoedrie $H_K = D_{3d}$) entstehen.

Es ist nun naheliegend, die aus diesen Unterschieden hervorgehende feinste gemeinsame Vergröberung der Einteilung der Kristallklassen zu betrachten, das heißt, Kristallsysteme mit Holoedrien H, H' genau dann zu einer neuen klassifizierenden "Familie" zusammenzufassen, wenn es einen Raumgruppentyp gibt, dessen orthogonale Holoedrie bzw. generische Gitterholoedrie mit H bzw H' übereinstimmt. Das führt auf

Definition 10:

a) Zwei Kristallklassen$_I$ K, K' gehören genau dann derselben *Kristallfamilie$_I$* an, wenn es einen Raumgruppentyp $\bar{G}$ gibt mit

$$\begin{aligned} H_K &= H_{\rho(\bar{G})}, \quad H_{K'} = H_\Gamma(\bar{G}) \\ \text{oder } H_K &= H_\Gamma(\bar{G}), \quad H_{K'} = H_{\rho(\bar{G})}. \end{aligned}$$

b) Zwei Raumgruppentypen gehören genau dann derselben *Kristallfamilie$_{II}$* an, wenn dies für ihre orthogonalen Anteile der Fall ist.

Beim Übergang zu Familien werden offenbar immer ganze Kristallsysteme miteinander vereinigt (man nehme nur für Kristallklassen K ein- und desselben Systems der Holoedrie H als Raumgruppe etwa das semidirekte Produkt aus K und einem Gitter mit Symmetrie H). Zwei Kristallsysteme der Holoedrien H, H' werden genau dann zu einer Familie vereinigt, wenn es einen Raumgruppentyp gibt, für den orthogonale Holoedrie und generische Gitterholoedrie verschieden sind und gerade die Werte H, H' annehmen.

1.2.4 Raumgittertypen (Bravaisscharen)

Die bisherige Klassifikation der kristallographischen Raumgruppen folgte bis hierher problemlos einem geometrischen Zugang, der zwar von der in der aktuellen mathematisch-kristallographischen Literatur vorgezogenen arithmetisch-algebraischen Methode abweicht, aber im Resultat nichts wesentlich anderes liefert und dabei der Mathematik und Kristallographie des 19. Jahrhunderts näher steht. Bei der nun folgenden Einteilung der Raumgruppentypen in Bravaisscharen ist die Identität des Resultates für $n > 3$ nicht mehr offensichtlich; sie gilt aber für die uns hauptsächlich interessierenden Fälle $n = 2, 3$. Da in der mathematisch-kristallographischen Literatur "Bravaisscharen" für die Klassifikation im Sinne der arithmetischen Theorie verwendet wird, soll der Klarheit halber hier von "Gittertypen" gesprochen werden.

Der geometrische Zugang zur Klassifikation in Gittertypen beruht auf Bravais' Idee, danach zu fragen, wann zwei Gitter desselben Gittersystems durch eine 1-Parameterschar von Gittern, die dieses System nie verläßt (also ohne Symmetriebruch), verbunden werden können. Vom Standpunkt der affinen Konjugation von Raumgruppen beruht das auf der Beobachtung, daß durch wegweise Verbindung zweier Raumgruppen desselben Typs in einer Wegzusammenhangskomponente des Parameterraumes (des "Modulraumes" des Raumgruppentyps) die zugehörigen Gitter entsprechend deformiert werden. Umgekehrt sind freilich Raumgruppen, deren Gitter ohne Symmetriebruch ineinander deformiert werden können, nicht notwendigerweise affin äquivalent, sondern es entsteht eine neue Äquivalenzbeziehung von (eigentlichen) Raumgruppentypen.

Definition 11:

a) Zwei Gitter Γ, Γ' desselben Gittersystems, also mit $H_\Gamma = H_{\Gamma'}$ gehören genau dann demselben *Gittertyp$_I$* an, wenn es eine 1-Parameterschar von Gittern $\{\Gamma(t)|0 \leq t \leq 1\}$ konstanter Holoedrie gibt, durch die beide miteinander verbunden werden:

$$\Gamma(0) = \Gamma, \quad \Gamma(1) = \Gamma', \quad H_{\Gamma(t)} = H_\Gamma = H_{\Gamma'} \quad (0 \leq t \leq 1).$$

b) Zwei Raumgruppentypen $\bar{G}$, $\bar{G}'$ derselben generischen Gitterholoedrie H, also desselben Bravaissystems, gehören genau dann demselben *Gittertyp$_{II}$* an, wenn die Gitter Γ, Γ' zweier Repräsentanten G, G' von $\bar{G}, \bar{G}'$ von generischer Gittersymmetrie ($H_\Gamma = H_{\Gamma'} = H$) demselben Gittertyp$_I$ angehören.

Es ergibt sich damit

Theorem 4 (Bravais):
Für $n = 2$ gibt es 5, für $n = 3$ gibt es 14 Gittertypen.

Die Gittertypen lassen sich in übersichtlicher Weise durch Angabe von Einheitszellen, die standardisierte Rotationssymmetriebedingungen erfüllen, und die Angabe eventuell vorhandener weiterer Gitterpunkt in der Einheitszelle charakterisieren.

Dabei treten folgende Fälle auf [Burckhardt 1947; Buerger 1963; Schwarzenberger 1980 u.a.] (vgl. Anhang 2, Tab. 10):

- die Einheitszelle wird durch eine Gitterbasis im mathematischen Sinne aufgespannt (symbolisch: P),
- zusätzliche Gitterpunkte liegen lediglich im Schwerpunkt der Zelle ("Innenzentrierung" — Symbol I),
- zusätzliche Gitterpunkte liegen auf den Drittelpunkten einer Raumdiagonalen im trigonalen Fall ("rhomboedrische Zentrierung" — Symbol R),
- zusätzliche Gitterpunkte liegen in den Schwerpunkten von Seitenflächen ("Flächenzentrierung" — Symbole: F bei Zentrierung aller Seitenflächen der Einheitszelle, A, B, C bei Zentrierung eines Paares einander gegenüberliegender Seitenflächen in Achsenrichtung).

1.3 Arithmetische Klassifikation

1.3.1 Arithmetische Charakterisierung von Raumgruppen

Bei einer Gewinnung der Raumgruppen durch Gruppenerweiterungen, die nicht wie etwa bei Jordan, Fedorov und Schoenflies entscheidend auf der geometrischen Konfigurationsanalyse von Symmetrieelementen beruht, ist es sinnvoll, das Translationsgitter $\Gamma < G$ nach einer Basiswahl durch $\mathbb{Z}^n$ zu parametrisieren. Man hat es dann mit der kurzen exakten Sequenz

$$(*) \qquad 0 \to \Gamma \cong \mathbb{Z}^n \to G \to B \cong G/\mathbb{Z}^n \to 1$$

zu tun. Für die Gewinnung von G als Erweiterung ist anzugeben:

- eine Abbildung
$$B \xrightarrow{\tau} Aut(\Gamma)$$
die hier wegen Kommutativität von Γ sogar schon ein Homomorphismus ist (innere Automorphismen $\mathrm{Int}(\Gamma) = 0$),
- und ein Faktorensystem $f : B \times B \to \Gamma$, $f(a,b) = f_{a,b}$, bezüglich τ, das die Assoziativitäts- bzw. Kozykelbedingung erfüllt:
$$\delta f_{a,b,c} = \tau(a) f_{b,c} - f_{ab,c} + f_{a,bc} - f_{a,b} = 0,$$
modulo der trivialen Faktorensysteme, die aus injektiven Abbildungen $c : B \to \Gamma$ durch Korandbildung
$$\delta c_{a,b} = \tau(a) c_b - c_{ab} + c_a$$
entstehen — kurz: ein Element der Gruppenkohomologie $H^2_\tau(B, \mathbb{Z}^n)$ von B mit Werten in $\mathbb{Z}^n$ bezüglich τ.

Da τ von der Konjugation in G induziert und Γ maximal abelsch ist (Lemma 2), ist $\tau : B \to \mathrm{Aut}(\Gamma)$ ein injektiver Homomorphismus. Daraus folgt

Lemma 4:
G/Γ kann nach Basiswahl in Γ auf natürliche Weise durch eine endliche Untergruppe von $GL(n, \mathbb{Z})$ beschrieben werden. Dem Basiswechsel in Γ korrespondiert Konjugation in $GL(n, \mathbb{Z})$.

Da durch Mittelwertbildung umgekehrt zu jeder endlichen Untergruppe A von $GL(n, \mathbb{Z})$ auf $\mathbb{R}^n$ eine invariante Metrik eingeführt werden kann, entspricht umgekehrt jeder Erweiterung $(*)$ mit $B = A$ eine kristallographische Raumgruppe. Es liegt also nahe, nach dem Vorbild der geometrischen Klassifikation zu vereinbaren

Definition 12:

a) Die nach Lemma 4 einem kristallographischen Raumgruppentyp G zugeordnete Konjugationsklasse endlicher Untergruppen von $GL(n, \mathbb{Z})$ heiße *unimodularer Anteil* von G, abgekürzt G_u.

b) Eine Gruppenerweiterung von $\mathbb{Z}^n$ durch eine endliche unimodulare Gruppe (genauer: eine Erweiterungsklasse modulo Korändern) werde im folgenden als *arithmetische Raumgruppenerweiterung* bezeichnet.

Es stellt sich natürlich die Frage, in welcher Beziehung arithmetische Raumgruppenerweiterungen, Isomorphieklassen von Raumgruppen (als abstrakte Gruppen) und kristallographische Raumgruppentypen zueinander stehen. Die Frage nach der ersten Beziehung wird durch Sätze von Frobenius und ein konstruktives Kriterium von Zassenhaus beantwortet. Dabei ist als allgemeines Resultat festzuhalten, daß *einer Isomorphieklasse von Gruppen endlich viele, im allgemeinen mehr als eine, arithmetische Erweiterungsklassen entsprechen.* Der Rest der Frage wird durch ein Ergebnis von Bieberbach beantwortet:

Theorem 5 (Bieberbach):
Zwei arithmetische Raumgruppenerweiterungen führen genau dann zu demselben Raumgruppentyp, wenn sie als Gruppen isomorph sind.

Die arithmetisch-algebraischen Erweiterungen fangen also die grundlegenden Eigenschaften kristallographischer Raumgruppen so gut ein, daß es naheliegt, große Teile der strukturell orientierten Theorie in diesem Rahmen durchzuführen, insbesondere die Klassifikation und die Konstruktion der Gruppen. Mit Mitteln der Gruppenkohomologie läßt sich etwa zeigen, daß für eine endliche Gruppe A und eine endlich erzeugte abelsche Gruppe Γ schon $H^2_\tau(A, \Gamma)$ endlich ist. Daraus folgt dann die Endlichkeitsaussage von Theorem 1a ("Satz von Bieberbach").

1.3.2 Arithmetische und geometrische Kristallklassen

In der arithmetischen Theorie entspricht den Punktsymmetrien der geometrischen Theorie der unimodulare Anteil G_u einer Raumgruppe. Da sich sowohl Basiswechsel als auch affine Konjugation der Gruppe in unimodularer Konjugation von G_u niederschlagen und — wie schon bemerkt — anders als im orthogonalen Fall jede endliche unimodulare Gruppe als G_u einer Raumgruppe auftritt, liegt es nahe anzugeben

Definition 13a:
Die Konjugationsklassen endlicher Untergruppen A von $GL(n, \mathbb{Z})$ heißen *arithmetische Kristallklassen*$_I$.

Ähnlich wie bei der geometrischen Klassifikation kann diese Begriffsbildung natürlich im Sinne der Raumgruppentypen beziehungsweise Erweiterungsklassen extensionalisiert werden.

Definition 13b:
Zwei arithmetische Raumgruppenerweiterungen G_a, G'_a, beziehungsweise die zugehörigen Raumgruppentypen, gehören genau dann derselben *arithmetischen Kristallklasse*$_{II}$ an, wenn deren unimodularen Anteile derselben arithmetischen Kristallklasse$_I$ angehören.

Aufgrund des Theorems 5 ist es glücklicherweise nicht notwendig, die beiden Extensionalisierungsebenen der arithmetischen Erweiterungen und der Raumgruppentypen noch einmal laufend explizit auseinanderzuhalten. Wenn im folgenden von Raumgruppe die Rede ist, kann dafür auch arithmetische Raumgruppenerweiterung (bzw. Isomorphieklasse von ...) eingesetzt werden und umgekehrt.

Es gilt nun

Theorem 6:
Für jedes n gibt es nur endlich viele arithmetische Kristallklassen, und zwar für

$n =$	2,	3,	4
jeweils	13,	73,	710.

Die geometrische Interpretation ($n = 3$) führt auf

Lemma 5:
Gehören zwei kristallographische Raumgruppen G, G' derselben arithmetischen Kristallklasse an, so sind sie auch von gleichem Gittertyp und gleicher geometrischer Kristallklasse. Das umgekehrte gilt dagegen nicht immer.

Die arithmetischen Kristallklassen integrieren also die Information über Gittertyp und geometrische Kristallklasse (im Sinne der geometrischen Theorie) und stellen sie in arithmetischer Form dar. Hinzu tritt noch Information über die Art der Operation der geometrischen Kristallklasse auf dem Gitter (geometrisch: die Lage der Symmetrieelemente relativ zum Gitter). Bei der Bildung der geometrischen Kristallklassen wird demgegenüber die Information über das Gitter gewissermaßen "vergessen". Das "Vergessen" kann im arithmetischen Zugang durch Konjugation der unimodularen Anteile in $GL(n,\mathbb{R})$ bzw. $GL(n,\mathbb{Q})$ so zum Ausdruck gebracht werden, wie es in der folgenden Definition festgehalten ist.

Definition 5c/d:
Zwei arithmetische Kristallklassen$_{I/II}$ gehören genau dann zu derselben *geometrischen Kristallklasse*$_{III/IV}$, wenn sie (bzw. ihre unimodularen Anteile) unter Konjugation in $GL(n,\mathbb{R})$ äquivalent sind.

Erfreulicherweise sind die Konzepte "geometrische Kristallklasse$_{II/IV}$" koextensional, während sich "geometrische Kristallklassen$_{I/III}$" auf endliche orthogonale bzw. unimodulare Gruppen (oder genauer deren jeweilige Konjugationsklassen in der "Muttergruppe") beziehen. Wir haben es also vom extensionale Standpunkt nicht mit vier, sondern nur mit drei sich gegenseitig ergänzenden Begriffsvarianten zu tun. Während die moderne mathematisch-kristallographische Literatur bevorzugt die Varianten III/IV verwendet, taucht in unserer historischen Darstellung — wie bei den Autoren des 19. Jahrhunderts — zu Anfang lediglich die Variante I, ab §4 auch die Variante II auf.

1.3.3 Bravaisscharen, Kristallfamilien, Bravaissysteme, Kristallsysteme

Analog der Auszeichnung der Holoedrien der geometrischen Theorie lassen sich auch in der arithmetischen Theorie maximale Gittersymmetrien auszeichnen. Dazu betrachtet man die Darstellungen von Gitterholoedrien H_Γ in Aut(Γ). So ergibt sich

Definition 14:
Eine arithmetische Kristallklasse$_I$ heißt genau dann *unimodulare beziehungsweise arithmetische Holoedrie* (in der Literatur "*Bravais-Klasse*" [Wondratschek 1983; Brown e.a. 1978]), wenn sie von der Darstellung einer geometrischen (orthogonalen) Holoedrie (Def. 7a) auf einem zugehörigen Gitter induziert wird.

Analog der Einteilung der Kristallklassen in Kristallsysteme im Rahmen der geometrischen Theorie kann man nun durch die Auszeichnung der arithmetischen Holoedrien in der Menge der arithmetischen Kristallklassen diese in Abschnitte einteilen, die man entsprechend wohl am besten als "arithmetische Kristallsysteme" bezeichnen sollte. Das ist in der Literatur allerdings nicht üblich; stattdessen ist von "Bravaisscharen" die Rede, obwohl Bravais natürlich keine arithmetischen Kristallklassen sondern nur Gittertypen$_I$ kannte, diese allerdings in der Tat durch (Deformations-)*Scharen* charakterisierte — vgl. §3).

Definition 11c:
Zwei arithmetische Kristallklassen A, A' gehören genau dann derselben *Bravaisschar$_I$* (oder auch demselben *arithmetischen Kristallsystem$_I$*) an, wenn es eine arithmetische Holoedrie (Bravaisklasse) gibt, die der Kardinalität nach kleinste arithmetische Holoedrie sowohl über A als auch über A' ist.

Diese Definition läßt sich in der bekannten Weise auf die Raumgruppen übertragen (*Bravaisscharen$_{II}$* bzw. *arithmetische Kristallsysteme$_{II}$*). Dabei stellt sich heraus, daß die Konzepte *Gittertyp$_{II}$* und *Bravaisschar$_{II}$* in den Dimensionen $n = 2, 3$ koextensional sind. Das könnte für allgemeines n auch gelten; ein Beweis ist mir dafür aber nicht bekannt. *Terminologisch* bleibt die etwas verwirrende Situation, daß in der Literatur *"Bravaisschar" ein Konzept der arithmetischen Theorie bezeichnet, das dem der Kristallsysteme in der geometrischen Theorie parallel gebildet, aber wegen der Unterschiede zwischen arithmetischen und geometrischen Kristallklassen natürlich diesem keineswegs äquivalent ist.* Ob die von Bravais eingeführte, für $n = 2, 3$ extensional äquivalente Einteilung der geometrischen Theorie sich auch für allgemeine n als äquivalent erweist, ist mir unbekannt. Solange das unklar ist, erscheint eine terminologische Trennung wohl als angebracht ("Bravaisschar"–"Gittertyp").

Vom Standpunkt der arithmetischen Theorie ist die Einteilung in Bravaissysteme und Kristallsysteme weniger natürlich als die in Kristallfamilien, als der kleinsten gemeinsamen Vergröberung der Einteilung in Bravaisscharen und geometrische Kristallklassen. Folgen wir hier also einer anderen Reihenfolge als im vorangegangenen Abschnitt.

Definition 10c:
Kristallfamilien$_{III/IV}$ sind die kleinsten Vereinigungsmengen arithmetischer Kristallklassen$_{I/II}$, für die gilt:

- mit der arithmetischen Kristallklasse A geht auch jedes A' derselben Bravaisschar wie A in die Vereinigung ein,
- mit A geht auch jedes A' derselben geometrischen Kristallklasse in die Vereinigung ein.

Kristallsysteme und Bravaissysteme beruhen dagegen auf den komplementären Betrachtungen von

Definition 8c:
Kristallsysteme$_{IV}$ entstehen durch Vereinigung genau derjenigen geometrischen Kristallklassen$_{IV}$ $\bar{G}$, $\bar{G}'$, ..., für die die enthaltenen Raumgruppen bzw. arithmetischen Raumgruppenerweiterungen genau dieselben Mengen von Bravaisscharen treffen im Sinne von:

$$\{\text{arithmetische Holoedrie von } G | G \in \bar{G}\}$$
$$= \{\text{arithmetische Holoedrie von } G' | G' \in \bar{G}'\}.$$

Definition 9c:
Bravaissysteme$_{IV}$ entstehen durch Vereinigung genau derjenigen Bravaisscharen$_{II}$ $\bar{G}$, $\bar{G}'$, ..., für die die enthaltenen Raumgruppen bzw. arithmetischen Raumgruppenerweiterungen genau dieselben geometrischen Kristallklassen$_{III}$ treffen:

$$\{\text{geometrische Kr.klasse}_{III} \text{ von } G/G \in \bar{G}\}$$
$$= \{\text{geometrische Kr.klasse}_{III} \text{ von } G'/G' \in \bar{G}'\}.$$

Auch hier wieder sind bei $n = 2,3$ die Kristallsysteme$_{II/IV}$ sowie die Bravaissysteme$_{II/IV}$ jeweils unter sich ($II \leftrightarrow IV$) koextensional. Für höhere Dimensionen sollte das auch gelten. Die arithmetische Definition dieser Konzepte hat den Vorteil, mit rein algebraischen Mitteln, d.h. insbesondere ohne das genannte Generizitätsargument auszukommen; dafür ist sie technischer und weniger intuitiv.

1.4 Geometrische Erweiterungen

Natürlich haben die skizzierten Klassifikationsbemühungen nicht primär den Zweck, gewissermaßen aus einem musealen Motiv heraus, ein statisches Ordnungsschema für das Universum der kristallographischen Raumgruppen zu formulieren; vielmehr schaffen sie Voraussetzungen für die systematische Konstruktion aller Raumgruppen zumindest der niedrigen Dimensionen (bisher für $n \leq 4$). Darüberhinaus liefern sie Aspekte, die zum Verständnis und für einen umsichtigen Einsatz konkreter Raumgruppenstrukturen, etwa in der Kristallographie und Festkörperphysik, hilfreich sind. Hier kommt nur der erste Aspekt (Verständnis und mathematische Konstruktion) zur Sprache. Wir wollen uns in diesem letzten Abschnitt des Überblicks über die Raumgruppen auf einige grundlegende Aspekte der geometrischen Erweiterungen beschränken, die — natürlich auf anderem theoretischem Hintergrund — in dem in diesem Buch betrachteten Zeitraum allein auftraten.

Definition 15:

a) Eine Erweiterung eines bis auf den Gittertyp$_I$ bestimmten Gitters Γ im $\mathbb{E}^n$ durch eine endliche orthogonale Gruppe, genauer einer geometrischen Kristallklasse$_I$ K, zu einer kristallographischen Raumgruppe $G < \text{Isom}(\mathbb{E}^n)$

(**) $0 \to \Gamma \to G \to K \to 1$ mit Erweiterungshomomorphismus $\tau : K \to \text{Aut}(\Gamma)$ und Faktorensystem $f : K \times K \to \Gamma$

heiße genau dann *geometrische Raumgruppenerweiterung*, wenn τ von der Konjugation in $\text{Isom}(\mathbb{E}^n)$ induziert ist.

b) Kristallographische Raumgruppen, die als semidirektes Produkt, also mit trivialem Faktorensystem nach a) dargestellt werden können, heißen *symmorphe Raumgruppen.*

Offensichtlich kann jede kristallographische Raumgruppe (beziehungsweise jeder Raumgruppentyp) als eine geometrische Raumgruppenerweiterung in diesem Sinne dargestellt werden. Auf der anderen Seite gestattet diese Sichtweise auch im Rahmen der geometrischen Theorie einen konstruktiven Zugang zu den Raumgruppen. Zunächst einmal bringen die Bedingungen von Def. 15a starke Einschränkungen für die Kombinationsmöglichkeiten von Gitter und Kristallklasse mit sich, da wegen der Maximalität von Γ als abelscher Untergruppe τ injektiv und deswegen K ebenso wie deren Holoedrie H_K in der Holoedrie H_Γ des Gitters enthalten sein muß. Ist H_K in H_Γ echt enthalten, so hat das Gitter *in den "meisten" Fällen eine Scheinsymmetrie* im Vergleich zur entstehenden Raumgruppenstruktur G, nämlich dann, wenn sich Γ stetig so in ein Gitter Γ' deformieren läßt, daß dabei nie die Symmetrie H_K gebrochen (unterschritten) wird. Man erhält dann denselben Raumgruppentyp durch eine geometrische Raumgruppenerweiterung des Gitters Γ' durch K.

Warnung: In speziellen Fällen (Minimalsymmetrie von Γ enthalten in H_K; vgl. p. 86) kann H_K in H_Γ echt enthalten sein, ohne daß sich die Gittersymmetrie in der genannten Weise reduzieren ließe.

Fassen wir das zusammen zu

Lemma 6:

a) Für die Existenz einer geometrischen Raumgruppenerweiterung vom Typ (**) ist notwendig, daß $H_K \leq H_\Gamma$ gilt.

b) Ist H_K echt in H_Γ enthalten und Γ durch eine 1-Parameterschar von Gittern so in ein Gitter Γ' der Holoedrie $H_{\Gamma'} = H_K$ (oder zumindest echt kleiner H_Γ) deformierbar, $\Gamma(t)$, $0 \leq t \leq 1$, $\Gamma(0) = \Gamma$, $\Gamma(1) = \Gamma'$, ohne daß dabei die Symmetrie unter die der Kristallklasse gebrochen wird, sondern stets $H_K \leq H_{\Gamma(t)}$ $(0 \leq t \leq 1)$ gilt, so sind die in naheliegender Weise "mitgenommenen" Erweiterungen vom Typ (**) affin äquivalent; Γ hat in diesem Sinne bezüglich der Erweiterung (**) eine Scheinsymmetrie.

c) In der Dimension $n = 3$ tritt mit Ausnahme der Konstellation $H_K = D_{3d}$, $H_\Gamma = D_{6h}$ bei allen sonstigen echten Inklusionen der beteiligten Holoedrien die Situation b) ein.

Wir beschränken uns im folgenden ganz auf den Fall $n = 3$. Dann sind zur Gewinnung sämtlicher affiner Raumgruppentypen alle geometrischen Raumgruppenerweiterungen zu Tripeln

$$(\Gamma, K, \tau) \text{ mit } H_K = H_\Gamma \text{ oder } H_K = D_{3d},\ H_\Gamma = D_{6h}$$

und $\tau : K \to \mathrm{Aut}\Gamma$ (bis auf Konjugation in $\mathrm{Aut}\Gamma$) zu betrachten. Diese Tripel korrespondieren nun durch die von τ induzierte unimodulare Darstellung von K in natürlicher Weise den arithmetischen Kristallklassen, und dies sogar bijektiv. Es gilt nämlich

Theorem 7:

a) Um sämtliche kristallographischen Raumgruppentypen der Dimension 3 durch geometrische Erweiterungen (**) zu gewinnen, reicht es aus, alle Tripel (Γ, K, τ) folgender Art zu betrachten:
   - Γ Repräsentant eines Gittertyps$_I$,
   - K Repräsentant einer geometrischen Kristallklasse$_I$,
   - $H_K = H_\Gamma$ oder $H_K = D_{3d}$, $H_\Gamma = D_{6h}$.
   - τ bis auf Konjugation in $\mathrm{Aut}\Gamma$ bestimmte und von Konjugation in $\mathrm{Isom}(\mathbb{E}^3)$ induzierte Darstellung $K \hookrightarrow \mathit{Aut}\Gamma$.

   Diese entsprechen bijektiv den arithmetischen Kristallklassen.

b) Jede arithmetische Kristallklasse führt auf eine endliche Anzahl geometrischer Erweiterungsklassen, die durch $H^2(K, \Gamma)$ parametrisiert werden. Insbesondere gibt es zu jeder arithmetischen Kristallklasse genau eine symmorphe Raumgruppe.

Es bleibt also zu untersuchen, welche verschränkten Produkte zu einer vorgegebenen arithmetischen Kristallklasse gebildet werden können. Dazu sei zunächst ein Repräsentantensystem $r(K)$ in $\rho^{-1}(K)$ gewählt, also $r(a) = (t_\alpha, \alpha) \in \mathbb{R}^3 * O(3, \mathbb{R}))$ für jedes $a \in K$. Dann gilt für beliebige $t \in \Gamma$

$$\tau(a)t = (t_\alpha, \alpha)(t, 1)(-t_\alpha, \alpha^{-1}) = (t_\alpha + \alpha(t - t_\alpha), 1) \in \Gamma,$$

das heißt, t_α muß "modulo Γ " ein Eigenvektor zum Eigenwert 1 sein. Demnach gilt in G/Γ

$$a^2 \equiv (t_\alpha, \alpha)^2 \equiv (t_\alpha + \alpha t_\alpha, \alpha^2) \equiv (2t_\alpha, \alpha^2) \pmod{\Gamma}$$

und induktiv

$$a^k \equiv ((k-1)t_\alpha, \alpha^{k-1})(t_\alpha, \alpha) \equiv (kt_\alpha, \alpha^k).$$

Für $m = \mathrm{ord}(\alpha)$ ist

$$a^m \equiv (mt_\alpha, 1) \equiv 0 \pmod{\Gamma}, \qquad \text{also } mt_\alpha \in \Gamma.$$

Bezeichnen wir mit Γ' das unterteilte Gitter

$$\Gamma' = \frac{1}{|K|}\Gamma = \{t \in \mathbb{R}^3 \mid |K|t \in \Gamma\}$$

so gilt also $t_\alpha \in \Gamma'$ für alle $\alpha \in K$.

Das Faktorensystem der Erweiterung (**) läßt sich nun wie üblich aus den Translationsanteilen zweier Repräsentanten $a = (t_\alpha, \alpha)$, $b = (t_\beta, \beta)$ von $\rho^{-1}(K)$ berechnen:

$$(t_\alpha, \alpha)(t_\beta, \beta)(-t_{\alpha\beta}, (\alpha\beta)^{-1}) = (t_\alpha + \alpha(t_\beta - \beta t_{\alpha\beta}), 1) \in \Gamma.$$

Also wegen $\alpha\beta t_{\alpha\beta} \equiv t_{\alpha\beta} \pmod{\Gamma}$

$$f_{\alpha,\beta} := t_\alpha + \alpha t_\beta - t_{\alpha\beta} \in \Gamma.$$

Der erste Teil dieser Aussage läßt sich als Korandbedingung im Sinne der Gruppenkohomologie auffassen,

$$f_{\alpha,\beta} = \delta t_{\alpha,\beta},$$

der zweite als

$$t_\alpha + \alpha t_\beta - t_{\alpha\beta} \equiv 0 \pmod{\Gamma}$$

("*Frobeniussche Kongruenz*"). Im Sinne der Gruppenkohomologie ist dies wiederum als Kozykelbedingung lesbar, nämlich als

$$\delta t \equiv 0 \pmod{\Gamma}.$$

Das heißt, t ist selber Kozykel in Γ'/Γ

$$t \in Z^1(K, \Gamma'/\Gamma).$$

Es gilt also

Lemma 7:

a) Das Faktorensystem f einer geometrischen Raumgruppenerweiterung ist Korand eines Systems von Translationsanteilen zu den Elementen der erweiternden Kristallklasse:

$$f_{\alpha,\beta} = t_\alpha + \alpha t_\beta - t_{\alpha\beta} = \delta t_{\alpha,\beta}, \quad \alpha, \beta \in K.$$

b) Dabei nimmt t Werte in

$$\Gamma' = \frac{1}{|K|}\Gamma$$

an und erfüllt die Frobeniussche Kongruenz

$$t_\alpha + \alpha t_\beta - t_{\alpha\beta} = \delta t_{\alpha,\beta} \equiv 0 \,(\operatorname{mod} \Gamma) \text{ für alle } \alpha, \beta \in K.$$

In anderen Worten, die Translationsanteile bilden selber einen Korand $t \in Z^1(K, \Gamma'/\Gamma)$.

Umgekehrt definiert jedes System von Translationsanteilen, das die Frobeniussche Kongruenz erfült, schon eine verschränkte Erweiterung; denn die Korandbedingung für f folgt dann aus

$$\delta f = \delta\delta t = 0.$$

Damit erhalten wir

Theorem 8:
Zu jedem Satz von Translationsanteilen t zu den Elementen einer Kristallklasse K, der den Bedingungen von Lemma 7 genügt,

$$\begin{aligned} &\text{(i)} \quad t: K \longrightarrow \Gamma' = \frac{1}{|K|}\Gamma, \\ &\text{(ii)} \quad \delta t \equiv 0 \quad (\operatorname{mod} \Gamma), \end{aligned}$$

gibt es eine durch das Faktorensystem $f = \delta t$ eindeutig bestimmte geometrische Raumgruppenerweiterung. Umgekehrt führt jede Erweiterung auf einen solchen Satz von Translationsanteilen.

Betrachten wir nun den Translationsanteil t_α eines Elementes $a \in K$, so können zwei Fälle eintreten.

1. Fall: t_α ist Eigenvektor zum Eigenwert 1, $(1-\alpha)t_\alpha = 0$.

Dann ist $a = (t_\alpha, \alpha)$ *zentrierte Schraubenbewegung*, mit Achse durch den Ursprung.

2. Fall: $(1-\alpha)t_\alpha \in \Gamma \setminus \{0\}$

In diesem Fall werde t_α in $t_\alpha = s_\alpha + w_\alpha$ mit $s_\alpha \in Fix(\alpha) := \{x | \alpha x = x\}$, $w_\alpha \perp$ Fix(α) zerlegt. $r(a)$ ist dann eine *Schraubenbewegung* beziehungsweise *Schubspiegelung* jeweils mit *Schubanteil* s_α, deren Achse beziehungsweise Ebene um d_α mit $(1-\alpha)d_\alpha = w_\alpha$ aus dem Ursprung herausgeschoben (*dezentriert*) ist:

$$(t_\alpha, \alpha) = (d_\alpha, 1)(s_\alpha, \alpha)(-d_\alpha, 1) = (s_\alpha + (1 - \alpha d_\alpha), \alpha),$$
$$\alpha(s_\alpha) = s_\alpha.$$

Offenbar gilt dann:

$$(t_\alpha, \alpha)^2 = (s_\alpha + (1-\alpha)d_\alpha, \alpha)^2 = (2s_\alpha + (1-\alpha^2)d_\alpha, \alpha^2),$$
$$(t_\alpha, \alpha)^k = (ks_\alpha + (1-\alpha^k)d_\alpha, \alpha^k).$$

Für $m = \text{ord}(\alpha)$ folgt dann $(t_\alpha, \alpha)^m = (ms_\alpha, 1)$, also schon $ms_\alpha \in \Gamma$. Der Schubanteil von α ist also selber m-ter Teil einer Gittertranslation. Auch ist stets möglich, den Schubanteil s_α und den Dezentrierungsanteil d_α des Repräsentanten $r(a)$ in einer ausgezeichneten Elementarzelle zu wählen. Dann werden wir (in Anlehnung an Schoenflies' "reduzierte Operation") von einem *reduzierten Repräsentanten* sprechen.

Die Bedingungen (i) und (ii) von Theorem 8 stecken nach Vorgabe einer geometrischen Realisierung (Γ, K) einer arithmetischen Kristallklasse den Rahmen für eine effektive Berechnung der möglichen Systeme von Translationsanteilen ab. In Verbindung mit der Beobachtung über reduzierte Repräsentanten und die Teilungsbedingung der Schubanteile ($\text{ord}\alpha s_\alpha \in \Gamma$) ist ein Verfahren in seinen theoretischen Grundlagen skizziert, durch das zumindest für die Dimensionen $n \leq 3$ alle kristallographischen Raumgruppentypen aufgestellt werden können. Es ist darüberhinaus als Hintergrund zum Verständnis der Arbeiten von Jordan und Schoenflies (§§4, 5) nützlich, obwohl diese natürlich noch nicht auf die allgemeine Erweiterungstheorie von Gruppen zurückgreifen konnten. Nebenbei bemerkt, genügt es offensichtlich zur Beschreibung einer Raumgruppe als geometrische Erweiterung nach Theorem 8, die Translationsanteile der reduzierten Repräsentanten zu *Erzeugenden* von K anzugeben. So gingen Jordan und Schoenflies in der Tat auch vor.

In der kristallographischen Literatur ist eine graphische Darstellung der Translationsanteile (getrennt nach Information über Schub und Dezentrierung) *sämtlicher Elemente aus G* üblich, deren invariante Untermannigfaltigkeiten (Punkte, Achse oder Ebenen) eine Einheitszelle schneiden. Das geschieht durch *Symmetriekarten* der Lage und Art von Symmetrielementen, für die eine komprimierte und intuitiv einleuchtende graphische Symbolik entwickelt wurde (siehe dazu etwa [Buerger 1963; Hahn 1983] u.a.).

Anhang 2: Tabellen und Figuren für $n = 3$

- Vergleichstabelle Schoenflies-Notation und internationale kristallographische Notation der Kristallklassen (Tabelle 9)
- Symmetriekarten der 32 geometrischen Kristallklassen (Figur 15)
- Raumgittersysteme und Raumgittertypen (Tabelle 10)
- Liste der 73 symmorphen Raumgruppen (Bravaissche Gruppen) in semidirekter Produktdarstellung, internationaler Notation, Schoenflies- und Fedorov-Notation (Tabelle 11)

Bemerkungen zu Tabelle 9 und Figur 15

Bei der internationalen kristallographischen Notation wird ein Satz nichtkonjugierter Symmetrieelemente einer endlichen orthogonalen Gruppe angegeben. Dabei bedeuten:

p p-zählige Rotationsachse,

$\frac{p}{m}$ p-zählige Rotationsachse mit orthogonaler Spiegelungsebe,

$\bar{p}$ p-zählige Rotationsachse und Inversionszentrum auf der Achse.

Achtung: Es gilt beim Notationsvergleich Schoenflies — internationale Notation zwar $C_p = p$, aber in der Regel $\bar{C}_p \neq \bar{p}$

Bei den *Symmetriekarten* der Kristallklassen werden sämtliche Symmetrieelemente in ihrer relativen Lage graphisch repräsentiert. Eine Legende erübrigt sich wohl; sie ist dem Vergleich der Figuren direkt zu entnehmen.

Tabelle 9
Schoenflies-Notation und internationale
kristallographische Notation der Kristallklassen

Kristallsystem	Isometrisch/ Regulär/ Sphäroedrisch/ Kubisch				
Schoenflies	O^*	T_d	T_h	O	T
International	$\frac{4}{m}\bar{3}\frac{2}{m}$	$\bar{4}3m$	$\frac{2}{m}\bar{3}$	432	23

Kristallsystem	Hexagonal							Trigonal/Rhomboedrisch				
Schoenflies	D_{6h}	D_6	D_{3h}	C_{6v}	C_{6h}	C_6	C_{3h}	D_{3d}	D_3	C_{3v}	$\bar{C}_6 = S_6 = C_{3i}$	C_3
International	$\frac{6}{m}\frac{2}{m}\frac{2}{m}$	622	$\bar{6}m2/\bar{6}2m$	$6mm$	$\frac{6}{m}$	6	$\bar{6}$	$\bar{3}\frac{2}{m}$	32	$3m$	$\bar{3}$	3

Kristallsystem	Tetragonal						
Schoenflies	D_{4h}	D_{2d}	D_4	C_{4v}	C_{4h}	$\bar{C}_4 = S_4$	C_4
International	$\frac{4}{m}\frac{2}{m}\frac{2}{m}$	$\bar{4}2m/\bar{4}m2$	422	$4mm$	$\frac{4}{m}$	$\bar{4}$	4

Kristallsystem	Orthorhombisch			Monoklin			Triklin	
Schoenflies	D_{2h}	D_2	C_{2v}	C_{2h}	$\bar{C}_1 = C_s$	C_2	$\bar{C}_2 = S_2 = C_i$	C_1
International	$\frac{2}{m}\frac{2}{m}\frac{2}{m}$	222	$mm2$	$\frac{2}{m}$	m	2	$\bar{1}$	1

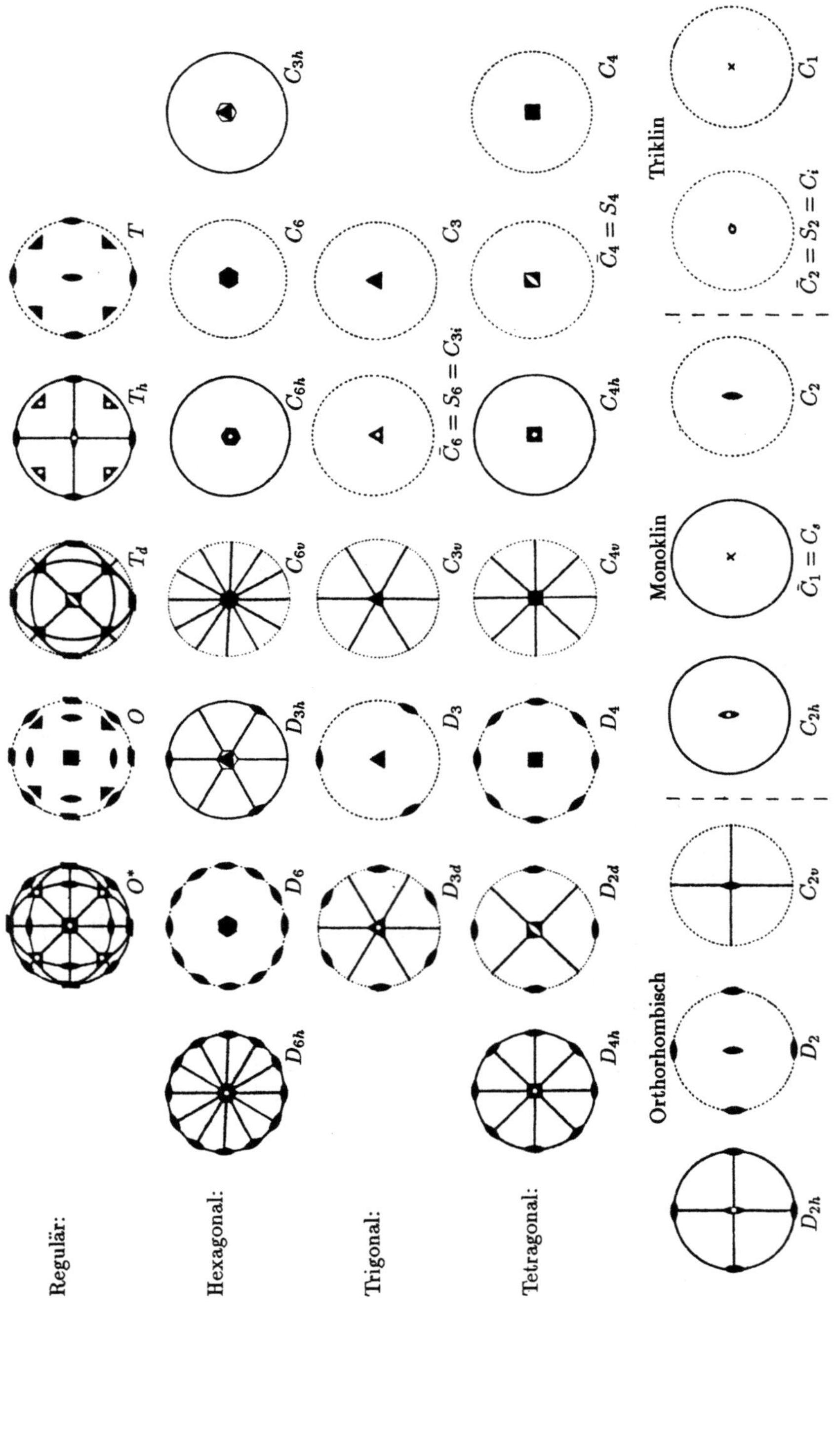

Fig. 15 Symmetriekarten der 32 geometrischen Kristallklassen

Bemerkungen zur Liste der Raumgittersysteme und -typen

In der kristallographischen Literatur ist es üblich, ein Raumgitter durch Angabe einer parallelepipedischen "*Einheitszelle*" zu charakterisieren, das eine kristallographische Gitterbasis (vergleiche Anhang 1.1) enthält. Gitterelemente werden graphisch durch fette Punkte (eventuell auch auf Seitenflächen oder im Innern der Zelle) repräsentiert.

Es ist dabei stets möglich, die Einheitszelle auf eine von 5 Arten zu standardisieren, die durch die Symbole P, I, C (bzw. A, B), F, R gekennzeichnet werden:

P Parallelepiped, Gitterpunkte genau auf den Ecken;

I innnezentriertes Parallelepiped, Gitterpunkte außer auf den Ecken im Zentrum des Parallelepipeds;

C Gitterpunkte außer auf den Ecken in den Mittelpunkten der beiden Seiten transversal zur Achsenrichtung des Parameters c (analog — in einigen Fällen austauschbar — A, B bei Mittenzentrierung der beiden Seiten transversal zur Achsenrichtung von a bzw. b);

F seitenzentriertes Parallelepiped mit Gitterpunkten außer auf den Ecken auf sämtlichen Seitenmitten ("face");

R gerade rhombische Säule mit 60°–120° Rhombus als Basisfläche und Gitterpunkten außer auf den Ecken in den Drittelpunkten einer Raumdiagonale.

Eine weitere Spezifizierung der Einheitszellen erfolgt durch Voranstellung des Symbols der Minimalsymmetrie, die für das zugehörige Gittersystem charakteristisch ist, in Schoenfliesscher oder internationaler Notation. Beispiel: $TP = 23P$ für die kubische Zelle, $C_3P = 3P$ für die Zelle eines hexagonalen Gitters usw. — Üblich ist die Verwendung der internationalen kristallographischen Notation.

Tabelle 10. · Raumgittersysteme und Raumgittertypen

Gittersystem	Kubisch/ Isometrisch	Hexagonal	Trigonal	Tetragonal	Orthorhombisch	Monoklin	Triklin
Einheitszelle	$23P$	$3P$	$3R$	$4P$	$222P$	$2P$	$1P$
Zellentypen 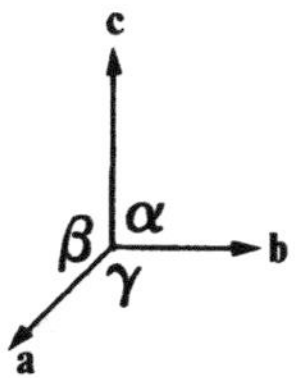 	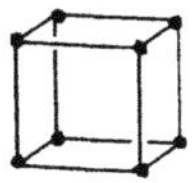 $23P$ 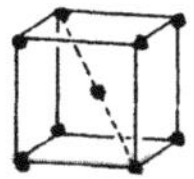 $23I$ 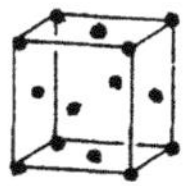 $23F$ $a=b=c$ $\alpha=\beta=\gamma=90°$	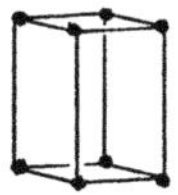 $3P$ $a=b\neq c$ $\alpha=\beta=90°,\ \gamma=120°$	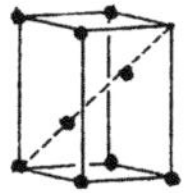 $3R$	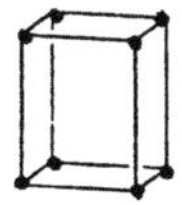 $4P$ 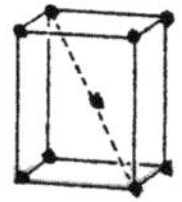 $4I$ $a=b\neq c$ $\alpha=\beta=\gamma=90°$	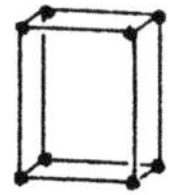 $222P$ 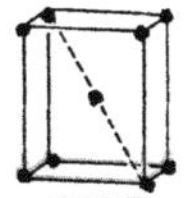 $222I$ 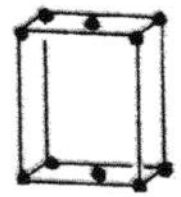 $222C$ 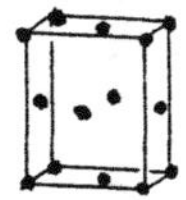 $222F$ $a\neq b\neq c$ $\alpha=\beta=\gamma=90°$	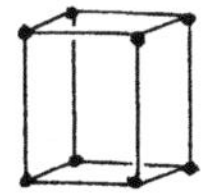 $2P$ 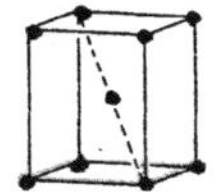 $2I$ $a\neq b\neq c$ $90°=\alpha=\beta\neq\gamma$	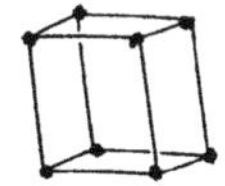 $1P$ $a\neq b\neq c$ $\alpha\neq\beta\neq\gamma$
Raumgittertypen	$\mathbb{Z}(23P)$, $\mathbb{Z}(23I)$ $\mathbb{Z}(23F)$	$\mathbb{Z}(3P)$	$\mathbb{Z}(3R)$	$\mathbb{Z}(4P)$, $\mathbb{Z}(4I)$	$\mathbb{Z}(222P)$, $\mathbb{Z}(222I)$ $\mathbb{Z}(222C)$, $\mathbb{Z}(222F)$	$\mathbb{Z}(2P)$, $\mathbb{Z}(2I)=\mathbb{Z}(2B)$	$\mathbb{Z}(P)$
Gitterholoedrie	O^*	D_{6h}	D_{3d}	D_{4h}	D_{2h}	C_{2h}	$\bar{C}_2=C_i$
Minimalsymm.	$T=23$	$C_3=3$	$C_3=3$	$C_4=4$	$D_2=222$	$C_2=2$	$C_1=1$

Bemerkungen zur Liste der symmorphen Raumgruppen

Wir erhalten nach Anhang 1.4, Lemma 6, die symmorphen Raumgruppen aus der Kombination der geometrischen Kristallklassen K von Tabelle 9 mit denjenigen Gittern Γ aus Tabelle 10, für die gilt:

$$\text{Holoedrie }(K) = \text{Holoedrie }(\Gamma)$$

oder:

$$\text{Holoedrie }(K) = D_{3d}, \ \text{Holoedrie }(\Gamma) = D_{6h}.$$

Bis auf die Abweichung im hexagonal/trigonalen Fall sind also gerade die Kristallklassen eines Kristallsystems mit sämtlichen Raumgittertypen des gleichnamigen Gittersystems zu kombinieren. Es zeigt sich dabei, daß bei den 66 auftretenden Kombinationen bis auf 7 Fälle die Operation der Kristallklasse K auf Γ in genau einer Weise möglich und damit ein semidirektes Produkt $\Gamma * K$ durch Angabe des Paares (Γ, K) eindeutig ausgezeichnet ist.

In den restlichen Fällen gibt es jeweils genau zwei semidirekte geometrische Erweiterungen im Sinne von Anhang 1.4, Definition 15. Bei sechsen dieser 7 Fälle, nämlich den Kombinationen von $K = D_{3h}$, D_{3d}, D_3, C_{3v} jeweils mit $\Gamma = \mathbb{Z}(3P)$ und von $K = D_{2d}$ mit $\Gamma = \mathbb{Z}(4P)$, $\mathbb{Z}(4I)$ operiert K auf Γ dadurch auf zwei wesentlich verschiedene Weisen, daß die Diederachsen beziehungsweise die Spiegelungsebenen (bei C_{3v}) durch die Basiskanten oder die Diagonale des Grundparallelogramms der Einheitszelle laufen können. Die jeweilige Auswahl legt die Operation von K auf Γ fest. Wir notieren abkürzend jeweils das semidirekte Produkt durch $\Gamma *_k K$ beziehungsweise $\Gamma *_d K$. Im letzten der 7 Fälle, der Operation von C_{2v} auf $\mathbb{Z}(222C) = \mathbb{Z}(222A) = \mathbb{Z}(222B)$, sind zwei wesentlich verschieden Möglichkeiten dadurch gegeben, daß Spiegelungsebenen durch das Paar zentrierter Seitenflächen der Einheitszelle (hier ein Quader) gehen oder nicht. Es ergeben sich dann die beiden symmorphen Gruppen $\mathbb{Z}(222A) * C_{2v} = \mathbb{Z}(222B) * C_{2v}$ und $\mathbb{Z}(222C) * C_{2v}$.

Tabelle 11

Bravaissche (symmorphe) Gruppen in semidirekter Produktdarstellung, internationale Symbolik, Schoenflies und Fedorov- Notation

Kristallfamilie	Semidirekt	International voll	International kurz	Schoenflies	Fedorov
Regulär/	$\mathbb{Z}(23P) * O^*$	$P\frac{4}{m}\bar{3}\frac{2}{m}$	$Pm3m$	O_h^1	71s
Isometrisch/	$\mathbb{Z}(23I) * O^*$	$I\frac{4}{m}\bar{3}\frac{2}{m}$	$Im3m$	O_h^9	72s
Kubisch/	$\mathbb{Z}(23F) * O^*$	$F\frac{4}{m}\bar{3}\frac{2}{m}$	$Fm3m$	O_h^5	73s
Späro-	$\mathbb{Z}(23P) * T_d$	$P\bar{4}3m$		T_d^1	65s
edrisch	$\mathbb{Z}(23I) * T_d$	$I\bar{4}3m$		T_d^3	66s
	$\mathbb{Z}(23F) * T_d$	$F\bar{4}3m$		T_d^2	67s
	$\mathbb{Z}(23P) * T_h$	$P\frac{2}{m}$	$Pm3$	T_h^1	62s
	$\mathbb{Z}(23I) * T_h$	$I\frac{2}{m}\bar{3}$	$Im3$	T_h^5	63s
	$\mathbb{Z}(23F) * T_h$	$F\frac{2}{m}\bar{3}$	$Fm3$	T_h^3	64s
	$\mathbb{Z}(23P) * O$	$P432$		O^1	68s
	$\mathbb{Z}(23I) * O$	$I432$		O^5	69s
	$\mathbb{Z}(23F) * O$	$F432$		O^3	70s
	$\mathbb{Z}(23P) * T$	$P23$		T^1	59s
	$\mathbb{Z}(23I) * T$	$I23$		T^3	60s
	$\mathbb{Z}(23F) * T$	$F23$		T^2	61s
	$\mathbb{Z}(3P) * D_{6h}$	$P\frac{6}{m}\frac{2}{m}\frac{2}{m}$	$P\frac{6}{m}mm$	D_{6h}^1	58s
Trigonal	$\mathbb{Z}(3P) * D_6$	$P622$		D_6^1	54s
	$\mathbb{Z}(3P) *_d D_{3h}$	$P\bar{6}m2$		D_{3h}^1	48s
	$\mathbb{Z}(3P) *_k D_{3h}$	$P\bar{6}2m$		D_{3h}^3	47s
	$\mathbb{Z}(3P) * C_{6v}$	$P6mm$		C_{6v}^1	50s
	$\mathbb{Z}(3P) * C_{6h}$	$P\frac{6}{m}$		C_{6h}^1	53s
	$\mathbb{Z}(3P) * C_6$	$P6$		C_6^1	49s
	$\mathbb{Z}(3P) * C_{3h}$	$P\bar{6}$		C_{3h}^1	43s
	$\mathbb{Z}(3P) *_d D_{3d}$	$P\bar{3}\frac{2}{m}1$	$P\bar{3}m1$	D_{3d}^3	55s
	$\mathbb{Z}(3P) *_k D_{3d}$	$P\bar{3}1\frac{2}{m}$	$P\bar{3}1m$	D_{3d}^1	56s
	$\mathbb{Z}(3P) *_d D_3$	$P312$		D_3^1	45s
	$\mathbb{Z}(3P) *_k D_3$	$P321$		D_3^2	44s
	$\mathbb{Z}(3P) *_d C_{3v}$	$P3m1$		C_{3v}^1	40s
	$\mathbb{Z}(3P) *_k C_{3v}$	$P31m$		C_{3v}^2	41s
	$\mathbb{Z}(3P) * \bar{C}_6$	$P\bar{3}$		C_{3i}^1	51s
	$\mathbb{Z}(3P) * C_3$	$P3$		C_3^1	38s
	$\mathbb{Z}(3R) * D_{3d}$	$R\bar{3}\frac{2}{m}$	$R\bar{3}m$	D_{3d}^5	57s
	$\mathbb{Z}(3R) * D_3$	$R32$		D_3^7	46s
	$\mathbb{Z}(3R) * C_{3v}$	$R3m$		C_{3v}^5	42s
	$\mathbb{Z}(3R) * \bar{C}_6$	$R\bar{3}$		C_{3i}^2	52s
	$\mathbb{Z}(3R) * C_3$	$R3$		C_3^4	39s

Kristallfamilie	Semidirekt	International voll	International kurz	Schoenflies	Fedorov
Tetragonal	$\mathbb{Z}(4P) * D_{4h}$	$P\frac{4}{m}\frac{2}{m}\frac{2}{m}$	$P\frac{4}{m}mm$	D_{4h}^1	36s
	$\mathbb{Z}(4P) *_d D_{2d}$	$P\bar{4}2m$		D_{2d}^1	32s
	$\mathbb{Z}(4p) *_k D_{2d}$	$P\bar{4}m2$		D_{2d}^5	33s
	$\mathbb{Z}(4P) * D_4$	$P422$		D_4^1	30s
	$\mathbb{Z}(4P) * C_{4v}$	$P4mm$		C_{4v}^1	24s
	$\mathbb{Z}(4P) * C_{4h}$	$P\frac{4}{m}$		C_{4h}^1	28s
	$\mathbb{Z}(4P) * \bar{C}_4$	$P\bar{4}$		S_4^1	26s
	$\mathbb{Z}(4P) * C_4$	$P4$		C_4^1	22s
	$\mathbb{Z}(4I) * D_{4h}$	$I\frac{4}{m}\frac{2}{m}\frac{2}{m}$	$P\frac{4}{m}mm$	D_{4h}^{17}	37s
	$\mathbb{Z}(4I) *_d D_{2d}$	$I\bar{4}2m$		D_{2d}^{11}	34s
	$\mathbb{Z}(4I) *_k D_{2d}$	$I\bar{4}m2$		D_{2d}^9	35s
	$\mathbb{Z}(4I) * D_4$	$I422$		D_4^9	31s
	$\mathbb{Z}(4I) * C_{4v}$	$I4mm$		C_{4v}^9	25s
	$\mathbb{Z}(4I) * C_{4h}$	$I\frac{4}{m}$		C_{4h}^5	29s
	$\mathbb{Z}(4I) * \bar{C}_4$	$I\bar{4}$		S_4^2	27s
	$\mathbb{Z}(4I) * C_4$	$I4$		C_4^1	22s
Orthorhombisch	$\mathbb{Z}(222P) * D_{2h}$	$P\frac{2}{m}\frac{2}{m}\frac{2}{m}$	$Pmmm$	D_{2h}^1	18s
	$\mathbb{Z}(222P) * D_2$	$P222$		D_2^1	9s
	$\mathbb{Z}(222P) * C_{2v}$	$Pmm2$		C_{2v}^1	13s
	$\mathbb{Z}(222I) * D_{2h}$	$I\frac{2}{m}\frac{2}{m}\frac{2}{m}$	$Immm$	D_{2h}^{25}	20s
	$\mathbb{Z}(222I) * D_2$	$I222$		D_2^8	11s
	$\mathbb{Z}(222I) * C_{2v}$	$Imm2$		C_{2v}^{20}	16s
	$\mathbb{Z}(222C) * D_{2h}$	$C\frac{2}{m}\frac{2}{m}\frac{2}{m}$	$Cmmm$	D_{2h}^{19}	19s
	$\mathbb{Z}(222C) * D_2$	$C222$		D_2^6	10s
	$\mathbb{Z}(222C) * C_{2v}$	$Cmm2$		C_{2v}^{11}	14s
	$\mathbb{Z}(222A) * C_{2v}$	$Amm2$		C_{2v}^{14}	15s
	$\mathbb{Z}(222F) * D_{2h}$	$F\frac{2}{m}\frac{2}{m}\frac{2}{m}$	$Fmmm$	D_{2h}^{23}	21s
	$\mathbb{Z}(222F) * D_2$	$F222$		D_2^7	12s
	$\mathbb{Z}(222F) * C_{2v}$	$Fmm2$		C_{2v}^{18}	17s
monoklin	$\mathbb{Z}(2P) * C_{2h}$	$P11\frac{2}{m}$	$P\frac{2}{m}$	C_{2h}^1	7s
	$\mathbb{Z}(2P) * \bar{C}_1$	$P11m$	Pm	C_s^1	5s
	$\mathbb{Z}(2P) * C_2$	$P112$	$P2$	C_2^1	3s
	$\mathbb{Z}(2I) * C_{2h}$	$I11\frac{2}{m}$	$I\frac{2}{m} = B\frac{2}{m}$	C_{2h}^3	8s
	$\mathbb{Z}(2I) * \bar{C}_1$	$I11m$	$Im = Bm$	C_s^3	6s
	$\mathbb{Z}(2I) * C_2$	$I112$	$I2 = B2$	C_2^3	4s
Triklin	$\mathbb{Z}(P) * \bar{C}_2$	$P\bar{1}$		C_i^1	2s
	$\mathbb{Z}(P) * C_1$	$P1$		C_1^1	1s

Zum Vergleich der Notationsformen bei den anderen Raumgruppen siehe
– für Internationale Symbolik/Schoenflies-Notation [Henry/Lonsdale 1969, 545–553],
– für Intern. Symbolik/Schoenflies-/Fedorov-Notation [Šafranovskij 1963, 286–289].

Konventionen/Notationen

Zu Kapitel I

$\mathcal{S}_n$	*Symmetrische Gruppe* in n Elementen
C_n, $C_{n,h}$, $C_{n,v}$, $\bar{C}_{2n}$, D_n, $D_{n,h}$, usw.	*Endliche orthogonale Gruppen* in $O(3,\mathbb{R})$ insbesondere der *Kristallklassen* in Schoenflies-Notation
C_n, $C_{n,h}$, $C_{n,v}$	*Rotationsgruppen* (ggfs. mit horizontaler bzw. vertikaler Spiegelungserweiterung)
$\bar{C}_{2n}$	zyklische Gruppe, erzeugt von *Drehspiegelung* der Ordnung $2n$
D_n, $D_{n,h}$, $D_{n,d}$	*Diedergruppen* (ggfs. erweitert um horizontale bzw. vertikale Spiegelungsebene, die vertikale zwischen den Diederachsen – "diagonal")
T, T_h, T_d	*Tetraedergruppen* (ggfs. erweitert durch "horizontale" bzw. "diagonale" Spiegelungsebene)
O, O^*, I, I^*	*Oktaeder- bzw. Ikosaedergruppen* (ggfs. erweitert)
p, $p22$, $\frac{4}{m}\bar{3}\frac{2}{m}$ usw.	Endliche orthogonale Gruppen in *internationaler kristallographischer Notation* (speziell für die 32 geometrischen Kristallklassen siehe Anhang 2, Tabelle 9)
$1P$, $2P$, $2I$, $222P$, $222I$, $222C$, $222F$, $4P$, $4I$, $3P$, $3R$, $32P$, $32I$, $32F$	14 *Raumgittertypen* in internationaler kristallographischer Notation (vergleiche Anhang 2, Tabelle 10)
$\mathbb{Z}(1P)$, $\mathbb{Z}(2P)$ usw.	Zugehörige *Translationsgitter* (Anhang 2, Tabelle 10)
$P2 = C_2^1$, $P2_1 = C_2^2$, usw.	*Kristallographische Raumgruppen (-typen)*, in der Regel sowohl in internationaler als auch Schoenfliesscher Notation angegeben (speziell für die Bravaisschen — symmorphen — Gruppen siehe Anhang 2, Tabelle 11)
$\Gamma * G$	*Semidirektes Produkt* der Gruppen Γ, G
$\Gamma \times G$	*Verschränktes Produkt* im Sinne einer Gruppenerweiterung mit nichttrivialem Faktorensystem, dessen Spezifizierung aus dem Kontext hervorgeht (vgl. Anhang 1.3, 1.4)

$\mathbb{E}^n$	*Euklidischer Raum* der Dimension n
$\mathrm{Isom}(\mathbb{E}^n)$ $\mathrm{Isom}^+(\mathbb{E}^n)$, $\mathrm{Isom}^-(\mathbb{E}^n)$	*Isometriegruppe* des $\mathbb{E}^n$, *Gruppe der orientierungserhaltenden* bzw. *Menge der orientierungsumkehrenden Isometrien*
$\mathrm{Aff}(\mathbb{E}^n)$	*Affine Gruppe* des $\mathbb{E}^n$
$O(n,\mathbb{R})$, $SO(n,\mathbb{R})$ $GL(n,\mathbb{R})$,	*(Spezielle) orthogonale Gruppe* Allgemeine lineare Gruppe
$P(n,\mathbb{R})$, $P(n,\mathbb{C})$	*Projektive Räume*
$PGL(n,\mathbb{C}) =$ $\mathrm{Koll}(P(n,\mathbb{C}))$	*Gruppe der Kollineationen* im $P(n,\mathbb{C})$
$\mathrm{Koll}(P(n,\mathbb{C});M)$	*Stabilisator* von M aus $P(n,\mathbb{C})$ in $PGL(n,\mathbb{C})$
$M_n^{(k,l)}$ usw.	*Untervarietät des* $P(n,\mathbb{C})$, definiert als simultanes Nullstellengebilde homogener Formen vom Grad l, k etc.
$[m,n,p]$	*Fläche in "Weißschen Parametern"*, d.h. mit ganzzahligen Achsenabschnitten m,n,p bezüglich eines gewählten Achsensystems. Weiß' Originalschreibweise bei Achseneinheiten a,b,c war $[ma : nb : pc]$; im Fall des trigonal/hexagonalen Systems nach Auszeichnung von 3 symmetrischen Achsen in einer Ebene und einer dazu orthogonalen $\left[{}^{qc}_{ma:na:pa}\right]$.
(α,β,γ)	*Fläche* angegeben durch *Normalenvektor*; in der Regel $\alpha,\beta,\gamma \in \mathbb{Q}$ oder $\mathbb{Z}$

Zu Kapitel II

In der Regel Notation von *Punkten in Großbuchstaben* $(P, Q, \ldots)$, von *Geraden in Kleinbuchstaben* $(g, h, \ldots)$, von *Ebenen hervorgehoben* $(\boldsymbol{E}, \boldsymbol{F}, \ldots)$

$\boldsymbol{P}, \boldsymbol{Q}$,	*Ebenes Geradenbüschel* durch die Punkte P, Q
$P \cdot Q$	*Gerade* durch die Punkte P, Q,
$g \cdot h$	*Schnittpunkt* der Geraden g, h
g_∞, $\boldsymbol{E}_\infty$	*unendlich ferne Gerade* bzw. *Ebene*
$\perp$	*orthogonal*
$\top$	*inzidiert mit*

Quellen und Literaturverzeichnis

Verwendete Abkürzungen

Abh. AWB — Abhandlungen Königliche Akademie der Wissenschaften Berlin, Phys. Klasse

Abh. BAW — Abhandlungen Bayerische Akademie der Wissenschaften

Abh. GGW — Abhandlungen Göttinger Gesellschaft der Wissenschaften

Abh. GWL — Abhandlungen Gesellschaft der Wissenschaften Leipzig

Abh. IMUK — Abhandlungen der Internationalen Unterrichtskommission für Mathematik

AdM — Annales de Mathématique

AfM — Archiv für Mathematik

AHES — Archive for History of Exact Sciences

AIHS — Archives Internationales d'Histoire des Sciences

AJM — American Journal of Mathematics Pure and Applied

Ann. Mat. — Annali di Matematica

Ann. Phys. — Annalen der Physik

Ann. Sci — Annals of Science

Ann. Sci. Mat. Fis. — Annali di Scienze Matematiche e Fisiche

BANCRA — Boletin de la Academia Nacional de Ciencias de la Republica de Argentina

Ber. SGW — Berichte Verhandlungen Königlich Sächsische Gesellschaft der Wissenschaften, math.-phys. Klasse

BJHS — British Journal for the History of Science

BSM — Bulletin des Sciences Mathématiques

BSP — Bulletin Société Philomatique

Chr. FVS — Christiania Forhandlinger i Videnskabs-Selskabet

CI — Civilingenieur

CMH — Commentarii Mathematici Helvetii

CR — Comptes Rendus Académie des Sciences Paris

DBGTW — Dresdener Beiträge zur Geschichte der Technikwissenschaften

DPJ — Dinglers Polytechnisches Journal

DSB — Dictionary of Scientific Biography. Ed. C. Gillispie. New York

EMW — Enzyklopädie der Mathematischen Wissenschaften, Leipzig

EPhJ — Edinburgh Philosophical Journal

GgA — Göttingische gelehrte Anzeigen

HM — Historia Mathematica

HSPS — Historical Studies in the Physical Sciences

HuT — Humanismus und Technik

HZ — Historische Zeitschrift

Jb. DMV — Jahresberichte der Deutschen Mathematiker-Vereinigung

Jb. FM — Jahrbuch über die Fortschritte der Mathematik

JdM — Journal de Mathématique

JdPh — Journal de Physique

JEP — Journal d. Ecole Polytechnique

JfM — Journal für die reine und angewandte Mathematik

MA — Mathematische Annalen

Math. Mag. — Mathematical Magazin

Mém. AS — Mémoires d'Académie des Sciences, Paris

Mém. Div. Sav. — Mémoires présentés par Divers Savants à l'Académie Royal des Sciences

Mb. AWB — Monatsberichte Berliner Akademie der Wissenschaften Berlin

Nachr. GWG — Nachrichten Gesellschaft der Wissenschaften Göttingen

N. Jb. Min. — Neues Jahrbuch für Mineralogie, Geologie und Paläontologie

NTM — Schriftenreihe für Geschichte der Naturwissenschaften, Technik und Medizin

Phil. Mag. — Philosophical Magazin

Phil. Tr. RSL — Philosophical Transactions Royal Society London

Ph. Zs. — Physikalische Zeitschrift

Proc. Cam. Phil. Soc. — Proceedings of the Cambridge Philosophical Society

Proc. EMS — Proceedings of the Edinburgh Mathematical Society

Proc. RSL — Proceedings Royal Society London, Series A.

Sb. BAW — Sitzungsberichte der Bayerischen Akademie der Wissenschaften, Math.-Phys. Classe

Sb. PrAW — Sitzungsberichte Preußische Akademie der Wissenschaften

T&C — Technology and Culture

TG — Technikgeschichte

TG-E — Technikgeschichte in Einzeldarstellungen, Düsseldorf

Tr. RSE — Transactions Royal Society Edingburgh

VjS. NGZ — Vierteljahresschrift der Naturforschenden Gesellschaft Zürich

Zap. MO — Zapiski Imperatorskago St.-Peterburgskago Mineralogičeskago Obščestva

Zs. Krist. — Zeitschrift für Kristallographie (Fortführung von Zs. Kryst.)

Zs. Kryst. — Zeitschrift für Krystallographie und Mineralogie

Zs. MNU — Zeitschrift für mathematisch naturwissenschaftlichen Unterricht

Zs. MuP — Zeitschrift für Mathematik und Physik

Zs. ph. Ch. — Zeitschrift für physikalische Chemie

Zs. VDI — Zeitschrift des Vereins Deutscher Ingenieure

Archivalia

Clebsch, Alfred Hs 87:146–170. 25 Briefe an W. Fiedler, zwischen 2.1.1861 und 9.11.1871. ETH-Bibliothek Zürich, Handschriftenabteilung. Codex Ms. W. Fiedler.

Cremona, Luigi Hs 87:173–197. 24 Briefe, 1 Karte an W. Fiedler zwischen 1.1.1863 und 1.1.1889. ETH Bibliothek Zürich. Codex Ms. W. Fiedler.

Culmann, Carl Hs 2997:10. Die Statik und die neuere Geometrie. ETH-Bibliothek Zürich. Codex Ms Culmann.

Frankenheim, Moritz Ludwig Ms G 1 1827(5). 5 Briefe an Unbekannt und Nees van Eesenbeck, 9.3.o.J., 1.8.1839, 30.11.1850, 30.12.1850. Staatsbibliothek Preußischer Kulturbesitz, Berlin, Sammlung Darmstaedter. Codex Ms Frankenheim.

Graßmann, Justus Günther Ms. H 1811 (3). Brief an Kultusministerium vom 30.12. 1830, 2 Blätter. Staatsbibliothek Preußischer Kulturbesitz, Berlin, Sammlung Darmstaedter. Codex Ms. J. G. Graßmann.

Hessel, Johann Friedrich Christian Ms 2640. Brief an Schubert, ohne Datum. Universitätsbibliothek Erlangen-Nürnberg. Codex Ms. Schubert.

— Ms K 35. 2 Briefe; 2.10.1825 an Gmelin, 2.10.1843 an Unbekannt. Germanisches Nationalmuseum Nürnberg, Historisches Archiv. Autographensammlung.

Klein, Felix Hs. 87:574–593. 18 Briefe, 2 Karten an W. Fiedler zwischen 4.2.1872 und 11.11.1893. ETH-Bibliothek, Zürich. Codex Ms. W. Fiedler.

— Ms XXII G. Über Lies und meine ältere geometrische Arbeiten. Erster Borkumer Entwurf vom August 1892. Niedersächsische Staats- und Universitätsbibliothek Göttingen, Handschriftenabteilung. Codex Ms. Klein.

Schoenflies, Arthur an Jordan, 5.8.1886. Correspondance de Jordan. Ecole Polytechnique Paris, Archives. Art. VI, §2, Sect. a.2, Nr. 101.

— an Klein. 28 Briefe/Karten zwischen 5.5.1885 und 26.5.1923. Staats- und Universitätsbibliothek Göttingen. Codex Ms. Klein 11:728-744D.

Weiß, Christian Samuel Ms. La 1810. Briefe und Manuskripte aus der Zeit 1798 bis 1851. Staatsbibliothek Preußischer Kulturbesitz, Berlin, Sammlung Darmstaedter. Codex Ms. Weiß.

Publizierte Quellen

Abel, Niels H. 1829. Mémoire sur une classe particulière d'équation résoluble algébriquement. JfM *4*, 131–156. Oeuvres complètes *1*, Christiania 1881, 478–507. Dtsch. in (Abel/Galois 1889, 29–56).

— ; Galois Evariste 1889. Abhandlungen über die algebraische Auflösung der Gleichungen. Dtsch. von H. Maser. Berlin.

Arnold, E. (und 43 andere) 1897. Der mathematische Unterricht an den technischen Hochschulen. Zs VDI *41*, 1368f.

Barlow, William 1883/84. Probable nature of the internal symmetry of crystals. Nature *29*, 186–188, 205–207, 404.

— 1894. Über die geometrischen Eigenschaften homogener starrer Strukturen. Zs. Kryst. *23*, 1–63.

— 1898. A mechanical cause of homogenity of structure and symmetry, geometrically investigated. Proc. Royal Society Dublin *8*, 527–690.

Bauernfeind 1846. Die Paulische Gewölbetheorie analytisch bearbeitet. Stuttgarter Eisenbahnzeitung *34*, 299ff.

Bauschinger, Johann 1871. Elemente der graphischen Statik. München. [2]1880.

Betti, Enrico 1852. Sulla resoluzione delle equazioni algebriche. Ann Sci. Mat. Fis. *3*. Opere matematiche *1*. Milano 1903, 31–80.

Bieberbach, Ludwig 1910a. Über die Bewegungsgruppen der Euklidischen Räume mit einem endlichen Fundamentalbereich. Nachr. GWG, 75–84.

— 1910b. Über die Bewegungsgruppen der Euklidischen Räume, Teil I. MA *70*, 297–336.

— 1912. dito, Teil II. MA *72*, 400–412.

Bow, Robert H. 1873. Economics of construction in relation to framed structures. London — Edinburgh — New York.

Bragg, William Henry 1913. The reflection of X-rays by crystals II. Proc. RSL *89*, 246–248.

— ; Bragg, William Lawrence 1913a. The reflection of X-rays by crystals. Proc. RSL *88*, 428–438.

— ; Bragg, William Lawrence 1913b. The structure of diamond. Proc. RSL *89*, 277–291.

Bragg, William Lawrence 1913. The diffraction of short electromagnetic waves by a crystal. Proc. Cam. Phil. Soc, *17*, 43–57.

Bravais, Auguste 1849a. Note sur les polyèdres symétriques de la géométrie. JdM *14*, 137–140. Wiederabdruck in: (1866, XIII-XVII).

— 1849b. Mémoire sur les polyèdres de forme symétrique. JdM *14*, 141–180. In: (1866, IXX- LXII).

— 1849/1890. Abhandlungen über symmetrische Polyeder (1849b). Dtsch. von C. u. E. Blasius. Ostwalds Klassiker *17*, Leipzig 1890.

— 1850. Mémoire sur les système des points distribuées régulièrement sur un plan ou dans l'espace. JEP *19*, 1–128.

— 1850/1897. Abhandlung von regelmäßig auf einer Ebene oder im Raum vertheilten Punkten. Dtsch. von C. u. E. Blasius. Ostwalds Klassiker *90*. Leipzig 1897.

— 1850/1949. On the systems formed by points regularly distributed on a plane or in space. Engl. A. J. Shaler. Michigan 1949.

— 1851. Etudes cristallographiques. JEP *20*, 101–278.

— 1866. Etudes cristallographiques. Paris. (Buchedition von 1849a, 1849b, 1850, 1851).

Breton, Philippe 1845. Théorie géométrique des centres multiples. JdM *10*, 430–434.

Brewster, David 1824. Observation on the pyro-electricity of minerals. Edinburgh Journal of Science *1*, 208–215.

Brianchon, Charles J. 1806. Sur les surfaces courbes du second degrée. JEP *13*, 297–311.

Brown, Harold; Bülow, Rolf; Neubüser, Joachim; Wondratschek, Hans; Zassenhaus, Hans 1978. Crystallographic groups of four-dimensional space. New York.

Brückmann, Eugen 1895. Zur Frage der Ingenieurerziehung. Zs. VDI *39*, 923–926.

Burckhardt, Johann Jakob 1930. Bemerkungen zur arithmetischen Berechnung der Bewegungsgruppen. CMH *2*, 91–98.

— 1934. Zur Theorie der Bewegungsgruppen. CMH *6*, 159–184.

— 1936/37. Bewegungsgruppen in mehrdimensionalen Räumen. CMH *9*, 284–302.

— 1947. Die Bewegungsgruppen der Kristallographie. Basel.²1966.

Cappeler, Moritz Anton 1723. Prodromus crystallographiae de cristallis improprie sic dictis commentarium. Luzern. Neuherausgabe und Übertragung ins Deutsche von K. Mieleitner. München 1922.

Cartan, Elie 1893a, b. Sur la structure des groupes simples finis et continus. CR *116*, 784–786, 962–964. Oeuvres *I.1*, Paris 1952, 99–101, 103–105.

— 1894. Sur la structure des groupes des transformations finis et continus. Paris. Oeuvres *I.1*, Paris 1952, 137–286.

Cauchy, Augustin L. 1813. Recherches sur les polyèdres. JEP *9*, 68–86.

— 1823. Recherches sur l'équilibre et le mouvement intérieur des corps solides ou fluides, élastiques ou non élastiques. BSP 9–13. Oeuvres (2) *2*, Paris 1958, 300–304.

— 1827a. De la pression ou tension dans un corps solide. Exercises de Mathématiques *2*, Paris. In: (1889 (2) *7*, 60–78).

— 1827b. Sur la condensation et la dilatation des corps solides. Exercises de Mathématiques *2*, Paris. In: (1889 (2) *7*, 82–93).

— 1827c. Sur les relations qui existent dans l'état d'équilibre d'un corps solide ou fluide, entre les pressions ou tensions et les forces accéleratrices. Exercises de Mathématiques *2*, Paris. In: (1889, (2) *7*, 141–145).

— 1828. Sur l'équilibre et le mouvement d'un système de points matériels. Exercises de Mathématiques *3*, Paris. In: (1889 (2) *8*, 227–252).

— 1829. Sur l'équilibre et le mouvement intérieure des corps. Exercises des Mathématiques *4*, Paris. Oeuvres (2) *9*, Paris (1891), 342–369.

— 1844. Mémoire sur les arangements que l'on peut former avec des lettres données ... Exercises d'Analyse et de Physique Mathématiques *3*, Paris 151-252. Oeuvres (2) *13*, Paris, 171–282.

— e.a. 1849. Rapport sur un Mémoire de M. Bravais relatif à certains systèmes ou assemblages de points matériels. CR *29*, 133.

— 1889. Oeuvres (2), *7*, *8*. Paris.

Cayley, Arthur 1845. On certain results relating to quaternions. Phil. Mag. *26*, 141–145. Collected Mathematical Papers *1*, Cambridge 1889, 123–126.

— 1854. On the theory of groups, as depending on the symbolic equation $\Theta^n = 1$. Phil. Mag *7*. Coll. Math. Pap. *2*, Cambridge 1889, 123-132.

Chasles, Michel 1830. Note sur les propriétés génerales des systèmes de deux corps semblables entre eux. BSM *14*, 321–326.

Chevenix, R. 1804. Observations sur une mémoire du docteur Christian Samuel Weiss ... Annales de Chimie et de Physique *52*, 308–339.

Clebsch, Alfred 1862. Theorie der Elastizität fester Körper. Leipzig.

Courant, Richard 1981. Reminiscences from Hilbert's Göttingen. Mathematical Intelligencer *3*, 154–164.

Cousinery, B.E. 1838. Calcul par le trait. Paris.

Cremona, Luigi 1872. Le figure reciproche nella statica grafica. Milano.[3]1879.

— 1873a. Elementi di calcolo grafico. Torino. Dtsch. von M. Curtze. Elemente des graphischen Calculs. Leipzig 1875.

— 1873b. Elementi di geometria projettiva. Torino. Engl. von Ch. Lendesdorf. Elements of projective geometry. Oxford 1893.

— 1885. Les figures réciproques en statique graphique. Frz. von L. Bossut (Übersetzung von 1872). Paris.

Culmann, Carl 1851. Der Bau der hölzernen Brücken in den Vereinigten Staaten von Nordamerika. Allgemeine Bauzeitung Wien *16*, 69–129. Neudruck Düsseldorf 1970.

— 1852. Der Bau der eisernen Brücken in England und Amerika. Ebda. *17*, 163–222.

— 1866. Die graphische Statik. Zürich.

— 1870. Über das Parallelogramm und über die Zusammensetzung der Kräfte. VjS. NGZ *15*, 1–24.

— 1875. Die graphische Statik. Zweite neu bearbeitete Auflage. Zürich.

Curie, Pierre 1884. Sur les questions d'ordre. Bulletin de la Société Minéralogique de France *7*, 89–111, 418-457.

Dedekind, Richard 1856. Eine Vorlesung über Algebra. In [Scharlau 1981, 59–100].

Delafosse, Gabriel 1840. Recherches relatives à la cristallisation, considerée sous les rapports physiques et mathématiques. CR *11*, 394–400.

— 1843. Recherches sur la cristallisation considerée sous les rapports physiques et mathématiques. Mém. Div. Sav. *8*., 641–690, 2 pl.

— 1854. Haüy. Biographie Universelle, Paris, *18*, 574–582. Neudruck Graz (Akademische Druck- und Verlagsanstalt) 1967.

Delone, B.N. 1959. Teoriya planigonov. Izvestija Akademia Nauk SSR, Ser. Matem. *23*, 365–386.

— 1961. Poksatel'stvo osnovnoj teoremy teorii stereoedrov. Dokladi Akademia Nauk SSR *138*, 1270–1272.

Dietz, W. (und 7 andere) 1897. Der mathematische Unterricht an den technischen Hochschulen. Zs. VdI *41*, 1452f.

Dirichlet, Peter Gustav Lejeune 1850. Ueber die Reduction der positiven quadratischen Formen mit drei unbestimmten ganzen Zahlen. JfM *40*, 209–227.

Dobbs, W.J. 1897. Elementary graphical statics. London.

DuBois, Jay 1875. The elements of graphical statics and their application to framed structures. New York.

Dress, Andreas; Scharlau, Rudolf 1984. Zur Klassifizierung äquivarianter Pflasterungen. Mitteilungen Mathematisches Seminar Gießen *164*, 82–136.

Dyck, Walther 1882. Gruppentheoretische Studien I. MA *20*, 1–44.

— 1883. Gruppentheoretische Studien II. MA *22*, 70–108.

— ; Henneberg, Lebrecht; Krause 1897. Über den mathematischen Unterricht an technischen Hochschulen. Zs. MNU *28*, 161–164.

Eddy, H.T. 1877. New constructions in graphical statics. Van Norstrands Engineering Magazine, New York.

— 1878. On the two general reciprocal methods in graphicals statics. AJM *1*, 322–335.

Eisenstein, Gotthold 1844. Allgemeine Untersuchung über die Formen dritten Grades mit drei Variabeln. JfM *28*, 289–374. Mathematische Werke *1*, New York 1975, 167–286.

— 1854. Tabelle der reducirten positiven ternären quadratischen Formen, nebst den Resultaten neuer Forschungen über diese Formen, in besonderer Rücksicht auf ihre tabellarische Berechnung. JfM *41*, 141–190, 227–242. Mathematische Werke *2*, New York 1975, 637–704.

Encyclopédie 1751ff. Encyclopédie ou Dictionnaire Raisonné des Sciences, des Arts et Métiers. Paris, Neufchatel. Hier insbesondere die Sichwörter: Observations sur la division des sciences du chancelier Bacon (Denis Diderot), *1*, Paris 1751, (li)ff.; Mathématique, ou Mathématiques (Jean le Rond d'Alembert), *10*, Neufchatel 1765, 188f.; Physico-Mathématiques (d'Alembert), *12*, Neufchatel 1765, 536f. Neudruck Stuttgart - Bad Cannstatt (Friedrich Fromm Verlag) 1966.

Euler Leonhard 1758. Du mouvement des corps solides autour d'un axe variable. Mémoires Académie des Sciences Berlin *14*, 154–193. Opera Omnia Ser. (2) *8*, Zürich 1965, 200–235.

— 1758/59. Theoremata circa residua ex divisione potestatum relicta. Novi Commentarii Academiae Scientiarum Petropolitanae (1758/59), 1761, 49–82. Opera Omnia Ser. (1) *2*, Leipzig - Berlin 1915, 493–518.

— 1765. Theoria motus corporum solidorum seu rigidorum, vol. posterius. Opera Omnia Ser. (2) *4*, Bern - Zürich 1950, 1–293.

Favaro, A. 1877. Lezioni di statica grafica. Padova.

Fedorov, Evgraph Stepanovič 1885. Načala učenija o figurach. Zap. MO (2) *21*, i–viii, 1–278. Neudruck Moskau (Izdat. Akadem. Nauk SSR) 1953. (Deutsche Auszüge in 1893b).

— 1885–87. Etudy po analitičeskoj kristallografii. Zap. MO (1885), 85–118, 222–243; (1886), 395–425; (1887), 87–153.

— 1888. Osnovnye formuly analitičeskoj geometrii v uluščennom vide. St.-Petersburg. Englisch in: (1971, 1–23).

— 1889. Simmetrija konečnych figur. Zap. MO *25*, 1–52. Englisch in: (1971, 24–49).

— 1890. Protokoly Zasdanij Imperatorskago S. Peterburgskago Mineralogičeskago Obščestva (Protocolle der Sitzungen der Kaiserlichen Mineralogischen Gesellschaft zu St. Petersburg) 21.11.1889, §59. Zap. MO *26*, 452–455. [Hinweis auf (1890/91a)].

— 1890/91a. Simmetrija pravil'nich sistem figur. St. Petersburg 1890. Wiederabdruck in: Zap. MO *28* (1891), 1–146. Englisch in: (1971, 50–131).

— 1890/91b. Protokoly ..., 16.11.1890, §75. Zap. MO *27* (1891), 448f. Englisch in: (1971, 119f.). [Korrekturnote zu (1890/91a)].

— 1890/91c. Protokoly ..., 11.12.1890, §89. Zap. MO *27* (1891), 465f. [Zusatz zu (1890/91a)].

— 1891a. Simmetrija na plokosti (La symmétrie sur un plan). Zap. MO *28*, 345–390.

— 1891b. Ueber seine beiden Werke: 1. Die Symmetrie der endlichen Figuren (1888). 2. Die Symmetrie der regelmässigen Systeme der Figuren (1890/91). N. Jb. Min. *1*, 113–116.

— 1891c. [Korrekturen zu (1890/91a) mit 230er Liste und Umbenennung der Symmetriesysteme als Anhang zu (1890/91a)] Zap. MO *28*, 557f.

— 1892. Zusammenfassung der krystallographischen Resultate des Herrn Schoenflies und der meinigen. Zs. Kryst. *20*, 25–75.

— 1893a. Teodolitnu metod v mineralogii i petrografii. Trudy Geologičeskogo Komiteta *10*, (2), 1–191. Dtsch. als: Universal-Theodolit-Methode in der Mineralogie und Petrographie. Zs. Kryst. *21* (1893), 574–678.

— 1893b. Elemente der Gestaltenlehre. Zs. Kryst. *21*, 679–694. (Eigene Zusammenfassung von (1885)).

— 1893c. Analytisch kristallographische Studien. Zs. Kryst. *21*, 694–714. (Eigene Zusammenfassung von (1885–1887)).

— 1894. Das Grundgesetz der Krystallographie. Zs. Kryst. *23*, 99–113.

— 1895–1905. Theorie der Krystallstructur. Einleitung, Teil I–III. Zs. Kryst. *24* (1895), 209–252; *25*, (1896), 113–224; *36* (1902), 209–233; *40*, (1905), 529–554. Englisch in: (1971, 177–315).

— 1896. Einige Betrachtungen über die Grundformen der Krystallographie. Sb. BAW *24*, 499–530.

— 1897a. Kurs kristallografii. St. Petersburg. ^{2}1901.

— 1897b. Beitrag zur Syngonielehre. Zs. Kryst. *28*, 36-68.

— 1897c. Nachträgliche Studien zur Symmetrielehre. Zs. Kryst. *28*, 468-482.

— 1900. Reguläre Plan- und Raumtheilungen. Abh. BAW *20*, 465–588.

— 1914. Pervoe konstantirovanie opytnym putem asimmorfnoi pravil'noi sistemy. Zapiski Gornogo Instituta *5*, 54ff.

— 1949. Simmetrija i struktura kristallov. Moskva – Leningrad. Englisch als (1971).

— 1971. Symmetry of crystals. Translated by David and Katherine Harker. American Crystallographic Association Monograph *7*. New York. (Enthält: (1888, 1889, 1890/91a, b, 1892, 1895–1905, Einleitung und Teil I)).

— ; Schoenflies, Arthur 1970. Der Briefwechsel von E.S. Fedorow und A. Schoenflies, 1889–1908. Hrsg. J.J. Burckhardt. AHES *7*, 91–141.

Fiedler, Wilhelm 1860. Die Centralprojection als geometrische Wissenschaft. Dissertationsschrift Leipzig. Programm der höheren Gewerbeschule Chemnitz.

— Über das System in der darstellenden Geometrie. Zs. MuP *8*, 443–447.

— 1871. Die darstellende Geometrie. Ein Grundriß für Vorlesungen und zum Selbststudium. Leipzig.

— 1875. Die darstellende Geometrie in organischer Verbindung mit der Geometrie der Lage. Für Vorlesungen an Technischen Hochschulen und zum Selbststudium (2. überarbeitete Auflage von (1871)). Leipzig.

Föppl, August 1880. Theorie des Fachwerks. Leipzig.

— 1881. Theorie der Gewölbe. Leipzig.

— 1894. Einführung in die Maxwellsche Theorie der Elektrizität. Leipzig.

— 1900. Vorlesungen über technische Mechanik, Bd. *2*. Graphische Statik. Leipzig. [7]1926.

Frankenheim, Moritz Ludwig 1826. Crystallonomische Aufsätze. Isis (Jena) *19*, 497–515, 542–565.

— 1832. Einige Sätze aus der Geometrie der geraden Linien. JfM *8*, 178–186.

— 1835. Die Lehre von der Cohäsion, umfassend die Elasticität der Gase, die Elasticität und Cohärenz der flüssigen und festen Körper und die Krystallkunde. Breslau.

— 1842. System der Krystalle. Nova Acta Leopoldina 29, 469–660.

— 1856. Die Anordnung der Moleküle im Krystalle. Ann. Phys. *97*, 337–382.

Fricke, Robert; Klein, Felix 1897. Vorlesungen über die Theorie der automorphen Funktionen, Bd. *1*. Leipzig.

Friedrich, W.; Knipping, P.; Laue, Max 1912. Interferenz-Erscheinungen bei Röntgenstrahlen. Sb. BAW 303-322. Ann. Phys. *41* (1913), 971–988.

Frobenius, Georg 1911. Über die unzerlegbaren diskreten Bewegungsgruppen. Sb. PrAW 654–655.

Gadolin, Axel 1869. Vybod vsech kristallografičeskich system i ich podrasdelenij is odnogo obščego načala. (Ableitung aller kristallographischen

Systeme und ihrer Unterabtheilungen aus einem und demselben Principe.) Zap. MO (2) *4*, 112–200. Neudruck Moskva – Leningrad (Klassiki Nauk) 1954.

— 1869/1871. Mémoire sur le déduction d'un seul principe de tous les systèmes cristallographiques avec leurs subdivisions. Acta Societatis Fennicae *9* (1871), 1–71.

Galois, Evariste 1830. Analyse d'un Mémoire sur la résolution algébrique des équations. Bulletin des Sciences Mathématiques, Physique et Chimique *13*, 271–271, Oeuvres, Paris 1897, 11–12. In: [1962, 163–165].

— 1831. Mémoire sur les conditions de résolubilité des équations par radicaux. JdM *11*. In: (1962, 43–72). Dtsch in: (Abel/Galois 1889, 116–130).

— 1832. Lettre à Auguste Chévalier (29.5.1832). Révue Encyclopédique. In: (1962, 173–185). Dtsch in: (Abel/Galois 1889, 108–113).

— 1962. Ecrits et mémoires mathématiques. Paris.

Gauß, Carl Friedrich 1801. Disquisitiones arithmeticae. Leipzig. Dtsch von H. Maser: Untersuchungen über höhere Arithmetik. Berlin 1889.

— 1831. Recension der "Untersuchungen über die Eigenschaften der positiven ternären quadratischen Formen" von Ludwig August Seeber (Seeber 1831). GgA *108*. Wiederabdruck JfM *20* (1840), 312–320. Werke *2*, Göttingen 1863, 188–196. Neudruck Hildesheim (Olms) 1973.

Gergonne 1824/25. Recherche de quelques-unes des lois génerales qui régissent les polyèdres. AdM *15*, 157–164.

— 1825/26. Considérations philosophiques sur les élémens de la science de l'étendue. AdM *16*, 209–231.

de la Gournery, Jules 1859. Traité de perspective linéaire. Paris.

— 1860/62. Traité de géométrie déscriptive. Parties I, II. Paris.

Graham, R.H. 1883. Graphic and analytic statics in theory and comparison. London.

Graßmann, Hermann Günther 1839. Ableitung der Krystallgestalten aus dem allgemeinen Gesetze der Krystallbildung. Programm der Ottoschule Stettin. Gesammelte mathematische und physikalische Werke *2.2*. Leipzig 1902, 115–146.

Graßmann, Justus Günther 1829. Zur Physischen Krystallonomie und geometrischen Combinationslehre. Stettin.

— 1833. Combinatorische Entwicklung der Krystallgestalten. Ann. Phys. 1833, Ergänzungsheft 1–43, mit Figurentafel in *30* (1836).

Grünbaum, Branko; Shephard, G.C. 1977. The eighty-one types of isohedral tilings in the plane. Mathematical Proceedings Cambridge Philosophical Society *82*, 177–196.

Hamilton, William Rowan 1847. On quaternions, or on a new system of imaginaries in algebra; with some geometrical illustrations. Proceedings Royal Irish Academy *3*, 1–16. Mathematical Papers *3*, Cambridge 1967, 355–362.

Harding, M.C. (Hrsg.) 1920. Correspondance de H.C. Oersted avec divers savants *1*. Kopenhagen, 280–340.

Hauck, Guido 1887. Über die reciproken Figuren der graphischen Statik, Teil 1. JfM *100*, 365ff.

— 1899. dito, Teil 2. JfM *120*, 567ff.

Haüy, René-Just 1872a. Extrait d'un mémoire sur la structure des cristaux de grenat. JdPh *19*, 366–370.

— 1782b. Extrait d'un mémoire sur la structure du spath calcaire. JdPh *20*, 33–39.

— 1784. Essai d'une théorie sur la structure des cristaux appliquée à plusieurs genres de substances cristallisées. Paris.

— 1793. Mémoire sur la manière de ramener à la théorie du parallelépipède celle de toutes les autres formes primitives des cristaux. Histoires Académie des Sciences Mémoires Mathématiques et de Physiques 1789, Paris 1793, 519–533.

— 1801. Traité de minéralogie, 4 vol. Paris. Dtsch. von D. L. G. Karsten und C. S. Weiß: Lehrbuch der Mineralogie. Leipzig 1804–1810.

— 1804. Lehrbuch der Mineralogie *1*. Dtsch. von D. L. W. Karsten und C. S. Weiß. Leipzig.

— 1815. Mémoire sur une loi de cristallisation, appelée loi de symétrie. Mémoire du Muséum d'Histoire Naturelle *1*, 81–101, 206–225, 273–298, 341–352. Auch in: Journal des Mines *37* (1815), 215–235, 347–369; *38* 5–34, 161–174.

— 1815/19. Haüys Ebenmassgesetz der Kristallbildung, übersetzt und mit Anmerkungen versehen von J.F. Hessel. Frankfurt 1819.

— 1822. Traité de cristallographie, suivi d'une application des principes de cette science à la détermination des espèces minérales, 2 vol. Paris.

Heesch, Heinrich 1935. Aufbau der Ebene aus kongruenten Bereichen. Nachr. GWG, Neue Serie, *1*, 115–117. Gesammelte Abhandlungen, Bad Salzdetfurth 1986, 133–135.

— 1968. Reguläres Parkettierungsproblem. Köln – Opladen.

Henneberg, Lebrecht 1886. Statik der starren Systeme. Darmstadt.

—1894. Bericht über die Entwicklung und die Hauptaufgaben der Theorie der einfachen Fachwerke. Jb. DMV *3*, 567-599.

— 1897. Zur Frage der Ingenieurerziehung. Zs. VDI *41*,982–984.

— 1903. Die graphische Statik der starren Körper. EMW *4.5*, 345–434.

Herbart, Johann Friedrich 1807. Über philosophisches Studium. In: Sämtliche Werke in chronologischer Folge herausgegeben von Karl Kehrbach und Otto Flügel, Band *2*. Langensalza 1899–1912. Neudruck Aalen 1964, 227–296.

Hermann, C. 1928. Zur systematischen Raumgruppentheorie I. Eine neue Raumgruppensymbolik. Zs. Krist. *68*, 257–287.

— 1929. dito, II—IV. Zs. Krist. *69*, 226–249, 250–270, 533–555.

— 1931. Bemerkungen zur vorstehenden Arbeit von Ch. Mauguin. Zs. Krist. *69*, 599–601.

— 1949. Kristallographie in Räumen beliebiger Dimensionszahl. Acta Cristallographica *2*, 139–145.

— 1952. Translationsgruppen in n Dimensionen. In: H. O'Daniel (Hrsg.). Zur Struktur und Materie der Festkörper. Berlin – Heidelberg – New York, 24–33.

Herschel, J.F.W. 1822. On the rotation impressed by plate of rock crystals on the planes of polarization of the rays of light as connected with certain peculiarities in its crystallization. Transactions Cambridge Philosophical Society *1*, 43–52. Dtsch. Ann. Phys. *21*, 288ff.

Hertwig, A. 1912. Die Lösung linearer Gleichungen durch unendliche Reihen und ihre Anwendung auf die Berechnung hochgradig statisch unbestimmter Systeme. In: Festschrift für Heinrich Müller-Breslau. Leipzig.

Hess, Edmund 1883. Einleitung in die Lehre von der Kugelteilung: Mit besonderer Berücksichtigung ihrer Anwendungen auf die Theorie der gleichflächigen und gleicheckigen Polyeder. Leipzig.

Hessel, Johann Friedrich Christian 1830. Krystallonometrie oder Krystallometrie und Krystallographie, auf eigenthümliche Weise und mit Zugrundelegung neuer allgemeiner Lehren der reinen Gestaltenkunde, sowie mit vollständiger Berücksichtigung der wichtigsten Arbeiten und Methoden anderer Krystallographen bearbeitet. In: H. W. Brandes e.a. (Hrsg.), Johann Samuel Traugott Gehlers Physikalisches Wörterbuch, Bd. *8*, Leipzig. Separatdruck Leipzig 1831. Neudruck Ostwalds Klassiker, 2 Bde, *88/89*. Leipzig 1897.

— 1853. Die Anzahl der Parallelstellungen und jene der Coinzidenzstellungen eines jeden denkbaren Raumdinges mit seinem Ebenbilde und seinem Gegenbilde, der Regelmässigkeitsgrad des Schwerpunctes und andere bei Raumdingen in Betracht kommende Zahlen, als Merkmale für den Begriff von Raumdingen. Kassel.

— 1862. Ueber gewisse merkwürdige statische und mechanische Eigenschaften der Raumgebilde, welche einen Schwerpunct haben, insbesondere der homogenen Körper, und über die Bedeutung derselben für verschiedene auf Krystalle bezügliche Lehren der Physik. In: Festschrift für Christian Ludwig Gerling zum 50. Jahrestage der Erlangung seiner Doctorwürde. Universitätsschrift Marburg.

Hilbert, David 1900. Mathematische Probleme. Vortrag gehalten auf dem Internationalen Mathematiker Congreß zu Paris 1900. Nachr. GWG, 253–297. Gesammelte Abhandlungen *3*, Berlin 1935, 290–329. Reprint New York (Chelsea) 1965.

— 1926. Über das Unendliche. MA *95*, 161–190. (Nicht in Gesammelte Abhandlungen).

Hooke, Robert 1667. Micrographia. London.

Hoskins, L.M. 1892. The elements of graphic statics. London.

Huygens, Christian 1678. Traité de la lumière. Leyden 1690. Oeuvres complètes *19*. Den Haag.

— 1678/1903. Abhandlung über das Licht. Dtsch. von E. Lommel. Ostwalds Klassiker *20*, Leipzig 1903.

Jacobi, Carl Gustav J. 1830. Correspondance Jacobi à Legendre, 2.7.1830. Werke *1*, Berlin 1881, 453–455. Neudruck New York (Chelsea) 1969.

Jahnke, E. 1919. Die Mathematik als Grundlage der Technik. DPJ *334*, 161.

Jenkin, Fleeming 1869. On the practical application of reciprocal figures to the calculation of strains on frameworks. Tr. RSE *25*, 441–447.

Jordan, Camille 1865. Commentaire sur le mémoire de Galois. CR *60*, 770-774. In: (1961, *1*, 87–90).

— 1866a. Des contours tracées sur les surfaces. JdM (2) *11*, 110–130. In: (1964, *4*, 91–112).

— 1866b. Recherches sur les polyèdres. JfM *68*, 22–85. In: (1964, *4*, 15–78).

— 1867. Mémoire sur la résolution algébrique des équations. JdM (2) *12*, 109–157. In: (1961, *1*, 109–158).

— 1869. Mémoire sur les groupes de mouvements. Ann, Mat. *2*, 167–215, 322–345. In: (1964, *4*, 231–302).

— 1870. Traité des substitutions et des équations algébriques. Paris.

— 1877. Détermination des groupes formés d'un nombre fini de substitutions. CR *84*, 1446–1448. In: (1961, *2*, 7–8).

— 1880. Sur la détermination des groupes d'ordre fini contenus dans le groupe linéaire. Atti Accad. Nap. *8*, No. 11. In: (1961, *2*, 177–218).

— 1961. Oeuvres *1*, *2*. Paris.

— 1964. Oeuvres *4*. Paris.

Kant, Immanuel 1755. Allgemeine Naturgeschichte und Theorie des Himmels. Königsberg. Werke (Akademie Ausgabe) *1*. Berlin 1910, 215–368. Neudruck Berlin (de Gruyter) 1968.

— 1786. Die metaphysischen Anfangsgründe der Naturwissenschaften Riga. Werke (Akademie Ausgabe) *4*. Berlin 1911, 465–566. Neudruck Berlin (de Gruyter) 1968.

Kepler, Johannes 1619a. Harmonice Mundi. Frankfurt. Gesammelte Werke *6*, München 1940.

— 1619b. Strena seu de nive sexangulari. Frankfurt. Gesammelte Werke *4*, München 1941, 261–280.

— 1619/1639. Weltharmonik. Dtsch von Max Caspar. München 1939. Neudruck Wiesbaden (Sändig) 1973.

— 1619/1966. The six-cornered snowflake. Engl. von C. Hardie. Oxford 1966.

Klein, Felix 1871. Über die sogenannte Nicht-Euklidische Geometrie. MA *4*, 573–625. In: (1921. 244–305).

— 1872a. Über Liniengeometrie und metrische Geometrie. MA *5*, 257–277. In: (1921, 106–126).

— 1872b. Vergleichende Betrachtungen über neuere geometrische Forschungen. Erlangen. Auch in MA *43*, (1893), 63–100. In: (1921, 460–497).

— 1873. Über die sogenannte Nicht-Euklidische Geometrie, 2. Aufsatz. MA *6*, 112–145. In:(1921, 311–343).

— 1884. Vorlesungen über das Ikosaeder und die Auflösung der Gleichungen vom fünften Grade. Leipzig.

— 1921. Gesammelte Mathematische Abhandlungen *1*. Berlin. Neudruck Berlin – Heidelberg – New York 1973.

— ; Lie, Sophus 1870. Deux notes sur une famille de courbes et surfaces. CR *70*. In: (Lie 1934, 78–85; Klein 1921, 416–423).

— ; Lie, Sophus 1871. Über diejenigen ebenen Kurven, welche durch ein geschlossenes System von einfach unendlich vielen vertauschbaren linearen Transformationen in sich übergehen. MA *4*, 50–84. In: (Lie 1934, 229–266; Klein 1921, 424–459).

Koechlin, Maurice 1889. Applications de la statique graphique. Paris.

Kronecker; Leopold 1853. Über die algebraisch auflösbaren Gleichungen, Teil I. Mb. AWB. In: (1929, 1–11).

— 1856. dito, Teil II. Mb. AWB. In: (1929, 25–37).

— 1870. Auseinandersetzungen einiger Eigenschaften der Klassenanzahlen idealer complexer Zahlen. Mb. AWB. In: (1895, 271–282).

— 1879. Einige Entwicklungen aus der Theorie der algebraischen Gleichungen. Mb. AWB. In: (1929, 73–96).

— 1895. Mathematische Werke *1*. Leipzig.

— 1929. Mathematische Werke *4*. Leipzig

Kummer, Ernst E. 1845. Zur Theorie der complexen Zahlen. Mb. BAW. JfM *35* (1847), 319–326. Collected Papers *1*, Berlin – Heidelberg – New York 1975, 203–210.

Lagrange, Jean-Louis 1772/73 Réflexions sur la résolution algébrique des équations. Nouvelles Mémoires Académie des Science Berlin. Oeuvres *3*, Paris 1869, 203–421.

— 1781. Correspondance de Lagrange avec d'Alembert, 21.9.1781. Oeuvres *13*, Paris 1882, 368–370.

Laplace, Pierre Simon 1796. Exposition du système du monde, 2 vol. Paris. Oeuvres *6*, Paris 1886.

Lauenstein, R. 1890. Die graphische Statik. Stuttgart.[7]1902.

Laves Fritz 1931. Ebenenteilung und Koordinationszahl. Zs. Krist. *78*, 208–241.

Legendre, Adrien Marie 1794. Elements de géométrie. Paris.[10]1813

Lévy, Maurice 1874. La statique graphique et ses applications. Paris.

Lie, Sophus 1870. Über die Reciprocitätsverhältnisse des Reyeschen Komplexes. Nachr. GWG *4*, 53–66. In: (1934, 68–77).

— 1871a. Over en classe geometriske transformationer. Chr. FVS Aar 1871 (1872), 67–109. In: (1934, 105–152, dtsch.).

— 1871b. Über eine Klasse geometrischer Transformationen (Fortsetzung). Chr. FVS Aar 1871 (1872), 182–245. In: (1934, 153–210).

— 1871c. Selbstanzeige von 1871a, b. Jb. FM *3*, Jahrgang 1871 (1874). In: (1934, 212–214).

— 1871d. Zur Theorie eines Raumes von n Dimensionen. Nachr. GWG *22*, 535–557. In: (1934, 271–285).

— 1874. Über Gruppen von Transformationen. Nachr. GWG. In: (1924, 1–8).

— 1876a/b. Theorie der Transformationsgruppen, Abhandlung I, II. AfM *1*, 19–57, 152–193. In: (1924, 9–41, 42–75).

— 1878a/b. dito, Abhandlung III, IV. AfM *3*, 93–165. 375–460. In: (1924, 78–132, 136–196).

— 1880. Theorie der Transformationsgruppen I. MA *1* 441–528. In: (1927, 1–94).

— 1884. Mathematiske Middelser III af Sophus Lie. Christiania Forh. *15*. In: (1924, 499–502).

— 1888/1890/1893. Theorie der Transformationsgruppen. Unter Mitwirkung von Dr. Friedrich Engel, 3 Bde. Leipzig. Neudruck New York (Chelsea) 1970.

— 1891. Die Grundlagen für die Theorie der unendlichen kontinuierlichen Transformationsgruppen, 1. Abhandlung. Abh. GWL, 316–352. In: (1927, 300–330).

— 1895. Influence de Galois sur le développement des mathématiques. In: Le Centenaire del' Ecole Normale 1795 – 1895. Paris, 481–489. In: (1927, 592–601).

— 1924. Gesammelte Abhandlungen *5*. Christiania – Leipzig.

— 1927. Gesammelte Abhandlungen *6*. Leipzig – Oslo.

— 1934. Gesammelte Abhandlungen *1*. Leipzig – Oslo.

Listing, Johann B. 1862. Der Census räumlicher Complexe oder Verallgemeinerung des Eulerschen Satzes von den Polyedern. Abh. GGW *10*, 97–180.

Lossow, Paul von 1899. Zur Frage der Ingenieurausbildung. Zs VDI *43*, 355–361.

Mauguin, Charles 1931. Sur le symbolisme des groupes des répétition ou de symétrie des assemblages cristallins. Zs. Krist. *76*, 542–558.

Maurer, M. 1882. Statique graphique appliqué aux constructions. Paris.

Maxwell, James Clerk 1864a. On reciprocal figures and diagrams of forces. Phil. Mag. (4) *27*, 250ff. In: (1890 *1*, 514–525).

— 1864b. On the calculation of the equilibrium of stiffness of frames. Phil. Mag (4) *27*, 294ff. In: (1890 *1*, 598–604).

— 1867. On the application of the theory of reciprocal polar figures to the construction of diagrams of forces. Engineer *24*, 402.

— 1870. On reciprocal figures, frames, and diagrams of forces. Tr. RSE *26*, 1ff. In: (1890 *2*, 161–207).

— 1876. On Bow's method of drawing diagrams in graphical statics with illustrations from Peaucellier's linkage. Proc. Cam. Phil. Soc. *2*, 407ff. In: (1890 *2*, 492ff.).

— 1890. Scientific papers. Ed. W. Niven, 2 vols. Cambridge. Reprint New York (Dover) 1965.

Miller, William H. 1839. A treatise on cristallography. Cambridge.

— 1868. On the cristallographic method of Grassmann and on its employment in the investigation of the general geometric properties of crystals. Proc. Cam. Phil. Soc. *2*, 75–99.

Minkowski, Hermann 1887. Über den arithmetischen Begriff der Äquivalenz und über die endlichen Gruppen linearer ganzzahliger Substitutionen. JfM *100*, 449–458. Gesammelte Abhandlungen *1*, Leipzig 1911, 203–211. Reprint New York (Chelsea) 1967.

— 1905. Diskontinuitätsbereich für arithmetische Aequivalenz. JfM *129* 220–274. Gesammelte Abhandlungen *2*, Leipzig 1911, 53–102. Reprint New York (Chelsea) 1967.

— 1973. Briefe an David Hilbert. Hrsgg. von L. Rüdenberg und H. Zassenhaus. Berlin – Heidelberg – New York.

Minnigerode, Bernhard 1887. Untersuchungen über das Symmetrieverhalten der Krystalle. N. Jb. Min, Beilageband *5*, 145ff.

Möbius, August Ferdinand 1827. Der barycentrische Calcul. Leipzig. In: (1885, 1–388).

— 1833. Über eine besondere Art dualer Verhältnisse zwischen Figuren im Raume. JfM *10*, 317–341. In: (1885, 489–515).

— 1837. Lehrbuch der Statik, 2 Bde. Leipzig. In: (1886c).

— 1844. Über die Zusammensetzung gerader Linien und eine daraus entspringende neue Begründungsweise des barycentrischen Calculs. JfM *28*, 1–9. In: (1885, 601–612).

— 1849. Über das Gesetz der Symmetrie der Krystalle und die Anwendung dieses Gesetzes auf die Eintheilung der Krystalle in Systeme. Ber. SGW *1*, 65ff. Auch in JfM *43*, (1852). In: (1886b, 349–360).

— 1851. Über symmetrische Figuren. Ber. SGW *3*, 19–28. Auch in JfM *44* (1852). In: (1886b, 361–372).

— 1885. Gesammelte Werke *1*. Leipzig. Neudruck Wiesbaden (Sändig) 1967.

— 1886a. Theorie der symmetrischen Figuren. Aus dem Nachlaß herausgegeben von C. Reinhardt. In: (1886b, 561–708).

— 1886b. Gesammelte Werke *2*. Leipzig. Neudruck Wiesbaden (Sändig) 1967.

— 1886c. Gesammelte Werke *3*. Leipzig. Neudruck Wiesbaden (Sändig) 1967.

— 1887. Gesammelte Werke *4*. Leipzig. Neudruck Wiesbaden (Sändig) 1967.

Mohr, Otto 1874. Beitrag zur Theorie des Fachwerks. Zeitschrift des Architekten- und Ingenieur-Vereins Hannover, 509–526, 609f.

— 1875. Die graphische Statik und das graphische Rechnen. CI *21*, 229–238.

— 1882. Über die Darstellung des Spannungszustandes und des Deformationszustandes eines Körperelementes und über die Anwendung derselben in der Festigkeitslehre. CI *28*, 113–156.

— 1897. Zur Frage der Ingenieurerziehung. Zs VDI *41*, 113–115.

Mohs, Friedrich 1822/24. Grundriss der Mineralogie, 2 Bde. Dresden. Engl. von W. Haidinger, 3 Bde. Edinburgh 1825.

— 1823. On the crystallographic discoveries and systems of Mohs and Weiss. EPhJ *8*, 275–290.

— 1832. Leichtfassliche Anfangsgründe der Naturgeschichte des Mineralienreiches. Wien.

Müller-Breslau, Heinrich 1881. Elemente der graphischen Statik der Bauconstructionen für Architekten und Ingenieure. Berlin.

— 1891/92. Beitrag zur Theorie des räumlichen Fachwerkes. Zentralblatt der Bauverwaltung *11*, 437ff.

Naumann, Carl F. 1824. Über plagiobarische Krystallsysteme. Isis (Jena) *9*, 954–959.

— 1826. Grundriss der Krystallographie. Leipzig.

Navier, C. Louis Marie Henry 1826. Résumé des leçons données à l'Ecole Royale des Ponts et Chaussées sur l'application de la mécanique à l'établissement des constructions et des machines. Paris ([2]1833–1836; [3]1864 Ed.: B. de Saint Venant)

— 1826/1851. Mechanik der Baukunst (Ingenieur-Mechanik) oder Anwendung der Mechanik auf das Gleichgewicht von Bau-Constructionen. Dtsch. von G. Westphal. Hannover 1851.

Neumann, Franz Ernst 1823. Beiträge zur Krystallonomie. Berlin. In: (1928, 175–323).

— 1826. De lege zonarum, principio evolutionis systemarum cristallinorum, pars I. Berlin. In: (1928, 323–552).

— 1928. Gesammelte Werke *1*. Leipzig. Neudruck Nendeln (Kraus) 1979.

Niggli, Paul 1919. Geometrische Kristallographie des Diskontinuums. Leipzig. Neudruck Wiesbaden (Sändig) 1973.

— 1928. Handbuch der Experimentalphysik: Kristallographische und Strukturtheoretische Grundbegriffe. Leipzig.

Niggli, Paul; Nowacki, W. 1935. Der arithmetische Begriff der Kristallklasse und die darauf fußende Ableitung der Raumgruppen. Zs. Krist. *91*, 321–335.

Oersted, Hans Christian 1920. Correspondance avec divers savants *1*. Ed. M. C. Harding. Kopenhagen.

Ott, Karl von 1870. Das graphische Rechnen und die graphische Statik. Prag.

— 1884/85. Grundzüge der graphischen Statik, 2 Bde. Prag.

Padeletti, D. 1879. Studi sui diagrammi reciprochi. Giornale di Matematica *17*, 339ff.

Pirlet, J. 1909. Fehleruntersuchungen bei der Berechnung mehrfach statisch unbestimmter Systeme. Dissertationsschrift Aachen.

Plücker, Julius 1835. System der analytischen Geometrie; auf neue Betrachtungsweisen gegründet, und insbesondere eine ausführliche Theorie der Kurven dritter Ordnung enthaltend. Berlin.

— 1868. Neue Geometrie des Raumes, gegründet auf die Betrachtung der geraden Linie als Raumelement, Teil I. Leipzig.

— 1869. dito, Teil II. Hrsg. F. Klein. Leipzig.

Poincaré, Henry 1882. Théorie des groupes fuchsiennes. Acta Mathematica *1*, 1–62. Oeuvres *2*, Paris 1952, 108–168.

Poinsot, Louis. 1804. Eléments de statique. Paris.

— 1851. Théorie nouvelle de la rotation des corps. JdM *16*, 9–129, 289–336.

Pólya, Georg 1924. Über die Analogie der Krystallsymmetrien in der Ebene. Zs. Krist. *60*, 278–282. Collected Papers *4*, 1984.

Poncelet, Jean Victor 1822. Traité des propriétés projectives des figures. Paris.²1865.

— 1829a. Cours de mécanique industrielle, professées de 1828 à 1829. 2e partie, redigée par Capitaine Gosselin. Metz.

— 1829b. Théorie générale des polaires réciproques. JfM *4*, 1–71.

Rankine, William John Macquorn 1858. A manual of applied mechanics. London – Glasgow.²1869.

— 1864. Principle of the equilibrium of polyhedral frames. Phil. Mag. (4) *27*, 92.

Reinhardt, K. 1928. Zur Zerlegung der Euklidischen Räume in kongruente Polytope. SB. PrAW, 150–155.

v. Reusch 1869. Über Glimmerkombinationen. Mb. AWB, 530. Ann. Phys. *138*, 628.

Reye, Theodor 1868. Geometrie der Lage. Hannover.⁵1909.

Riedler, Alois 1895. Zur Frage der Ingenieurerziehung. Zs. VDI *39*, 951–959.

— 1896. Die Ziele der technischen Hochschule. Zs. VDI *40*, 301–309, 337–346, 376–382.

Riemann, Bernhard 1854/1867. Ueber die Hypothesen, welche der Geometrie zu Grunde liegen. Habilitationsvortrag Göttingen 1854. Abh. GGW *13* (1867). In: (1892, 272–287).

— 1857. Theorie der Abelschen Funktionen. JfM *54*, 115–155. In: (1892, 86–144).

— 1857/1876. Zwei allgemeine Lehrsätze über lineare Differentialgleichungen mit algebraischen Koeffizienten (Nachlaßnotiz aus dem Februar 1857). Gesammelte Werke und wissenschaftlicher Nachlaß, Leipzig 1876. In: (1892, 379–390).

— 1892. Gesammelte Werke und wissenschaftlicher Nachlaß. Hrsg. R. Dedekind, H. Weber. Leipzig 1876. Zweite, erweiterte und verbesserte Auflage Leipzig 1892. Neudruck New York (Dover) 1953. Neudruck mit Kommentaren von N. Narasinham, Berlin – Heidelberg – New York – Tokyo (Springer) 1986.

Rieppel, A. 1897. Die Thalbrücke bei Müngsten. Zs. VDI *41*, 1321–1329, 1373–1378, Nachtrag *50*, Tafel 25, Textblatt 7–9.

Ritter, Wilhelm 1888-1906. Anwendungen der graphischen Statik. Teil *1* (1888), *2* (1890), *3* (1900), *4* (1906). Zürich.

Rodrigues, Olinde 1840. Des lois géométriques qui régissent les déplacements d'un système solide dans l'espace. JdM *5*, 380–440.

Rohn, K. 1899. Krystallstructur und regelmässige Punktgruppen. Ber. SGW *51*, 445–455.

— 1900. Einige Sätze über regelmässige Punktgruppen. MA *53*, 440–449.

Romé de l'Isle, Jean Baptiste Louis 1772. Essai de cristallographie. Paris.

— 1783. Cristallographie, ou déscription des formes propres à tous les corps du règne minéral dans l'état de combinaison saline, pierreuse ou métallique. Paris.

Ruffini, Paolo 1799. Teoria generale dell equazioni, in cui si dimostra impossibile la soluzione algebraica delle equazioni generali di grado superiore al quarto, 2 vol. Bologna. Opere Matematiche *1*, Palermo 1915, 1–324.

Salmon, George; Fiedler Wilhelm. 1863/1865. Analytische Geometrie des Raumes von G. Salmon. Deutsch bearbeitet von W. Fiedler. 2 Bde. Leipzig. ^{3}1879/1880; ^{4}1898 (nur Band *1*).

Saviotti, C. 1885. Nouvelles méthodes pour le calcul des travures réticulaires. Appendice à (Cremona 1885). Traduit par L. Bossut. Paris.

— 1888. La statica grafica. Milano.

Schelling, Friedrich Wilhelm 1798. Von der Weltseele. Hamburg. Sämmtliche Werke *1.2*. Stuttgart - Augsburg 1857, 345ff. Neudruck (Schriften von 1794–1798) Darmstadt (Wissenschaftliche Buchgesellschaft) 1975, 399ff.

— 1799. Erster Entwurf eines Systems der Naturphilosophie. Sämmtliche Werke *1.3*. Stuttgart - Augsburg 1858, 1ff. Neudruck (Schriften von 1799–1801) Darmstadt (Wiss. Buchges.) 1967.

Schlesinger, Josef 1870. Die darstellende Geometrie im Sinne der neueren Geometrie für Schulen technischer Richtungen. Wien.

Schleusner, A. 1938. Das Prinzip der virtuellen Verrückungen und die Variationsprinzipien der Elastizitätstheorie. Der Stahlbau *11* (24), 185–192.

Schoenflies, Arthur 1886. Beweis eines Satzes über Bewegungsgruppen. Nachr. GWG *15*, 497–503.

— 1887a/b. Über Gruppen von Bewegungen; 1. u. 2. Abhandlung. MA *28*, 319–342; *29*, 50–80.

— 1888a. Ueber reguläre Gebietstheilungen des Raumes. Nachr. GWG, 223–237.

— 1888b. Beitrag zur Theorie der Krystallstructur. Nachr. GWG, 483–501.

— 1889. Über Gruppen von Transformationen des Raumes in sich. MA *34*, 172–203.

— 1890. Über das gegenseitige Verhältnis der Theorien über die Struktur der Krystalle. Nachr. GWG, 239–250.

— 1891a. Krystallsysteme und Krystallstruktur. Leipzig. Neudruck Berlin – Heidelberg – New York – Tokyo (Springer) 1984.

— 1891b. Krystallsysteme und Krystallstruktur (Selbstanzeige). GgA *153*, 1003–1020.

— 1892a. Bemerkungen über die Theorien der Krystallstructur. Zs. ph. Ch. *9*, 158–170.

— 1892b. Antwort auf den Artikel des Herrn Sohncke: Zwei Theorien der Krystallstructur. Zs. ph. Ch. *10*, 517–525.

— 1905. Symmetrie und Struktur der Krystalle. Teil B in: [Liebisch/Mügge/Schoenflies 1905, 437–478].

— 1923. Theorie der Kristallstruktur – ein Lehrbuch. Berlin.

— ; Fedorov, E.S. 1970/71. Briefwechsel. Siehe (Fedorov/Schoenflies 1970/71) oder [Burckhardt 1970/71].

Schreier, Otto 1926. Über die Erweiterung von Gruppen. Monatshefte Mathematik und Physik *34*, 165–180.

— 1928. Über die Erweiterung von Gruppen II. Abhandlungen Mathematisches Seminar Universität Hamburg *4*, 321–346.

Seeber, Ludwig 1824. Versuch einer Erklärung des inneren Baus der festen Körper. Ann. Phys. *76*, 229–248, 349–372.

— 1831. Untersuchungen über die Eigenschaften der positiven ternären quadratischen Formen. Freiburg.

Serret, Joseph Alfred 1866. Cours d'algèbre. 3e édition, 2 vol. Paris.

Shaw, H.S.H. 1892. Second report on the development of graphic methods in mechanical science. Report of the Annual Meeting of the British Society for the Advancement of Science. London, 373–531.

Sinogowitz, U. 1938. Die Kreislagen und Packungen kongruenter Kreise in der Ebene. Zs. Krist. *100*, 461–508.

Sohncke, Leonhard 1867. Die Gruppierung der Moleküle in den Krystallen. Ann. Phys. *132*, 75ff.

— 1874. Die regelmässigen ebenen Punktsysteme von unbegrenzter Ausdehnung. JfM *77*, 47–101.

— 1876a. Die unbegrenzten regelmässigen Punktsysteme als Grundlage einer Theorie der Krystallstructur. Karlsruhe.

— 1876b. Zur Theorie des optischen Drehvermögens von Krystallen. MA *9*, 504–529.

— 1879. Entwickelung einer Theorie der Krystallstruktur. Leipzig.

Stäckel, Paul 1902. Ueber die Entwicklung des Unterrichtsbetriebes in der angewandten Mathematik an den deutschen Universitäten. Jb. DMV *11*, 26–37.

— 1904. Angewandte Mathematik und Physik an den deutschen Universitäten. Jb. DMV *13*, 313–341.

— 1914. Die mathematische Ausbildung der Ingenieure in den verschiedenen Ländern. Jb. DMV *23*, 149–169.

— 1915. Die mathematische Ausbildung der Architekten, Chemiker und Ingenieure an den deutschen Technischen Hochschulen. Abh. IMUK *4.9*. Leipzig.

Staudt, Karl Christian von 1847. Geometrie der Lage. Nürnberg.

— 1856–1860. Beiträge zur Geometrie der Lage, 3 Bde., *1* (1856), *2* (1857), *3* (1860). Nürnberg.

Steiner, Jacob 1832. Systematische Entwicklung der Abhängigkeiten geometrischer Gestalten voneinander. Berlin. Gesammelte Werke *1*. Berlin 1881, 229–458.

Stensen, Nils 1669. De solido intra solidum naturaliter contento dissertationis prodromus. Florenz.

Stodola, Aurel 1897. Die Beziehungen der Technik zur Mathematik. Zs. VDI *41*, 1257–1260.

Varignon, Pierre 1725. Nouvelle mécanique ou statique, 2 vol. Paris.

Verein Deutscher Ingenieure (VDI) 1895a. Bericht über die Ingenieurlaboratorien und die Gestaltung des Unterricht an den technischen Hochschulen. Zs. VDI *39*, 1212–1216.

— 1895b. Eingabe wegen der Einrichtung und weiteren Ausbildung von Ingenieurlaboratorien. Zs. VDI *39*, 1421f.

Vessiot, E.; Tannenberg, W. de 1889. Comptes rendus et analyses — Lie, S. Theorie der Transformationsgruppen, 1. Abschnitt .... BSM (2) *13*, 113–148.

Weber, Heinrich 1893. Die allgemeinen Grundlagen der Galois'schen Gleichungstheorie. MA *43*, 521-549.

Weisbach, Julius 1846. Lehrbuch der Ingenieur- und Maschinenmechanik. Ohne Anwendung des höheren Calcüls für den Unterricht an technischen Lehranstalten sowie den Gebrauch für Techniker bestimmt. Braunschweig.

Weiß, Christian Samuel 1804. Dynamische Ansicht der Krystallisation. In: (Haüy 1804, 365–389).

— 1809. De indigando formarum cristallorum caractere geometrico principali. Leipzig. Frz. von A. Brochant de Villiers: Mémoire sur la détermination du charactère géométrique principal des formes cristallines. Journal des Mines *29* (1811), 349–391, 401–444.

— 1815. Übersichtliche Darstellung der verschiedenen natürlichen Abtheilungen der Krystallisationssysteme. Abh. AWB aus den Jahren 1815, Berlin 1818, 289–336.

— 1816. Krystallographische Fundamentalbestimmung des Feldspaths. Abh. AWB 1816 (1819), 231–281.

— 1817. Ueber eine verbesserte Methode für die Bezeichnung der verschiedenen Flächen eines Krystallisationssystems, nebst Bemerkungen über den Zustand der Polarisierung der Seiten in den Linien der krystallinischen Structur. Abh. AWB 1817 (1819), 287–336.

— 1819. Betrachtung der Dimensionsverhältnisse in den Hauptkörpern des sphäroedrischen Systems und ihren Gegenkörpern, im Vergleich mit den harmonischen Verhältnissen der Töne. Abh. AWB 1819 (1820), 227–241.

— 1820. Ueber mehrere neubeobachtete Krystallflächen des Feldspathes und die Theorie seines Krystallsystems im Allgemeinen. Abh. AWB 1820 (1822), 145–184.

— 1823. On the methodical and natural distribution of the different systems of crystallisation. EPhJ *8*, 103–110.

— 1920. Briefwechsel mit H.C. Oerstedt aus den Jahren 1832 bis 1834. In: (Oersted 1920, 298–343).

Werner, Abraham Gottlob 1774. Von den äusseren Kennzeichen der Fossilien. Leipzig.

Weyrauch, Jacob 1874. Die graphische Statik – Historisches und Kritisches. Zs MuP *19*, 361–390.

Whewell, William. 1825. A general method of calculating the angles made by any planes of crystals. Phil. Tr. RSL.

Wiener, Christian 1869. Grundzüge der Weltordnung. 2. Auflage. Leipzig.

Winkler, Emil. 1872. Vorträge über Brückenbau. Theorie der Brücken. 1. Heft. Aeussere Kräfte gerader Träger. Wien.²1875.

— 1879/80. Lage der Stützlinie im Gewölbe. Deutsche Bauzeitung (1879), 117–119, 127–130; (1880), 58–60.

Wulff, G. 1890. (Referate zu 5 Arbeiten Fedorovs: Fedorov 1885, 1885–87, 1889 u.a.). Zs Kryst. *17*, 610–618.

Zassenhaus, Hans 1948. Über einen Algorithmus zur Bestimmung der Raumgruppen. CMH *21*, 117–141.

Zeuthen, Hieronymus G. 1877a. Ovelser i grafisk statik. Tidsskrift for Mathematik (4) *1*, 21ff.

— 1877b. Anvendelse af en saetning of Maxwell tal at finde de billigste Byningskonstruktioner. Den. Tekniske Forenings Tidsskrift, 104ff.

Fachliteratur

Ackeret, Jakob 1957. Vorrede zu den Commentationes mechanicae ad theoriam machinarum pertinentes. In: L. Euler. Opera Omnia (2) *15*. Basel–Stuttgart, VII–LX.

Aleksandrov, Aleksandr D. 1958. Konvexe Polyeder. Berlin.

Alexandrov, Paul S. (Hrsg.) 1976. Problemy Gil'berta. Moskva 1969. Dtsch. von H. Bernhardt, W. Purkert u.a. Die Hilbertschen Probleme. Ostwalds Klassiker *252*. Leipzig 1976, ³1983.

Allardice, R. E. 1892. The barycentric calculus of Möbius. Proc. EMS *10*, 2–21.

Arnold, D. H. 1983/84. The 'Mécanique Physique' of Siméon Denis Poisson: The evolution and isolation in France of his approach to physical theory. AHES *28*, 243–367; *29*, 37–307.

Ascher, E.; Janner, A. 1965. Algebraic aspects of crystallography I. Space groups as extensions. Helvetica Physica Acta *38*, 551–572.

Bachmann, Ludwig 1923. Zahlentheorie. Versuch einer Gesamtdarstellung dieser Wissenschaft in ihren Haupttheilen. Bd. *4.2*. Die Arithmetik der quadratischen Formen, Teil II. Leipzig. Neudruck New York (Johnson) 1968.

Bašmakova, Isabella 1960. Le théorème fondamental de l' algèbre et la construction des corps algébriques. AIHS *13*, 211–222.

Bekemeier, Bernd; Jahnke, Hans-Niels; Lohmann, Ingrid; Otte, Michael; Schminnes, Bernd 1982. Wissenschaft und Bildung im frühen 19. Jahrhundert. 2 Bde. IDM Materialien und Studien *27*, *30*. Bielefeld.

Belhoste, Bruno 1985. Cauchy (1789–1857). Un mathématicien légitimiste au XIXe siècle. Paris.

Belov, N.V.; Šafranovskij, I.I. 1962. E. S. Fedorov, 1853–1919. In [Ewald 1962, 341–351].

Bialas, Volker 1982. Erdgestalt, Kosmologie und Weltanschauung. Stuttgart.

Birembaut, Arthur 1970. August Bravais. DSB *2*, 430–432.

Braun, Hans-Joachim 1976. Methodenprobleme der Ingenieurwissenschaft, 1850–1900. In: P. Lundgreen (Hrsg.). Zum Verhältnis von Wissenschaft und Technik ..., Report Wissenschaftsforschung *7*, Bielefeld 1976, 128–160. Auch in: TG *44* (1977), 1–18.

Brinkmann, R. 1978. Romantik in Deutschland. Ein interdisziplinäres Symposion. Stuttgart.

Brock, W. 1975. Geometry and universities: Euclid and his modern rivals 1860–1901. History of Education *4*(2), 21–36.

Brown, Harold; Bülow, Rolf; Neubüser, Joachim; Wondratschek, Hans; Zassenhaus, Hans 1978. Crystallographic groups of four-dimensional space. New York.

Buchheim, Gisela 1978. Zur Wechselwirkung von Naturwissenschaften und Techmnikwissenschaften in ihrer historischen Entwicklung. NTM *15*, 113–119.

— 1983. Zur Entwicklung der Technikwissenschaften zwischen 1871 und 1971. In: [G. Wendel 1983, 43–53].

— ; Mauersberger, Klaus 1982. Zur Herausbildung der Technikwissenschaften in der Zeit der industriellen Revolution. In: G. Wendel (Hrsg.). Beiträge zur Wissenschaftsgeschichte. Die Zeit der industriellen Revolution. Berlin, 167–182.

— ; Sonnemann, Rolf 1985. Zur Geschichte der Technikwissenschaften in der DDR — einleitende Bemerkungen. NTM *22* (2), 19–24.

Buerger, Martin 1963. Elementary crystallography. An introduction to the fundamental geometrical features of crystals. Revised edition from original edition 1956. New York. Paperback Cambridge (Mass.) 1978.

Burckhardt, Johann Jakob 1947. Die Bewegungsgruppen der Kristallographie. Basel.[2]1966.

— 1967/68. Zur Geschichte der Entdeckung der 230 Raumgruppen. AHES *4*, 235–246.

— 1969. Über die Entdeckung der Parallelоeder. Janus *56*, 241–243.

— 1970. Der Briefwechsel von E. S. Fedorow und A. Schoenflies, 1889–1908. AHES *7*, 91–141.

— 1984. Die Entdeckung der 32 Kristallklassen durch M. L. Frankenheim im Jahre 1826. N. Jb. Min. Monatshefte *31*, 481f.

— 1985a. Paul Nigglis Verdienste um die Herausgabe des Buches "Die Bewegungsgruppen der Kristallographie". VjS. NGZ *130*, 115–117.

— 1985b. René Just Haüy und das Symmetriegesetz. Manuskript. Erscheint in einem von I.I. Šafranovsky herausgegebenen Band über Symmetrie.

— 1988. Die Symmetrie der Kristalle. Von René Just Haüy zur kristallographischen Schule in Zürich. Mit einem Beitrag von Erhard Scholz. Basel.

Burke, John G. 1966. Origins of the science of crystals. Berkeley – Los Angeles.

— 1974. Mohs, Friedrich. DSB *9*, 447–449.

— 1975. Sohncke, Leonhard. DSB *12*, 511f.

Burmester L. 1922. Geschichtliche Entwicklung des krystallographischen Zeichnens. Zs. Krist. *57*, 21ff.

Burstall, Aubrey F. 1963. A history of mechanical engineering. London.

Caneva, Kenneth L. 1978. From galvanism to electrodynamics: The transformation of German physics and its social context. HSPS *9*, 63–159.

Cardwell, D. S. L; Hills, Richard 1976. Thermodynamics and practical engineering in the nineteenth century. History of Technology *1*, 1–20.

Chandler, Bruce; Magnus, Wilhelm 1982. History of combinatorial group theory: A case study in the history of ideas. Berlin – Heidelberg – New York – Tokyo.

Chanell, David F. 1982. The harmony of theory and practice: The engineering science of W. J. M. Rankine. T&C *23*, 39–52.

Crowe, Michael M.J. 1967. A history of vector analysis. London.

Dahan, Amy 1980/81. Les travaux des Cauchy sur les substitutions. Etude de son approche du concept du groupe. AHES *23*, 279–319.

Dahan-Dalmedico, Amy 1985. La mathématisation de la théorie de l' élasticité par A.L. Cauchy et les deébats dans la physique mathématique franąise (1800-1840). Science et Technique en Perspective *9*, 1–100.

Dauben, Joseph 1980. The development of Cantorian set theory. In: [Grattan-Guinness 1980, 181–219].

— 1981. Mathematical perspectives. Essays on mathematics and its historical development. New York - London.

Deas, Herbert 1959. Cristallography and cristallographers in England in early nineteenth century: A preliminary survey. Centaurus *6*, 129–148.

Delone, B. N. 1976. Zum achtzehnten Hilbertschen Problem. In: [Alexandrov 1976, 254–258].

Dieudonné, Jean 1973. Jordan, Camille. DSB *7*, 167–169.

— 1974. Cours de l'géométrie algébrique, t. *1*. Aperçu historique sur la dévelopment de l'géométrie algébrique. Paris.

— (Ed.) 1978. Abrégé d'histoire des mathématiques 1700–1900, 2 vol. Paris.

Dugac, Pierre 1973. Eléments d'analyse de Karl Weierstrass. AHES *10*, 41–176.

— 1978. Fondements d'analyse. In: [Dieudonné 1978, *1*, 335–392].

Eccarius, Wolfgang 1976. August Leopold Crelle als Herausgeber des Crelleschen Journals. JfM 286/287, 5–25.

— 1977. August Leopold Crelle als Förderer bedeutender Mathematiker. Jb. DMV *79*, 137–174.

Edwards, Harold M. 1980. The genesis of ideal theory. AHES *23*, 321–378.

Egermann, Ralph; Wagner, Rosemarie 1987. Die ersten Drahtkabelbrücken. Beispiele konstruktiver Ingenieurtätigkeit in der Entwicklung des Bauingenieurs zum eigenständigen Berufsstand. Düsseldorf.

Elkana, Yehuda (Ed.) 1974. The interaction between science and philosophy. Atlantic Highlands.

Engel, Friedrich 1911. Graßmanns Leben. In: Hermann Graßmanns gesammelte mathematische und physikalische Werke, Band *3.2*. Leipzig. Neudruck New York (Johnson) 1972.

Engel, Peter 1984. The non characteristic orbits of space groups. Historical remarks. Zs. Krist., Supplement *1*, 209–211.

— 1986. Geometric crystallography. An axiomatic introduction to crystallography. Dordrecht - Boston - Lancaster - Tokyo.

Engelhardt, Dietrich von 1978. Bibliographie der Sekundärliteratur zur romantischen Naturforschung und Medizin 1950–1975. In: [Brinkmann 1978, 307–330].

— 1981. Zu einer Sozialgeschichte der romantischen Naturforschung. Sudhoffs Archiv *65*, 209–225.

Eulen, Focko 1969. Die Technologie als ökonomische und technische Wissenschaft an deutschen Universitäten des 18. Jahrhunderts. TG *36*, 245–256.

Everitt, C.W.F. 1974. Maxwell, James Clerk. DSB *9*, 198–230.

Ewald, Peter Paul 1962a. William Henry Bragg and the new cristallography. Nature *195*, 320–325.

— (Ed.) 1962b. Fifty years of X-ray diffraction. Utrecht.

Fabian, Eginhard 1986. Die Entdeckung der Kristalle. Leipzig (VEB Deutscher Verlag für die Grundstoffindustrien).

Favaro, Anton 1881. Justus Bellavitis, eine Skizze seines Lebens und wissenschaftlichen Werkes. Zs. MuP *26*, 153–169.

Fischer, Emil 1962. Christian Samuel Weiss und seine Bedeutung für die Entwicklung der Kristallographie. Wissenschaftliche Zeitschrift der Humboldt Universität Berlin *11*, 249–255.

— 1963. Christian Samuel Weiss und die zeitgenössische Philosophie (Fichte, Schelling). Forschungen und Fortschritte *37*, 141–143.

Forbes, Eric 1975. Die Entwicklung der Navigationswissenschaft im 18. Jahrhundert. Rete *2*, 307–321.

Forman, Paul 1969. The discovery of the diffraction of X-rays by crystals. AHES *6*, 38–71.

— 1970. Bragg, William Henry. DSB *2*, 397–400.

Fox, Robert 1970. The Laplacian programme for physics. BANCRA, *48*, 429–437.

— 1974. The rise and fall of Laplacian physics. HSPS *4*, 89–136.

Freudenthal, Hans 1973. Lie, Marius Sophus. DSB *8*, 323–327.

— 1974. The impact of von Staudt's foundations of geometry. In: R. S. Cohen (Ed.). For Dirk Struik. Dordrecht, 189–200.

— 1975. Schoenflies, Arthur Moritz. DSB *12*, 195–196.

Galiulini, R. V.; Senechal, Marjorie 1984. An introduction to the theory of figures: The geometry of E. S. Fedorov. Structural Topology *10*, 5–22.

Gillispie, Charles 1957. The natural history of industry. Isis *48*, 398–407. Auch in: [Musson 1972/1977, 137–152].

Goodman, D. C. 1969. Problems in crystallography in early nineteeth century. Ambix *16*, 152–166.

Grabiner, Judy 1981. The origins of Cauchy's rigorous calculus. Cambridge (Mass.).

Grattan-Guiness, Ivor (Ed.) 1978. From the calculus to set theory, 1630–1910. An introductory history. London.

— 1981. Mathematical physics in France, 1800–1840. In: [Dauben 1981, 95–138].

— 1984. Work for the workers: Advances in engineering mechanics and instruction in France, 1800–1830. An. Sci. *41*, 1–33.

Gray, Jeremy J. 1979. Ideas of space. Euclidean, noneuclidean, and relativistic. Oxford.

— 1980. Olinde Rodrigues' paper of 1840 on transformation groups. AHES *21*, 375–385.

— 1986. Linear differential equations and group theory from Riemann to Poincaré. Boston – Basel – Stuttgart.

— 1987. Projective geometry and the axiomatisation of mathematics. Topics in the history of mathematics. Open university course MA 290, unit 15. Milton Keynes.

Greitzer, Samuel 1971. Cremona, Antonio Luigi Gaudenzi Giuseppe. DSB *3*, 467–469.

Groth, Paul 1926. Entwicklungsgeschichte der mineralogischen Wissenschaften. Berlin. Neudruck Wiesbaden 1970.

Grünbaum, Branko; Shepard, G.C. 1986. Tilings and patterns. New York.

Guldberg, Alf 1913. Verzeichnis über den wissenschaftlichen Nachlaß von Sophus Lie. Zweite Mitteilung. Videnskabs-Selskabets Skrifter, Math. Naturw. Kl. 1913, No. 5. Christiania. (Für 1. Mitteilung siehe [Størmer 1905]).

Hahn, Theo (Ed.) 1983. International tables for cristallography, vol. *4*. Space group symmetry. Dordrecht - Boston. (Für vol. *1*, siehe [Henry/Lonsdale 1969]).

Hänseroth, Thomas 1985. Die "Mechanik der Baukunst" — Zum 150. Todestag des Begründers der Baumechanik L. M. H. Navier (1785–1836). NTM *22* (2), 33–41.

Hallet, Michael 1979. Towards a theory of mathematical research programmes. British Journal for the Philosophy of Science *30*, 1–25, 135–159.

Hamilton, S. B. 1952. The historical development of structural theory. Proceedings of the Institution of Civil Engineers *1*, 374–419.

— 1958. Building materials and techniques. In: [Singer 1958, 466–498].

Hartenberg, R. S. 1971. Culmann, Karl. DSB *3*, 495–497.

Hartkopf, Werner 1970/71. Die Dialektik der Natur bei Schelling. Hegel-Jahrbuch, 164–169.

Hartshorne, Robin 1967. Foundations of projective geometry. New York.

Hawkins, Thomas 1970. Lesbesgue's theory of integration. Madison.

— 1975. Cauchy and the spectral theory of matrices. HM *2*, 1–29.

— 1980. The origins of modern theories of integration. In: [Grattan-Guinness 1980, 149–180].

— 1982. Wilhelm Killing and the structure of Lie algebras. AHES *26*, 127–192.

— 1984. The Erlanger Programm of Felix Klein: Reflections on its place in the history of mathematics. HM *11*, 442–470.

Heinrich, B. 1979. Am Anfang war der Balken; zur Kulturgeschichte der Steinbrücke. Kulturgeschichte der Naturwissenschaften und der Technik *2*. München (Deutsches Museum).

Henneberg, Lebrecht 1903. Die graphische Statik der starren Körper. EMW *4.1*, 345–434.

Hensel, Susann 1987a. Die Auseinandersetzungen um die mathematische Ausbildung der Ingenieure an den Technischen Hochschulen Deutschlands Ende des 19. Jahrhunderts. Dissertation Karl-Marx-Universität Leipzig. Maschinenschrift.

— 1987b. Anlage zur Dissertation (1987a). Leipzig. Maschinenschrift.

Hensel, Susann; Purkert, Walter 1986. Zur Rolle der Mathematik bei der Entwicklung der Technikwissenschaften, Teil I. Dresdener Beiträge zur Geschichte der Technikwissenschaften *11*, 3–53.

— 1986/87. dito, Teil II. Manuskript.

Henry, N. F. M.; Lonsdale, K. (Eds.) 1969. International tables for X-ray cristallography, vol. *1*. Symmetry groups. Birmingham, 3rd. edition. (Für vol. *4*, siehe [Hahn 1983]).

Herivel, John W. 1966. Aspects of French theoretical physics in the 19th century. BJHS *3*, 109–132.

Hermann, Armin 1973. Laue, Max von. DSB *8*, 50–53.

— 1976. Dynamismus und Atomismus. Die beiden Systeme der Physik in der ersten Hälfte des 19. Jahrhunderts. Erkenntnis *10*, 311–322.

— 1977. Schelling und die Naturwissenschaften. TG *44*, 47–53.

Hertwig, A. 1941. Die Entwicklung der Statik der Baukonstruktionen im 19. Jahrhunderts. TG *30*, 82–98.

Heyman, Jaques 1972. Coulomb's mémoire on statics. Cambridge.

Hofmann, Karl H. 1983. On Sophus Lie's fundamental theorems I. Indagationes Mathematicae *45*, 453–466.

— 1985. Semigroups in the 19th century? A historical note. Preprint No. 874, Fachbereich Mathematik, Technische Hochschule Darmstadt.

Holser, William T. 1970. Barlow, William. DSB *1*, 460–463.

— 1976. Weiss, Christian, Samuel. DSB, *14*, 239–242.

Hoykaas, R. 1952. The species concept in eighteenth-century mineralogy. AIHS *31*, 45–55.

International tables for cristallography. Für vol. *1* siehe [Hahn 1983], für vol. *4* [Henry/Lonsdale 1969].

Jahn, Ilse; Löther, Rolf; Senglaub, Konrad (Hrsg.) 1982. Geschichte der Biologie. Theorien, Methoden, Institutionen und Kurzbiographien. Jena.

Jahnke, Hans-Niels 1982. Zum Verhältnis von Bildung und wissenschaftlichem Denken am Beispiel der Mathematik. Eine Kontroverse um den mathematischen Lehrplan der preußischen Gymnasien 1829–30 und ihr methodologischer Kontext. In [Bekemeier u.a. 1982, *1*, 3–228].

Johnson, Dale 1979. Invariance of dimension. AHES *20*, 97–188.

Kißler, Gerhard 1974. Wechselbeziehungen zwischen Kristallographie und Geometrie zu Beginn des 19. Jahrhunderts. Dissertation TU München. Maschinenschrift.

Klein Felix 1926/1927. Vorlesungen über die Entwicklung der Mathematik im 19. Jahrhundert, 2 Bde. Berlin. Neudruck New York (Chelsea) 1967. Neudruck Berlin – Heidelberg – New York – Tokyo (Springer) 1979.

Klemm, Friedrich 1954. Technik. Eine Geschichte ihrer Probleme. Freiburg – München.

— 1966. Die Rolle der Mathematik in der Technik des 19. Jahrhunderts. TG *33*, 72–90.

Klemm, Martin 1982. Symmetrien von Ornamenten und Kristallen. Berlin – Heidelberg – New York – Tokyo.

Kötter, Ernst 1901. Die Entwicklung der synthetischen Geometrie von Monge bis auf Staudt (1847). Jb. DMV *5* (2), 1–486.

Krafft, Fritz 1971. Geschichte der Nturwissenschaften *1*. Die Begründung einer Wissenschaft von der Natur durch die Griechen. Freiburg.

Krimmel, Bernd e.a. 1986. Symmetrie in Kunst, Natur und Wissenschaft. Ausstellungskatalog Mathildenhöhe Darmstadt, 1. Juni bis 24. August 1986, Band *1* — Texte. Darmstadt.

Kuhn, Thomas 1976. Mathematical versus experimental traditions in the development of physical sciences. Journal of Interdisciplinary History *7*, 1–31.

Kurrer, Karl-Eugen 1981. Gewölbetheorien im 19. Jahrhundert. Teil B, Diplomarbeit Fachbereich 7 TU Berlin. Maschinenschrift.

— 1985a. Das Verhältnis von Bautechnik und Statik. Bautechnik *62*, 1-4.

— 1985b. Zur Geschichte der Theorie der Nebenspannungen in Fachwerken. Otto Mohr zum 150. Geburtstag. Ebda., *62*, 325–330.

— 1987a. Beitrag zur Enwicklung des Kraftgrößenverfahrens. Ebda. *64*, 1–8.

— 1987b. Die Baustatik in Frankreich und Deutschland im frühen 19. Jahrhundert. Humanismus und Technik (Jahrbuch Mai 1987), 1–24.

— 1987c. Konstruktiver Ingenieurbau. In: T. Buddensieg (Hrsg.). Wissenschaften in Berlin: Begleitband zur Ausstellung "Der Kongreß Denkt" vom 14. Juni bis 1. November 1987. Berlin, 178–183.

Lakatos, Imre 1976. Proofs and refutations. The logic of mathematical discovery. Cambridge.

— 1980. The methodology of scientific research programmes. Philosophical Papers *1*. Cambridge.

Laue, Max von 1952. Historical introduction. In: [Henry/Lonsdale 1952/1969, 1–5].

Lesbesgue, Henry 1923. Notice sur la vie et les travaux de Camille Jordan (1838–1922). Mém. AS (2) *58*, 29–66. Oeuvres de Camille Jordan *4*, Paris 1964, X–XXXIII.

Liebisch, Th.; Mügge, O.; Schoenflies, Arthur 1905. Krystallographie. EMW *5.7*, 391–492.

Lindemann, Ferdinand 1896. Zur Geschichte der Polyeder und der Zahlzeichen. Sb. BAW *26*, 625–748.

— 1934. Zur Geschichte der Polyeder. Sb. BAW, 265–275.

Lipsmeier, Antonius 1969. Technik, allgemeine Pädagogik und Berufspädagogik. TG *36*, 133–146.

Locke, Robert 1977. Industrialisierung und Erziehungssystem in Frankreich und Deutschland vor dem 1. Weltkrieg. HZ *225*, 265–296.

Lohmann, Hans-Dieter 1980. Die Herausbildung der technischen Thermodynamik im 19. Jahrhundert in Deutschland. DBGT *2*, 68–85.

Lorch, J. 1974. The charisma of crystals. In: [Elkana 1974, 455–462].

Lorenz, Hans 1940. Die Entwicklung der Maschinentheorie im 18. und 19. Jahrhundert. TG *29*, 1–14.

Lützen, Jesper 1982. The prehistory of the theory of distributions. Studies in the History of Mathematics and Physical Sciences *7*. Berlin – Heidelberg – New York – Tokyo.

Manegold, Karl Heinz 1968. Felix Klein als Wissenschaftsorganisator. TG *35*, 177–204.

— 1969. Das Verhältnis von Naturwissenschaft und Technik im Spiegel der Wissenschaftsorganisation. TG-E *11*, 141–187. Wiederabdruck in: [Mauel/Treue 1976, 253–263].

— 1970. Universität, Technische Hochschule und Industrie. Schriften zur Wirtschafts- und Sozialgeschichte *16*. Berlin.

Marx, Carl 1825. Geschichte der Crystallkunde. Karlsruhe. Neudruck Wiesbaden (Sändig) 1970.

Mauel, Kurt 1969. Die Aufnahme naturwissenschaftlicher Erkenntnisse durch die Ingenieure im 19. Jahrhundert. TG-E *11*. Wiederabdruck in [Mauel/Treue 1976, 330–351].

— 1974. Der Verein Deutscher Ingenieure und seine Einflußnahme auf die Ingenieurausbildung an den Technischen Hochschulen und Ingenieurschulen. HuT *18*, 91ff.

— ; Treue, Wilhem (Hrsg.) 1976. Naturwissenschaft, Technik und Wirtschaft im 19. Jahrhundert, Bd. *1*, Göttingen.

Mauersberger, Klaus 1980. Die Herausbildung der technischen Mechanik und ihr Anteil an der Verwissenschaftlichung des Maschinenwesens. DBGTW *2*, 1–52.

— 1982. Keime der Technikwissenschaften im Schoße der Naturwissenschaften am Beispiel des Werkes von Leonhard Euler. DBGTW *5*, 103–126.

— 1985. Vergleichende Betrachtungen zur Herausbildung der technischen Mechanik und Maschinenlehre in England, Frankreich und Deutschland bis Mitte des 19. Jahrhunderts. NTM *22* (2), 25–32.

Mauskopf, Seymor H. 1976. Crystals and compounds. Molecular structure and composition in nineteenth century French science. Transactions American Philosophical Society, New Series *66*, 3–82.

Mayr, Otto 1968. Symbolsprachen für mechanische Systeme im 19. Jahrhundert. TG *35*, 223–240.

— 1973. Von Charles Talbot Porter zu Johann Friedrich Radinger: Die Anfänge der schnellaufenden Dampfmaschine und der Maschinendynamik. TG *40*, 1–32.

Melhado, Evan, M. 1980. Mitscherlich's discovery of isomorphism. HSPS *11*, 87–123.

Menghini, Marta 1986. Notes on the correspondence between Luigi Cremona and Max Noether. HM *13*, 341–351.

Meniailov, A. 1972. Fyodorov (or Fedorov), Evgraph Stepanovich. DSB *5*, 210–214.

Miller, William H. 1868. On the crystallographic method of Grassmann. Proc. Cam. Phil. Soc. *2*, 75–99.

Milnor, John 1974. Hilbert's problem 18 on crystallographic groups, fundamental domains and on sphere packing. In: Mathematical Development arising from Hilbert Problems. Proceedings Symposium Pure Mathematics *28*, De Kalb 1974, 491–506.

Musson, Albert (Ed.) 1972. Science, technology, and economic growth in the eighteenth century. London. Dtsch. von H. Vetter: Wissenschaft, Technik und Wirtschaftsschaftswachstum im 18. Jahrhundert. Frankfurt 1977.

Neubüser, Joachim; Plesken, W.; Wondratschek, Hans 1981. An emandatory discussion on defining crystal systems. Communications in Mathematical Chemistry *10*, 77–96.

Niles, A. S. 1950. Clerk Maxwell and the theory of indeterminate structures. Engineering *170*, 194–198.

Noether, Max 1900. Sophus Lie. MA *53*, 1–41.

Novy, Lubos 1973. Origins of modern algebra. Prague – Leyden.

Parkinson, E. M. 1975. Rankine, William John Macquorn. DSB *11*, 291–295.

Pauffler, Peter 1986. Physikalische Kristallographie. Weinheim.

Pedoe, Dan 1975a. Notes on the history of geometric ideas I. Homogeneous coordinates. Math. Mag. *48*, 215–217.

— 1975b. Notes on the history of geometric ideas II. The principle of duality. Math. Mag. *48*, 274–277.

Pont, Jean-Claude 1974. La topologie algébrique des origines à Poincaré. Paris.

Purkert, Walter 1971. Zur Genesis des abstrakten Körperbegriffs I. NTM *8* (1), 23–37.

— 1972. Die Entwicklung des abstrakten Körperbegriffs. Dissertation KMU Leipzig. Maschinenschrift. Erscheint in: Studien zur Wissenschafts-, Sozial- und Bildungsgeschichte der Mathematik. Göttingen.

— 1973. Zur Genesis des abstrakten Körperbegriffs II. NTM *10*, (2), 8-20.

— 1981. Zum Verhältnis von Mathematik und technischen Wissenschaften im 19. Jahrhundert. Acta Rerum Naturalium nec non Technicarum, Special Issue *13*, 343–361.

— 1983. Zum Verhältnis von Mathematik und Anwendungen zwischen 1871 und 1917. In: [Wendel 1983, 117–128].

Pyenson, Lewis 1983. Neohumanism and the persistance of pure mathematics in Wilhelmian Germany. Philadelphia.

Ramme, Walter 1939. Die geschichtliche Entwicklung der Statik in ihrer Beziehung zum Bauwesen. Braunschweig.

Reich, Karin 1979. Die Entwicklung des Tensorkalküls. Habilitationsschrift München. Maschinenschrift.

— 1986. Wie die Vektorrechnung in die Differentialgeometrie Eingang gefunden hat. Vortragszusammenfassung. 1. Österreichisches Symposium zur Geschichte der Mathematik. Sonderdruck Institut für Technische Mechanik, TU Wien. Ergänzungsband, 38–40.

Reinhardt, Kurt 1886. Vorbemerkung zur Nachlaßedition von Möbius "Theorie der symmetrischen Figuren". In (Möbius 1885, 563-566).

— 1887. Über die Entstehungszeit und den Zusammenhang der wichtigsten Schriften und Abhandlungen von Möbius. In: (Möbius 1887, 700–728).

Richards, Joan 1979. The reception of a mathematical theory: non-euclidean geometry in England 1868–1883. In: B. Barnes; S. Sharpin (Eds.). Natural order. Historical studies of scientific culture. Beverley Hills – London, 143–166.

Richenhagen, Gottfried 1985. Carl Runge (1856–1927): Von der reinen Mathematik zur Numerik. Studien zur Wissenschafts-, Bildungs- und Sozialgeschichte der Mathematik *1*. Göttingen.

Richter, Siegfried 1984. Methodenentwicklung und Methodenstreit in Lehre und Forschung der mechanischen Technologie im 19. Jahrhundert in Deutschland. DBGTW *10*, 3–42.

Rowe, David o.D. Reflections on the mathematical and personal relationship of Felix Klein and Sophus Lie with a transcription of Klein's unpublished Manuscript "Über Lie's und meine ältere geometrische Arbeiten". Manuskript ohne Datum. Erscheint in Isis.

Rühlmann, Moritz 1885. Vorträge über die Geschichte der technischen Mechanik. Leipzig. Neudruck Hildesheim (G. Olms) 1979.

Russo, François 1968. Groupes et géométries. La génèse du programme d'Erlangen de Felix Klein. Paris.

Šafranovskij (Shafranovsky), Ilarion Ilarionovič 1963. Evgraph Stepanovič Fedorov. Moskva – Leningrad.

— 1980. Istorija kristallografii, 19 v. Leningrad.

Scharlau, Winfried (Hrsg.) 1981. Richard Dedekind 1831/1981. Braunschweig.

Schminnes, Bernd 1982. Kameralwissenschaften — Bildung — Verwaltungstätigkeit. Soziale und kognitive Aspekte des Struktur- und Funktionswandels der preußischen Zentralverwaltung an der Wende zum 19. Jahrhundert. In: [Bekemeier e.a. 1982, *2*, 99–319].

Schneider, Ivo 1981. Herausragende Einzelleistungen im Zusammenhang mit der Kreisteilungsgleichung, dem Fundamentalsatz der Algebra und der Reihenkonvergenz. In: Ders. (Hrsg.). Carl Friedrich Gauß (1777–1855). München, 37–64.

Schoenflies, Arthur 1909. Projektive Geometrie. EMW *3.1*, 389–480.

Scholz, Erhard 1980. Geschichte des Mannigfaltigkeitsbegriffs von Riemann bis Poincaré. Basel - Boston - Stuttgart.

— 1982. Herbart's influence on Bernhard Riemann. HM *9*, 413–440.

— 1983. Zur Entstehung und Durchsetzung des Vektorraumbegriffs. In: E. Brieskorn. Lineare Algebra und Analytische Geometrie *1*. Braunschweig, 333–336.

— 1984a. Projektive und vektorielle Methoden in Culmanns graphischer Statik. NTM *21* (2), 49–64.

— 1984b. Hermann Graßmanns Analysis in Vektorräumen. Mathematische Semesterberichte *31*, 177–194.

Schreier, Wolfgang 1977. Zur Herausbildung der Elektrotechnik — ein Beitrag über Wechselwirkungen zwischen Elektrizitätslehre und elektrotechnischer Produktion zwischen 1800 und 1890. NTM *14*.

Schubring, Gert 1983. Die Entstehung des Mathematiklehrerberufs im 19. Jahrhundert. Studien und Materialien zum Prozeß der Professionalisierung in Preußen (1810–1870). Weinheim - Basel.

Schütt, Hans-Werner 1984. Die Entdeckung des Isomorphismus. Hildesheim.

— 1985. Die französische Mineralogie und die Kristallstrukturtheorie von Gabriel Delafosse. Sudhoffs Archiv *69*, 1–7.

Schuster, Julius 1922a. Christian Samuel Weiß und die Naturphilosophie. In: H. Degering; K. Christ; J. Schuster (Hrsg.). Aus der Handschriften-Abteilung der Preußischen Staatsbibliothek. Ludwig Darmstaedter zum 75. Geburtstag. Berlin, 87–97.

— 1922b. Christian Samuel Weiß' kristallographisches System und René Just Haüy. Ebda., 97–103.

Schwarzenberger, R. L. E. 1980. N-dimensional crystallography. San Francisco - London - Melbourne.

Selow, Edith 1975. Schelling, Frederick (!) Wilhelm Joseph. DSB *12*, 153–159.

Senechal, Marjorie; Galiulin, R. 1984. An introduction to the theory of figures: The geometry of E. S. Fedorov. Structural Topology *10*, 5–22.

Shinn, Terry 1980. De corps de l'état au secteur industriel: Genèse de la profession d'ingénieur 1750–1920. Révue Française de Sociologie *19*, 39–71.

Šubnikov (Shubnikov), Alexej Vasil'vič; Kopčik (Koptsik), V. A. 1974. Symmetry in science and art. New York.

Singer, Charles e.a. (Eds.) 1958. A history of technology, vol. *5*. Oxford.

Snelders, Hendrik A. M. 1970. Romanticism and Naturphilosophie and the inorganic natural sciences 1797 – 1840. Studies in Romanticism *9*, 193–215.

Sohncke, Leonhard 1891. Die Entstehung des Eintheilungsprinzipes der Krystalle durch J. F. C. Hessel. Zs. Krist. *18*, 486–498.

Spangenberg, K. 1933. Fedorow, Evgraph Stepanowitsch von. Handwörterbuch der Naturwissenschaften *3*. Leipzig, 2. Auflage.

Speiser, Andreas 1956. Die Theorie der Gruppen von endlicher Ordnung. Basel – Stuttgart.

Størmer, Carl 1905. Verzeichnis über den wissenschaftlichen Nachlaß von Sophus Lie. 1. Mitteilung. Videnskabs-Selskabets Skrifter, Math. Naturw. Kl. 1904, No. 7. Christiania. (Für 2. Mitteilung siehe [Guldberg 1913]).

Straub, Hans 1949. Die Geschichte der Bauingenieurkunst. Basel.

— 1949/1964. dito. Zweite, überarbeitete Auflage. Basel.[3]1975.

Struik, Dirk J. 1933/1934. Outline of a history of differential geometry. Isis *19*, 92–120; *20*, 161–191.

— 1980. The historiography of mathematics from Proklos to Cantor. NTM *17* (2), 1–22.

Stüssi, Fritz 1964. Über die Entwicklung der Wissenschaft im Brückenbau. Neujahrsblatt der Naturforschenden Gesellschaft Zürich *166*, 1–32.

— 1971. Zum 150. Geburtstag von Karl Culmann. Schweizerische Bauzeitung 89, 694–697.

Suzuki, Michio 1982. Group theory. Berlin – Heidelberg – New York –Tokyo.

Szabó, Istvan 1976. Geschichte der mechanischen Prinzipien und ihrer wichtigsten Anwendungen. Basel – Stuttgart.

Tetmajer, L. 1882. Über Culmanns bleibende Leistungen. Hottingen - Zürich.

Timerding, Hans E. 1907. Eulers Arbeiten zur Schiffsmechanik. Ph. Zs. (8) *23*, 865–869.

Timoshenko, Stephen P. 1953. History of strength of material. New York.

Todhunter, Isaac; Pearson, Karl 1886/1893. A history of elasticity and of the strength of material, 2 vs. Cambridge. Reprint New York (Dover) 1960.

Tóth, L. Fejes 1965. Reguläre Figuren. Budapest.

Toth, Imre 1979a. Spekulationen über die Möglichkeiten eines nicht Euklidischen Raumes vor Einstein. In: Einstein Symposion Berlin. Lecture Notes in Physics *100*. Berlin – Heidelberg – New York, 46–83.

— 1979b. Metatheoretisches Selbstverständnis der Mathematik — am Beispiel der Entstehungs- und Rezeptionsgeschichte der nichteuklidischen Geometrie. In: Epistemologische und soziale Probleme der Wissenschaftsentwicklung im frühen 19. Jahrhundert. Materialien IDM. Bielefeld, 305–318.

— 1980. Wann und von wem wurde die nichteuklidische Geometrie begründet? AIHS *30*, 192–205.

Troitzsch, Ulrich 1966. Ansätze technologischen Denkens bei den Kameralisten des 17. und 18. Jahrhunderts. Berlin.

Truesdell, Clifford A. 1960. The rational mechanics of flexible or elastic bodies 1638–1788. In: L. Euler. Opera Omnia, ser. (2), *11.2*. Basel – Stuttgart.

— 1968. The creation and unfolding of the concept of stress. In: Ders. Essays in the history of mechanics. Berlin – Heidelberg – New York, 184–238.

Urner, Klaus 1980. Vom Polytechnikum zur Eidgenössischen Technischen Hochschule: Die ersten 100 Jahre 1855– 1955 im Überblick. In: J. F. Bergier; H. W. Tobler (Hrsg.). Eidgenössische Technische Hochschule Zürich 1855–1980. Festschrift zum 125-jährigen Bestehen. Zürich, 17–60.

Verlay, Jean-Luc 1978. Des fonctions analytiques. In: [Dieudonné 1978, 129–164].

Vincensini, P. 1972. La géométrie différentielle aux XIX siècle. Scientia *107*, 617–696.

Voss, A. 1913. Wilhelm Fiedler. Jb. DMV *22*, 97–113.

Wagner, Rosemarie 1985. Entwicklung von Hängebrücken des 19. Jahrhunderts in Frankreich. In: J. Kottkamp, M. Neureither e.a. (Hrsg.). Weitgespannte Flächentragwerke. 3. Internationales Symposium Stuttgart 1985. SFB 64, Universität Stuttgart, 180–187.

Wagner, Rosemarie; Egermann, Ralph 1987. Die ersten Drahtkabelbrücken. Beispiele konstruktiver Ingenieurtätigkeit in der Entwicklung des Bauingenieurs zum eigenständigen Berufsstand. Düsseldorf.

Waterhouse, W. C. 1972. The discovery of the five regular solids. AHES *9*, 212–221.

Weil, André 1983. Number theory. An approach through history. From Hammurapi to Legendre. Basel – Boston – Stuttgart.

Wendel, G. (Hrsg.) 1983. Beiträge zur Wissenschaftsgeschichte. Wissenschaft im kapitalistischen Europa 1871–1917. Berlin.

Werner, Ernst 1973. Die Eisenbahnbrücke über die Wupper bei Müngsten 1893–1897. Reihe Technische Denkmäler. Bonn.

— 1980. Technisierung des Bauens. Geschichtliche Grundlagen moderner Bautechnik. Düsseldorf.

Whyte, Lancelot L. 1961. Essays on atomism. From Democritus to 1960. Middletown.

Wiederkehr, Karl-Heinz 1974. René Just Haüys Vorstellungen vom Kristallaufbau und einer chemischen Atomistik. Habilitationsschrift Hamburg. Maschinenschrift.

Williams, L. Pearce 1974. Hans Christian Oersted. DSB *10*, 182–186.

Wild, Egon 1958. Über eine Briefsammlung an den Mathematiker Professor Wilhelm Fiedler. Katalog der ETH-Sammlung, Briefauszüge und Analysen, nebst biographischen Angaben über sein Werk. Diplomarbeit (Bibl.) Zürich. Maschinenschrift.

Wondratschek, Hans 1983. Introduction to space group symmetry. In: T. Hahn (Ed.). International Tables for Crystallography, vol. A. Dordrecht, 712–731.

Wußing, Hans 1967. Zum historischen Verhältnis von Intension und Extension des Begriffs Gruppe im Herausbildungsprozeß des abstrakten Gruppenbegriffs. NTM *4* (10) 23–34.

— 1969. Die Genesis des abstrakten Gruppenbegriffs. Berlin.

— 1969/1984. The genesis of the abstract group concept: A contribution to the origin of abstract group theory. Translated by A. Shenitzer and H. Grant. Cambridge (Mass.).

Yaglom, Isaak M. 1988. Felix Klein and Sophus Lie. Evolution of the idea of symmetry in the nineteenth century. Translated from Ruman by S. Sossinsky. Boston – Basel.

Ziegler, Renatus 1985. Die Geschichte der geometrischen Mechanik im 19. Jahrhundert. Stuttgart.

Zweckbronner, Gerhard 1979. Die Ingenieurwisenschaften im 19. Jahrhundert. In: J. H. Voigt (Hrsg.), Festschrift zum 150jährigen Bestehen der Universität Stuttgart. Stuttgart, 189–222.

— 1981. Das Prinzip der lebendigen Kräfte, ein Bindeglied zwischen rationeller Mechanik und praktischem Maschinenbau im Zeitalter der Industrialisierung. TG *48*, 89–111.

— 1983. Vorgeschichte, Einrichtung und Ausbau der Technischen Hochschule Stuttgart und ihrer Ingenieurwissenschaften bis 1900 — Eine Verknüpfung von Institutions- und Disziplingeschichte. Habilitationsschrift Stuttgart. Maschinenschrift.

Index

Personenverzeichnis

Sachverzeichnis

* * *

MIX
Papier aus verantwortungsvollen Quellen
Paper from responsible sources
FSC® C105338

If you have any concerns about our products,
you can contact us on
ProductSafety@springernature.com

In case Publisher is established outside the EU,
the EU authorized representative is:
Springer Nature Customer Service Center GmbH
Europaplatz 3, 69115 Heidelberg, Germany

Printed by Libri Plureos GmbH
in Hamburg, Germany